水体污染控制与治理科技重大专项
成果系列丛书

水体污染控制与治理
代表性成套技术

水体污染控制与治理科技重大专项管理办公室　组编

科学出版社
北　京

内 容 简 介

水体污染控制与治理科技重大专项是我国第一个系统解决水环境问题的重大科技工程和民生工程，旨在解决制约我国经济社会发展的水污染重大科技瓶颈问题，构建流域水污染控制与治理、饮用水安全保障和流域水环境管理技术体系。本书在上述三大技术体系的框架下，主要收录了具有代表性的有技术前景、有工程应用、已取得成效的86项成套技术，涵盖以下七个技术领域：重点行业水污染全过程控制、城镇水污染控制与水环境综合整治、流域农业面源污染治理、河流水体生态修复、湖泊水体生态修复、流域水环境管理和饮用水安全保障。

本书可作为环境科学与工程、生态学、给水排水工程等专业的研究人员、高等院校教师、研究生、企业技术人员、部门管理人员等相关人员的技术参考用书，期望本书的出版能为我国污染防治攻坚战与生态文明建设略尽绵薄之力。

图书在版编目（CIP）数据

水体污染控制与治理代表性成套技术 / 水体污染控制与治理科技重大专项管理办公室组编. 一北京：科学出版社，2024.12
（水体污染控制与治理科技重大专项成果系列丛书）
ISBN 978-7-03-070701-7

Ⅰ.①水… Ⅱ.①水… Ⅲ.①水污染防治–研究–中国 Ⅳ.①X52

中国版本图书馆CIP数据核字（2021）第245845号

责任编辑：刘　冉 / 责任校对：杜子昂
责任印制：徐晓晨 / 封面设计：北京图阅盛世

科 学 出 版 社 出版
北京东黄城根北街16号
邮政编码：100717
http://www.sciencep.com

三河市春园印刷有限公司印刷
科学出版社发行　各地新华书店经销

*

2024年12月第 一 版　开本：787×1092　1/16
2024年12月第一次印刷　印张：34
字数：810 000

定价：198.00元
（如有印装质量问题，我社负责调换）

水体污染控制与治理科技重大专项
成果系列丛书

水体污染控制与治理代表性成套技术

编写组（按姓氏笔画排序）

于立忠	于建伟	于 茵	马淑芹	马 超	王庆伟	王利军
王沛芳	王国强	王明泉	王泽建	王荣昌	王洪杰	王莉霞
王海波	王 睿	文玉成	尹大强	邓义祥	邓述波	左剑恶
石绍渊	石 磊	叶芝菡	叶 春	史小丽	史惠祥	付丽亚
冯承莲	冯慕华	冯慧云	宁朋歌	邢 妍	邢建民	吕 恒
吕锡武	朱广伟	朱文远	朱正杰	朱 利	朱昌雄	朱金格
朱 琳	庄绪亮	刘书明	刘庆芬	刘征涛	刘艳臣	刘晨明
刘 锐	闫振广	闫海红	江 帅	江和龙	安树青	许 岗
孙文俊	孙 峙	孙贻超	花 铭	李玉平	李玉洲	李兴春
李 军	李红娜	李建辉	李素芹	李海波	杨子萱	杨林章
杨柳燕	吴 达	吴昌永	吴振斌	吴乾元	何兴元	何 欢
何绪文	但志刚	邹国燕	应广东	辛晓东	闵 炬	沈志强
宋玉栋	宋 艳	张 义	张凤山	张文静	张书函	张玉祥
张 东	张列宇	张军立	张 玮	张 凯	张金松	张盼月
张 笛	张晴波	张 歌	张霄林	张毅敏	张 燕	陆书来
陈开宁	邵 煜	尚 巍	罗安程	郗燕秋	周 超	降林华
赵月红	赵乐军	赵秀梅	赵 健	赵 赫	郝春旭	胡卫国
段 亮	段 锋	侯庆喜	侯宝红	施卫明	姜 霞	姚志鹏
骆辉煌	袁 静	莫立焕	贾瑞宝	晏再生	钱 新	钱 毅
徐夫元	徐圣君	徐 建	徐 峻	徐 强	徐睿超	栾金义
高月香	高 光	高晓薇	高康乐	高 涵	席北斗	席宏波
黄头生	曹 特	崔长征	崔福义	符志友	阎百兴	渠晓东
彭开铭	彭文启	董战峰	董黎明	韩小波	韩翠敏	韩 璐
焦克新	储昭升	曾劲松	曾 萍	谢 忱	谢勇冰	雷 坤
管运涛	熊 梅					

丛 书 序 一

水体污染控制与治理科技重大专项（以下简称水专项）是《国家中长期科学和技术发展规划纲要（2006—2020年）》确定的十六个重大专项之一，于2007年启动实施，旨在集中攻克一批节能减排迫切需要解决的水污染防治关键技术、构建我国流域水污染治理技术体系和水环境管理技术体系，为重点流域污染物减排、水质改善和饮用水安全保障提供强有力科技支撑，是党中央、国务院立足我国现代化发展全局，着眼全球竞争形势，审时度势所作出的重大战略决策，具有很强的前瞻性和预见性。

一、水专项有力支撑了国家水污染治理和水环境改善，推进了国家水污染治理和保护进程

水专项实施的15年，是我国水环境认识不断深化、治理力度最大、水质改善速度最快、改善效果最明显的15年，也是科技投入力度最大、科技创新成果产出最多、科技支撑作用最为显著的15年。

一是创新实践了我国流域系统治理的理念。水专项坚持源头治理、系统治理、综合治理，深入践行"山水林田湖草沙"生命共同体理念。在任务部署上打破水资源、水环境、水生态管理条块分割和以地方行政区为管理单元的限制，强调流域的系统性、整体性和完整性以及水系统的循环作用。按照治湖先治河、治河先控污，陆水统筹、协同治理的技术思路，在"十一五""十二五"技术攻关和工程示范的基础上，"十三五"聚焦京津冀区域和太湖流域，在京津冀构建永定河、北运河和白洋淀三条生态廊道，开展技术和管理的综合示范；在太湖建立了一湖四区，形成综合解决方案，系统推进河湖水环境治理和水环境改善。

二是推动了我国水环境管理理念转变。按不同的水环境功能实现有效的水环境目标管理是世界各国普遍采用的水环境管理模式，之前我国尚未开展系统研究。水专项建立了按流域为单元、以质量改善为

核心的水环境管理技术体系。以"分区-基准-排污许可-水环境风险管控"为主线，构建全国"流域-功能区-控制单元-断面"的分区管理体系。建立具有中国特色的水环境基准和标准技术方法体系，实现水环境基准标准本土化，使我国水环境质量标准制订有了自己的标尺。建立污染排放与环境质量响应，从环境质量倒逼污染排放许可排放技术体系，提出了以流域-控制单元为主体的水环境容量计算方法，明确了全国实施水质目标管理的基本思路和技术途径。解决了水环境自动监测、遥感监测和水生态监测技术，推动我国水环境保护目标从物理、化学指标向生态完整性指标的转变。

三是提高了水污染治理和饮用水安全保障自主创新和技术供给能力。在水专项实施前，我国在流域、湖泊、河流、城市水污染控制与饮用水安全保障技术等方面开展了研究并取得了一定的成果，但对我国水环境特征缺乏系统深入研究，水污染控制技术水平低、集成创新不足，水体净化与水生态修复研究刚起步，对治理工程的技术支撑能力薄弱。水专项构建了适合我国国情的水污染治理、水环境管理和饮用水安全保障三大技术体系，全面突破了源头污染治理、河湖生态修复、监控预警、饮用水安全保障等关键技术难题，推动了复杂水环境问题的整体性系统性解决，技术就绪度总体上提升了3～6个等级。通过在十大流域进行工程规模化应用和实践检验，形成了一批成功案例、模式和工程示范，为"水十条"、碧水保卫战、海绵城市建设等国家重大行动，以及京津冀协同发展、长江经济带等国家重大战略的实施提供了有力的科技支撑。

二、水专项形成了一套国家重大项目组织实施机制，积极探索了关键核心技术举国攻关新机制

水专项涉及的污染因子多、利益相关方多、技术方向多，特别是受社会、经济、管理等政策变化影响大，因此组织实施难度大。生态环境部、住房城乡建设部高度重视，通过大胆创新、深入实践，建立起一套符合水专项特点的、行之有效的规范化、科学化、精细化和高效化的组织实施管理机制，积极探索了关键核心技术举国攻关新机制，有力保障水专项目标的顺利实现。

一是建立"地方首长+首席科学家"负责制，促进了科学研究与行政管理深度融合。水专项主战场在地方，成果应用成效也在地方。水专项两牵头组织部门与北京、天津、河北、江苏等省市签订了部省共同推进水专项实施合作备忘录，确立了"地方首长+首席科学家"负责制，科学家负责重大关键技术攻关和科技目标的实现，地方政府负责工程示范的落地和治理目标的实现，形成中央与地方、科研与管理责任清晰、协同推进的工作机制，促进研究人员和管理人员融为一体，科研人员参与到政府决策中，管理人员深入到科研一线，形成"管理-研究-决策-执行-管理-研究"的闭环科研模式，有效解决了研究与应用"两张皮"问题。

二是实施"大兵团"联合攻关，探索了关键技术攻关新型举国体制。水专项两牵头组织部门坚持总体专家组的统一技术指导，坚持水专项组织实施的统一技术把关、统一标准和要求。行政、技术两条管理体系建立定期会商机制，密切合作、协调推进。水专项汇聚全国500多家科研单位、4万多名优秀科研人员，高校、国家级科研院所联合地方科研院所、企业等形成数百个联合攻关团队，建成160余个科技创新平台，

形成了协同创新的良好局面。

三是完善科技成果转化政策,大力推进水专项成果转化应用。水专项两牵头组织部门多措并举,大力推动水专项成果转化应用,最大限度发挥水专项成果的作用和效益。出台《关于促进生态环境科技成果转化的指导意见》,健全科技成果转化工作体系和成果转化收益分配政策;建成国家生态环境科技成果转化综合服务平台,实现成果汇聚、信息发布、供需对接、咨询交易、金融投资等服务功能,集中展示以水专项成果为主体的各类优秀科技成果4470多项,现已成为我国生态环境领域最权威、规模最大的公益性成果转化平台;建立"一市一策"驻点跟踪研究工作机制,向长江沿线58个城市派出58个专家团队、1000多名科研人员,深入基层一线,把脉问诊开药方,送科技解难题,累计为地方提供形成综合解决方案140多套,有效解决了科技成果转化慢、地方和企业"有想法、没办法"的技术难题,有力支撑了地方水生态环境保护的科学决策和精准施策。

水专项走到今天,成绩来之不易,人民群众清水、亲水、净水的安全感、获得感和幸福感显著增强,这是党中央高度重视和坚强领导、地方政府全力以赴攻坚奋斗的结果,也是水专项全体科技人员集智攻关的结果,凝结着一代人的心血和努力,是一代人的情怀和担当。为完整保存并向社会共享水专项实施15年来取得的典型成果,水专项管理办公室组织相关专家团队,对水专项三大技术体系、八大标志性成果、典型成套技术和关键技术等进行了系统总结和凝练,集成了水专项各研发团队的智慧和贡献,形成了本套"水体污染控制与治理科技重大专项成果系列丛书"。

迈向新征程,我们要坚持以习近平生态文明思想为指引,深入打好污染防治攻坚战,再接再厉,不负韶华,持续推进我国生态环境保护工作向纵深发展,为推动生态文明建设贡献智慧力量,为实现第二个百年奋斗目标提供强大科技支撑。

中华人民共和国生态环境部部长

黄 润 秋

2023年11月

丛 书 序 二

水是生命之源、生产之要、生态之基。党中央、国务院高度重视水资源、水环境、水生态治理。习近平总书记作出一系列重要论述，强调水安全是涉及国家长治久安的大事，要求走好水安全有效保障、水资源高效利用、水生态明显改善的集约节约发展之路。实施水体污染控制与治理科技重大专项（以下简称水专项），是党中央、国务院着眼我国现代化建设全局作出的重要决策，是我国首个系统解决环境问题的重大科技工程和民生工程，着力推动研发高效低耗、经济适用、适合国情的水处理技术和装备，解决制约我国经济社会发展的水污染重大技术瓶颈问题，为水污染物减排、重点流域治污和饮用水安全保障提供全面科技支撑，具有重大而深远的意义。

生态环境部、住房城乡建设部深入学习贯彻习近平总书记关于治水的重要论述精神，认真落实党中央、国务院决策部署，强化系统设计，优化资源配置，细化目标任务，聚焦长三角一体化发展、京津冀协同发展等国家战略，坚持中央地方协同、政产学研用联合攻关，持续深入推进水专项实施。经过各方面不懈努力，水专项在研究应用方面取得了丰硕成果，突破了一大批关键核心技术和装备，建立了适合我国国情的流域水污染治理、水环境管理和饮用水安全保障技术体系，有力促进我国重点流域和区域水质持续向好，让更多人民群众喝上了"放心水"。

——水专项发挥了政产学研用"大兵团"联合攻关优势，集中攻克了219项节能减排迫切需要的水污染防治关键技术，研发集成成套技术86项，获发明专利授权2844项，编制并发布标准规范231项，建成工程示范1300余项和综合示范区20个，大幅提升了科技自主创新能力。

——水专项破解了城镇水污染控制与水环境综合整治的系统性难题，在城镇污水高标准处理与利用技术、城镇降雨径流污染控制成套技术、城镇污泥安全处理处置与资源化技术、城镇排水管网改造与优化技术等方面取得突破，研究成果推广应用到全国600余座城市、2000

余条城市黑臭水体治理和3000多项城镇污水处理工程，有力促进了我国城镇水环境质量改善，有效保障了城镇水生态安全。

——水专项建立了"从源头到龙头"供水全流程多级屏障工程技术体系和上下联动的多级协同管理技术体系，在太湖流域、南水北调受水区、长三角地区、珠江下游等重点地区进行技术示范和规模化应用，支撑当地饮用水水质提升与安全达标，直接受益人口超过1亿人。

——水专项建立了"从书架到货架"的材料设备开发技术体系，推动了关键技术装备和环保材料的国产化和产业化，形成了水质监测检测仪器、超滤膜材料及膜组件、水处理用大型臭氧发生器等一系列具有自主知识产权的设备和产品，打破水务设备市场长期被进口产品占据的局面。这些国产水处理设备和产品，不仅填补国内空白，还出口海外，在"一带一路"沿线的尼泊尔、斯里兰卡、伊朗、柬埔寨等国家得到广泛应用。

水专项研究应用取得的巨大成就，是党中央、国务院坚强领导的结果，充分体现了我国社会主义制度集中力量办大事的政治优势。这些成绩的取得离不开有关部门和地方各级党委、政府的大力支持，离不开社会各方面的关心帮助，离不开全体水专项科技人员的辛勤工作。在此，谨向所有关心和支持水专项的各有关部门、单位、专家和各界人士表示衷心的感谢！水专项全体科研和管理工作者的智慧结晶集于"水体污染控制与治理科技重大专项成果系列丛书"，希望丛书的出版能进一步推动水专项的先进技术和管理模式深化应用，推动我国水环境质量持续改善，为建设美丽中国、实现人与自然和谐共生的现代化提供有力的水安全保障。

科技创造未来，创新引领发展。站在新的起点上，我们要深入学习贯彻习近平新时代中国特色社会主义思想，踔厉奋发、勇毅前行，不断加大科技创新力度，推动城乡建设绿色发展，坚决打赢碧水保卫战，为强国建设、民族复兴伟业作出新的更大贡献。

中华人民共和国住房和城乡建设部党组书记、部长

倪　虹

2024年4月

前　言

　　科技是国家强盛之基，创新是民族进步之魂。重大科技创新成果是国之重器、国之利器。党中央、国务院立足我国现代化发展全局，审时度势，设立水体污染控制与治理科技重大专项（"水专项"）。作为我国第一个系统性解决水环境问题的重大科技和民生工程，水专项根据"控源减排-减负修复-综合调控"三步走战略，构建了流域水污染控制与治理、饮用水安全保障和流域水环境管理技术体系。成套技术是上述三大技术体系的重要组成部分，是专项科技创新成果的核心展现形式，最重要的是解决了流域/区域的共性问题，具有系统性、逻辑性和完整性的特点。成套技术的集成研发与推广应用有效支撑了生态环境质量持续改善，环境保护科技水平不断加强，为深入打好污染防治攻坚战奠定了坚实基础。

　　专项实施以来，在钢铁、造纸、石化、制药等八大重污染行业开展全过程综合控污技术创新，推动行业治污技术转型升级；开展城镇污水收集处理、径流污染控制、污泥处理处置技术创新，破解城镇水污染控制与水环境综合整治的系统性难题；攻克农业面源污染"种-养-生"一体化防控技术瓶颈，创新种植业面源污染全程防控技术、全循环资源利用养殖污染防控技术、高效易维护农村生活污水处理技术，实现流域农业面源污染物消纳、氮磷资源化利用、尾水清洁排放及再生利用；以"上游、中游、下游、全域"空间链条为主线，突破受损水体水质提升及生态完整性修复技术难题，增强河湖水质和生态功能；以流域为单元、质量改善为核心，研发流域功能分区、水生态监测、风险评估、全天候天地一体化监控预警等技术，大幅提升水环境监控预警能力；集成藻类及其衍生物控制、臭氧活性炭次生风险控制、管网漏损识别与控制、水质监测、风险评估、预警应急等饮用水多级屏障工程技术和多级协同管理技术，整体提升了饮用水安全保障能力。

　　收录涵盖重点行业水污染全过程控制、城镇水污染控制与水环境综合整治、流域农业面源污染治理、河流水体生态修复、湖泊水体生态修复、流域水环境管理和饮用水安全保障七个技术领域的专项成套技术，以著书的形式记录和留存这些材料，旨在令今后的学者和环境科研工作者了解我国第一次新型举国体制科学治污的科技成果，并提供技术参考。

本书尚有不足之处，虽已进行多次完善，书中难免存在不足和疏漏，希望读者不吝指正。

目　录

第三篇 流域农业面源污染治理

第四篇 河流水体生态修复

第五篇　湖泊水体生态修复

第六篇　流域水环境管理

第七篇　饮用水安全保障

第一篇

重点行业水污染全过程控制

1 全过程优化的焦化废水强化处理成套技术

> **适用范围**：钢铁/煤化工行业焦化废水达标处理及回用。
> **关 键 词**：全过程优化；焦化废水；酚油协同萃取；絮凝脱氰；非均相催化臭氧氧化；达标处理；脱盐回用

一、技 术 背 景

（一）国内外技术现状

焦化废水是煤在高温干馏过程中形成的废水，所含污染物种类多，浓度高，成分复杂，是钢铁行业水污染控制面临的最大难题。由于原煤性质、生产工艺和操作步骤不同，煤热解产生的焦化废水成分差异明显，化学需氧量高达5000～20000 mg/L，酚类浓度500～900 mg/L，氰化物浓度15 mg/L，石油类浓度55～75 mg/L，氨氮浓度200～300 mg/L，色度高达几千倍。

水专项立项之前，国内焦化厂普遍采用以传统生物脱氮处理为核心的废水工艺流程，分为预处理、生化处理及深度处理等环节。预处理主要采用物理化学方法，如除油、蒸氨、萃取脱酚等；生化处理工艺主要为厌氧好氧（A/O）工艺法、厌氧-缺氧-好氧（A^2/O）生物脱氮除磷工艺等；深度处理主要有活性炭吸附法、芬顿氧化法、活性炭-生物膜法及氧化塘法等。欧洲采用的处理工艺一般先去除悬浮物和油类物质，精馏蒸氨后，再采用生物氧化法去除酚、硫氰化物和硫代硫酸盐。美国炼焦厂的废水处理工艺为脱焦油-蒸氨-活性污泥-污泥脱水系统。总体而言，国内外的焦化废水处理思路接近，但出水化学需氧量和有毒有害物质的浓度居高不下，无法达到我国焦化行业排放标准和辽宁等地方的新标准。

（二）主要问题和技术难点

焦化废水处理难以稳定达标排放，主要瓶颈在于废水存在大量毒性难降解有机物和氰化物。而传统的焦化废水处理方法由于生物降解活性被明显抑制，生化处理后残存一定浓度难降解有机污染物和氰化物需要处理。《炼焦化学工业污染物排放标准》

明确规定焦化企业的水污染物最高允许排放限度，化学需氧量≤80 mg/L，氨氮≤15 mg/L，总氰≤0.2 mg/L。目前大量焦化企业生化处理出水多种污染物浓度超标，必须进一步深度处理。焦化废水达标处理存在以下技术难点：

1. 缺乏有效的资源化预处理技术

焦化废水中剩余的粗酚、焦油和氨氮浓度较高，常规技术回收效率低，降低生化处理效率且造成资源浪费。

2. 生物降解效率较低

一是生化系统进水中残存毒性有机物浓度较高，抑制了微生物活性；二是进水水质波动较大，对微生物抗冲击能力提出更高要求。

3. 总氰去除难度大

生化出水中总氰浓度可达2 mg/L以上，远超过排放标准的0.2 mg/L，缺乏经济有效的去除方法。

4. 残留有机物浓度超标

生化处理出水中化学需氧量严重超标，传统的芬顿氧化等方法去除效率较低，并且造成铁泥等二次污染。

（三）技术需求分析

焦化废水处理普遍采用两级处理方法，一级处理包括隔油、过滤、萃取脱酚和蒸氨等，二级处理包括浮选、生物降解、混凝沉淀等，但生产与末端处理过程未统筹考虑。常规萃取脱酚工艺对毒性较大的焦油、焦粉等去除率低，严重影响后续生化处理效率，需开发一种高效的酚油协同萃取技术，可以实现资源化回收酚油产品，并降低废水中毒性有机物浓度。此外，现有生化处理去除有机物效率低，系统抗冲击能力差，应优化开发一种组合生物处理工艺，通过水解酸化、厌氧、缺氧、好氧等工艺组合处理，结合解毒预处理工艺和过程参数精确控制，形成一种有机物和氨氮去除效率高、运行稳定的生物处理技术。针对总氰超标的难题，亟待开发高效絮凝药剂，通过多种作用路径高效去除氰化物。对于低浓度难降解有机污染物去除，需开发新的深度氧化技术，通过高活性催化剂开发和新工艺设计，提高活性氧的生成效率，从而有利于深度矿化有机物形成二氧化碳和水。

二、技　术　介　绍

（一）技术基本组成

全过程优化的焦化废水强化处理成套技术主要包括预处理脱酚氨、强化生物处理和深度处理等三个主要步骤，具体组成如图1.1所示。

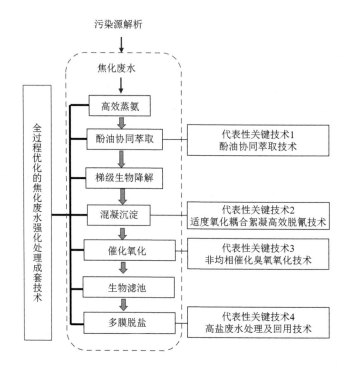

图1.1　全过程优化的焦化废水强化处理成套技术组成图

焦化废水首先经过精馏蒸氨处理回收高浓度氨氮，然后通过萃取回收多元酚、多环芳烃等其他毒性有机污染物，提高生化处理效率和稳定运行周期，然后通过强化生物处理去除大部分有机污染物，再通过复合絮凝药剂去除络合氰化物和含发色基团有机物，最后通过梯级催化臭氧氧化技术将微生物无法降解的残留有机污染物氧化成二氧化碳或小分子有机物，结合曝气生物滤池深度脱除化学需氧量，实现化学需氧量、总氰和多环芳烃等毒性有机物等指标稳定达标。出水可以达标排放，或经过多膜组合工艺处理后实现淡水回用。

（二）技术突破及创新性

1. 发明酚油协同萃取源头减毒的煤焦化废水预处理新工艺，提高资源回收效率，并降低出水毒性

通过系统污染源解析，揭示了萃取、生化、化学氧化等过程处理有机物的规律，发现杂环、多环等有机物严重抑制生化处理效率，应优先在生产端脱除，据此提出酚油协同萃取的源头解毒新思路。为了攻克多污染物协同萃取的难题，创新提出了以官能团为基本单元分别建立污染物和萃取剂"虚拟组分"，模拟二者极性特征及其相互作用关系，解决了复杂体系液相平衡非线性强耦合的计算难点，首次建立了多元复合萃取剂计算机辅助设计平台，将新型萃取剂设计的时间效率提高近10000倍。结合实验

验证、油水分相过程界面调控及萃取剂环境友好性评估，设计制备出适合焦化和碎煤加压气化废水酚油协同萃取的多元复合萃取剂，可实现废水中单元酚、多元酚、杂环化合物和多环化合物的协同萃取；分配系数较传统二异丙醚（DIPE）萃取剂分别提高15%～20%、100%～120%、50%～60%和130%～150%，粗酚回收率＞90%，新萃取剂在实际废水中的溶解度低于传统萃取剂的1/30。

2. 研制出支持高浓度菌群高效降解的反应-沉淀耦合一体化装备，构建了污染物梯级生物降解处理工艺，显著提高生化处理效率和稳定性

研究发现，不同类型焦化废水生化处理工艺中各阶段特征污染物变迁与微生物群落结构存在紧密相互关系，尤其是含氮杂环开环断链滞后显著抑制硝化群落活性，多环芳烃在细菌表面累积增强对菌群尤其是自养硝化细菌酶活性抑制。据此，开发了反应-沉淀耦合一体化装置，并构建了通过特征污染物耦合水力分选定向调控菌群结构保持增强活性的方法（图1.2），实现水中毒性有机物和氨氮污染物的梯级高效生物降解。结合酚油协同萃取减毒技术，显著提高实际焦化废水处理过程中生化系统的抗冲击能力，处理效率显著提高，稳定运行周期提高3倍以上（图1.3）。

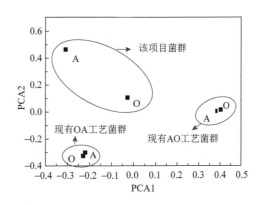

图1.2　基于反应-沉淀耦合一体化装置构建优势菌群

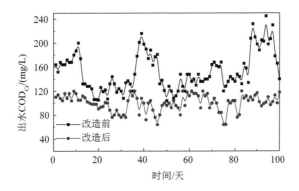

图1.3　生化工艺改造对比

3. 研发出基于官能团定向转化有机污染物非均相催化臭氧氧化高效催化剂和反应设备，实现难降解污染物深度去除

基于污染物分子结构、臭氧和催化剂活性点之间的交互影响关系研究，设计制备出高效降解污染物的臭氧氧化催化剂。利用碳材料的大比表面积和表面活性位点提高污染物富集、臭氧分解产羟基自由基的效率，并利用不同自由基梯度降解污染物（图1.4）。进一步负载过渡金属和稀土金属氧化物以提高催化剂活性，并开发出高温微氧固熔技术抑制活性金属组分溶出，增强催化剂稳定性。新催化剂用于焦化废水深度氧化处理，性能明显优于常规活性炭和锰砂催化剂（图1.5）。

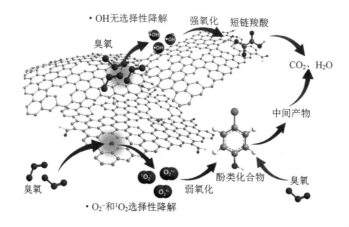

图1.4　碳材料表面催化反应机理

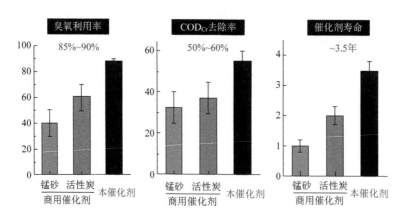

图1.5　催化剂性能对比

开发出基于传质-反应过程优化匹配的废水非均相催化臭氧氧化专用设备。建立了臭氧气液传质-有效反应-无效分解的数学模型，实现传质速度定量预测，并通过控制臭氧气泡大小调节传质速率，减少无效分解。基于流体力学模拟计算，设计出适合不同污染物和脱除深度的气体分布器，结合自动控制，形成处理能力10～200 m³/h的系列反应设备。基于上述催化剂和配套氧化塔处理焦化废水生化出水，臭氧利用率由＜70%提高到85%～90%，化学需氧量去除率由＜45%提高到50%～60%。

（三）工程示范

基于以上创新技术，深入开展全过程综合控污的单元技术集成优化研究，构建了工业设计基础工艺数据包。该技术首先在鞍钢集团完成中试实验，经过参数优化和工程设计，首次应用于鞍钢集团三期焦化废水处理工程，处理规模为200 m³/h（图1.6），目前已稳定运行超过9年，催化剂可稳定使用3.5年。出水化学需氧量＜50 mg/L，总氰＜0.2 mg/L，苯并芘、多环芳烃等毒性污染物浓度均满足《炼焦化学工业污染物排放标准》（GB 16171—2012）。

图1.6　鞍钢集团三期焦化废水深度处理工程

（四）推广与应用情况

目前该技术已被应用于鞍钢、武钢、河钢、邯钢、沈煤等钢铁、煤化工行业龙头企业的近30项废水处理工程（其中焦化废水处理26项，图1.7），其中鞍钢三期焦化废水处理工程为焦化行业首套使用非均相催化臭氧氧化技术的产业化工程，武钢-平煤联合焦化厂的焦化废水深度处理工程为迄今国内规模最大的单套处理工程，处理规模为480 m³/h。

与其他技术相比，该技术基本避免了"生化系统崩溃"现象，而且出水稳定，满足《炼焦化学工业污染物排放标准》（GB 16171—2012）和《辽宁省污水综合排放标准》（DB 21/1627—2008），平均处理成本同比降低20%以上，无二次污染。新技术入选2014年三部委《国家鼓励发展的重大环保技术装备目录》，2015年环境保护部《国家鼓励发展的环境保护技术目录》，2019年工信部和水利部《国家鼓励的工业节水工艺、技术和装备目录》和2019年生态环境部《国家先进污染防治技术目录（水污染防治领域）》。

图1.7　焦化废水深度处理大规模应用推广

三、实 施 成 效

以上成套技术在钢铁焦化联合企业的应用产能覆盖率达到22.9%。废水处理总规模达到5540万t/a，累计节水和废水回用达到1.1亿 t；减排化学需氧量 31.8万 t，总氰1491 t，苯并芘3.2 t，减少排污费6.8亿元，支撑我国大批焦炭企业稳定生产，涉及产值超1000亿元/a。为降低我国重点流域点源废水排放强度，提高严重缺水地区水资源高效回用和废水零排放，改善流域水环境质量提供了重要的科技支撑。有效支撑了《炼焦化学工业污染防治可行技术指南》（HJ 2306—2018）和《钢铁企业综合废水深度处理技术规范》（YB/T 4699—2019）制订颁布。

> **技 术 来 源**
>
> - 重点流域冶金废水处理与回用产业化（2013ZX07209001）
> - 辽河流域特大型钢铁工业园全过程节水减污技术集成优化及应用示范（2015ZX07202013）
> - 钢铁行业水污染全过程控制技术系统集成与综合应用示范（2017ZX07402001）

2　钢铁生产节水减排成套技术

> **适用范围**：全流程钢铁园区节水减排、水网络优化调控。
> **关 键 词**：绿色供水；炼钢污泥回用；高压除磷；轧钢综合节水；水网络优化；智能调控平台

一、技 术 背 景

（一）国内外技术现状

自1996年中国粗钢产量突破1亿t，至2020年中国钢铁粗产量突破10亿t，中国钢铁产量一直稳居世界第一。钢铁工业属于能源密集型、资源集中型行业，是国民经济的支柱产业。钢铁行业新设备、新技术的投入使用，极大提高了我国钢铁工业用水及排水整体水平。尤其在"十一五""十二五"期间，钢铁行业在废水处理、水资源循环利用等方面取得了多项技术成果，完成了行业清洁生产审核，攻克了焦化废水高效处理、脱硫废液无害化处理、钢铁电厂水回用等技术难题，形成的部分关键技术已经开始在行业内推广。但我国钢铁企业发展水平不均衡，部分钢铁联合企业用水与回用技术水平与国内外先进企业相比仍存在一定差距，钢铁生产节水技术需进一步提高。

（二）主要问题和技术难点

我国钢铁企业在炼铁/炼钢/轧钢等工艺过程节水管控方面与国外先进钢铁企业相比还存在差距，主要是钢铁各道次生产工序对水质、最佳用水量的需求尚缺少量化依据，工艺用水及通用设备用水也主要依赖经验；普钢及精品钢生产全流程用水量和水质等与钢材表面质量、力学性能和耐腐蚀等性质的交互关系不明晰；制氧及焦化等辅助工序的低温冷却用水系统成垢或腐蚀的形成机制、与生产工艺控制的互相关系、低温阻垢缓蚀作用机理及其与供水水质配置的关系等仍需进行深入的理论剖析，解决以上问题有利于推动钢铁行业科学用水与节水减排。

具体而言，各生产工序节水的难点在于：①以烧结矿质量变化为依据，制订烧结过程中炼钢污泥废水配加量限值及用水水质要求；②解析高炉炉体全生命周期对冷却水量的需求，提高圆周方向水量分配均匀性以及将高炉冷却用水量降到最低；③轧钢过程中高压除磷温度、喷水频率与钢材变形量、变形温度之间的耦合作用及精确节水技术。

（三）技术需求分析

京津冀地区属于典型的资源型缺水地区，人均水资源仅286 m³，远低于国际公认的人均极度缺水标准（500 m³）。在传统钢铁生产过程中，水资源管控操作措施不足以支撑日趋严格的耗水标准及新常态下钢铁行业发展的需求，开发创新型钢铁生产过程节水及管控技术非常必要。如何在生产全过程深度科学节水是目前面临的重大难题，急需从源头及工艺过程研发一系列综合成套技术，明晰各工序环节的最佳需水量及水质管控标准，解决从供水到生产工艺控制、水质稳定控制、水系统之间交互作用机制及其对钢铁产品质量影响机制等重大科学问题，为钢铁工业绿色化升级奠定技术基础。

二、技 术 介 绍

（一）技术基本组成

钢铁生产节水减排成套技术应统筹产品质量和节水减排，根据生产过程主要包括绿色供水技术、烧结-炼铁-炼钢-轧钢为主的钢铁冶炼过程典型工序节水技术、钢铁园区水网络优化与智能调控技术（图2.1）。

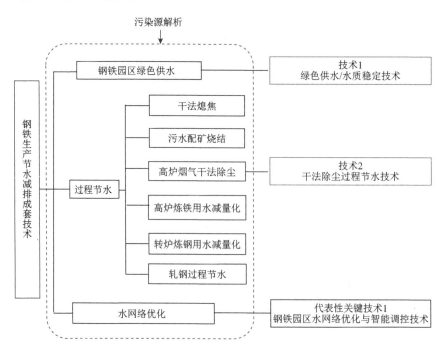

图2.1　钢铁生产节水减排成套技术组成图

（二）技术突破及创新性

1. 研发出解离供水系统中成垢离子及微纳米级有机/无机颗粒凝聚的超导高强磁场-物化耦合技术，实现降硬除浊、杀菌灭藻、稳定水质及绿色供水

开发超导高强磁场-物化耦合技术，高效脱除河水、雨水及中水等非常规水资源的成垢离子及微纳米级颗粒，硬度去除率＞70%，浊度降至0.5NTU以下；通过超导高强磁场与絮凝交互作用高效脱除水中菌藻，且无须加入磁种，处理成本低；以河水或中水等非常规水资源替代或减少软水使用比例，节水10%以上；通过脱除成垢离子、缔合及晶型转变等作用稳定水质，避免形成硬垢及复合垢；通过脱除循环水中细泥等微纳米级颗粒、杀灭菌藻等微生物，避免生物粘泥滋生。

2. 研发出"污泥-废水"烧结共利用的污泥及废水消纳新工艺，提出烧结用水水质标准，降低烧结工艺新水消耗

形成替代新水的污水配矿清洁烧结技术，直接节约烧结用新水。将主要含铁的氧化物、氧化钙和氧化镁等组分的转炉污泥作为原料替代部分铁矿，可降低制粒过程的水分消耗，改善烧结制粒性能，并进一步强化烧结过程的氧化气氛，改善烧结矿物组成，达到有害元素脱除的目的，有害元素含量可满足高炉生产需求。

3. 研发出基于有效降低氧化层与钢基体间结合力的低温加热轧制技术，开发出自动调节层流泵组水量的供水系统，降低轧钢工艺过程水量消耗

形成基于高压除磷用水减量化-轧制层喷水耦合控制-精品钢材智能化用水的轧钢综合节水技术。利用纳米压痕技术定量表征氧化铁皮和基体的结合力，开发出低温加热技术，实现除磷及机架间过程用水减量＞20%；采用低温快轧改变轧制过程的氧化层结构类型，降低开冷温度、缩减冷却温降区间及提高冷却效率，结合降低冷却水温、头尾遮蔽及变频控制等智能化技术，实现了轧钢过程节水＞20%的目标。

4. 开发出涵盖生产全流程、多尺度的钢铁园区水网络优化与智能调控技术，实现生产与控污耦合、水资源高效利用

根据钢铁生产用排水特点，建立了全生命周期的钢铁园区水网络多尺度优化模型、求解方法和程序模块，全面描述工序、工厂和园区等不同尺度水系统之间的相互作用和约束条件，具有较好的拓展性；并将水污染控制单元作为生产流程的一部分，实现了生产与控污的紧密耦合，有利于挖掘节水减排的最大潜力。

（三）工程示范

以上钢铁生产节水减排成套技术在河钢、邯钢推广应用，涵盖烧结、炼铁、炼钢和轧钢等典型钢铁生产工序（图2.2）。

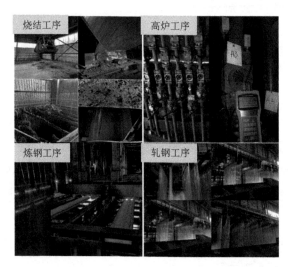

图2.2 钢铁生产节水减排成套技术工程示范

开发的替代新水的污水配矿清洁烧结技术在邯钢西区400 m³烧结机完成工程改造，通过在烧结布料时加入含废水炼钢污泥，并调节一混和二混的用水量，实现消化污泥和节约新水的目标。与工程改造前对比，最大月份节水率达到了21.3%，烧结成品率提高1.3%，实现烧结用污泥2%以上。

基于高炉炉体全生命周期冷却制度优化及冷却系统供水方式优化，在邯钢西区新1#高炉周向安装温度计、流量计、阀门等，实现高炉炉缸供水系统精细化控制，通过监测软件实时监控水量、水温差和热流强度，在保障高炉安全运行的前提下，完成节水20%目标。

炼钢工序二冷优化节水技术在邯钢西区炼钢厂连铸车间完成工程改造。通过优化喷嘴提高了气-水调节比和水流分布均匀性，降低了喷嘴的雾化液滴直径和喷射角波动幅度，在稳定水压和气压的情况下提高了冷却效果，节约冷却水不低于10%。

轧钢过程节水技术在邯钢热连轧厂及3500中厚板生产线完成工程改造。通过降低典型钢种开冷温度，缩减冷却温降区间，保证了钢板性能并节约冷却用水；结合降低冷却水温和调整生产计划，大幅提高冷却效率，达到节水效果。通过头尾遮蔽及变频控制等智能化技术，节约层流冷却用水≥20%。

（四）推广与应用情况

高炉冷却节水技术在首钢京唐5500 m³高炉上推广应用，可实时在线监测高炉冷却水温及热负荷，保障了高炉炉体长周期稳定运行，并准确指引冷却用水量，减少水资源消耗和动力成本。炼钢节水技术推广应用于八一钢铁和永锋钢铁120 t转炉，降低了渣料消耗量及烟尘产生量，缩短吹炼时间并减少烟气量，进而降低冷却用水量和生产成本，并减少环境污染。

三、实 施 成 效

钢铁行业是能源、矿产和水资源消耗大户，对流域经济发展和水资源消耗有显著影响。河北省钢铁产能规模位居全国首位，京津冀及周边地区等钢铁重要生产区域的环境容量和承载力受环保制约越来越大，绿色发展已经成为京津冀钢铁企业生死存亡的红线。

钢铁生产过程节水成套技术可以消纳高浓度炼钢污泥，实现炼钢工序水耗由13 kg/t钢降低到9.2 kg/t钢，节水比例最高达29.2%；实现高炉工序精细化供水与高炉工序循环水量节水20%的目标，实现轧钢工序除磷用水减量化为核心的综合节水，源头节水比例达24.8%。钢铁生产过程节水减排成套技术对提高京津冀地区水资源利用效果，缓解严重缺水现状具有重要意义。

技 术 来 源

- 钢铁行业水污染全过程控制技术系统集成与综合应用示范（2017ZX07402001）

3 ABS 树脂生产装置水污染全过程控制成套技术

适用范围：乳液接枝–本体SAN掺混法生产ABS的装置污染物全过程减排。
关 键 词：ABS树脂；反应釜；清洁生产；源头减量；全过程控制

一、技 术 背 景

（一）国内外技术现状

丙烯腈-丁二烯-苯乙烯共聚物树脂（ABS树脂）是五大合成树脂之一，工业化生产技术主要有乳液接枝-本体苯乙烯-丙烯腈共聚物（SAN）掺混法（乳液法）和连续本体法（本体法）两种主流工艺。其中，乳液法技术成熟，产品种类多，性能优良，是目前ABS树脂生产的主要方法，占全世界ABS树脂产能80%以上，产能还在逐年扩大。但是，乳液法ABS生产技术工艺流程长、排水节点多，其废水中含有高浓度聚合物胶乳、粉料等难降解有机物，处理难度大。

国内外现有乳液法ABS树脂生产废水治理以末端处理为主，多采用混凝气浮-生物处理组合工艺进行处理。该工艺通过混凝气浮去除胶乳、粉料形成浮渣，通过生物处理去除废水中溶解性有机物。2014年，《合成树脂工业污染物排放标准》（GB 31572—2015）的颁布对ABS树脂废水中特征有机物和总氮去除提出了严格的要求，而传统ABS树脂废水处理技术以化学需氧量去除为主要目标，对溶解性有毒有机物和氮的去除关注较少。

（二）主要问题和技术难点

传统乳液法ABS树脂生产废水治理主要存在以下问题：

1. 资源化利用不足

废水中的聚合物胶乳、粉料等具有回收价值的污染物，在混凝药剂的作用下转化为废弃物，导致资源浪费且废水处理成本居高不下，成为突出问题。

2. 气浮设备易堵塞，影响运行稳定性

废水中聚合物胶乳经混凝后形成黏性较大的絮体，易堵塞溶气释放器，导致气浮分离效果下降。

3. 污染物去除不充分

对化学需氧量去除关注较多，而对特征有机物、氮、磷的去除效果不明显。

（三）技术需求分析

传统乳液接枝聚合反应釜搅拌效果不佳，造成凝固物生成量大、釜壁挂胶严重影响传热效果、反应釜清釜频繁等问题，急需开发延长乳液聚合反应釜清釜周期技术，实现聚合反应釜清釜废水和胶乳过滤器清洗废水的源头减量。ABS树脂凝聚工段废水中未被凝聚的聚合物粒子和凝聚产生的过小团簇（以下简称微粉）是废水化学需氧量的重要来源，急需开发低微粉生成量的胶乳凝聚技术。针对溶气气浮设备-溶气释放器易堵塞的难题，急需研发适合ABS树脂废水水质特征的防堵塞溶气释放器。针对ABS树脂废水高含氮、脱氮要求高的问题，急需研发ABS树脂废水强化脱氮工艺，特别是以废水中有机物为反硝化碳源的低成本生物脱氮技术。

二、技 术 介 绍

（一）技术基本组成

ABS树脂生产装置水污染全过程控制成套技术包括ABS接枝聚合反应釜清釜周期延长技术和基于凝聚颗粒特性调控的ABS树脂接枝胶乳复合凝聚清洁生产技术两项关键性技术，以及混凝气浮预处理和有机腈氨化反硝化耦合生物处理技术（图3.1）。

其工艺流程如下：

（1）采用ABS接枝聚合反应釜清釜周期延长技术对ABS接枝聚合釜进行改造，降低清釜废水及污染物排放量。

（2）采用ABS接枝胶乳复合凝聚清洁生产技术对胶乳凝聚单元进行改造，降低凝聚废水中聚合物微粉的排放量。

（3）采用防堵塞溶气释放器对溶气气浮装置进行改造，实现混凝气浮设备的长周期稳定运行。

（4）混凝气浮出水经有机腈氨化反硝化耦合生物处理，实现废水中溶解性有机物和含氮污染物的同步去除。

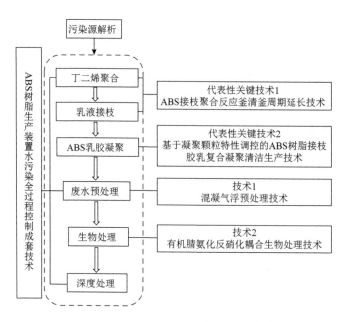

图3.1 ABS树脂生产装置水污染全过程控制成套技术组成图

（二）技术突破及创新性

1. 识别了影响ABS乳液接枝聚合反应釜清釜周期的关键因素，研发了清釜周期延长技术与设备，实现了污染源头减量和产品收率提升

研发了低搅拌剪切力下满足反应釜传质传热要求的搅拌设备（宽桨叶搅拌器+折流挡板），在不改变乳化剂投加量和胶乳颗粒粒径分布特征的条件下，保障乳液体系的稳定性和釜内传质传热效果。采用该设备对工业化传统乳液聚合反应釜进行改造后，釜内流场得到优化，传热传质效果显著提高，釜壁挂胶量大幅降低；清釜周期由30批延长到120批以上，清釜废水及污染物排放量源头削减75.0%以上；ABS树脂的产品收率和产品性能得到进一步提升，单体转化率由98.3%提高至98.8%；ABS树脂产品冲击强度由185 J/m提高至195 J/m。由于单体转化率提高，接枝胶乳中残留的丙烯腈和苯乙烯含量下降，降低了凝聚干燥工段废水和尾气中的有毒有机物浓度。

2. 突破了低微粉生成的ABS凝聚关键技术、药剂与设备，成功开发了ABS接枝胶乳复合凝聚清洁生产工艺，实现了物料回收和污染源头减量

创新性地开发了投加辅助凝聚剂的复合凝聚技术。通过选用复合凝聚体系，使不同特性的乳化剂失去稳定作用，改善了凝聚效果，减少了微粉生成量，提高了凝聚浆液分离效率，废水悬浮物浓度由传统凝聚工艺的200～1000 mg/L降至100 mg/L以下，在生产成本不增加的情况下，凝聚废水悬浮聚合物排放量较改造前降低80%以上。在此基础上，创新性地采用不同凝聚剂多点分开投加工艺，避免了不同破乳机理凝聚剂间的互相干扰，提高了凝聚效率。结合装置流程和设备情况，将主、辅凝聚剂在凝聚工艺的不同阶段分开加入，强化了破乳协同效应。通过提高凝聚剂的凝聚效率，减少了乳化剂和凝聚剂的残留量，进而改善了产品的白度和颜色稳定性。

创新性地开发了凝聚釜内优化技术，提高了复合凝聚技术的产品质量。通过调整凝聚釜内件的形式和安装位置，优化搅拌器形式和转速，强化凝聚剂和胶乳的分散与混合过程，有效改善了因局部温度和凝聚剂浓度过高导致凝聚颗粒内部酸性凝聚剂残留量过高的问题，从根本上提高了ABS接枝粉料品质，增加了高性能ABS树脂产量（图3.2）。

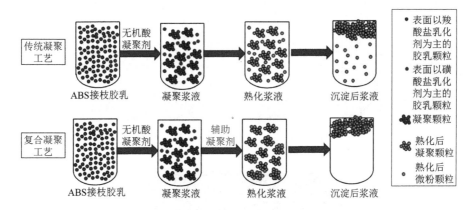

图3.2　传统凝聚工艺与复合凝聚工艺对比

3. 结合ABS树脂废水水质特性，研发了防堵塞溶气释放器及其配套溶气系统和废水有机腈氨化反硝化耦合生物处理技术，提高了废水处理系统的运行稳定性和出水水质

针对ABS树脂装置废水胶乳含量高、黏性大、易堵塞传统气浮溶气释放器的问题，研发了防堵塞溶气释放器及其配套系统，集成开发了长周期稳定运行的新型溶气气浮设备。该设备通过采用沿程阻力和局部阻力组合消能的宽流道溶气释放器取代以局部阻力消能为主的传统狭缝型溶气释放器，大幅缓解了释放器堵塞，在同等气浮效果下，堵塞周期从1个月延长至6个月以上，可保障气浮系统及后续生物处理单元长周期稳定运行，保证丙烯腈等有毒有机物稳定去除。

针对混凝气浮后废水高含氮、高有机腈的特点，研发了有机腈氨化反硝化耦合生物处理技术，实现了有机腈氨化与反硝化过程耦合，无须外加碳源，总氮去除率达80%以上，丙烯腈等有毒有机物去除率达95%以上。

（三）工程示范

ABS接枝聚合釜清釜周期延长技术应用于吉林石化公司38万t/a ABS树脂装置废水污染物减排工程（图3.3），每年可减排化学需氧量902.5 t、丙烯腈53.5 t、苯乙烯55.6 t，并增收ABS接枝聚合物382.8 t/a，增收ABS树脂产品1748 t/a，污染物减排以及产品增收等直接经济效益共计1080万元/a。ABS接枝胶乳复合凝聚技术应用于20万t/a ABS树脂装置清洁生产改造（图3.4），在成本不增加的情况下，每年可减排化学需氧量72 t、悬浮物96 t，显著减少了凝聚工段聚合物粉料损失，降低了脱水机运行电量，提高了装置连续运行稳定性，增产了高品质ABS接枝粉料和高性能ABS树脂产品（0215H）。较改造前每年为企业增加直接和间接经济效益3000多万元。防堵塞溶气释放器和有机腈氨化反硝化耦合生物处理技术应用于该公司6000 t/d ABS树脂废水（来自58万t/a ABS树脂生产装置）预处理工程，减少进入综合污水处理厂的化学需氧量负荷约3600 t/a，有机腈353 t/a，芳香族有机物354 t/a。

图3.3　吉林石化公司ABS树脂装置废水预处理工程

图3.4　ABS复合凝聚技术示范工程

（四）推广与应用情况

该成套技术适用于采用乳液接枝-本体SAN掺混法生产ABS的装置污染物全过程减排。ABS接枝聚合反应釜清釜周期延长技术和ABS接枝胶乳复合凝聚清洁生产技术将在中石油吉化（揭阳）60万t/a ABS项目中进行推广应用，该项目正在建设之中。

三、实 施 成 效

中石油吉化（揭阳）60万t/a ABS项目建成后，成套技术应用产能达到98万t/a，国内行业覆盖率超过10%。与传统工艺相比，通过污染减排和产品收率提高每年可带来直接经济效益2700万元以上，通过增产高品质产品每年可带来间接经济效益约1.5亿元。该技术推广应用可实现污染物的源头减量，并提高产品收率和高品质产品产量，提升整个ABS树脂行业的清洁生产水平，具有显著的环境效益和经济效益。

该成套技术可实现ABS树脂废水中聚合物胶乳、粉料资源回收，实现ABS树脂废水中有机腈、芳香族有机物、氮和磷的高效去除，使排水稳定达到《合成树脂工业污染物排放标准》（GB 31572—2015）限值要求。

技 术 来 源

- 松花江重污染行业有毒有机物减排关键技术及示范工程（2008ZX07207004）
- 松花江石化行业有毒有机物全过程控制关键技术与设备（2012ZX07201005）
- 石化行业水污染全过程控制技术集成与工程实证（2017ZX07402002）

4 石化废水强化脱毒达标处理与回用成套技术

适用范围: 炼油化工一体化石化综合污水及其他含低浓度难降解有机物的
工业废水。

关 键 词: 石化综合污水；难降解工业废水；微氧水解酸化；催化氧化；
微絮凝砂滤

一、技 术 背 景

（一）国内外技术现状

石化废水具有水质水量波动大、毒害污染物含量高等特点。随着石化行业排放
标准的不断提高，其处理技术也不断发展。截至目前，随着现行《石油化学工业污染
物排放标准》（GB 31571—2015）对卤代烷烃、苯系物、氯代苯类、硝基苯类、多环
芳烃类等60余种（类）特征污染物排放限制和污水回用要求的提高，国内石化废水处
理技术由预处理、生化处理单元为主逐渐增加了深度处理及回用单元。预处理工艺主
要有水解酸化、混凝、气浮、化学沉淀等；生化处理工艺主要有普通活性污泥法、
A/O、A²/O、接触氧化法等；深度处理工艺主要有化学氧化、曝气生物滤池、絮凝和
过滤等；回用单元主要采用超滤-反渗透工艺。国内石化污水厂化学需氧量、氨氮、
石油类、硫化物、挥发酚的处理效率分别在85%～99.5%、75%～98.8%、79%～99.6%、
88.9%～99.9%和99.8%，其他特征污染物去除效率不明，吨水运行成本普遍在3.0～12.0
元之间。

国内外石化废水处理技术思路相对接近，尤其是预处理和生化处理单元，基本工
艺差别不大。在深度处理单元，国内普遍采用臭氧和曝气生物滤池等工艺，而国外更
多采用絮凝和过滤等工艺。在排水指标要求上，国内重视特征污染物控制，但部分指
标甚至没有标准监测方法，行业排放控制水平不明；国外重视综合毒性指标和对水生
态的影响。

（二）主要问题和技术难点

难降解及有毒污染物是石化废水污染控制的难点和关键。其强化脱毒达标处理与回用存在以下技术难点：①缺少系统的石化废水源解析技术，特征污染物产生量及废水处理过程中减排效果不明确；②特征污染物减排效果差，无法稳定达标；③深度处理回用环节核心单元膜污染严重，污水回用率待提高。

（三）技术需求分析

首先，要研发石化废水精细化解析技术，评估污水处理过程中特征污染物削减效率，同时为避免不同毒性废水对综合污水处理厂生物处理单元的冲击，在水质解析基础上研发废水生物处理抑制性评估技术，在评估基础上明确不同废水的预处理要求；其次，需要针对石化废水水质研发稳定高效的污水达标技术；最后，需要针对污水回用要求，研发相关的膜污染组合控制技术，以提高污水回用率。

二、技 术 介 绍

（一）技术基本组成

石化废水强化脱毒达标处理与回用成套技术包括微氧水解酸化-缺氧/好氧-微絮凝砂滤-臭氧催化氧化技术1项代表性关键技术，以及基于废水特征污染物和生物抑制性的石化废水污染源解析技术、以耐污染膜为核心的低污染膜组合技术等4项技术（图4.1）。

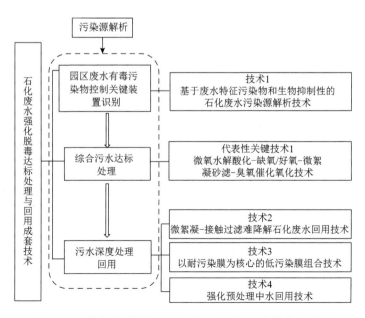

图4.1 石化废水强化脱毒达标处理与回用成套技术组成图

通过园区废水有毒污染物关键装置识别，有针对性地加强有毒废水预处理，对进入石化园区综合污水处理厂废水进行微氧水解酸化-缺氧/好氧生化处理后，采用微絮凝砂滤-臭氧催化氧化工艺进行深度达标处理，使石化废水中有毒有机物有效地去除，出水可以达标排放，或经过多膜组合工艺处理后实现中水回用。

（二）技术突破及创新性

1. 建立基于废水特征污染物和生物抑制性的石化废水污染源解析技术，为排放标准的全面实施提供有机特征污染物分析方法，支撑石化园区特征污染物减排效率评估

根据石化废水中有机特征污染物特性，以气相色谱-质谱法、离子色谱法、分光光度法为核心，建立了石化废水中双酚A等15种特征污染物的测试方法，为《石油化学工业污染物排放标准》（GB 31571—2015）中的有机特征污染物监测及去除评估提供了技术支持；首次系统构建了石化废水好氧、硝化、水解、产甲烷生物抑制性综合评估指标体系和评估方法，开发了石化装置废水中生物抑制性关键物质的识别技术。利用上述技术，完成了30余个涵盖石油化工全链条的重点排污子行业（约占行业排水量75%，化学需氧量排放量80%）水污染物解析，支撑了重点装置识别、典型高毒性石化废水脱毒预处理工艺的开发及行业废水处理特征有机物削减效果评估。

2. 研发了微氧水解酸化-缺氧/好氧-微絮凝砂滤-臭氧催化氧化关键技术，为石化行业综合污水提标改造提供了技术支撑

针对石化废水毒性高的特点研究了微氧水解酸化预处理技术。通过装置内溶解氧调控，创造电子受体受限条件，改变水解酸化菌传统代谢途径和种群结构（图4.2），提高芳香族等特征有机物去除效率，化学需氧量去除率由5%提高到16%左右，废水毒性降低，可生化性明显改善。

在达标深度处理环节研发微絮凝砂滤-臭氧催化氧化技术。利用微絮凝砂滤去除废水中分子量大于3000的特征有机物、胶体类有机物和疏水性有机物，利用臭氧催化氧化去除溶解性小分子特征有机物，实现了石化废水深度处理中悬浮物及胶体有机物和溶解性难降解小分子有机物的耦合有序去除。为进一步提高臭氧单元传质效率，开发了串联式两级臭氧催化氧化技术，可实现去除单位化学需氧量的臭氧消耗量约1.0 g O_3/g COD的效果（行业普遍处于1.3~1.7 g O_3/g COD），提升了石化废水深度处理能耗水平，出水常规指标和特征污染物指标稳定达到《石油化学工业污染物排放标准》（GB 31571—2015），水生态毒性全面优于德国等发达国家排放控制要求。

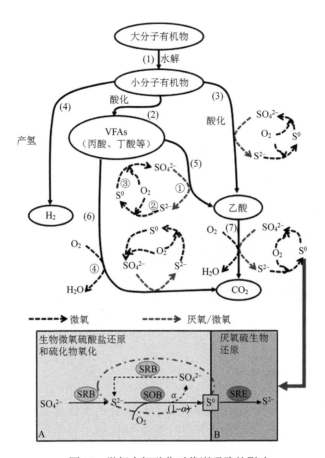

图4.2 微氧水解酸化对代谢通路的影响

3. 研发以降低膜污染为核心的组合技术，有效解决石化废水回用技术瓶颈，提升水资源利用率

针对石化废水回用过程中产生的反渗透浓水水量大、膜污染严重问题，研发了以耐污染膜为核心的低污染膜组合技术。采用开放式宽流道耐污染膜，与管式膜组成低污染的膜组合技术，在化学需氧量＞100 mg/L，总溶解固体＞10000 mg/L的进水条件下，反渗透实现夏季清洗频率1个月1次，耐污染膜大于3个月1次，运行周期较常规工艺延长2倍以上，反渗透浓水含盐量浓缩至10%左右。通过强化预处理技术、低污染膜组合技术、低无磷水处理药剂的技术集成，辅以智能管控一体化，形成了以"低污染、智能化"为特色的石化废水资源化回用集成技术。当进水总溶解固体为2000 mg/L时，该技术可以将浓盐水量减少至2%以下，回收率从行业普遍的60%～70%提升至90%以上，提高了水资源利用率。

（三）工程示范

基于以上创新技术，形成石化废水强化脱毒达标处理与回用成套技术，该技术首先在松花江代表性大型石化企业吉林石化公司进行了集成应用示范（图4.3），园区综合污水处理厂出水可稳定达到《石油化学工业污染物排放标准》（GB 31571—2015）排放要求，每年装置削减化学需氧量负荷4000多吨，减排有机腈、芳香族化合物等有毒有机物500多吨，污水厂每年减排化学需氧量1400 t，特征污染物近百吨，吨水处理成本约2.52元，优于行业普遍水平（3～12元/ t），支撑了《水污染防治行动计划》实施和松花江流域污染减排。

图4.3　吉林石化公司污水处理厂水解酸化池改造和微絮凝砂滤-臭氧催化氧化工程

（四）推广与应用情况

该成套技术适用于含炼油、化工单元的石化综合污水处理与回用。目前该技术已在兰州石化和石家庄炼化分公司中水回用工程等10多项工程中得到推广应用，总处理水量超过5000万t/a，减排有毒特征污染物超过100 t/a，累计处理循环水量18.3亿t/a，累计削减磷25 t/a。

三、实 施 成 效

石化废水达标处理与回用成套技术首先在松花江代表性大型石化企业进行了集成应用示范，通过对园区废水污染物解析，准确识别了该园区水污染全过程控制关键装置，并针对关键装置的污染特性，制定了对应的污染控制策略。同时，将石化园区综合污水稳定达标技术应用于企业石化废水厂（设计规模24万 t/d）提标改造工程，实现了每年装置削减化学需氧量负荷4000多吨，减排有机腈、芳香族化合物等有毒有机物500多吨，污水厂每年减排化学需氧量1400 t，特征污染物近百吨，生物毒性指标达到发达国家排放标准的环境效益。该示范工程的技术方案获得行业内专家认可，对国内石化、化工园区综合污水处理厂提标改造起到示范和引领作用，其核心的深度处理技术单元已在大庆石化、兰州石化等企业推广，推广应用处理水量超过1000万 t/a，削减化学需氧量超过400 t/a，环境效益显著，有效支撑了行业排水达到《石油化学工业污染物排放标准》（GB 31571—2015）的排放要求。

技 术 来 源

- 松花江石化行业有毒有机物全过程控制关键技术与设备（2012ZX07201005）
- 松花江重污染行业有毒有机物减排关键技术及示范工程（2008ZX07207004）
- 重点流域石化废水资源化与"零排放"关键技术产业化（2013ZX07210001）
- 石化行业废水污染全过程控制技术集成与工程实证（2017ZX07402002）

5 β-内酰胺类抗生素制造全过程水污染控制成套技术

适用范围：β-内酰胺类抗生素制造与水污染控制。
关 键 词：发酵污染控制；酶法合成；绿色分离；连续结晶；臭氧催化氧化；水污染减排；抗生素残留

一、技 术 背 景

（一）国内外技术现状

我国是原料药制造大国，在国际市场中占有重要地位。原料药制造废水和污染物排放量大，污染物毒性大、难处理，为"水十条"重点整治的十大行业之一。发酵类原料药和合成类原料药占总量的80%以上，是制药行业污染主要来源。抗生素是我国产量最大的化学原料药，青霉素类、头孢类等β-内酰胺抗生素市场份额分别占全球总量75%和80%。抗生素生产流程一般包括发酵、提取、原料药合成、分离纯化、废液资源化利用、废水处理等一系列典型步骤，生产过程具有代表性。目前制药行业水污染治理主要采取以末端治理为核心的治污策略，废水经制药企业处理后化学需氧量一般在200～400 mg/L，减排效果不尽如人意，尚不能达到国标要求，需要经过园区集中进一步处理才能排放。急需突破以抗生素制造为代表的全过程水污染减排共性关键技术，形成指导行业技术绿色升级、实现水污染减排、废水达标排放的全过程水污染控制集成技术。

（二）主要问题和技术难点

青霉素是产量最大的抗生素，采用发酵工艺生产。目前发酵生产普遍采用复合培养基，原材料利用率低，大量未转化的培养基及非目标代谢产物进入生产废水成为污染物，废水中化学需氧量含量高。研究开发以水污染减排为目标的发酵高效转化及污染控制技术，从工艺源头减排，是解决发酵水污染控制的关键。突破以合成培养基替代低利用率的复合培养基的发酵新工艺，提高原材料利用率和产出效率是发酵水污染减排的技术难点。

在青霉素发酵生产的基础上，进一步经过多步化学转化得到头孢类抗生素主要中间体7-氨基去乙酰氧基头孢烷酸（7-ADCA），7-ADCA再与侧链反应，获得头孢氨苄原料药。头孢氨苄是产量最大的合成类*β*-内酰胺抗生素，其传统的制备方法为化学合成法，一般采用混酐法或酰氯法等技术，该技术工艺路线流程长、能耗高、效率低、排放大量难降解污染物、污染物难处理，存在难以逾越的污染弊端。酶法合成是原料药绿色制造的重要发展方向，研究开发头孢氨苄高效酶法合成与绿色分离技术替代传统化学合成，以绿色连续结晶替代传统的间歇结晶，研发关键装备，提高酶法合成产出效率，提高产品质量，降低污染排放、降低产业化成本是该技术难点，也是制药行业急需解决的难题。

制药废水是工业废水中最难处理的废水之一，其水质组成复杂，化学需氧量高、色度高、可生化性差、药物残留与有毒有害物质含量高，难处理。常用的废水处理技术主要有物理化学技术、生物处理技术和组合处理技术。随着制药工业快速发展，高浓度制药废水量大而广，组成更复杂，处理难度加大。常规的生化处理出水化学需氧量一般只能达到约300 mg/L，尚不能达到制药废水国家标准（化学需氧量＜120 mg/L），缺乏经济适用的药物残留与难降解污染物处理技术。

（三）技术需求分析

随着环保排放要求日益提高及制药行业规模扩大，原材料利用率低、水资源综合利用率低、废水排放量大、处理成本高、废水中抗生素等典型污染物无害化处理等问题日益凸显，仅依靠末端处理难以实现废水低成本稳定达标排放，制药行业严重污染已成为制约行业可持续发展的重大技术瓶颈，亟须研究开发原料药制造全过程水污染控制关键技术和成套技术。该技术针对*β*-内酰胺类抗生素制造全过程水污染控制关键技术进行优化集成，采取清洁生产、高浓废液资源化利用、特征污染物深度处理相结合的处理策略，在一个园区内进行集成技术工程示范，支撑和引领原料药制造技术绿色升级，推动"京津冀"协同绿色发展，对改善流域水环境具有重要意义。

二、技 术 介 绍

（一）技术基本组成

β-内酰胺类抗生素制造全过程水污染控制成套技术主要包括基于培养基替代的青霉素发酵减排关键技术、头孢氨苄酶法合成与绿色结晶分离技术、高氨氮废水资源化技术和制药废水深度氧化与药物脱除技术，具体见图5.1。

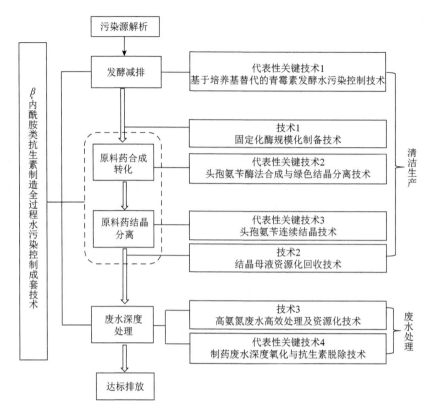

图5.1　β-内酰胺类抗生素制造全过程水污染控制成套技术组成图

（二）技术突破及创新性

1. 基于高效转化的青霉素发酵水污染减排关键技术

开发了青霉素工业发酵多参数在线采集与控制系统，以电导率为反馈指导的磷酸盐和硫酸根离子流加量精确控制，促进了菌体的比生长速率和青霉素高效合成，建立了以精准添加的合成培养基加营养包替代利用率低的有机复合培养基发酵新工艺，实现了青霉素发酵水平提高和水污染减排。青霉素发酵生产单位提高11%以上，显著提升了生产水平，发酵废水中化学需氧量较传统工艺降低30%以上，废酸水中氨氮降低45%以上。

2. 头孢氨苄酶法合成与绿色结晶分离技术

针对头孢氨苄化学合成过程工艺复杂、有毒有害辅助原材料用量大、能耗高、污染大等问题，以降低水污染为目标，开发了β-内酰胺类抗生素头孢氨苄高效酶法合成、绿色分离、连续结晶集成新技术，研制了先进的推进式全混型结晶装置。以头孢氨苄绿色酶法制备技术替代高污染的化学合成技术，打破了该技术的国外垄断，解决了头孢氨苄制备过程高污染问题。关键原料7-ADCA转化率达到99%，侧链用量减少25%，头孢氨苄结晶收率提高2%以上，结晶母液中头孢氨苄减少20%以上，废水和化学需氧量排放降低30%以上。该技术成果进一步指导其他β-内酰胺抗生素酶法绿色生产技术突破及产业技术升级。

3. 制药废水深度处理及稳定达标排放技术

针对制药行业大量的高氨氮废水，开发了高氨氮废水资源回收技术，通过药剂强化精馏工艺及高通量抗结垢塔内件优化设计，使得废水中氨氮以分子氨的形式从水中分离，处理后氨氮以氨水形式回收利用，氨氮去除率大于96%，显著降低了制药废水中氨氮含量。针对制药废水中难降解污染物和抗生素残留，开发了制药废水臭氧非均相催化氧化深度处理技术，链霉素、头孢唑林等残留抗生素去除率达到99%以上，出水化学需氧量<120 mg/L，出水水质达到制药废水国家标准要求。

（三）工程示范

β-内酰胺类抗生素制造全过程水污染控制成套技术适用于青霉素、头孢菌素等抗生素清洁生产及废水处理。该成套技术已在河北省石家庄市经济技术开发区进行了工程示范。企业结合自身生产工艺特点，选取该成套技术中的关键核心技术对原有工艺进行升级改造，具体示范工程如下。

示范工程1：基于高效转化的青霉素发酵水污染减排关键技术应用

开展了基于高效转化的青霉素发酵水污染减排关键技术验证。在150 t发酵罐以精准添加的合成培养基加营养包替代利用率低的有机复合培养基，实现了发酵新工艺的产业化应用。新技术应用后青霉素发酵生产单位提高11%以上，发酵废水中化学需氧量较传统工艺降低30%以上，废酸水中氨氮降低45%以上。

示范工程2：头孢氨苄酶法合成与绿色结晶分离技术工程示范

建立了1000 t/a头孢氨苄酶法合成与绿色结晶分离技术工程示范（图5.2），实现了绿色酶法合成对高污染化学合成的替代，大幅缩短了工艺流程，降低了有毒有害原料的使用，从工艺源头实现了水污染减排。二氯甲烷等有机用量降低40%以上，有毒有害辅助材料降低100%（5T/T产品），废水中化学需氧量降低50%，废水排放量降低

图5.2　头孢氨苄酶法合成与绿色结晶分离技术工程示范

30%，生产成本降低约4%，直接经济效益3000万元/a。该项技术打破国外技术垄断，达到国内领先、国际并跑水平。

示范工程3：发酵类制药废水深度处理及达标排放工程示范

开展了高氨氮废水资源化利用、发酵类制药废水深度氧化与抗生素高效脱除综合应用研究，建立了3000 t/d发酵类制药废水深度处理及达标排放工程示范（图5.3）。废水中氨氮去除效率大于96%，化学需氧量去除率达到96%，抗生素残留去除率超过99%，废水处理成本2.63元/kg COD，处理后的出水指标达到《发酵类制药工业水污染物排放标准》（GB 21903—2008）要求。

图5.3　发酵类制药废水深度处理及达标排放工程示范

示范工程4：半合成制药废水深度处理及达标排放工程示范

针对合成废水中难降解污染物和抗生素残留，开展了高浓度制药废水氧化预处理、废水深度氧化技术应用，建立了3000 t/d半合成制药废水深度处理及达标排放工程示范（图5.4）。新技术应用后化学需氧量平均去除率大于98%，氨氮平均去除率99%，

图5.4　半合成类制药废水深度处理及达标排放工程示范

药物残留去除率99%，废水处理成本5.16元/kg COD，排水指标满足《化学合成类制药工业水污染物排放标准》（GB 21904—2008）。

（四）推广与应用情况

抗生素酶法合成与绿色分离关键技术在阿莫西林、头孢拉定等产品中得到应用。抗生素原料药绿色结晶生产关键技术及智能化装备研究成果获2019年天津市科技进步奖特等奖，在青霉素、红霉素等抗生素，维生素C、维生素B等维生素及其他药品生产中得到推广应用，如华北制药、新发药业、新华制药等结晶生产线，产品质量均达到或优于国际同类产品水平，年新增利税过亿元，减排增效成果显著。

三、实 施 成 效

该成套技术针对β-内酰胺类抗生素原料药制造全过程开发水污染减排控污技术，通过发酵减排、头孢类原料药酶法合成与绿色分离清洁生产技术，从工艺源头显著降低了制药过程有毒有害原材料使用及污染物的排放；通过废水中氨氮脱除及资源化利用，显著降低了废水中氨氮含量；通过废水催化氧化技术解决了制药过程难降解污染物及抗生素等高毒性污染物的脱除问题。

新技术实施可以有效显著降低β-内酰胺类抗生素制造过程中废水和化学需氧量的排放。在已建制药废水示范工程，化学需氧量减排200 t/a。头孢氨苄示范线新增直接经济效益3000万元/a，减少辅助材料用量5000 t/a。

新技术实施，有力支撑京津冀地区以及海河流域水环境质量改善。该技术中头孢氨苄酶法合成与绿色分离打破了国外技术垄断，并且有效提升了我国抗生素原料药的质量水平，相关产品质量均达到或优于国际同类产品水平，促进了我国制药业技术水平提高和产品市场竞争力增强，成果应用实现年新增利税过亿元。

该成套技术还可以供制药企业有选择地使用，指导和引领以生产源头控污-综合利用-高效治理为核心的制药行业全过程控污减排理念的深化实施，促进我国制药行业绿色升级与可持续发展，支持我国流域和行业治理建设迈上新台阶。

技 术 来 源

• 制药行业全过程水污染控制技术集成与工程实证（2017ZX07402003）

6 化学法制浆清洁生产与水污染全过程控制成套技术

> **适用范围**：非木材、木材等各类纤维原料的化学法制浆的清洁漂白。
> **关 键 词**：化学法制浆；清洁生产；水污染；全过程控制

一、技 术 背 景

（一）国内外技术现状

纸浆生产是造纸的第一步，造纸必先制浆。从制浆的原料来源划分，分为原生纸浆和再生纸浆，前者主要以木材、竹、秸秆等植物纤维为原料，后者以回收的废纸为原料。

化学法制浆是造纸行业最主要的原生纸浆生产方法，约占原生浆产量的70%～80%，主要采用碱法制浆工艺，其关键生产过程包括碱性蒸煮和漂白（图6.1）。化学法制浆由于使用大量化学品，用水量大，废水污染负荷高，其制浆生产过程废水成分复杂、毒性强、处理成本高。一般每生产1 t化学浆就有1 t有机物和400 kg碱类、硫化物溶解于黑液中，化学需氧量高达150000 mg/L；因此，化学法制浆废水污染是造纸行业水污染控制的重点。

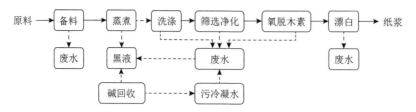

图6.1　现代化学法制浆流程及排水节点简图

针对化学法制浆废水污染，欧盟、北美等造纸发达国家均采取了基于减少环境影响的工艺变革和工艺升级，具体体现在黑液碱回收技术及中高浓无氯漂白技术（ECF/TCF）的应用，废水和化学需氧量排放均达到较低水平，已实现了清洁生产。

由于林木资源不足，我国化学法制浆大量使用非木材原料，生产方式则沿用传统碱法蒸煮、真空洗浆机组进行黑液提取、低浓含氯漂白工艺，技术装备水平较低，废水排放量大，污染负荷重。传统漂白过程会产生大量的有毒有害可吸附有机卤化物（AOX），对环境造成了严重污染。随着环境保护力度的不断加强，排放标准要求的不断提升，我国非木材化学法制浆已全部配套了碱回收系统且技术日臻完善，在清洁漂白技术和水污染控制方面也取得了极大进步。

（二）主要问题和技术难点

国外以木材为原料且单线产能规模较大的清洁生产技术无法适应国内非木材原料的需求，主要存在以下关键问题：

（1）黑液提取率低，较多污染物进入到漂白工序导致漂白药剂消耗高，污染物产生量大。

（2）为了获得较高的得率，纸浆蒸煮后硬度偏高，造成漂白过程化学药品添加量增加，引起漂白废水污染负荷增加。

（3）中高浓无氯漂白关键技术与装备一直受限于国外，在国内的应用缺乏针对性和灵活性，造成无法发挥最佳的效果。

因此，需要针对非木浆的特性，开发黑液提取率提升技术、深度脱木素技术、中高浓无氯漂白技术等关键技术，形成化学法制浆清洁生产与水污染全过程控制成套技术。

（三）技术需求分析

2008年，我国环境保护部发布了最新的《制浆造纸工业水污染物排放标准》（GB 3544—2008），要求制浆和造纸联合企业单位产品基准排水量从300 m^3/t降至60 m^3/t（特别限值25 m^3/t），化学需氧量排放浓度限值从450 mg/L降至90 mg/L（特殊限值60 mg/L），只有原来的1/12～1/5，且可吸附有机卤化物（AOX）被列为强制性排放限制指标。因此，亟须突破化学法制浆清洁生产技术，实施无元素氯清洁漂白技术改造，以实现低成本稳定达标甚至超低排放。

二、技 术 介 绍

（一）技术基本组成

化学法制浆清洁生产与水污染全过程控制成套技术，主要包括基于置换-挤压洗涤的集成提取技术、中高浓无氯漂白技术等关键技术，以实现漂白过程的低化学品用量和毒性药剂替代，进而实现水污染产生量的大幅降低。

该成套技术中的代表性关键技术为无元素氯清洁漂白技术，该技术是通过深度脱木素降低漂前浆纸浆硬度，再结合过氧化氢强化压力碱抽提共同实现的。化学法制浆清洁生产与水污染全过程控制成套技术如图6.2所示。

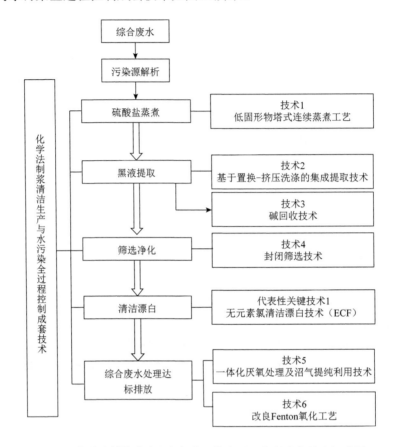

图6.2　化学法制浆清洁生产与水污染全过程控制成套技术组成图

（二）技术突破及创新性

突破了化学法制浆黑液高效提取分离技术和深度脱木素技术，研发了中浓纸浆流体化核心关键装备，实现了我国非木材化学法制浆清洁生产技术与装备的自主可控。

1. 深度脱木素

通过研究蒸煮残余木素结构和残碱对脱木素效率的影响机理，以及更高浓度（10%～15%）纸浆氧脱木素过程的传质与反应动力学（图6.3和图6.4），实现温度、时间、压力、浓度的平衡，实现漂前总木素脱出率由92%～95%提高到96%～98%，洗涤后产生的含木素废水全部逆流回用到提取工段，并进入碱回收系统，本段无排放，为中段废水降低污染负荷提供先决条件。

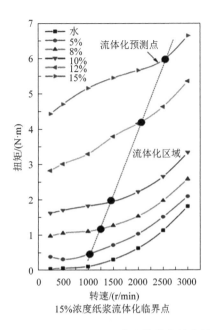

图6.3 不同浓度下纸浆流体化特性曲线

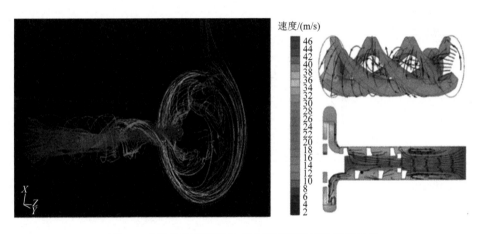

图6.4 中浓浆泵湍流发生器内部流场计算机模拟优化

针对非木材化学浆，研发了适合于该原料的深度脱木素技术关键装备，如氧脱木素塔、中浓纸浆混合器、蒸汽混合器等；并针对非木浆中浓输送的特点，对中浓浆泵的湍流发生器及控制逻辑进行了优化设计（图6.5），保证了中浓漂白的顺利实施。

针对木材化学浆的深度脱木素，率先在国内开展了中浓臭氧漂白技术的研究和产业化应用研究（图6.6），实现脱木素率在现有基础上，再提升20%以上，在相同脱木素率下第二段氧脱木素的温度可降低至100℃，降低了氧脱木素段蒸汽消耗，进一步提高了纸浆质量，为后续降低漂白化学品用量创造有利条件。

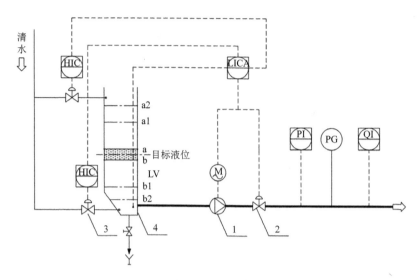

图6.5 中浓浆泵控制逻辑优化

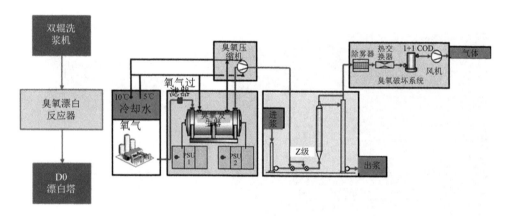

图6.6 集成臭氧漂白的深度脱木素技术

2. 过氧化氢强化压力碱抽提

深度脱木素技术的成功应用，极大地降低了漂前纸浆的残余木素，在此基础上，通过研究木素分子在碱性条件下的反应机理，实现压力过氧化氢强化碱抽提（E→Eop），增加木素抽提量和纸浆白度，进一步降低二氧化氯漂剂用量20%以上，在白度要求不是太高的情况下，甚至可以省去第二段二氧化氯漂白，显著减少可吸附有机氯化物产生量。

该成套技术与国家发改委发布的《制浆造纸行业清洁生产评价指标体系》相比，整体技术达到国际领先水平；与欧盟等发达国家的排放标准相比，相关排放指标也远低于相关标准，实现了超低排放（表6.1和表6.2）。

表6.1　成套技术达到的清洁生产水平情况

生产类型	污染物产生量	I级基准值	成套技术	对比
化学浆（漂白非木浆）	废水量 /（m³/t）	60～70	20～30	优于
	化学需氧量 /（kg/t）	110～150	40～90	优于
化学浆（漂白木浆）	废水量 /（m³/t）	28	18～20	优于
	化学需氧量 /（kg/t）	30	25～30	优于

注：化学需氧量排放量 = 废水量 × 制浆车间外排废水的化学需氧量浓度

表6.2　成套技术应用后末端治理达标排放废水情况

生产类型	污染物排放限值	欧盟标准	成套技术	对比
化学浆	废水量 /（m³/t）	30～50	18～20	优于
	化学需氧量 /（kg/t）	8～23	0.97～1.08	优于

注：化学需氧量排放量 = 废水量 × 末端水处理后的化学需氧量排放浓度

（三）工程示范

示范工程主要依托白云纸业一期和二期制浆工程及配套碱回收生产线和48000 m³/d污水处理站；通过对依托工程进行技术升级改造，建立化学法制浆过程水污染清洁生产和水污染全过程控制产业化示范工程（图6.7）。

图6.7　非木材化学法制浆清洁生产与水污染全过程控制示范工程

该生产线可以用稻麦草、杨木为原料，采用碱法制浆、清洁漂白工艺生产漂白化学浆，用于文化用纸的配抄。示范工程自2015年运行以来，每年减排废水150多万 t，化学需氧量减少243 t/a，产生经济效益3640万元/a。

（四）推广与应用情况

相关技术已在广西博冠纸业、广西永鑫华糖集团来宾纸业、广西来宾东塘纸业、山东太阳纸业及所属山东太阳宏河纸业、山东太阳（老挝）纸业等企业推广应用；并入选国家环保标准《制浆造纸工业污染防治可行技术指南》（HJ 2302—2018），作为推荐的技术在全行业推广。

按全国化学法制浆产能约1400万 t来计算，全国化学法制浆废水平均降低30 m³/t和化学需氧量平均降低5 kg/t，可减排废水4.2亿m³/a（约占行业排放总量的20%），化学需氧量减排7万 t/a（约占行业排放总量的20%）。

三、实 施 成 效

化学法制浆清洁生产与水污染全过程控制成套技术对实现造纸行业节水减排，扭转行业水环境污染状况具有重要意义。

在该技术的支持下，项目依托工程企业山东太阳纸业通过实施清洁生产，实现了从原料到产品再到水污染的全过程控制，资源、能源利用率不断提高，水资源重复利用率达到92%以上，废水化学需氧量出境水质稳定在30 mg/L以下，生化需氧量达到10 mg/L以下，最大限度地减少了污染物的排放，支撑了国家战略性工程"南水北调"东线工程干线水质稳定达到国家地表水环境质量Ⅲ类水标准，作为环境治理典型企业在2019年12月12日的焦点访谈节目中播出。

我国制浆造纸企业主要分布在淮河流域、珠江流域、长江流域等重点流域，随着造纸行业的不断进步，我国造纸行业生态环境管理已由以污染控制为主向环境质量目标管理和环境风险防范转变，通过成套技术的示范推广，可以为化学法制浆过程降低水污染物排放，实现清洁生产提供技术支持。

与此同时，该技术的实施推广，也逐渐改变了社会公众、地方政府等对造纸行业的认识。目前，广西、江苏、湖北等地已放宽了对化学法制浆的准入，未来将有更多的生产线投产，该技术将继续为全面落实国家"水污染防治行动计划"、打赢污染防治攻坚战以及排污许可证等环境管理制度的全面实施，促进流域水环境质量改善提供可参考的工程范本。

技 术 来 源

- 重点流域造纸行业水污染控制关键技术产业化示范（2014ZX07213001）
- 造纸行业水污染全过程控制技术优化集成与应用推广（2017ZX07402004）

7　化学机械法制浆废水资源化处理成套技术

适用范围：木材纤维原料的化学机械法、半化学法制浆清洁生产。
关　键　词：化学机械法制浆；水网络优化；MVR蒸发；资源化处理

一、技 术 背 景

（一）国内外技术现状

化学机械法制浆（简称"化机浆"）是指用化学预处理少量脱除木素、软化木质原料后，通过机械研磨成浆。相比于传统的化学制浆方法，化学机械法制浆得率高（85%～95%），在纸浆生产过程中，使用化学品少，废水量相对较少，污染负荷较低，化学需氧量仅为化学浆的十分之一左右，易于生物化学处理，且漂白处理没有毒性物质产生，纸浆清洁、安全。因此，随着我国对于固体废物的进口限制，且我国林业资源短缺，发展化学机械法制浆具有重要的经济和社会效益，特别是针对非木材纤维原料的化学机械法制浆技术。

化学机械法制浆过程主要包括化学预处理和机械磨浆（图7.1）。传统化机浆制浆废水排放量在20 m³/t以上，废水化学需氧量浓度5000～9000 mg/L，废液主要通过膜分离技术、好氧生物处理、厌氧生物处理、厌氧-好氧联合生物处理技术、深度处理等

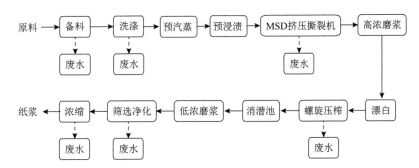

图7.1　化学机械法（PRC-APMP）制浆废水资源化处理成套技术组成图

技术处理，但由于化机浆废水初始化学需氧量浓度高，处理后废水化学需氧量难以达到《制浆造纸工业水污染物排放标准》（GB 3544—2008）100 mg/L的要求，一般都是通过与其他废水混合稀释后排放，造成废水排放量居高不下。

化机浆"碱回收"技术不仅回收热能和化学品，更可以从源头降低废水的污染负荷。国际上20世纪80年代开始研究化机浆"碱回收"技术，但蒸发成本高、可回收热能效率低是主要制约因素。目前，国际上仅有少数几个企业采用了化机浆废液碱回收技术，国内在化机浆废液碱回收方面也取得了极大进步，经过十多年的努力，目前化机浆碱回收技术已逐步成熟，国内首套化机浆制浆废液碱回收处理技术在山东太阳纸业股份有限公司得到应用。

（二）主要问题和技术难点

我国木浆木片大量依赖进口，对外依存度高达61%，优质纤维原料短缺一直是制约我国造纸工业发展的因素之一。为了充分利用木材原料，我国对化机浆的研发和投入也越来越大，急需解决化机浆废水处理的难题。目前化机浆"碱回收"技术必须解决以下关键问题：

（1）化学机械法制浆过程化学药品用量少、预处理温度低，主要靠后续的机械磨浆解离纤维，因此有机物溶出少，固形物浓度只有约0.65%。而且，细小纤维等悬浮物含量高。

（2）化学机械法制浆采用过氧化氢漂白，为了避免过氧化氢分解，需要加入较大量的硅酸钠及镁盐，因而废水中硅、镁等离子浓度高，易结垢。

（3）对于浓度非常低的有机废水，所需蒸发的水量大，能耗高、效益低。

（三）技术需求分析

随着化机浆技术的发展，其废水产生量降至10 m³/t左右，但化学需氧量则增加到10000 mg/L以上，采用常规三级废水处理难以实现合理成本达到《制浆造纸工业水污染物排放标准》（GB 3544—2008）要求，无法实现总量减排。亟须通过对化机浆生产过程工艺技术进行改进，重新优化设计废水循环回路，减少废水量；再采用高效低耗蒸发技术，以实现低成本蒸发处理，最终通过碱回收实现废水的资源化处理，达到超低排放。

因此，针对化机浆废水的特点，研发突破废水最优化循环回用技术、废水高效低耗机械式蒸汽再压缩（MVR）蒸发技术等关键技术，形成了化学机械法制浆废水资源化处理成套技术。

二、技术介绍

（一）技术基本组成

化学机械法制浆全过程水污染减排及资源化利用成套技术（图7.2）是通过优化

"高低浓磨浆技术、螺旋压榨高效洗涤技术"达到过程水的最优化循环回用，为资源化处理创造有利条件；开发了基于"MVR-多效蒸发-燃烧"资源化处理技术，实现了超低排放。

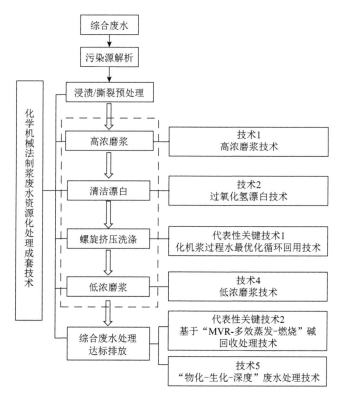

图7.2　化学机械法制浆废水资源化处理成套技术组成图

（二）技术突破及创新性

1. 过程水最优化循环回用技术

过程水最优化循环回用技术通过生产工艺改进和过程水循环路线优化实现。生产工艺改进方面，开发了高低浓协同磨浆新工艺（ZJ 1420—01），高浓压力磨浆在实现疏解纤维的同时，可将产生的二次蒸汽回用，不仅降低了污水量，同时能量也得到充分利用；低浓磨浆不仅可以消除高浓磨浆时可能产生的纸浆游离度高和不均匀的现象，而且可以减少高浓纸浆消潜的能耗和水耗。另外，采用无硅药剂替代水溶性硅酸盐（Na_2SiO_3），减少了结垢。

过程水循环路线优化方面，针对各工序产生的废水采用不同的处理方式，构建了新的水循环路线，实现废水最优化循环回用，吨浆废水量进一步降至5～7 m³，废水固形物浓度提高到1.5%～2%，为提高蒸发处理效率、降低蒸发成本创造了良好条件。

2. 基于"MVR-多效蒸发-燃烧"碱回收处理技术

机械式蒸汽再压缩（MVR）蒸发技术与传统多效蒸发相比，占地面积小，效率高，能耗低，但在化机浆废水蒸发应用中发现MVR蒸发效率不稳定，非常容易结垢，导致需要频繁停机除垢，严重影响生产。为解决这一问题，通过三个层面对系统进行改进优化：一是加强生产过程控制，降低废水悬浮物含量；二是对废水中间池的废水采用压力筛进行净化处理；三是对MVR系统进行适当改造，特别是在二次蒸汽管道上增设涤气器，可使二次蒸汽中夹带有机物量降低31.1%，实现了MVR蒸发系统长周期、稳定用于化机浆低浓废水的高效低耗蒸发浓缩，废水固形物浓度稳定在15%左右。然后，选用国内先进的多效板式降膜蒸发器和结晶蒸发技术，蒸发效率约为5.2 kg水/kg汽，较传统蒸发工艺效率提升约50%，节省用气量，产出的废液固形物浓度达65%，满足碱回收炉进液要求，实现废水中有机物通过燃烧转化为热、无机物转化为碱，实现资源化利用。最后，形成了"MVR蒸发-多效蒸发-碱回收"资源化处理技术（图7.3）。

图7.3 化机浆废水"MVR+多效蒸发"碱回收系统示意图

该成套技术突破了化机浆过程水的各级优化回用，提高了废水浓度，通过"MVR+多效蒸发"达到了化机浆废液高效低成本的浓缩和燃烧处理，实现了化机浆废水资源化处理，解决化学机械法制浆废水污染难题。与传统相比，该成套技术的实施可以降低水污染排放负荷约90%（表7.1和表7.2）。

表7.1 成套技术达到的清洁生产水平情况

生产类型	污染物产生量	I级基准值	成套技术	对比
化机浆	废水量 /（m³/t）	10	5～7	优于
	化学需氧量 /（kg/t）	90～110	送碱回收	优于

表7.2 成套技术应用后末端治理达标排放废水情况

生产类型	污染物排放限值	欧盟标准	成套技术	对比
化机浆	废水量 /（m³/t）	15～20	0	优于
	化学需氧量 /（kg/t）	10～20	0	优于

（三）工程示范

该技术已在山东太阳纸业股份有限公司化学机械法车间一条年产15万t以上PRC-APMP制浆生产线进行示范推广（图7.4）。

图7.4 化学机械法制浆全过程水污染减排与资源化处理示范工程

示范工程通过清洁生产提标改造后，运行稳定，达到了水污染源高效控污减排目标，废水产生量降至5～7 m^3/t浆。对于这些废水，进一步采用MVR蒸发结合强制循环蒸发的组合蒸发技术，较传统直接多效蒸发节能40%，浓缩废水送碱回收系统处理，废水中有机物被燃烧掉转化为热，无机物转化为碱，化学需氧量减排约100 kg/t浆，实现废水资源化处理利用。

（四）推广与应用情况

该技术已在山东太阳纸业股份有限公司所有化学机械法制浆、半化学法制浆生产线上应用推广，并入选国家环保标准《制浆造纸工业污染防治可行技术指南》（HJ 2302—2018），作为推荐的技术在全行业推广。

按全国化学机械法制浆产能约500万t来计算，废水平均降低5 m^3/t，化学需氧量平均降低100 kg/t，可减排废水2500万 m^3/a（约占行业排放总量的1.2%），可实现化学需氧量减排5万 t/a（约占行业排放总量的14%）。

三、实 施 成 效

1. 对国家及地方重大战略和工程的支撑情况

该成套技术的示范工程位于泗河流域。示范工程实施有利于减少流域或区域主要污染物排放量，环境效益和社会效益明显。化学机械法制浆废水资源化利用成套技术对于打赢化学机械法制浆水污染防治攻坚战提供了技术支持，全面践行了"水污染防治行动计划"。通过成套技术的示范推广，可以为解决化学机械法制浆废水资源化利用提供技术和理论支持，为实现化学机械法制浆的清洁生产提供了工程案例支持。

2. 对流域水环境管理的支撑情况

随着造纸行业的不断进步，我国造纸行业生态环境管理已由以污染控制为主向环境质量目标管理和环境风险防范转变。化学机械法制浆废水资源化利用成套技术解决了化学机械法制浆过程中污染负荷重、水资源化利用难的问题。成套技术为推动《制浆造纸工业水污染物排放标准》（GB 3544—2008）的全面实施提供了直接的技术支撑。通过成套技术的示范推广，可以为化学机械法制浆过程降低水污染物排放，实现化学法制浆的清洁生产提供技术和工程案例支持。

技 术 来 源

- 重点流域造纸行业水污染控制关键技术产业化示范（2014ZX07213001）
- 造纸行业水污染全过程控制技术优化集成与应用推广（2017ZX07402004）

8 锌电解整体工艺重金属废水智能化源削减成套技术

适用范围：湿法电解车间。

关 键 词：电解；整体工艺；重金属废水；阳极泥；源头削减；智能化；成套技术

一、技 术 背 景

（一）国内外技术现状

电解锌行业是国民经济的重要支柱产业，我国锌产能、产量近20余年连续居世界第一。其中，锌电解过程中产生大量重金属废水和含铅阳极泥危废，是湿法炼锌工艺重金属废水产生量大、重金属铅污染最为严重的环节，而且车间工序多，各工序呈平面布置、孤立零散，诸多工序采用人工辅助吊车或简单工具完成（图8.1），也给操作

阴极入槽

阴极出槽

阴极泡板清洗

锌皮剥离

识别分拣

阳极入槽

阳极出槽

阳极刮泥

识别分拣

图8.1 传统人工操作

工人的身体健康带来威胁。近年来，国外先进企业和国内约10%的企业采用日本三井或卢森堡保尔沃特相关先进设备（图8.2），仅出入槽或剥板实现了自动化，主要为了替代人工提高效率，无削污功能。

卢森堡保尔沃特（出入槽）   日本三井拨片机组（震、铲、剥）

图8.2 国外部分自动化设备

对于电解过程产生的重金属污染物，国内外均缺少污染物源削减技术。针对重金属废水，目前普遍采用中和沉淀法等末端处理方式，通过将废水中的重金属污染物转移至渣相来实现废水的达标排放。阳极泥危废目前缺乏有效处置手段。

（二）主要问题和技术难点

锌电解车间重金属污染治理存在以下问题：

（1）传统生产过程普遍采用高温水浸泡方式清洗带锌阴极板，年产清洗废水仅300万t，同时，在浸泡清洗过程中发生了锌皮反溶，反溶量占泡板水中锌离子总量的87.4%，造成资源和能源浪费。

（2）电解过程中不断发生的阳极铅腐蚀导致大量含铅阳极泥危废产生，我国电解锌行业每年产生阳极泥危废约30万t，同时，铅阳极的溶蚀大大缩短了阳极板的使用寿命，增加了企业的生产成本。

传统末端治理方式多是在污染产生后的被动处理，不能改变电解车间环境污染、资源浪费的现状和对操作工人身体健康的危害，同时存在稳定达标难、资源能源浪费严重等问题。改变传统单纯依靠末端治污的模式，研发清洁生产技术从源头减少重金属污染的产生是解决当前锌电解车间污染问题的有效途径。

在锌电解车间研发清洁生产技术存在以下难点：

（1）对传统锌电解车间进行清洁化改造、实现生产过程中污染物的源头削减无先例可循。

（2）研发的清洁生产工艺、技术装备首先要确保原有的生产周期不改变和各项生产指标不下降。

（3）将污染物削减过程融入正常生产过程，研发的清洁生产技术装备需适应电解车间生产工艺、车间环境等要求。

（三）技术需求分析

锌电解过程产污源头多、流程长、产污量大，传统末端处理压力大，且不能改变车间的污染现状。因此，针对电解车间的重金属污染问题不能单纯依赖末端治理，而应深入生产过程摸清重金属污染物代谢路径，在电解车间探索满足生产工艺要求的污染物源头削减、资源能源高效利用、操作环境改善、生产与削污协同的清洁生产模式。

二、技术介绍

（一）技术基本组成

锌电解整体工艺重金属废水智能化源削减成套技术组成图如图8.3所示。

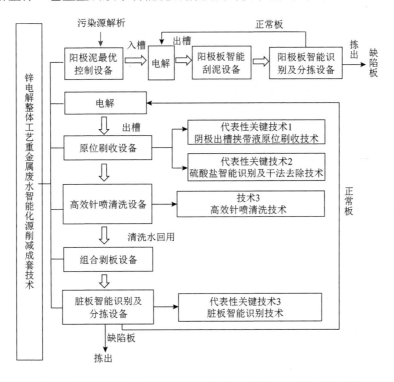

图8.3 锌电解整体工艺重金属废水智能化源削减成套技术组成图

成套技术包括阴极出槽挟带液原位刷收、硫酸盐智能识别及干法去除、高效针喷清洗、组合式剥板、脏板智能识别及分拣5项阴极技术，电解槽阳极泥最优控制、电解过程关键物理场实时在线监测、阳极板智能刮泥3项阳极技术，以及阴阳极单片交替出入槽、跨尺度四次逐级精准组合定位、多功能机器人3项重大工程实用技术。阴阳极板的出入槽及转运工作全部由多功能机器人完成。

在阴极，多功能机器人借助精准定位技术精准抓取带锌板，经阴极出槽挟带液原位刷收和硫酸盐智能识别及干法去除技术，从源头去除极板表面挟带的大部分电解液和硫酸盐结晶物，并实现循环利用。残留在极板表面的污染物采用高效针喷清洗技术清洗去除，产生少量清洗废水。之后由组合剥板技术完成锌皮的剥离和码垛，由脏板智能识别及分拣技术完成不合格极板的分拣，合格板由机器人借助精准定位技术完成精准入槽，开始新一轮电解。

在阳极，铅基阳极经阳极泥最优控制系统（阳极泥最优控制+电解过程关键物理场实时在线监测技术）处理得到预制膜阳极，由预制膜阳极代替传统阳极板参与电解过程，减少了铅腐蚀带来的铅污染释放和含铅阳极泥的产生量。达到阳极除泥周期后，多功能机器人借助精准定位技术精准完成阳极出槽，由阳极板智能刮泥技术实现阳极表面多余阳极泥的去除，且不损伤预制膜。刮完泥的阳极板进入下一道工序，由智能识别技术将不合格阳极板拣出，合格板由机器人借助精准定位技术完成精准入槽，开始新一轮电解。

（二）技术突破及创新性

该成套技术具有我国完全自主知识产权。成套技术成功突破阴极出槽挟带液原位刷收技术、硫酸盐智能识别及干法去除、高效针喷清洗、脏板智能识别与分拣等关键阴极技术，电解槽阳极泥最优控制、电解过程关键物理场实时在线监测及阳极板智能刮泥等阳极关键技术，以及精准定位等集成技术，实现源头平均削减重金属废水95.4%，分别削减铅94.5%、镉96.1%以及锌98.8%等，实现电解车间无废水外排处理，彻底改变了传统锌电解车间末端治污的被动模式，显著提升了车间的清洁生产水平和技术装备的现代化水平。

（1）揭示了由锌电解阴极导致的以锌为主的复杂水污染机制，突破阴极污染物源头削减技术装备，彻底取消了在行业存在一个多世纪的标配，即电解过程中废水最大来源——泡板槽。

（2）揭示了阳极危废产生的微观机制，原创性地研发成功电解槽阳极泥最优控制技术、电解过程关键物理场实时在线监测技术和阳极板智能刮泥技术，破解了长期困扰行业的铅污染和危废国际难题。

（3）打破了国内外锌电解装备平面布置、各工序独立运行的格局，研制成功以机器人技术为手段、集成阴阳两极智能化和自动化削污技术于一体、立体运行、多工序同步、对污染物精准去除的大型清洁生产成套技术装备。

"成套技术"从源头同时解决了电解车间废水和阳极泥危废两大主要介质造成的严重重金属污染，同时大幅削减人工，显著提升车间清洁生产技术装备水平。但是，该成套技术不具备协同解决电解槽面含酸、含重金属酸雾的气态污染问题，且为了充分发挥成套技术装备的整体性能，选用的机器人为国外进口，稳定性好，故障率低，但成本相对较高，容易造成对国外产品的依赖。

（三）工程示范

"锌电解整体工艺重金属废水智能化源削减成套技术"在甘肃白银有色集团西北

铅锌冶炼厂建成与年产15000 t电解锌生产线示范连续6个月的第三方监测结果表明：与示范生产线建成前相比，该成套技术实现电解车间重金属废水产生总量削减95.4%，分别削减废水中铅94.5%、镉96.1%、锌98.8%，减量后的废水实现完全循环利用且无外排处理。同时，大幅度减少了电解车间用工总量，明显提高了电解效率，通过资源回收、人工减量、成本节约、生产促进等产生了1500余万元/a的经济效益（图8.4）。

图8.4　15000 t电解锌/年电解整体工艺重金属废水智能化源削减成套技术

（四）推广与应用情况

在湖南省环保厅的资助下，"十二五"期间针对阴极污染研发的成套技术成果，在花垣县太丰冶炼有限责任公司建成与20000 t电解锌/年生产线相配套的成套装备，应用企业及技术成果如图8.5所示。2017年12月建成投产后实现削减阴极电解出槽挟带液82.3%以上，削减硫酸锌结晶物98.0%以上，削减清洗废水产生量80.1%以上，硫酸锌及含锌清洗水循环利用，电解车间无废水外排处理。显著提升了车间的清洁生产水平，极大地保护了电解车间工人的身体健康。

湖南太丰　　　　　　　　　　　　　　成套设备

图8.5　应用企业及技术成果

三、实　施　成　效

"锌电解整体工艺重金属废水智能化源削减成套技术"实现吨锌排放废水量较传统工艺降低95.4%，分别削减铅、镉等一类重金属94.5%和96.1%，削减锌98.8%，电解车间废水治理成本下降98.8%。在全行业推广应用，预期每年可减排废水146万m^3/a，锌3万t/a，铅、镉等一类重金属污染物3 t/a，通过资源回收、用工减量、成本节约、生产促进，每年给行业创收97亿元，显著减少儿童血铅、镉大米等污染事件的发生。

该成套技术打破了国内外锌电解装备平面布局、各工序独立运行的格局，首次研制成功以机器人集成阴阳两极智能化和自动化削污技术、立体运行、多工序同步的大型成套装备，具备污染物源头削减、资源回收、电效提高等诸多功能，实现了生产与削污的协同，显著提升了行业清洁生产水平。

技 术 来 源

- 锰锌湿法冶金行业重金属水污染物过程减排成套工艺平台（2010ZX07212006）
- 重点行业水污染全过程控制技术集成与工程实证（2017ZX07402004）

9 滨海工业带水环境负荷零增长和安全排放成套技术

适用范围：滨海工业带水环境负荷零增长管理及污水高标准达标排放。

关 键 词：滨海工业带；水环境管理；污水厂；高标准达标排放；人工湿地；风险管控

一、技 术 背 景

（一）国内外技术现状

区域水环境管理与治理一直是国内外关注热点，从英国泰晤士河到日本的洞海湾治理，国外已经形成较为完善的如最大日负荷总量（TMDL）、美国国家污染物排放削减（NPDES）等水污染物排放管控制度及水污染治理技术体系。我国也逐步开展了从污染物排放总量控制到排污许可的一系列管理创新，水污染控制技术也取得了很大进展，但在工业密集、水资源短缺与水环境承载能力脆弱的沿海地区，将环境改善与经济发展相协调的水环境管理工作仍难以实现系统化管控，其核心原因就是相关管理和治理技术支持不足，关键性技术尚未有效突破。

（二）主要问题和技术难点

天津滨海工业带当前面临着有限的水环境容量、水生态承载力与密集工业排放强度之间的矛盾，存在的主要问题和技术难点如下：

（1）天津滨海工业带作为京津冀协同发展"先进制造业基地"，上游来水水质远超出入海水质要求，有限的自净能力基本用于消化上游污染，本地水污染排放超出环境容量，限制了发展，因此需要严格管控，同步削减既有和新增污染物，并拓展新的环境容量，实现"减排扩容"。

（2）滨海工业带工业园区污水处理厂提标后，污水剩余可生化性变差、水中碳源严重不足，工业废水高盐高毒的特点进一步影响污水处理厂生化处理能力，给进一步控制污染物排放带来困难。

（3）滨海工业带初期雨水污染严重，除化学需氧量、氮、磷等常规污染物外，还往往复合了重金属及有毒有害有机污染物，不仅影响近岸海域水质，还具有一定的生态环境风险，这一问题尚无相关探索。

（4）天津港"8·12"爆炸暴露出滨海工业带作为大型工业聚集区，风险源密集，风险管控与处置技术及能力严重匮乏，难以有效支撑水环境安全保障工作。

（三）技术需求分析

（1）现有排污许可证制度主要基于排放标准和可行技术，无法实现宏观水环境管理目标与微观工业园区和企业排放管理的有机衔接，亟须建立基于"水质达标和区域总量"的排污许可控制制度，构建滨海工业带全层级精细化水污染防控管理体系。

（2）针对滨海工业带高盐难降解污水水质和污水厂准IV类水稳定达标要求，亟须构建工业园区企业高盐难降解有机物及重金属废水处理、杂盐资源化处理工艺，以及园区污水厂化学需氧量、氮、磷等污染物强化深度去除技术，系统形成工业园区污水处理厂准IV类水稳定达标技术。

（3）针对滨海工业带初期雨水污染严重及湿地退化问题，开发可以同步解决园区初期雨水污染、残存有毒有害污染物强化去除、区域生态服务功能提升的滨海工业带多功能人工湿地构建技术模式。

（4）针对滨海工业带突发水环境风险事故快速响应能力的不足，亟须研发基于滨海工业带产业特点的突发水污染事故应急处置技术、装备，建设规模化的应急装备物资库及服务于工业带风险管控的信息化、智能化平台。

二、技 术 介 绍

（一）技术基本组成

研发了基于区域水质目标管理的滨海工业带水环境负荷零增长和安全排放成套技术。该成套技术包括天津滨海工业带负荷零增长水环境管理技术及高盐难降解废水处理和资源回收利用、工业园区污水处理厂高标准排放、基于工业园区污水厂尾水及园区初期雨水特征的人工湿地污染物协同去除与控制和"查-控-处"一体化水环境风险管控等4项关键技术。

基于环境质量改善，集成区域总量核定、工业园区与固定源排污空间分配形成支撑工业园区污染排放递减的负荷零增长管理技术；针对滨海地区工业废水特点，集成形成"高风险污染物源头控制-园区污水厂减量-人工湿地增容-系统风险防范"的全过程系统化治理技术，以高盐废水趋零排放及污水厂高标准排放技术确保园区企业排放与污水厂准IV类出水达标排放，构建多功能人工湿地协同解决工业园区初期雨水污染控制与排海水质保障；建立水环境风险管控体系，系统解决滨海工业带突发水污染事故应急管控技术与装备缺失问题。滨海工业带水环境负荷零增长和安全排放成套技术组成如图9.1所示。

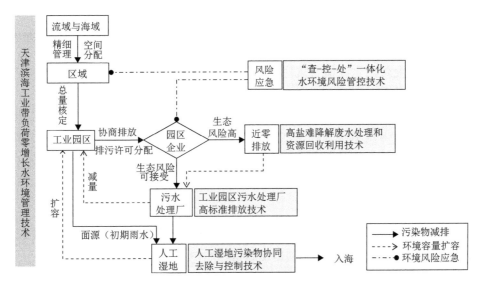

图9.1　滨海工业带水环境负荷零增长和安全排放成套技术组成图

（二）技术突破及创新性

1. 实现了滨海工业带水生态环境空间管控、水质目标精细化管理和基于差异化区域总量的排污许可管理等核心管理技术的有效衔接

基于海河流域水生态功能区与天津市水污染控制区的融合，将天津滨海工业带划分为70个水生态环境功能区与261个管控单元，根据管理目标实现流域水生态环境单元管控的精细化；基于流域水环境模拟和水环境承载力优化技术，研究了基于水质达标的具有空间和时间差异化的固定源排污许可限值确定方法，实现了流域水质目标向区域总量和污染源排放限值的转化与衔接；提出了基于协商排放的间接排放污染源排放限值确定技术，为滨海工业带园区污染源排污许可管理提供了综合解决方法。

2. 国内首次系统解决了滨海工业带工业园区污水处理厂最严格的准Ⅳ类排放稳定达标问题

针对高盐难降解有机废水，发明了过氧化物协同电催化氧化，激发多元自由基协同作用分解80%左右高盐废水中难降解有机物与络合重金属，首次研发了三效MVR浓缩循环套用-母液有机物氧化分离-冷冻分质结晶的集成工艺技术，实现高盐废水中杂盐99%以上分离，实现了资源化；针对碳源严重缺乏、难降解有机物复杂、去除难度大的园区污水，采用园区果汁废水等碳源较丰富废水补碳、预处理改善可生化性、生物功能强化与碳源高效利用和损耗控制、有机物和氮磷多污染物多模式深度处理，保障化学需氧量、氮、磷等污染物准Ⅳ类排放稳定达标，同时实现外加碳源投加成本降低30%以上。

3. 首次提出统筹初期雨水强化预处理的滨海工业带多功能人工湿地协同构建模式

针对滨海工业带雨水径流常规污染负荷高、同时复合重金属及残存有毒有害污染物问题，国内首次以"管网+坑塘河道"调蓄、"分散式+集中式"处理方式对工业带初期雨水进行强化预处理，保障湿地进水水质；研发氮磷复合降解菌剂及特异性吸附基质滤料，提升湿地氮磷去除率20%以上，去除全氟化合物等有毒有害污染物大于70%；设计"浅滩-岛屿-深水沟渠-环流渠-缓冲林"空间布局，构建湿地水鸟适宜生境。总体实现工业园区初期雨水污染控制与排海水质保障的同时，同步提升区域生态服务功能。

4. 建成国内首个大型环境应急装备物资库与风险管控平台，形成的系统化应急技术与装备体系，填补了天津滨海工业带风险管控的空白

围绕突破应急监测、管控、处置等关键技术环节，首次系统化整合技术装备、智能化管控平台，提出基于物联网技术的"查-控-处"一体化水环境风险管控体系构建方案。突破风险事故区域无人化安全采样、快速检测的技术难点，形成了"天-地-水"一体化环境应急侦测系统；针对高浓度有机物、重金属、含油污染废水，研发基于复合自由基变温氧化技术，构建突发水污染事件现场应急处置系统技术及装备物资保障体系；基于物联网、大数据手段，建立工业带环境风险管控平台。形成突发环境事故"前期预警-事中侦测研判-事后安全处置"的全过程系统化响应方案，实现突发事件2 h内出动，8 h到达天津全境并即时开展处置。

（三）工程示范

成套技术在天津滨海工业带进行了集成示范。

在源头企业高盐难降解有机废水处理方面，建成京津冀最大的3580 t/d高盐难降解废水趋零排放示范工程，对浓度超过10%的硫酸钠和氯化钠，同时含有铜、镍、钴等络合重金属和各类萃取剂、乳化油等高盐废水进行有效处理，重金属去除率＞90%，化学需氧量去除率＞60%，99%杂盐及100%冷凝水得到回收利用，硫酸钠产量4000 t/月，达到工业盐二级标准，并作为商品销往国内外。

在工业园区污水厂准Ⅳ类排放层面，处理规模5万t/d的天津经济技术开发区西区污水厂提标改造工程，采用H_2O_2/Fe^{2+}氧化体系深度去除难降解有机物并高效耦合脉冲澄清单元，出水月均化学需氧量25 mg/L以下；集成应用碳源投加点优化、复合碳源高效配置、深度脱氮跌水复氧与生物脱氮协同调控，出水月均总氮8.1 mg/L以下，碳源利用效率提高23%～33%，外加碳源成本降低30%左右。

在园区排海水质保障层面，构建了106 hm²的天津临港工业园区人工湿地，初期雨水预处理规模5000 m³/d，氮磷复合降解菌剂施用面积5.4 hm²，构建500 m³功能基质滤床；建设生境恢复区58.47 hm²，最终保证了湿地平均出水水质总氮1.41 mg/L、总磷0.13 m³/d，主要特征污染物去除率高于40%，湿地生态得到有效恢复。

在水环境风险应急监管层面，建成10000 m²的环境应急设备物资库，应急装备3000余台，实现重金属废水处理规模＞2000 m³/d，含油废水处理规模＞10000 m³/d，难降解有机物废水处理规模＞2000 m³/d；构建的环境应急监管平台对天津滨海2270 km²内重点源实现了有效管控。

（四）推广与应用情况

高盐难降解废水处理和资源回收利用技术在天津南港工业区再生水处理等高盐废水处理工程得到应用，具有自主知识产权的蒸发结晶系统和活性炭吸附与再生装置在我国6个行业的15个工程项目上得到应用。

工业园区污水处理厂高标准排放技术应用在天津中新生态城营城、大港港东新城、南港轻纺园，河北邢台邢东新区、唐山丰南区，以及长江经济带的苏州新区浒东等7座污水处理厂，总规模63.5万 t/d。

近几年，水环境风险管控技术在天津及白洋淀上游工业纳污坑塘治理、长江大保护-江苏常州化工废水应急处理、天津市生活垃圾填埋场50万t垃圾渗滤液应急处理、2019年京津冀突发水环境联合应急演练、医疗废水处理等环境应急工作中发挥了重要作用。

三、实 施 成 效

1. 支撑天津市碧水攻坚战、"三线一单"生态环境分区管控等工作的落地实施，有效改善了天津滨海工业带地表水和近岸海域水环境质量

形成面向"十四五"的天津市水环境与水生态顶层设计方案和路线图，建立了以水生态环境功能分区、排污许可为核心的水生态环境全过程精细化管理体系，制定了天津市水质目标管理方案，助力天津市入海河流污染治理"一河一策"工作，得到天津市生态环境局及相关部门高度认可，有效支撑了天津滨海工业带地表水和近岸海域水环境质量的改善。"十三五"末，天津市国控断面优良水质比例较"十二五"末提高30个百分点，近岸海域优良水质面积比例较"十二五"末大幅提高。

2. 有力支撑了2020年新冠疫情防控

在新冠疫情期间，编制《新冠肺炎定点医院污水消毒处理操作规范》和《新冠肺炎定点医院医疗污水强化消毒推荐示例》两部技术指导文件，开发20余套医疗废水、

医疗废物、方舱医院应急处理装置，应用于湖北、海南、天津等省市的新冠疫情阻击战，受到地方政府及生态环境部表扬。

技 术 来 源

- 天津滨海工业带废水污染控制与生态修复综合示范（2017ZX07107）

10 化纤印染废水锑等毒害污染物多级控制成套技术

适用范围：化纤印染废水锑等毒害污染物高标准控制和毒性削减。
关 键 词：强化混凝；专性吸附；分级除锑；生物脱毒；毒性预警

一、技 术 背 景

（一）国内外技术现状

化纤印染废水处理以水循环利用和污染控制为目标。国内外化纤印染废水循环利用研究，通过清浊分离、分质利用等方法，实现了废水循环利用，但是废水循环利用后水中残留污染物处理仍是制约行业发展的重要瓶颈。化纤印染废水污染控制以往主要关注化学需氧量、色度等指标，近年来锑、苯胺等毒害污染物指标成为化纤印染废水污染控制的焦点，是企业达标的难点和痛点。德国等发达国家逐步开始管控化纤印染废水的生物毒性，以控制多种毒害污染物的风险。

国内外常用的化纤印染废水处理工艺包括混凝沉淀、厌氧-好氧生物处理等。但是，厌氧-好氧生物处理，存在厌氧处理易生成强毒性的苯胺类物质、后续处理难、传质不均匀等问题。混凝沉淀除锑效率较低、药剂投加量高、运行成本高，亟须进行工艺优化与改进。

（二）主要问题和技术难点

化纤印染废水含有高浓度的毒害污染物锑（达1000～2000 μg/L），远高于印染废水排放标准的要求（100 μg/L），而且化纤印染废水为碱性，传统混凝剂适用性差、处理难度大。化纤印染行业生产不稳定，污染物浓度波动范围大，经验加药易出现锑超标等问题。

化纤印染废水处理出水毒害污染物组成复杂，包括原水残留污染物、处理过程中衍生污染物（苯胺等）。如何高效控制原水毒害污染物、衍生污染物及其毒性，对化纤印染废水毒性进行快速预警，是目前化纤印染废水毒性控制面临的重要问题。

（三）技术需求分析

化纤织造印染行业在太湖流域十分发达。太湖流域河网地区的化纤织造印染企业数超过3300家，占全国同类企业的63%。值得注意的是，太湖流域化纤印染集聚区位于金泽水库等水源地上游。由于锑毒性高、管控要求严格（饮用水源地标准锑限值为5 μg/L），满足排放标准的化纤印染废水（锑≤100 μg/L）对饮用水源的风险不容忽视。为保护下游水体安全，化纤印染废水不仅要求控制化学需氧量等常规污染物指标，也要高标准控制锑等毒害污染物（锑≤20 μg/L）和生物毒性。为此，在成本制约的条件下，实现化纤印染废水毒害污染物高标准处理与毒性协同控制，是亟须解决的重要技术需求。

二、技 术 介 绍

（一）技术基本组成

成套技术包括混凝/吸附分级除锑脱毒、微氧水解/缺氧好氧生物交替转化脱毒、排水生态安全性预警等，技术组成如图10.1所示。混凝/吸附分级除锑技术，通过亚铁/钙复合混凝除锑，将化纤类印染废水锑由1000~2000 μg/L降低到100 μg/L以下，满足间接排放要求；通过铁锰材料强化吸附、混凝精确加药，将间接排放废水锑由100 μg/L分别降低到50 μg/L和20 μg/L以下，满足环境敏感区直接排放要求。微氧/缺氧/好氧生物转化脱毒技术，主要解决苯胺等毒害有机污染物及毒性的问题。排水生态安全性预警技术解决了化纤印染废水直接排放的生物毒性快速预警的问题。

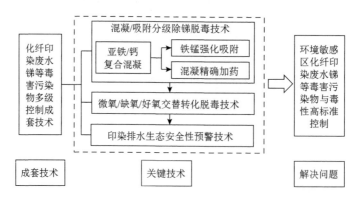

图10.1　化纤印染废水锑等毒害污染物多级控制成套技术组成图

（二）技术突破及创新性

1. 突破了混凝/吸附分级除锑脱毒技术，实现了锑高标准、低成本控制

为了满足环境敏感区化纤印染废水锑控制要求，该技术根据废水不同阶段水质特

征，提出了分级控制方法。

亚铁/钙复合混凝除锑技术，利用氢氧化钙强化硫酸亚铁混凝，解决了传统亚铁混凝剂在碱性环境中适应性低、除锑效果差的问题。该技术有效改变了液相中电位及羟基氧化物表面结构，高效去除高浓度锑（1000～2000 μg/L），处理后满足100 μg/L的限值标准，处理成本≤0.4元/m³。

铁锰材料强化吸附除锑技术，通过在铁基复合吸附剂中添加锰，解决了铁盐易向结晶态铁转变、除锑效率低的问题。该技术通过锰的投加，促进了更容易吸附锑的无定形铁氧化物的生成，阻碍了铁盐向结晶态铁的转变，增加了表面的吸附点位和吸附活性，提高了铁锰复合材料对锑的吸附能力。铁锰复合材料投加量为0.1 g/L、吸附时间为2 h时，出水锑浓度≤50 μg/L，处理成本≤0.6元/m³。

混凝精确加药深度除锑技术，利用进水锑前馈控制混凝剂投加量、混凝絮体回流至进水再利用，解决了传统技术混凝剂经验投加、单次利用引发的出水锑波动大、药剂投加量高的问题。该技术建立了混凝剂投加量与出水锑残留率的反比例模型和控制系统，实现了混凝剂精确加药（投加比为0.4‰～0.7‰）和锑高标准稳定控制。利用混凝沉淀絮体具有的除锑潜力，将混凝絮体回流至进水（回流量/水量比为1‰），吸附进水较高浓度的锑，节省药剂。与传统经验控制相比，出水锑降低至20 μg/L以下，处理成本≤1.1元/m³，降低15%以上。

2. 研发出微氧/缺氧/好氧生物交替转化脱毒技术，实现了出水苯胺类毒害污染物与毒性高标准控制

为控制化纤印染废水苯胺类毒害污染物、控制毒性，该技术将传统的厌氧处理，改变为多级微氧/缺氧/好氧交替处理，解决了厌氧处理易生成高浓度苯胺、后续生物处理难的问题。通过溶解氧调控、悬浮污泥与生物膜菌群协作，形成交替处理过程，使偶氮染料在微氧阶段生成低浓度苯胺，在后续阶段予以去除。与传统技术相比，生物处理出水苯胺、发光细菌急性毒性降低了35%以上，分别降至0.34 mg/L和1倍以下，电耗降低至0.58 kW·h/m³，显著保障了出水水质安全。

3. 研发出基于鱼应激行为自主判定的排水生态安全性预警技术，显著提高了化纤印染废水毒性日常监管的时效性

为缩短化纤印染废水毒性应急时间，研发出排水生态安全性预警技术。该技术利用鱼类矢量轨迹实时采集、鱼类应急行为智能判定技术，解决了传统毒性评价技术响应时间慢、灵敏度低的问题。该技术在高速摄像、图像去噪、滤波和均衡等预处理和归一化图像采集的基础上，快速判断多条鱼的运动速度和运动方向；在机器学习级联分类器算法的基础上，实现斑马鱼目标识别与跟踪，并通过多通道图像解析和姿态图像测量，判断鱼的应激行为和死亡状态。该技术对重金属污染物的响应时间由传统技术的120 min降低至15 min。

（三）工程示范

根据环境敏感区化纤印染废水锑的不同管控级别（100 μg/L、50 μg/L和20 μg/L），成套技术在化纤印染企业、2家污水处理厂进行示范。该技术在嘉善宏阳纺织印染有限公司进行示范（处理规模为3000 m³/d），满足了废水间接排放要求（锑≤100 μg/L），处理成本为0.35元/m³，比现有技术处理成本降低41%。该技术在嘉善洪溪污水处理有限公司进行示范（处理规模为500 m³/d），满足了废水直接排放要求（锑≤50 μg/L），处理成本为0.56元/m³，比现有技术处理成本降低35%。该技术在吴江市盛泽水处理发展有限公司联合污水处理厂工业废水段进行示范（处理能力为4.5万 m³/d），实现了出水锑≤20 μg/L、发光细菌急性毒性≤1倍，处理成本为2.8元/m³，比现有技术处理成本降低15%以上。

（四）推广与应用情况

技术成功推广应用于吴江市盛泽水处理发展有限公司永前、南宵、丝绸、翔龙等工业污水处理厂提标改造工程（总处理能力7.8万 m³/d，改造工程总投资2700万元），实现了出水锑稳定小于20 μg/L，保障了受纳水体环境安全。

成套技术应用于苏州市吴江纺织循环经济产业园印染废水处理及中水回用工程（总投资11.31亿元，总处理能力10.64万 m³/d，一期2.7万 m³/d），该工程被列入2018年江苏省重大项目。

三、实 施 成 效

技术成果支撑了国家标准《纺织工业水污染物排放标准》（报批稿）制定，为标准管控化纤印染废水的锑等毒害污染物及急性毒性提供了支持。

技术成果在苏州市太浦河流域、嘉兴市嘉善区域的化纤印染废水污染治理中发挥了重要的科技支撑作用，支撑了区域9个化纤印染废水治理工程，为化纤印染废水锑高效控制提供支撑。相关技术成果在国内应用推广，将为化纤印染废水毒害污染物控制提供重要支撑。

技 术 来 源

- 望虞河东岸水设施功能提升与全系统调控技术及示范（2017ZX07205001）
- 平原河网地区污染源深度削减成套技术与综合示范（2017ZX07206002）

11　含镍含铜电镀废水高效资源化及达标排放成套技术

适用范围：电镀、电子、金属加工、有色金属冶金等行业产生的含镍和含铜废水，实现镍铜回收和废水稳定达标。

关 键 词：电镀废水；资源化；树脂吸附；树脂再生；再生液；电化学沉积；膜分离；电化学除杂；镍板；铜板

一、技 术 背 景

（一）国内外技术现状

目前我国有2万多家电镀企业，多分布在珠三角、长三角、京津冀等制造业发达地区。据2017年环境统计资料，江苏省太湖流域有电镀企业491家，从事金属表面处理和印制电路板制造。

电镀废水主要采用化学沉淀、树脂吸附、膜分离等技术处理。化学沉淀操作简便，应用最广，出水达到电镀废水排放表二标准时，处理成本通常大于30元/t；少数企业采用树脂吸附重金属，洗脱蒸发浓缩回收金属盐；膜分离技术用于电镀废水回用和零排放，处理费用高。发达国家电镀工业已向中国等发展中国家转移，留存的少量企业采用智能化生产线减少废水量，并采用高效水处理药剂，尽量做到少渣或无渣。

近年来，作为"水十条"重点整治目标的电镀废水，其治理已进入源头削减、清洁生产和资源化新阶段。资源回收和"零排放"是发展的主流方向，但我国现有电镀废水资源化相关技术的成熟度较低，现场亟须高效实用技术。

（二）主要问题和技术难点

电镀废水处理现存主要问题为：①采用传统加碱沉淀处理费用高、污泥产生量大、废水盐分高；②采用树脂吸附富集重金属，易受前端电镀废水分质分流水平影响，导致金属盐纯度不高，价值低；③膜分离处理电镀废水，其投资及运行成本高，企业难以承受；④废水未回用，"零排放"难实现。

解决上述问题所要克服的技术难点为：①高价值重金属高效资源化回收；②电镀废水处理稳定达标；③减少药剂使用，实现废水有效回用。解决这些难点才能实现废水处理成本下降甚至有收益，电镀废水资源化方可推广应用。

（三）技术需求分析

近年来，我国电镀产业迅猛发展，继续从轻工、机械等行业转入电子、汽车、航天航空等高端制造业。电镀行业每年排放近4亿t含重金属废水，造成了巨量金属资源的无效流失和严重的环境污染。针对这些低浓度金属资源，开发回收技术，市场前景广阔，同时将对我国重金属减排产生巨大贡献。太湖流域制造业发达，电镀作为配套行业会长期存在，而该区域电镀废水排放执行的是我国相关标准中最严格的表三标准（总镍和总铜废水排放浓度分别低于0.1 mg/L和0.3 mg/L），还有部分行业须达到废水"零排放"，这导致电镀废水处理成本昂贵。因此，研发电镀废水中重金属资源回收和废水净化回用，以降低处理成本和实现水循环使用的技术，在太湖流域电镀行业一直具有广泛迫切的需求。

二、技 术 介 绍

（一）技术基本组成

含镍含铜电镀废水高效资源化及达标排放成套技术主要包括树脂高效吸附重金属技术、电化学氧化还原除杂技术、电沉积回收金属板技术以及高效膜分离水回用技术（图11.1），其中树脂吸附-电沉积回收电镀废水中高价值重金属是关键技术（图11.2）。该成套技术针对含镍含铜电镀废水，高效回收其中高价值重金属镍和铜以及实现水回用，处理后水质达标，部分出水进入超滤-反渗透膜过滤系统深度净化，再回用于电镀生产；吸附得到的高浓度含镍含铜再生液经过电化学氧化还原去除有机物和重金属等杂质，最后通过电沉积得到高价值镍板铜板，实现了电镀废水回收资源和产生正效益的目标。

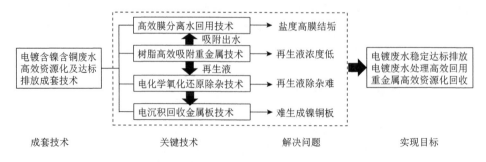

图11.1　含镍含铜电镀废水高效资源化及达标排放成套技术组成图

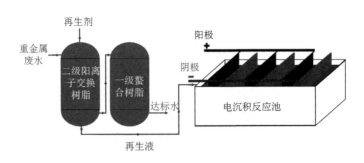

图11.2　树脂吸附-电沉积回收电镀废水中高价值重金属关键技术

（二）技术突破及创新性

1. 突破了树脂再生方法，实现电镀废水中镍铜离子的高效回收

形成"二级阳离子交换树脂+一级螯合树脂"工艺，高效富集废水中镍或铜离子，废水中镍或铜的吸附回收率大于99%，出水稳定达标（总镍和总铜废水排放浓度分别低于0.1 mg/L和0.3 mg/L）；发明气水混合酸再生树脂新方法，得到高浓度含镍含铜再生液，当用浓度为10%盐酸再生时，能得到镍或铜浓度大于60 g/L的再生液，可直接用于后续电沉积，无须加热浓缩过程，解决了饱和树脂再生酸用量大、再生液中重金属浓度低的问题，比传统顺流酸再生法得到的镍或铜浓度提高了1倍以上。吸附处理含镍和含铜废水的成本分别为7.4～8.2元/t和7.7～10.0元/t。树脂吸附和再生工艺参数：吸附流速为5～10 BV/h，废水pH =3～7，再生盐酸浓度8%～10%，再生流速2～3 BV/h。

2. 突破复杂水质下电沉积参数难以精准调控，实现镍铜高效稳定电沉积

构建镍离子浓度-电流密度-pH值耦合作用下再生液中镍离子沉积数学模型，可实时、精准调控电沉积过程的关键工艺参数，解决了电流效率低、能耗高等问题；确定杂质影响的阈值，开发了小电流氧化还原-共沉淀耦合除杂技术，消除共存有机物、铜、铁、钙等对再生液沉积过程的干扰，解决了电沉积回收重金属镍板难成形、纯度低等技术难题，实现了再生液中镍离子的高效沉积，得到了表面平整光滑的高纯度镍板。通过该技术实施，电流效率大于95%，沉积得到镍板纯度大于99%，电沉积成本低于1300元/t再生液。相同沉积条件下，与常规镍冶炼厂电沉积过程相比，该技术电沉积重金属的电流效率提高5%以上，电沉积成本降低10%以上。电沉积的工艺参数如下：电流密度200～210 A/m²，槽电压2.5～3.5 V，电沉积液温度55～65℃，电沉积液pH 2.5～3.5，电沉积周期3～6天。

（三）工程示范

含镍含铜电镀废水高效资源化及达标排放成套技术在常州市武进洛阳第二电镀有

限公司进行了工程示范（图11.3）。处理规模为每天100 t，原水镍、铜离子浓度分别为110～560 mg/L和130～490 mg/L，采用该成套技术实现了含镍和含铜废水处理后出水稳定达到表三标准（总镍和总铜废水排放浓度分别低于0.1 mg/L和0.3 mg/L），膜系统处理出水水质优于自来水，用于现场生产使用，吸附和电沉积处理后镍和铜的平均回收率大于86%和90%，得到的镍板和铜板纯度分别大于99%和93%。基于回收镍板和铜板的价值，处理含镍废水和含铜废水的收益分别达到4.6～7.1元/t和1.6～5.5元/t。含镍含铜电镀废水高效资源化及达标排放成套技术具有显著的经济效益和良好的应用前景。

（a）　　　　　　　　　　　　　　　（b）

图11.3　工程示范的树脂吸附系统（a）和电沉积系统（b）

（四）推广与应用情况

含镍含铜电镀废水高效资源化及达标排放成套技术已在常州市武进洛阳第二电镀有限公司应用，实现了重金属高效资源化回收和水回用，产生正效益，出水重金属稳定达标。该成套技术首次应用于实际含镍含铜电镀废水资源化的工程示范，具有引领示范作用。

目前已与江苏京源环保股份有限公司签署合同，进行该技术推广应用，将含镍含铜电镀废水高效资源化及达标排放成套技术应用到该公司的电镀含镍废水资源化项目中。目前正在无锡杨市电镀园区推进含镍废水资源化技术应用，每天处理100 t含镍废水，实现镍资源回收和废水零排放，每年可节省废水处理费用约120万元。通过本项目合作可使该项成套技术形成标准化设备，加速该成套技术在电镀行业的应用。同时，广东省多家电镀企业有意采用该成套技术进行电镀含镍含铜废水资源化，后期将加快推广。

三、实 施 成 效

该成套技术应用于常州市武进洛阳第二电镀公司集中污水处理厂电镀废水，实现含镍和含铜废水的重金属资源化回收和水回用，大幅减少含重金属危险废物的产生量，每年减少约700 t的含镍含铜污泥危废。技术应用对常州武南区域的镍铜重金属污染物削减具有显著支撑效果，并成为该区域电镀废水资源化重点推广技术。

在经济效益方面，根据工程示范结果，处理每吨含镍含铜废水可节省处理成本约30元，每年可为示范企业节省开支100余万元。该技术若在我国全面推广，以电镀废水总排放量4亿t/a计，其中含镍含铜废水占比按25%折算，每年可节省30亿元电镀废水处理成本。

技 术 来 源

- 工业聚集区污染控制与尾水水质提升技术集成与应用（2017ZX07202001）

12　废纸造纸废水资源化利用成套技术

适用范围：废纸造纸废水的污染控制与资源化利用。
关　键　词：废纸造纸废水；持泥排钙；酸溶控钙；曝气脱碳池；晶种介导；废水多级回用；污泥综合利用；生物质能再生使用

一、技 术 背 景

（一）国内外技术现状

废纸造纸废水控制包括生产工序水循环、白水分质回收及废水回用处理三个方面，其中生产工序水循环、白水分质回收相关技术较为成熟，但在实际工程中仍存在水循环及白水回收系统不完善、水量不平衡等问题。

废水回用处理主要包括预处理、生化处理、深度处理以及污泥处理处置。废水回用处理过程随着吨纸废水排放量不断下降，废水中钙离子浓度不断累积，当吨纸排水量降低到10 m³以下时，废水中钙离子浓度会达到1000 mg/L以上，高浓度钙会引起厌氧污泥钙化、好氧污泥无机化及回用处理膜污染等问题，严重影响废水回用处理工程的长效稳定运行。化学沉淀、添加阻垢剂等处理方法存在药剂投加量大等问题，而膜分离、电渗析等技术存在着运行成本高、工艺条件复杂等问题，迫切需要低成本、具有工程应用价值的针对造纸废水的全过程降钙控钙技术。

废纸造纸产生的污泥量大、含水率高（90%以上），目前不到50%的企业拥有稳定的污泥处理设施，不到10%的企业拥有完善的污泥分类处置工艺，污泥资源化利用严重不足。

废纸造纸废水回用处理能耗较高，约3～4 kW·h/m³废水，选择厌氧处理实现生物质能再生使用，可减少废水处理能耗。生物质能再生使用涉及厌氧产沼、沼气脱硫、再生使用方式等方面，目前存在着系统性不足、能量利用率低等问题。

（二）主要问题和技术难点

（1）制浆抄纸工序内部水循环体系不明确、白水分质分类回收不完善，技术难点在于以各工序用水及排水水质为基础，明确各工序用水来源、去向，形成整个生产工序间的水量平衡。

（2）废水回用处理中钙离子累积会引起厌氧污泥钙化、好氧污泥无机化及回用处理膜污染等问题，技术难点在于如何实现废水回用处理全过程降钙控钙，保证废水回用处理设施长效稳定运行。

（3）污泥量大、种类多、含水率高、综合利用指向性不强，技术难点在于根据不同种类污泥的性质，探索不同的处理处置路径。

（4）废水处理能耗高，生物质能再生使用系统性不足、能量利用率低，技术难点在于如何进行系统优化。

（三）技术需求分析

造纸是我国重点污染行业。据统计，2019年我国造纸企业约2700家，年产量10765万吨，居世界第一，废水年排放量约23.7亿m³，位居工业行业前列，国家"水污染防治行动计划"将其列为专项整治十大重点行业之首，我国造纸原料约60%为废纸，因此废纸造纸是造纸行业水污染控制的重点领域。

废纸造纸是太湖流域重要的工业行业之一。据统计，太湖流域浙江、江苏两省废纸造纸总产能约3000万t，约占全国产能的26%，是工业污染控制的重点。

废纸造纸行业存在废水排放量大、特征污染物钙控制难、污泥种类多且产生量大、废水处理能耗高等问题，但同时废水中也蕴含着丰富的水资源、纤维资源和生物质能，因此针对废纸造纸废水特点，从废水多级回用、污泥综合利用、生物质能再生使用等方面开展废水资源化利用研究，是亟须解决的技术难题。

二、技术介绍

（一）技术基本组成

成套技术由废水多级回用、污泥综合利用和生物质能再生使用三项技术组成，见图12.1。该成套技术以废水多级回用处理技术为主线，集成废水多级回用过程产生的污泥综合利用和生物质能再生使用技术，实现造纸废水的资源化高效利用。

1. 废水多级回用技术

针对造纸废水排放量大的问题，以提高水资源循环利用率为核心，提出制浆"零清水"、抄纸"零排放"的内部循环技术，明确白水分质种类及回收点，研发出废水回用处理技术，集成内部水循环、白水分质回收和废水回用处理，构建废水多级回用技术，实现吨纸排水量小于5.0 m³。针对废水回用处理过程中钙离子累积问题，研发以厌氧控钙、好氧除钙、深度脱钙为核心的降钙控钙关键技术，支撑废水回用处理长效稳定运行。

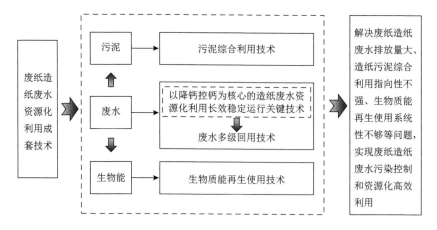

图12.1 废纸造纸废水资源化利用成套技术组成图

2. 污泥综合利用技术

针对造纸污泥利用指向性不强的问题，完善了污泥分类分质处理处置方法，对纤维素含量高、质量好的污泥，探究其造纸回用的可行性，试验研究了助剂添加对回用比例的影响。对纤维素含量少、质量低的污泥，采用联合化学调理的方式提高脱水性能。最终形成了两种污泥处理处置路径，一是浆渣和斜网污泥再生造纸技术，实现了纤维回收率大于80%；二是粉煤灰和CTMAB联合调理初沉污泥和其他污泥技术，污泥含水率降低到50%～60%。提出再生造纸产能按纸产能的10%配置，实现了造纸污泥资源化、减量化和无害化的处理处置目标。

3. 生物质能再生使用技术

针对废水处理能耗高、生物质能再生使用系统性不够的问题，系统集成废水厌氧产沼、沼气生物脱硫、沼气使用方式等工艺技术，建立设计工艺参数包，实现能源自给率≥100%。通过厌氧产沼，每1 m³废水可产生约2 m³沼气，当企业没有自备热电锅炉时，通过沼气发电及余热利用产生的能量约为0.67 kg标煤；当企业有自备热电锅炉时，通过焚烧产生的能量为1.37 kg标煤，即废水处理不需要外来能量，还可以向外供应能量，率先实现"碳中和"。

（二）技术突破及创新性

1. 攻克了废水回用处理过程中钙离子累积的难题，构建了废水多级回用技术，实现吨纸排水量小于5.0 m³，低于国家最严排放标准限值50%

首次探明钙离子是废水回用处理过程中累积的特征物质，从厌氧控钙、好氧除钙、深度脱钙三个方面，突破了以降钙控钙为核心的造纸废水资源化利用长效稳定运行关键技术。

厌氧控钙。针对钙盐在污泥中心和外层积淀的问题，设计了持泥排钙和酸溶控钙技术相结合，实现厌氧颗粒污泥更换周期一年以上。在持泥排钙方面，使用倒锥形导流板和梯度多层旋流布水系统，选择性地排出碳酸钙含量＞80%的"重渣"，同时增设厌氧反应器内构件，促进悬浮污泥颗粒化，以补充排钙时协同排放的厌氧活性污泥，从"保增长"和"去钙化"两方面共同解决厌氧颗粒污泥中心钙化问题，除改造费用外不增加运行成本。在酸溶控钙方面，根据碳酸钙和磷酸氢钙溶解度的强pH相关性，利用乙酸快速溶解污泥表层沉积的钙盐，恢复污泥表面的高速传质，解决了厌氧颗粒污泥外层钙化的问题，酸溶周期2个月，酸溶pH为6，酸溶时间2 h。处理成本约0.14元/m³。

好氧除钙。厌氧出水进入曝气脱碳池，通过曝气达到脱除二氧化碳并产生碳酸钙沉淀的效果，每立方米废水曝气强度为0.1～0.2 m³/min，有效降低了好氧处理段进水中的钙浓度至200 mg/L以下，钙去除率60%以上，每去除100 mg/L钙的处理成本约为0.01元/m³。

深度脱钙。引入晶种介导强化钙沉淀技术改良传统化学沉淀工艺，以回流污泥作为晶种，降低碳酸钙沉淀的临界过饱和度和结晶表观活化能，提升晶核生长的反应速率，降低药剂使用量约15%，钙浓度可稳定降低至100 mg/L以下，达到回用膜进水要求，每去除100 mg/L钙的处理成本约为0.18元/m³。

2. 集成创新了污泥综合利用和生物质能再生使用方式，降低了废水综合处理成本

开发了造纸污泥分类分质利用处置技术，有效提升了污泥利用和处置效率，实现纤维资源回收率≥80%，污泥再生造纸效益达到每万吨产能50万元以上；提升了生物质能再生使用的系统性，实现废水处理系统能源自给并富余，能源自给率100%以上。通过污泥综合利用和生物质能再生使用，取得了良好的经济效益，降低了废水综合处理成本，实现废水处理综合成本≤2.0元/m³，比现有处理技术降低20%以上。

（三）工程示范

在浙江景兴纸业股份有限公司、浙江荣晟环保纸业有限公司两家大型上市造纸企业开展了废水资源化利用示范工程，工程示范服务年产200万 t造纸产能，废水处理规模为4.5万 m³/d。工程于2019年10月建成投产，经第三方监测评估，示范工程吨纸排水量3.12～4.15 m³，比建设前降低20%；纤维资源回收利用率87%～98%；污泥再生造纸效益达到每万吨产能72万元；废水处理系统能源自给率213%～570%；废水综合处理成本1.12～1.48元/m³，比国内同类企业低43%～57%。

（四）推广与应用情况

自2017年以来，累计为造纸企业开展了60余项技术服务，服务收入近千万元，服务造纸产能达到每年300万t，约占嘉兴市总产能的50%，成套技术在这些造纸企业得

到应用后，吨纸排水量明显下降，污泥得到分质分类处置，废水处理系统达到"碳中和"，环境、经济效益十分显著。

另外，还为造纸企业"走出去"提供了技术服务，参与了浙江景兴纸业股份有限公司马来西亚东海岸雪兰莪州80万t废纸浆板、60万t包装原纸项目的环境影响评价和废水回用处理工程设计，该项目总投资2.98亿美元，废水回用处理规模3.2万 m^3/d。造纸废水资源化利用成套技术在该项目中得到推广应用，实现了造纸废水、污泥、生物质能的循环利用，推动了项目的落地，助力了国家"一带一路"倡议实施。

三、实 施 成 效

结合成套技术开发和示范推广情况，编制了《废纸造纸行业废水资源化利用成套技术指南》，并被嘉兴市生态环境局（嘉环发〔2021〕2号）采纳。发布了《废纸造纸行业废水资源化利用成套技术指南》（T/JX 034—2020）、《废纸造纸行业废水资源化利用成套技术设计、施工、运维规程》（T/JX 035—2020）等团体标准。以成套技术应用为核心，编制了《嘉兴市污染负荷深度削减方案（典型行业）》，为嘉兴市开展造纸行业污染负荷深度削减工作提供了行为方案。

建成示范工程2项、推广工程2项，累计废水处理量6万 m^3/d、化学需氧量削减量3298 t/a、氨氮削减量196 t/a、总磷削减量278 t/a，实现了流域污染物减排。

技 术 来 源

- 平原河网地区污染源深度削减成套技术与综合示范（2017ZX07206002）

---

13 机械电子加工废水高效破乳分离－强化生物处理成套技术

> **适用范围**：机械电子加工行业产生的各类废乳化液（国家危险废物名录中HW09类别），包括清洗废液、油水混合物、粗加工切削液和精加工切削液等；处理出水达到《污水排入城镇下水道水质标准》（GB/T 31962—2015）。
>
> **关 键 词**：机械电子加工；废乳化液；油水分离；磁破乳；减压蒸发；固定床生物膜；多模式；普适性；处理成本

一、技 术 背 景

（一）国内外技术现状

机械加工废乳化液的处理包含"破乳分离-生化处理"两阶段，其中破乳分离是实现高效处理的关键。当前，工程中采用的破乳分离技术主要有化学破乳、蒸发和膜分离。其中，化学破乳技术发展成熟、应用最为广泛，但存在对不同乳化液普适性差、药剂投加量大、分离效率低、次生危废量大等问题。膜分离具有油水分离效果好、药剂投加量小等优势，但处理高浓度废乳化液时，膜污染严重，分离效率较低，工程应用相对较少。蒸发技术在精馏脱盐和垃圾渗滤液处理中已得到广泛应用，近几年才开始拓展到废乳化液的处理，该技术适应性强，油水分离效果好，但能耗普遍较高。值得注意的是，新型磁性颗粒破乳剂在2012年崭露头角，它具有分离速度快、二次污染小、破乳剂可回用等优势；但国内外磁破乳分离技术的研究对象仍局限于简单的模型乳化液，尚未涉及复杂的机械加工废乳化液，更未投入实际工程应用。

（二）主要问题和技术难点

机械加工废乳化液具有污染物浓度高、水质波动范围大、油滴粒径小和稳定性强等特征，处理难度极大。传统破乳分离技术存在普适性差、破乳分离效率低和处理成本高等主要问题；与此同时，随着精密机械加工行业的高速发展，单一破乳分离处理技术已无法应对复杂多变的废乳化液，传统处理工艺越来越难实现高效处理和出水达标。针对处理难度较大的复杂机械加工废乳化液，技术难点在于如何提高破乳分离效率和技术适应性。

（三）技术需求分析

以江苏、浙江、上海为代表的环太湖地区机械制造加工行业高度发达，金属加工液的生产和需求高居全国首位，废乳化液产量庞大。江苏省自开展"两减六治三提升"（263）专项行动以来，在大规模减少落后化工产能的同时，保留并鼓励高端先进机械装备制造加工业发展，助力"中国制造2025"。机械加工行业将常州工业发展作为支柱产业，引领常州经济转型，仅武进地区的机械加工企业已达986家，高浓度废乳化液的年产量近万吨。因此，面对产量日益增加的废乳化液，亟须开发高效快速破乳分离技术，实现废乳化液的快速消纳和高效处理。

废乳化液属于危险废弃物，处理成本高达2000～3000元/ t，机械电子加工企业面临较大经济负担和环保压力，而传统破乳分离技术对复杂乳化液的处理效率低且成本高，亟须借助新兴破乳技术，强化破乳效果，提高破乳分离效率，降低处理成本。

废乳化液的化学需氧量、氨氮、总氮、总磷浓度主要范围为20000～126000 mg/L、50～250 mg/L、300～1300 mg/L、5～100 mg/L，较高浓度的矿物油、氮、磷等污染物给太湖流域重污染源的控制带来挑战。传统处理技术和单一工艺难以满足经济高效处理的要求。因此，对多种技术进行灵活组合联用，构建高效破乳分离集成处理技术势在必行。

二、技 术 介 绍

（一）技术基本组成

该成套技术主要包括高效磁破乳分离关键技术、乳化液减压蒸发技术、混凝气浮除油技术、抗油污膜分离技术、缺/好氧可切换固定床生物膜技术（图13.1）。高效磁破乳分离技术和乳化液减压蒸发技术作为一级物化手段，主要对废乳化液进行破乳和油水分离，使油去除率达80%以上；混凝气浮除油技术和抗油污膜分离技术作为二级物化手段，主要用于强化一级物化，使化学需氧量浓度低于6000 mg/L，油浓度低于50 mg/L，保障生化段进水相对稳定；缺/好氧可切换固定床生物膜技术作为生物处理的主要手段，用于去除有机物、氮、磷等污染物，耐冲击负荷，使出水水质稳定并达到排放标准。

针对复杂废乳化液水量和水质差异大的特征，该集成技术可灵活组建不同处理模式，主要包括：①处理难度低的清洗废液（化学需氧量1500～6000 mg/L）直接进入二级物化段，通过混凝气浮或膜分离进行油水分离；②具有一定稳定性的粗加工废乳化液（化学需氧量17000～56000 mg/L），可采用高效磁破乳分离技术进行破乳分离，在显著提高分离效率和出水效果的基础上进行后续处理；③针对稳定性极强的精加工废切削液（化学需氧量＞50000 mg/L），采用减压蒸发技术可实现高效油水分离（图13.1）。

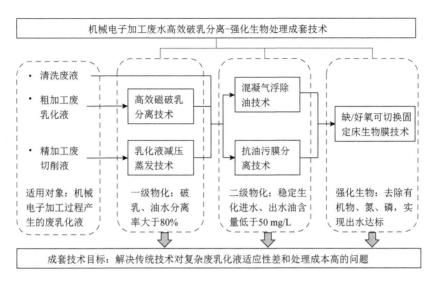

图13.1　机械电子加工废水高效破乳分离-强化生物处理成套技术组成图

（二）技术突破及创新性

1. 磁破乳分离技术突破传统破乳过程中泥水分离难的限制

高效磁破乳分离技术在传统絮凝破乳的基础上创新性地引入磁性颗粒，在外磁场作用下强化油滴聚集、加速絮体分离并压缩絮体体积，从而提高破乳分离效率。与传统化学絮凝破乳相比，破乳分离时间从240 min缩短至10 min内，絮体量占比从40%～90%压缩至12%内，破乳分离率可达95%，有效解决化学破乳后絮体量大、泥水分离难的技术问题，实现了提高破乳分离效率的重要技术突破。

目前，磁分离技术主要应用于污水除磷净化、藻类富集回收和钻井液除渣等，在破乳领域刚刚起步，且主要限于简单乳化液的处理。该技术首次将磁破乳分离技术应用对象拓展到复杂废乳化液，并率先投入工程应用实现了高效破乳分离，技术就绪度从5级提升至7级，实现了重要技术应用突破。主要技术突破如图13.2所示。

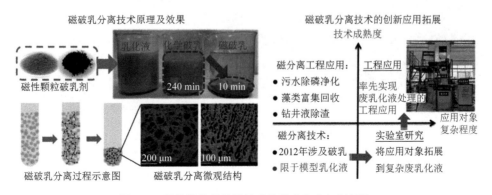

图13.2　磁破乳分离关键技术的技术突破与创新性

2. 多模式处理的集成技术解决传统技术适应性差和处理成本高的问题

集成技术打破了废乳化液单一处理路线的工程应用现状，各技术与处理单元不易受污染负荷的冲击和水质波动的影响，多模式处理路线解决了传统技术适应性差的问题，将适用对象从简单的清洗废液扩展到电子芯片、飞机、动车、汽车等高端精密制造业产生的精加工废切削液，涵盖机械加工领域所有类型的废乳化液，化学需氧量浓度适用范围可达1500～126000 mg/L，已成功处理四百多家机械电子加工企业产生的废乳化液，对各类废乳化液均能实现高效的油水分离和稳定处理处置。

与传统废乳化液均质后单一技术处理不同，成套技术提出分类分质多模式处理的新理念，综合考量来水特征、技术适应性和处理成本，灵活组建了适用于各类乳化液的最优处理模式。各技术扬长避短，相辅相成，使处理负荷得到了合理分配，相对易处理的废乳化液用低耗能模式处理，有效缓解了处理效果与处理成本的矛盾，集成技术的应用使废乳化液处理成本大幅降低至原工艺的50%以下，实现了污染控制和经济效益双赢。

（三）工程示范

该集成技术在江苏绿赛格再生资源利用公司开展了工程示范（图13.3），在废乳化液分类分质的多模处理工艺中，高效磁破乳分离关键技术实现了对粗加工废乳化液的连续处理，单套磁分离设备处理能力达0.5～1.2 m³/h，相比于原批次破乳分离技术，显著提升了破乳分离效率；乳化液减压蒸发技术实现了对精加工废乳化液的普适性处理。工程示范依托单位的处理规模从集成技术应用前的1492.9 m³/a提升至7553.3 m³/a；表现出较强的耐冲击负荷能力，出水水质长期稳定达到《污水排入城镇下水道水质标准》（GB/T 31962—2015）；综合处理成本（以药剂、能耗、人工成本计），将其从工程示范前的609.7元/m³降低至238.8元/m³。

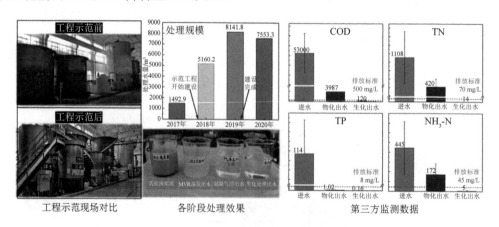

工程示范现场对比　　　各阶段处理效果　　　第三方监测数据

图13.3　集成技术的工程示范效果

（四）推广与应用情况

该集成技术在江苏绿赛格再生资源利用有限公司得到应用并实现了连续稳定运行，该单位新增产值1000万元/年，废乳化液处理规模超8000 m^3/a。该成套技术的应用广泛消纳了常州、苏州、无锡等环太湖城市的废乳化液，接收机械加工产废企业高达425家，产生了良好的社会经济效益。集成技术也被无锡西玖环保科技有限公司采纳，在山东省淄博市临淄区危废处理项目投入使用，处理规模达15000 m^3/a，技术稳定可靠，成效显著。

三、实 施 成 效

成套技术的实施大幅降低了废乳化液的处理成本，显著缓解了机械电子加工企业危废处置面临的经济压力，减少了企业偷排漏排风险，助力了高端制造与精密加工行业绿色高速发展和"中国制造2025"。研究成果形成了"推动机械加工行业水污染控制关键技术革新，助力分散式工业污染源治理"的环境发展专报，助力政府决策。

该集成技术显著提升了常州市武进区对废乳化液的处理能力，污染物削减量占武进区废乳化液总削减量的51%，相当于本地产废污染负荷的97.5%，缓解了区域的环境污染治理压力，将服务范围辐射至包括昆山、苏州、无锡等在内的广大环太湖流域，对流域污染管控有重要意义，生态效益和社会经济效益显著。

该成套技术为废乳化液高效破乳和油水分离提供了关键技术支撑，技术应用提升了废乳化液处理行业的技术水平，已经使危废处理中心新增产值1000万元/年，有力推动了危废行业处置全流程朝向资源化、专业化的积极正向发展。

技 术 来 源

- 武进港小流域工农业复合污染控制及水质改善技术集成与应用子课题二：机械加工废水处理技术集成、装备研发及示范（2017ZX0720200302）

第二篇

城镇水污染控制与水环境综合整治

14　城镇排水管网改造与优化成套技术

> **适用范围**：城镇排水管网系统的规划设计、建设更新、检测评估、治理修
> 复和维护管理。
> **关 键 词**：排水管网；规划设计；建设修复；检测评估；运维管理

一、技 术 背 景

（一）技术状况

国外发达国家从20世纪六七十年代就开始关注城市排水管网的规划、设计、建设、维护和管理，尤其重视管网的检测修复和运行维护，研发了一系列的技术和装备，例如真空收集、管道检测、非开挖修复的材料和设备等，并广泛应用于排水管网维护管理，取得了良好效果。到90年代国外开始关注基于GIS技术的管网运行动态管理和优化控制等，提升了排水管网的信息化水平。

我国城镇排水管网建设严重滞后，维护管理工作更是未得到应有的重视。21世纪初，我国才陆续开始开展排水管网检测和修复方面的研究和探索。水专项启动初期（2006年），我国的城镇排水管网建设、管网养护管理等相关环节技术落后于国际水平20年以上，尤其是在管网检测和非开挖修复方面，技术支撑缺位、材料设备依赖进口、实践案例稀缺，严重影响了我国城市污水的收集、处理效率和雨水排水安全，使得我国城市水环境污染和内涝问题难以得到根本解决。

（二）问题与需求

水专项启动之初，排水管网领域面临的主要问题有：一是管网建设滞后，污水直排污染水体、积水内涝现象频发；雨污水系统混乱，混接错接问题普遍、溢流污染严重。二是管网健康状况不良，缺陷问题突出、外水渗入严重；管网修复技术不足，缺乏经济有效的技术，检测修复设备依赖进口。三是管网缺乏正常养护，淤积现象严重，运行管理缺位；管网收集效能低下，排水效能低下，直接影响排水功能的发挥。

针对上述问题，重点应解决三个方面的技术难题：①开发适宜性污水收集技术，

为解决污水管网难以实施的收集盲区提供技术支撑，提高管网覆盖率和污水收集率；②开发适用于我国的排水管网检测装备和修复技术与材料，突破管网缺陷检测与修复的技术/装备壁垒，破解管网混接错接和外水渗漏排查难题，提升管网健康状态；③研发管网运行优化调度技术，提高管网运行管理效能。

二、技 术 介 绍

（一）组成与特色

城镇排水管网改造与优化成套技术破解了管网收集盲区覆盖、混接漏接及外水渗漏等缺陷筛查、管网缺陷检测评估与原位修复、运行优化调度等瓶颈问题，突破了3项核心关键技术，形成了由规划设计、建设修复、检测评估和运维管理4类技术单元共计40项技术组成的成套技术，如图14.1所示。

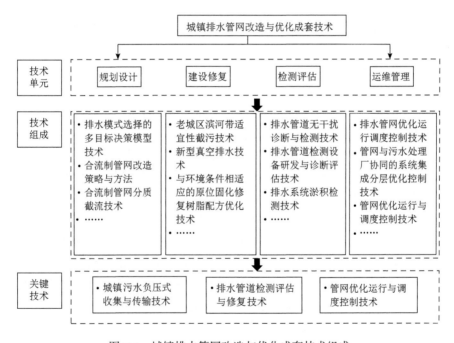

图14.1 城镇排水管网改造与优化成套技术组成

（二）创新与突破

针对城镇排水管网系统存在的问题和需求，水专项在适宜性污水收集、管网问题筛查与缺陷检测评估、排水管网优化运行与调度等方面研发了40项技术及相关的设备产品，突破了核心关键技术3项，如图14.2所示。实现了从"十一五""十二五"至"十三五"的技术转化提升、工程示范应用和产业化标准化，成套技术整体上与国际水平差距由20年以上缩短至基本同步，在管道视频检测机器人和网-厂联动优化调度等技术方向领先国际水平。

图14.2　城镇排水管网改造与优化关键技术突破

（1）水专项实施后，城镇排水管网改造与优化成套技术就绪度由立项初期的4级提升至9级。

（2）针对因场地条件限制难以实现排水管网覆盖的收集盲区，借鉴国外真空排水技术思路，创新性地开发了城镇污水负压式收集与传输技术，研发了具有自主知识产权的真空阀、负压泵站等关键元件和装备，实现了核心技术与设备的国产化，破解了消除污水直排的难题，实现了"污水全收集"和"有效截污"。

（3）针对排水管道检测评估技术城市排水管网错接混接和外水渗漏严重、结构性和功能性缺陷大量存在的问题，通过水量水质解析和水温图谱检测实现了错接混接和外水渗漏点的精准筛查定位，解决了因错接、渗漏产生的污水直排和溢流污染难题；研发的新一代智能化传感机器人、视频数字化成像检测等设备，显著提高了城市污水管网检测效率和精度，实现了对不同管道状况和管径大小的缺陷检测评估，突破了管网机器人在适用性和缺陷识别方面的技术难题。针对特殊类型管道修复的难题，研发了管道缺陷整体原位固化修复材料，实现了修复材料特别是树脂材料的国产化研发与生产，对于满足我国不同地区管道缺陷的修复创造了条件。

（4）针对城市排水管网维护管理薄弱，创新性地研发了管网优化运行与调度控制技术，开发了网-厂联合调度软件系统，为做好管网维护提供了信息和平台支撑，也为污水处理厂的稳定达标和污水管网高效运行提供了支持。

城镇排水管网改造与优化成套技术突破了管网面临的三大技术瓶颈，实现了管网改造与优化技术的成套化、装备化、国产化，整体技术水平达到或接近国际先进水平，在管网检测机器人和厂网协同调度等方面领先国际水平。编制并发布标准规范13项，涵盖了排水管网设计、施工与验收、运行维护等方面，初步形成了层次基本合理、结构相对完整的标准体系框架。系统总结了相关技术要求，为排水管网的规划设计、建设修复、检测评估和运行管理等提供规范化的全流程指导。

（三）示范与应用

该项成套技术共完成了36项示范和应用工程，显著提高了当地的污水收集能力、管网缺陷和病害的检测效率和检测精度，提升了排水管网的实际收集能力。在常熟、常州和甪直实施了负压式收集与输送示范工程（图14.3），在上海漕河泾和陆家嘴街区实施了排水管网混接调查及改造示范工程（图14.4和图14.5），在昆明实施了网-厂联合运行调度示范工程，为排水管网的改造优化和效能提升提供了技术支持和可借鉴、可复制的工程经验。

图14.3　常州市老城区沿河截污真空收集示范工程

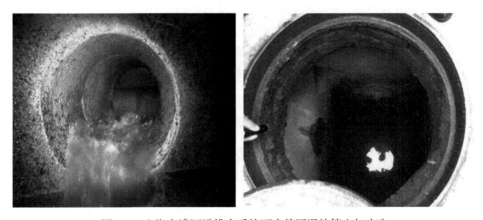

图14.4　上海市漕河泾排水系统雨水管网混接筛查与改造

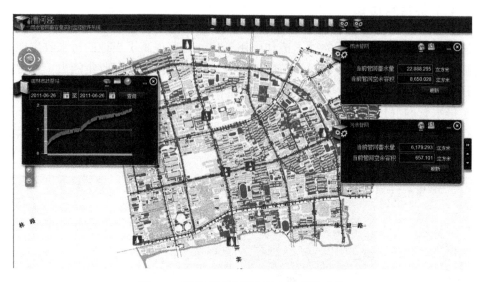

图14.5 示范区域管网运行在线监控系统

　　该项成套技术得到广泛的推广应用，其中真空排水及其改进技术在浙江、山东等12个省市得到了推广应用，涉及1500余项工程，消除了污水收集盲区，有效提升城市污水收集率。排水管渠视频数字化成像设备（图14.6）和控制系统建成年产1000台能力的生产线，产品综合性能达到国际先进水平，并取得国家光电子信息产品质量监督检验中心认证，产品累计销售1500多台，客户覆盖我国31个省级行政区以及日本和欧美国家，创造直接经济效益2.2亿元。排水管渠视频检测设备国产化率由2015年的60%增长至2019年的98%，打破了国外进口产品在我国市场的垄断。管道缺陷整体原位固化修复材料被应用于清远市飞来湖周边污水干管修复工程，对该项目范围内D1800和D1300变径管道进行修复施工。采用国产修复树脂和配套的施工设备，在效率提高40%的情况下完成了D1800的管道修复，同时采用定制化软管，完成了D1300-D1100变径管道的修复施工（图14.7）。通过与环境条件相适应的原位固化修复树脂配方优化技术的研发，可以确保不同环境下树脂都可以使用，而研制的软管基材具有较强的抗拉性能，管道缺陷整体原位固化修复材料的研发和创新推动了行业的发展。

| X5-HR4 | X5-H 系列 | X1-H |
| 全地形管道机器人 | 管道 CCTV 检测机器人 | 管道潜望镜 |

图14.6 排水管渠检测机器人系列产品

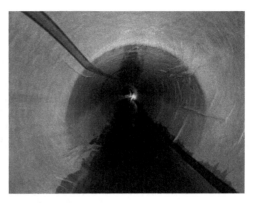

图14.7　管道原位固化修复

三、实 施 成 效

（一）社会与经济效益

该项成套技术提升了我国城镇排水系统的技术水平，可以为城镇排水系统的科学规划、消除污水直排和提升收集率、管网缺陷的快速检测和定量评估、管道非开挖修复和日常养护、管网的优化运行和效能提升等提供技术支撑，为我国城镇排水系统设施的稳定、高效、健康运行提供技术保障。

研发的真空界面阀和真空泵站等负压式收集技术的核心设备、排水管渠视频检测系列产品及控制系统、管道非开挖修复设备材料、管网清淤养护装备等产品装置已全面实现国产化，产品技术性能达到或接近国外同类产品水平，打破了国外进口设备的行业垄断，部分产品性能甚至已领先国外产品并销往欧美日等发达国家，为排水管网的检测评估、修复和养护提供了全套的技术支持。

其中，真空排水技术已在多地实现推广应用，创造了10亿元以上的销售收入。智能化检测机器人设备从研发初期至2020年，销售额以每年30%比率增长，产值由1200万增长至9000万。研发的智慧排水监测设备已达到国际先进水平，可替代同类进口设备，已销售6000余台，累计签订300余订单，合同额超过2.5亿元。

（二）行业引领与推动

城镇排水管网改造与优化成套技术共研发了40项支撑技术、研制了15套设备、突破了3项关键技术，实施了36项示范应用工程，推动了城镇排水管网领域的技术系统化、设备国产化和工程产业化，促进行业技术进步和企业创新发展，引领城镇排水系统建设、维护与管理的技术水平向国际接轨。

形成了16项标准规范和技术规程（其中现行13项、报批2项、征求意见1项），带动实现技术的标准化和工程的规范化。在规划设计方面编制了《室外排水设计标准》

（GB 50014—2021），对于保障我国排水工程设计质量、提高工程技术水平、实现工程稳定安全的长期运行起到了重要作用；依托水专项技术产出的《真空排水系统设计指南》，对我国真空排水技术的发展具有借鉴和指导意义，为更高效、更全面的区域污水收集与处理奠定了基础，为我国水环境的精准治理提供了技术支撑作用。在建设修复方面发布了关于管道原位修复的技术规程，如《给水排水管道原位固化法修复工程技术规程》（T/CECS 559—2018），全面规范了原位固化修复的设计、施工和评估，同时开发了排水管道原位固化法修复工程技术，并已应用于实际的排水管网建设与优化工作中，构建了我国对城市排水管网运行管理的先进理念和技术。在检测评估方面，提出了《排水管道检测和非开挖修复工程监理规程》（T/CAS 413—2020），此规程填补了我国排水管道检测及非开挖修复工程监理相关标准的空白，为排水行业规范化建设与管理提供了重要依据；提出的《城镇排水管道雨污混接调查及治理技术规程》，旨在规范雨污混接调查与治理工作，确保有效解决城镇分流制排水系统雨污混接问题，实现分流制排水区域雨水、污水各行其道，对我国城镇污水处理提质增效具有显著的支撑作用。在运行管理方面形成了城镇排水系统运行管理的技术规程，如《城镇排水管渠与泵站运行、维护及安全技术规程》（CJJ 68—2016），统一了排水管渠与泵站运行、维护章程，规范了技术标准，是排水管网改造与优化标准体系的重要组成部分。

在城镇排水管网改造与优化相关课题的实施过程中，在政府引导下建立科研单位与企业的合作机制，加强科技交流与合作，整合科研机构的资源和人才优势。例如上海誉帆环境科技股份有限公司作为一家工程服务类公司，自2015年参与水专项项目以来，不仅在排水管道修复领域取得了一定的收获，在管网精细化排查方面，尤其是城市黑臭水体整治和污水提质增效等方面更是形成了独具特色的工艺和方法；武汉中仪物联技术股份有限公司是一家以排水管网检测设备、养护、修复技术及材料为产业的高新技术企业，在2015～2019年依托水专项课题，完成了检测产品的国产化和数字化创新，并以此成果为突破点，创新性地研发了依托物联网信息平台的一系列成果。同时，促进科研与实践相结合，提升科研人员参与解决实际问题的能力，为国家培养出一批勇于开拓和创新、拥有国际竞争力的学术研究和管理运营的人才，直接参与研究工作的科技人员达3463名，培养博士170名、硕士632名，培养了一批创新团队和创新人才。

技 术 来 源

- 老城区水环境污染控制及质量改善技术研究与示范（2008ZX07313001）
- 城市排水系统溢流污染削减及径流调控技术研究（2013ZX07304002）
- 昆明主城区污染物综合减排与水质保障关键技术研究与示范（2011ZX07302001）

15 城镇降雨径流污染控制成套技术

> **适用范围**：城镇降雨径流污染负荷评估，控制设施的规划设计，已建成设施的污染控制效能评估；径流污染源头削减；合流制溢流污染控制；分流制初期雨水净化。
>
> **关 键 词**：监测评估；规划设计；源头削减；过程控制；后端治理

一、技 术 背 景

（一）技术状况

我国城镇降雨径流污染负荷高，主要污染物包括悬浮物、COD、总氮和总磷，其平均浓度高于地表水环境质量Ⅴ类标准，径流污染负荷已达城镇水污染负荷的近20%，部分特大型城市达到35%以上，是城镇水环境污染负荷重要来源之一。

欧美发达国家对城镇径流污染控制起步早。自20世纪60年代开始，美国等发达国家开始关注城镇降雨径流污染问题，已经形成较为完整的、有各国特点的城镇降雨径流污染控制技术体系，主要包括美国的最佳管理措施（BMPs）与低影响开发（LIDs）、英国的可持续排水系统（SUDS）、澳大利亚的水敏感城市设计（WSUD）等。

我国城镇降雨径流污染控制技术的研究与工程实践起步较晚、存在问题多，先后经历了合流制管网、分流制管网雨污分流等技术发展阶段，工程实施成效不理想。在我国快速城镇化建设大背景下，城镇不透水下垫面的比例显著增加、合流制改造为分流制难度大、分流制不完善、合流制溢流频次高、污染负荷重，加剧了降雨径流形成的污染治理难度，再者，存在技术欠缺的问题。

（二）问题与需求

高速城镇化带来的径流污染和城市内涝已经影响城市环境与安全。主要表现为：①不透水下垫面比例增加，地表径流量显著增加，初期雨水污染负荷高；②排水管网欠账较多，合流制排水管网溢流频次高、污染负荷重，分流制初期雨水污染负荷高，加上管道内沉积物随雨水排出，导致外排水污染物浓度高；③缺少国家、行业和地方不同层面的法规、政策、标准等技术文件，对规划建设与运维服务的指导不足。

解决上述问题，迫切需要：①研发高效径流污染源头削减关键技术、材料、装备与设施，开展成片区规模综合应用与示范；②开展高效截污、调蓄、就地处理等过程控制关键技术、装备与设施的研发及工程示范；③针对我国重点城镇、典型城区与下垫面类型，建立规范化、标准化的"规划-设计-建设-维护"全链条城镇降雨径流污染控制技术模式与工程示范。

二、技 术 介 绍

（一）组成与特色

城镇降雨径流污染控制成套技术包括：城市径流污染控制海绵设施规划设计技术、城镇径流污染源头削减技术、城镇径流污染过程控制技术和城镇径流污染控制效能监测评估技术4项关键技术（图15.1），技术就绪度由立项之初的4级提升至8级。

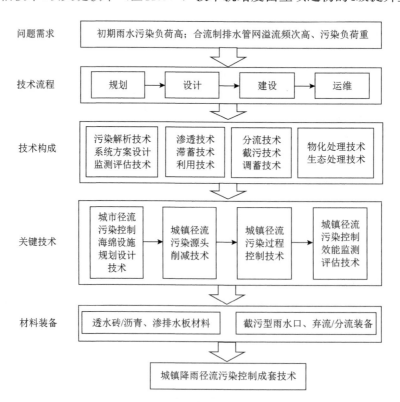

图15.1　城镇降雨径流污染控制成套技术组成

其中，规划设计技术用来指导海绵城市径流污染控制设施的规划设计与建设，是对源头削减、过程控制和后端治理等设施的重要指导；源头削减技术对降雨径流进行渗透和滞蓄，并进行初步净化，实现综合利用；过程控制技术通过对雨水进行截污、分流、调蓄等多种形式，实现在雨水输送过程中的污染控制；效能监测评估技术用来对径流污染控制设施的运行效果进行监测，开展效能评估，为设施的运行维护和升级改造提供指导。

（二）创新与突破

该技术在城镇径流污染控制规划设计技术、源头削减技术、过程控制技术和效能监测评估技术等方面取得了关键技术突破，形成了基于"规划-设计-建设-运维"的全链条技术，包括79项支撑技术（点），有效支撑城镇降雨径流污染的全过程管理。

1. 建立了以海绵城市径流污染控制理论指导的径流"体积-峰值-频率-污染"多目标控制技术

通过解析我国不同地域和不同下垫面的径流污染时空变化特征，完善了城市地表径流的预测计算方法，开发城市地表径流水质水量耦合计算模型，实现模拟工具的国产化和参数的本地化，对单场降雨事件地表径流峰值流量和径流总量的模拟准确度均在80%以上，对典型污染物的水质模拟准确度达到70%以上。

针对以"快排"为单一控制目标的传统城市排水（雨水）系统的局限，提出了以保护和修复城市自然的水文循环特征为基础，涵盖规划与设计、施工与验收、维护管理全过程的管控方法，建立了以海绵城市径流污染控制理论指导的径流"体积-峰值-频率-污染"多目标控制技术，为我国海绵城市建设提供了技术支持。

2. 突破了适合我国城镇特点及排水体制的多尺度、多维度径流污染控制关键技术

针对当前缺乏相关规划案例、无先例可循的困境，以现行法定规划体系为基础，雨水径流源头管控为核心，基于地块效能模型模拟用地分类特征提出指标分解方法，采用绿色设施开展源头技术措施布局，基于排水分区水文模型径流控制效果进行规划方案优化与设施组合、布局，突破了适合用于我国城镇特征、汇水分区整体层面的城市径流污染控制海绵设施规划设计技术。

成功研发了一批具有渗透、滞留、蓄水、净化能力城镇降雨径流污染源头削减技术、材料与装备；依据我国城镇特点、降雨特征和下垫面类型，因地制宜地集成应用，突破了以径流总量削减、污染物减排和峰流量削减为目标的城镇径流污染源头削减技术，能够实现建筑小区、道路、开放空间等多种下垫面及成片区的径流污染源头削减。

实现了具有地域特征和降雨特点的排水系统模型参数本地化，优化了合流制管网截流倍数，提高分流制系统的初雨截流规模；合理设计雨污调蓄设施并优化运行模式，动态利用雨污调蓄设施和污水处理厂对雨水的储存能力，实现"网-池-厂"联合调度；突破了适合我国城镇特点的城市径流污染过程控制技术，有效支撑了合流制溢

流污染控制和初期雨水净化。

以现场监测为基础，运用概率论和数理统计方法，提出了以径流总量控制、污染控制、资源化利用、投资-效益为核心指标的径流污染控制设施效能评价方法，构建了适用于多维度、多尺度径流污染控制设施的效能监测评估技术，支撑城市径流污染控制设施规划建设与运行维护，满足片区、城市层级海绵城市径流污染控制设施建设本底与效果评价需求。

3. 开发了多种具有自主知识产权的用于径流污染控制的材料与装备，形成了材料与装备生产线

研发了多种适合不同地域和应用领域的雨水渗透材料，包括透水砖、透水沥青、渗排水板；开发了适用于不同规模道路、小区、公共空间和商业区的截污型多功能雨水口；攻关了基于水力条件和互联网控制的自动化雨水弃流、分流装备，并形成规模化生产线。

4. 强化了我国城镇径流污染控制技术的标准化与规范化，填补了海绵城市建设相关标准体系空白

发布各级标准和图集39项，其中国家标准10项、行业标准4项、地方标准23项、标准图集2项；其中，《室外排水设计标准》《海绵城市建设评价标准》《城市内涝防治技术规范》《海绵城市建设技术指南　低影响开发雨水系统构建（试行）》和《城镇雨水调蓄工程技术规范》等标准的颁布，引领了行业发展，填补了海绵城市建设领域标准体系的空白，领先国际城镇雨水管理技术，支撑了《关于开展海绵城市建设试评估工作的通知》（建办城函〔2019〕445号）提出的任务，实际应用于全国600多个城市的海绵城市建设评价过程，为我国城镇内涝治理、海绵城市建设和径流污染控制提供了技术指导文件。

（三）示范与应用

成套技术示范工程数量大、覆盖流域广泛、成效显著。该成套技术共示范应用42项工程。其中，京津冀地区北京城市副中心和天津中新生态城、太湖流域嘉兴市和无锡市、粤港澳大湾区的深圳市、三峡库区重庆市等地重点工程，进行了多目标、多维度城镇径流污染控制源头削减技术的示范应用（图15.2至图15.4）；上海市、太湖（常州、嘉兴）、巢湖（合肥）和滇池（昆明）流域，开展了截流-调蓄-处理的排水系统设计、建设与运行，实现了"网-池-厂"联合调度控制径流污染的工程示范。多流域特征条件下的示范工程构成了多种形式的城镇降雨径流污染控制技术模式与应用案例，为所在城市径流污染控制、水环境质量改善提供了技术支持和示范效应，为流域全面开展"海绵城市"建设和城市黑臭水体治理提供了有力支撑。

图15.2 深圳市光明新区工程示范

世合小镇不透水路面后端污染调蓄净化工程

图15.3 太湖流域嘉兴工程示范

图15.4 三峡库区示范工程

三、实　施　成　效

（一）社会与经济效益

1. 有效控制径流总量、减少溢流次数、削减污染物入河量

示范工程覆盖京津冀区域、太湖流域、巢湖流域、三峡库区、滇池流域、粤港澳大湾区，示范工程面积超过600 hm^2，实现平均年径流总量控制率为74%~86%，悬浮物平均削减率为52%~70%，COD平均削减率30%~60%，溢流水量削减率超过30%。

2. 支持我国海绵城市建设和城市黑臭水体治理

成果在各地的海绵城市径流污染控制中得到广泛应用，有力支持了国家低影响开发示范城市、国家级海绵城市试点城市深圳光明新区的建设；产出的《海绵城市建设技术指南——低影响开发雨水系统构建（试行）》得到2批30个海绵城市试点建设的采用和参考，支持了90个省级试点以及全国658个城市开展海绵城市径流污染控制，举办培训近百场，接待学习参观人数超过2万人次。

产出的雨水口技术与图集、雨水调蓄池设计与运行技术等重要成果，服务于昆明市、重庆市、常州市、合肥市和上海市的城市黑臭水体治理，从上游至下游支持了长江经济带环境保护修复，成果应用于天津、河北、内蒙古、陕西、浙江、云南和山东等多个省市高污染水体综合治理，有效支持了我国水污染防治攻坚战。

（二）行业引领与推动

"十一五"期间，率先开展城镇径流截污的技术研发与应用研究。"十二五"期间，开展了低影响开发雨水系统构建等海绵城市径流污染控制实践路径探索，这些研究成果为海绵城市理论体系与技术体系的构建提供了重要的技术储备和工程实践积累。"十三五"期间，重点推进关键技术的标准化，实现技术提升，科学指导我国城镇径流污染控制，整体提升并规范了行业技术水平。

依托研究成果，城镇径流污染控制依托绿色发展模式，逐步将低影响开发理念广义化，形成水环境、水安全、水资源、水生态等多目标的控制理论，有效指导规划、设计、建设和维护，全面指导了30个国家级试点、90个省级试点以及全国600多个城市开展海绵城市径流污染控制设施建设，推动了我国海绵城市理念的落地与实施。

城镇径流污染控制技术承担单位及人员迅速成长为我国海绵城市建设领域的主要技术力量，为全国70多个城市的海绵城市径流污染控制提供技术服务，持续为新一批海绵城市建设示范城市提供技术指导。

技 术 来 源

- 海绵城市建设与黑臭水体治理技术集成与技术支撑平台（2017ZX07403001）
- 绿色建筑与小区低影响开发雨水系统研究与示范（2010ZX07320001）
- 城市排水系统溢流污染削减及径流调控技术研究（2013ZX07304002）

16 城镇污水高标准处理与利用成套技术

适用范围：城镇污水处理厂一级A及以上标准的设计、建设与运行管理。
关 键 词：城镇污水；高标准处理；强化预处理；除磷脱氮；深度处理；
全过程诊断；资源化利用；新兴微量污染物

一、技 术 背 景

（一）技术状况

为了满足再生水与生态环境补水水质要求，欧美发达国家城镇污水处理厂污染物排放标准总体上越来越高，尤其是氮、磷指标。因此，欧美发达国家进行了深度除磷脱氮、MBR、膜法过滤、MBBR/IFAS等工艺技术的研发与应用，以及以提高处理效率和节能降耗为目标的污水处理厂自动监测、运行控制与管理技术方面的研究。

水专项启动时，我国大部分城镇污水处理厂执行二级和一级B标准。除少数具有除磷脱氮功能外，城镇污水处理厂大多以去除化学需氧量、五日生化需氧量和悬浮颗粒物浓度为主要目标，普遍采用常规活性污泥法，该方法具有良好的有机物去除效能和一定的氮磷去除效果，但不能实现对氮、磷等营养物的有效去除。

随着太湖等重点流域污水处理厂出水水质提高至一级A标准，国内普遍执行日益严格的污水达标考核方式，因此必须保证污水处理厂全时段稳定达标运行，节地节能降耗需求也日益凸显重要，污水处理精细化设计、精准化运行、全过程控制、优化运行技术正在成为当前新热点，所需的全流程工艺技术及设备产品也相应开发应用并在持续优化改进。同时，为了应对水量短缺、水质恶化的城市水资源问题，我国城市污水再生水利用工程建设规模逐年扩大，但仍然不能满足再生水利用的发展需求。

（二）问题与需求

1. 高标准且稳定达标处理与利用要求，催生成套技术与整体解决方案需求

随着一级A及以上排放标准在我国重点流域与水环境敏感区域的陆续施行，在工艺

技术决策和设备产品等选择上带来巨大的挑战,针对性强、切合实际、分类指导的工艺技术路线、成套技术方法和设备产品的全链条支持与工程服务迫在眉睫。

2. 复杂水质环境条件叠加影响,催生单元工艺系统效能增强新需求

我国特有的进水碳氮比低、无机悬浮固体含量高、冬季低水温等动态复杂水质环境条件叠加影响下,以深度除磷脱氮为核心的全工艺流程及单元工艺需要全面增强。

3. 高标准且节地节能降耗要求,催生全过程提升与精细化运维需求

高标准不应以高投入、高消耗为代价,需要切合我国特有水质环境特征,全面提升处理系统的水质与水量复原再生功能、技术设备保障能力与精细管理水平。

二、技术介绍

(一)组成与特色

针对我国特有的动态复杂水质特征、越趋严格排放标准所形成的技术难题,突破预处理、生物处理、深度处理等关键单元技术,构建全过程全链条覆盖的技术系统,形成城镇污水高标准处理与利用成套技术(图16.1),包括城镇污水强化预处理工艺系统、MBR强化脱氮除磷工艺系统、悬浮填料强化硝化工艺系统、深度净化处理工艺系统、城镇污水处理全过程诊断与优化运行技术、城市污水新兴微量污染物全过程控制技术、地下式污水处理厂实施技术、再生水景观环境利用技术8项关键技术。

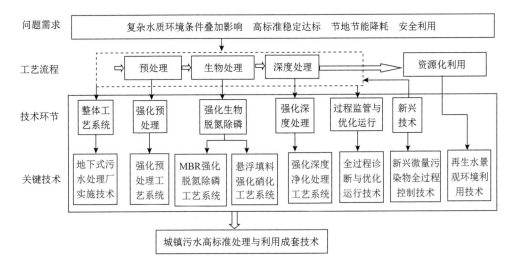

图16.1　城镇污水高标准处理与利用成套技术组成

（二）创新与突破

城镇污水高标准处理与利用成套技术的技术就绪度由立项初期的3级提升至9级。

1. 形成城镇污水处理全过程全覆盖的高标准处理与利用技术体系，满足各等级污水排放与再生水标准

探明我国特有动态复杂水质特征与越趋严格排放标准影响下的城镇污水高标准稳定达标处理的工程技术机理，构建实现惰性组分去除和碳源有效保持的强化预处理单元，提升除磷脱氮效能的强化生物处理单元和进一步去除悬浮颗粒，氮磷深度净化和溶解性难降解有机物与色度强化去除的强化深度处理单元构成的整体工艺流程（图16.2），并实现集成应用，系统解决城镇污水水质环境因素相互交错和叠加影响所带来的高标准稳定达标处理复杂技术难题；针对城乡人居环境和水生态环境质量提升需求，形成再生水景观环境利用技术，提出再生水景观环境利用的水质指标、运营维护和安全性的目标要求，构建再生水景观环境利用的水质指标评价和富营养化预警指标体系、安全运行管理优化体系及安全评价体系，有效保障再生水景观环境和生态补水利用的进行，实现城镇污水一级A及更高标准的稳定达标处理与资源化利用。

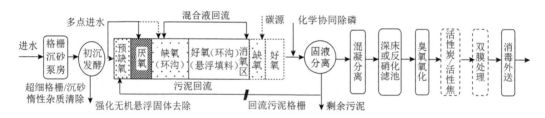

图16.2 城镇污水高标准稳定达标处理工艺流程示例

2. 深化认识预处理、生物处理、深度处理等工艺单元的功能定位，强化各工艺单元功能和技术设备，实现系统效能显著提升

构建城镇污水强化预处理工艺系统，通过全拦截超细格栅、初沉发酵池、SSgo泥渣砂快速分离及跌水富氧控制等技术设备的有效耦合，实现进水中惰性组分与泥砂渣的有效去除、碳源损耗减少与碳源质量改善；创新构建悬浮填料强化硝化工艺系统，通过悬浮填料在好氧区适当空间的适量投加，突破现有污水除磷脱氮系统对非曝气区与曝气区污泥质量分数的限制，有效解决冬季低水温条件下生物硝化不稳定，总氮难达标及新增生物池池容受限等技术难题；研发MBR强化脱氮除磷工艺系统，实现MBR膜组器整体性能优化，形成MBR系统优化运行与节能降耗策略，能耗达到世界最低水平；创建以混凝-分离、深床过滤、膜过滤、介质过滤、消毒、臭氧氧化为主要组成的深度净化处理工艺系统；通过膜组器、悬浮填料、超细格栅、曝气系统、臭氧发生器等配套技术设备（装备）（图16.3至图16.6）的研发、成套化与产业化应用，有力支撑我国从城镇污水处理设备应用大国向制造大国转变。

转鼓式全拦截超细格栅

初沉发酵池

SSgo泥渣砂快速分离

图16.3　城镇污水强化预处理工艺系统关键技术设备

悬浮载体填料

填料流化系统

填料拦截格网

图16.4　悬浮填料强化硝化（MBBR/IFAS）工艺系统关键技术设备

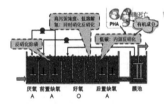
MBR强化脱氮除磷工艺系统

MBR膜组器

北京清河再生水厂二期工程

图16.5　MBR强化脱氮除磷工艺系统及优化运行技术与示范

再生水厂膜处理车间

臭氧发生器

紫外线消毒系统

图16.6　深度净化工艺系统关键设备

3. 基于关键指标工程实时测试和达标难点快速解析，形成城镇污水处理全过程诊断与优化运行技术，实现精细化运行管理与动态调整

创立基于工程实时测试和达标难点快速解析的系统精准诊断技术方法，创新提出城镇污水处理全过程诊断与优化运行技术，工艺参数季节性分区动态调整，实现碳源的优化配置与高效利用，满足我国城镇污水处理厂一级A及更高标准稳定达标处理精细化运行管理的现实需求，并有力支撑化学药剂消耗量的降低和除磷脱氮效能的增强。

4. 针对城镇污水资源化利用的生态风险控制问题，创新形成城市污水新兴微量污染物全过程控制技术

通过对生物处理、深度处理等工艺过程中新兴微量污染物去除能力与潜力的全过程解析与评估，综合对微量污染物去除的普适性、成本、技术可行性等因素，创新提出以臭氧氧化处理技术为重要发展方向的总体技术对策，有效去除新型微量污染物、色度和病原微生物，提升城镇污水处理厂出水的品质、卫生学与生态安全性（图16.7）。

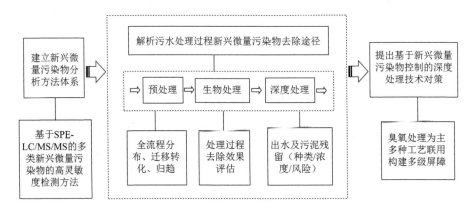

图16.7 新兴微量污染物全过程控制技术流程

5. 基于环境敏感及城市用地稀缺等区域地下式污水处理厂建设需求，形成地下式污水处理厂实施技术

针对城镇污水处理厂选址建设面临的用地受限、邻避效应影响等带来的问题，通过空间布设与结构优化、技术路线与单元优化、运行安全与健康防护等环节技术措施的合理采用，有效提升地下式污水处理厂的规划建设协调性、工艺设计可靠性及运行维护安全性，实现地下式污水处理厂占地空间少、环境影响低及运行安全稳定的目标。

（三）示范与应用

在不同地域形成系列工艺流程、单元强化技术、工程实施模式及精细化运行管理措施，分别应用于太湖、巢湖、京津冀、三峡库区、滇池等重点流域的74项污水处理工程中，带动我国城镇污水处理厂扩建及提标改造工作，在1500余座提标改造与新建工程项目中得到推广应用，累计工程规模突破6000万 m^3/d，占全国25%以上，有力提升了我国城镇污水高标准处理技术水平和再生水生产能力；在大规模推广应用基础上，编制了《江苏省太湖地区城镇污水处理厂提标技术指引（2018试行版）》（DB 32/1072）等一系列标准指南规范类技术文件。

其中，我国首座一级A标准建设的无锡市芦村污水处理厂示范工程（30万m^3/d，图16.8），首次整体成功应用了"强化预处理→新型初沉发酵池→回流污泥反硝化环沟型改良A^2/O除磷脱氮→悬浮填料强化硝化→化学协同除磷→滤布滤池等强化功能单元"的集成工艺流程，并实现出水一级A稳定达标；天津市津沽污水处理厂示范工程（65万m^3/d，图16.9）采用"初沉发酵+多点回流多点进水改进型多级A^2/O+高效沉淀池+深床滤池+臭氧氧化+紫外线消毒"集成工艺流程，出水稳定达到天津市DB 12/599—2015标准A标准，推动了我国污水资源化能源化利用进程。其他行业代表性示范推广应用工程项目见图16.10。

图16.8　无锡市芦村污水处理厂示范工程

图16.9　天津市津沽污水处理厂示范工程

图16.10　行业代表性示范推广应用工程项目

三、实施成效

（一）社会与经济效益

技术成果充实和完善了城镇污水处理工程技术体系，使之更加系统完整，通过示范应用与推广（图16.11），累计规模突破6000万 m^3/d。通过技术标准编制、宣传推介

图16.11　代表性城市河湖景观生态补水工程项目

和标杆项目引领，辐射扩散到1亿m^3/d以上的工程规模，带动工程新扩建与提标改造投资达5000亿元以上，强有力地支撑了我国城镇污水处理厂提标建设与稳定达标处理工作，实现污水大规模再生利用，同时，取得显著的节地节能降耗成效。

与水专项启动之时相比，截至2019年年底，我国城镇污水处理总规模增长163%，其中一级A及以上标准所占比例由4.9%增长至68%以上，氨氮、总氮、总磷削减量分别增长293%、473%和285%，削减量分别增加131万t、176万t和19万t，其中因污水处理技术进步带来削减量的增加量占比分别为33%、26%和26%，污染物减排作用巨大，为我国流域水环境质量改善做出了重大贡献；每年可提供优质再生水和景观生态环境补水400亿m^3以上，形成相应的当量水资源，作为河湖补水、市政杂用和工业用水的非常规水资源，在全面提升城镇水环境品质与人居生态环境质量的同时，为我国水资源安全提供了重要保障。

（二）行业引领与推动

技术成果系统解决了我国城镇污水高标准处理与利用技术难题，为全国城镇污水处理厂一级A及以上标准的提标建设与优化运行提供了科学决策依据、先进工艺流程、适用技术参数与关键设备产品，并通过标准编制、技术培训、专题研讨、项目参观、专著出版等方式，全面推进成套技术成果的交流、宣传、推广，在打造一批高层次创新人才和科研攻关团队的同时，大幅度提升了一线专业技术人员的创新实践能力和工程技术水平，从"十一五"到"十四五"，在全国城镇污水处理及再生利用设施规划的编制和实施过程中发挥了关键作用，全面推动了我国城镇污水处理行业的科技进步。

技术来源

- 城市污水处理厂与管网优化技术研究与示范（2009ZX07313003）
- 污水处理系统区域优化运行及城市面源削减技术研究与示范（2011ZX07301002）
- 城市污水处理系统运行特性与工艺设计技术研究（2012ZX07313001）
- 城镇污水处理厂提标技术集成与设备成套化应用（2013ZX07314002）
- 天津城市污水超高标准处理与再生利用技术研究与示范（2017ZX07106005）

17 城镇污泥安全处理处置与资源化成套技术

适用范围：城镇污水处理厂污泥安全处理处置与资源化系统设计建设与运行管理。

关 键 词：污泥处理处置；厌氧消化；好氧发酵；干化焚烧；深度脱水；热解炭化；建材利用；土地利用

一、技 术 背 景

（一）技术状况

1. "无害化为目标，资源化为手段"的污泥处理处置方式是国际普遍践行的理念

欧美发达国家中，污水与污泥处理两套子系统要求同步规划、同步建设，同时，针对污泥中易腐物质的去除以及病原菌的污染风险，污泥稳定化（厌氧/好氧）是强制性处理技术单元，处置方式主要采用土地园林利用或焚烧建材利用。欧盟和美国土地利用比例超过60%～70%，德国、荷兰等由于填埋场对污泥有机物的限制，污泥焚烧的比例逐年增加。国外发达国家已形成了完整的技术装备标准体系，随着国际社会对未来节能降耗与资源能源回收重视，对污泥处理处置新技术提出了更高要求。

2. 我国城镇污泥处理处置起步较晚

污泥处理处置设施在早期污水处理厂的规划建设中往往被简化、忽略，或将已建成的设施长期闲置。2008年前，70%污泥没有得到妥善处置，主要以简易填埋为主，全国范围内仅有少量低负荷、低稳定性的污泥稳定化工程运行；技术装备主要依赖国外进口，因长期受污水收集管道体制等因素影响，我国污泥有机质含量低、含砂量高，泥质条件与国外差异大，技术装备直接引进后匹配性差。

（二）问题与需求

我国城镇污水处理厂污泥处理处置主要存在下列问题：

（1）针对不同适用条件的污泥处理处置技术路线尚未明确。

（2）污泥处置出路不畅通，简易填埋二次污染严重，缺乏污泥安全土地利用技术与政策体系，焚烧全过程能耗偏高、延续性差。

（3）在实施污泥减量化、无害化、稳定化与资源化的过程中，"减容-处理-处置"运行系统稳定性差，转化率低，经济效益不显著。

（4）污泥处理处置装备发展明显滞后，产业化水平低，相关标准体系不健全。

针对上述问题，我国城镇污泥处理处置应依据以上"四化"原则，以污染削减无害化为目标、以能源回收资源化利用为手段开展专项攻关，亟须：①构建因地制宜、多样并存、与我国泥质特征匹配的污泥处理处置与资源化利用技术体系；②破解污泥处理处置关键环节（如厌氧消化、好氧发酵、脱水干化、焚烧及二次污染控制、产物安全处置等）效率差、能耗高的技术壁垒，实践论证污泥稳定化处理与安全处置的主流技术路线；③研发一批具有自主知识产权的污泥处理处置核心装备，提升国产化能力，并开展产业化和实际工程应用研究，形成一系列可操作性强的污泥处理处置标准与规范。

二、技 术 介 绍

（一）组成与特色

形成的城镇污泥安全处理处置与资源化成套技术（图17.1），覆盖了城镇污泥处理处置的主流技术路线与前沿储备技术，其中包含污泥脱水/干化技术与装备、污泥高级/协同厌氧消化技术与装备、污泥高效好氧发酵技术与装备、污泥干化焚烧技术与装备、

图17.1 城镇污泥安全处理处置与资源化成套技术组成

污泥稳定化产物园林土地利用、污泥沼液厌氧氨氧化脱氮技术、污泥热解炭化技术与装备7项关键技术。

实现对污泥全链条处理处置技术的全覆盖。针对各环节关键技术的突破，进一步集成了"厌氧消化+土地利用""好氧发酵+土地利用""干化焚烧+灰渣填埋或建材利用""深度脱水+安全填埋""热解炭化+产物利用"的5项全链条技术路线，为污泥问题解决提供了技术支撑。

（二）创新与突破

1. 构建了因地制宜、多样并存、与我国泥质特征相匹配的污泥处理处置与资源化利用技术体系

以系统、科学地对污泥污染防治与资源化利用技术调查和评估为基础，以污染防治最佳可行技术导则和工程技术规范为核心，通过3个五年计划的实施，制订和发布了各类污泥处理处置与资源化利用技术指导性文件。形成以关键处理处置技术原理、方案及中试验证为基础层；技术集成、指南与示范为支撑层；技术评估、标准、政策与推广为指导层的污泥处理处置与资源化利用技术体系，成套技术就绪度由立项初期的4级提升至9级，为污泥处理处置技术路线的选择、工程项目的施工验收、管理目标的设定、环境管理制度的实施提供系统技术支持。

2. 突破了城镇污泥处理处置全链条中关键环节的技术壁垒

打通高含水率污泥梯级深度脱水关键技术环节，开发利用同步辐射X射线层析成像法和核磁共振横向弛豫时间T_2分布谱，首次实现对污泥水分分型的原位观测与定量表征，发现间隙水与界面附着水的脱除是提高深度脱水效率的关键途径，建立了基于污泥水分分型的梯级脱水模型与方法（图17.2），提出基于水分赋存形态的"厌氧调理-板框压滤-低温干化"高效低耗梯级脱水路线，为深度减容装备的开发奠定技术基础。

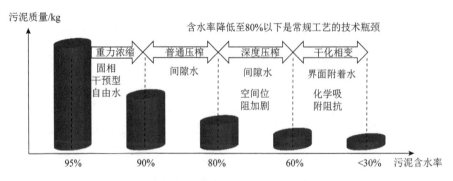

图17.2　基于污泥水分分型的梯级脱水模型与方法图

攻克低有机质污泥传统低含固厌氧消化效率低的技术难题（图17.3），首次阐明了

污泥复杂系统"微细砂吸附-腐殖质交联-重金属络合"抗降解机制，发现破解污泥抗降解机制的关键因子，开发了污泥浆化降黏-水热活化预处理技术，首次提出高含固厌氧消化概念，揭示高含固/协同厌氧过程游离氨/盐/有机酸抑制机制，建立了高含固污泥流变本构方程，在国内率先开发了污泥高含固及协同厌氧消化技术，并实现工程示范应用。

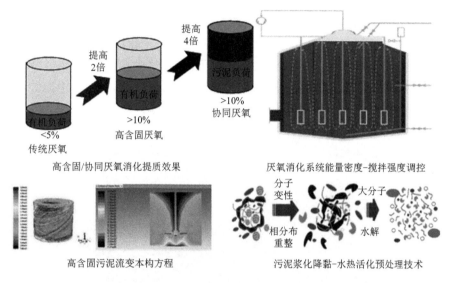

图17.3　高含固/协同厌氧消化技术图

破解污泥传统好氧发酵周期长和臭气控制难、效率低的技术难题，以集约化、高效率、智能控制为导向进行研发，通过对辅料种类、配比、通风策略等优化调控，形成了高温膜覆盖、滚筒动态好氧发酵等工艺技术（图17.4）并实现工程示范，发酵周期由21日缩短至14日；开发了前端添加菌剂+末端化学喷淋-活性焦吸附组合工艺，臭气浓度降低1个数量级以上，氨气浓度降低至1/10～1/2，实现超低标准排放。

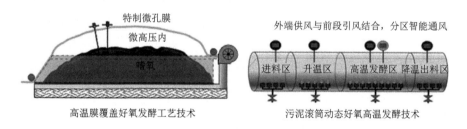

图17.4　污泥高效好氧发酵工艺技术图

突破污泥干化焚烧热利用效率低、调控难、能耗高及二次污染的技术难题，攻克除渣预处理、独立焚烧调控、烟气双控排放、产物建材利用等关键技术环节，提出了"预处理-热处理-热回收"工艺匹配优化策略，形成了全过程的"固（污泥、灰渣）-液（污水）-气（烟气、臭气）"二次污染综合防控方法，常规气态污染物及二噁英等有机污染物优于国家标准，经系统性检测鉴定，确认焚烧飞灰不属于危险废弃物，不应归入危险废弃物管理，得到管理部门的认可，处置费用大幅度降低。示范并形成了以搅动型污泥热干化、流化床污泥清洁焚烧、二次污染物排放控制为核心的干化焚烧全链条集成关键技术。

缓解污泥稳定化产物土地利用受限的前置性技术压力，针对污泥稳定化产物品质不高、植物毒性因子未解除的状况，开发了污泥后腐熟深度稳定土地利用技术，实现植物毒性因子在微好氧条件下芳香重聚快速深度腐殖化（图17.5）；开发了污泥节能生物干化土地利用与二次污染防治技术，提出了污泥生物干化控制策略，建立污泥生物干化物质和能量平衡模型，实现污泥快速生物干化和产物的均匀与稳定，分析了污泥生物干化产物土地利用生态环境风险，为污泥生物干化产物的土地利用提供理论指导与安全保障等关键技术，为打通处理与处置链条提供支撑。

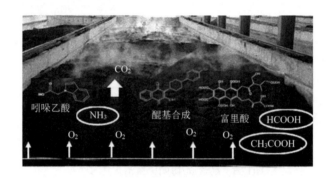

图17.5 微曝气调控后腐熟技术

3. 研发一批污泥处理处置核心装备

（1）研发具有自主知识产权/特色装备。

脱水干化一体化装备：针对污泥结合水结合能高、干化相变过程能耗高的难题，耦合污泥板框脱水的界面机制与真空干化过程的相变行为，首次突破污泥低温真空脱水干化一体化装备集成，相比传统干化工艺节能约30%，形成标准化规模化的生产能力。

高干脱水设备：基于污泥中自由水与机械结合水在不同压力条件下的驱水机制，开发了污泥高压隔膜压滤脱水核心装备，整体性能达到国际先进水平，污泥泥饼含水率≤60%。

（2）实现装备国产化，优化提升装备性能。

热水解装备：基于污泥抗生物降解机制的识别，首次开发了螺旋搅拌浆化降黏-连续水热活化预处理成套装备并实现规模化应用，污泥浆化黏度降低≥80%。

其他装备：优化和提升了浓缩卧螺离心机、圆盘和浆叶干化机等污泥减量设备性能；开发和集成了膜覆盖高温好氧发酵、动态好氧高温发酵、污泥喷雾干化焚烧、污泥干化自持焚烧、外热回转间接式污泥炭化等技术设备。

各类装备形成了成套化生产能力并实现产业化应用（图17.6），核心设备在65项污泥处理工程上应用，工程应用规模13130 t/d以上（含水率以80%计），设备总产值超过十亿元。

低温真空脱水干化一体化装备

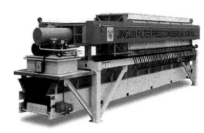

高压隔膜板框压滤机

螺旋搅拌浆化-热水解成套装备

厌氧消化反应罐

图17.6 代表性污泥处理处置装备图

（三）示范与应用

建成长沙污泥高级厌氧消化示范工程、镇江污泥餐厨协同厌氧消化示范工程及上海泰和污水处理厂污泥脱水干化工程等一批涵盖污泥主流技术路线的首创性示范工程20余个。同时，建成了以上海"脱水干化+清洁焚烧+灰渣资源化利用"、北京"厌氧消化+脱水后腐熟+土地资源化利用"为代表的两大主流技术路线应用示范区。上海示范区为土地资源紧缺的国内发达地区城镇污泥的有效处理处置提供了成功可复制的样板；北京示范模式在重庆、西安、佳木斯等地污泥高含固厌氧消化工程中推广应用。总示范/推广应用工程120余个，污泥处理总量1240万t/a（含水率以80%计），带动行业投资200亿。

实现20余项技术装备及产品的产业化突破，污泥高压隔膜压滤脱水设备市场占有率超过50%，产能全球第一；高温热水解装备被应用于10余个示范/推广应用工程，推广应用规模超73万t/a（含水率以80%计）；低温真空脱水干化一体化技术装备应用于30余个示范/推广工程，处理规模超84万t/a（含水率以80%计）。近三年污泥核心装备新增产值超数十亿元。研发改进提升技术和装备在减少工程投资成本、药剂使用量，设备损耗、运行维护费用、能源消耗等方面也将带来巨大的经济效益。

通过水专项的实施，在污泥处理处置方面，自"十一五"以来加大科技投入，关键技术取得一系列从无到有的体系化突破；"十二五"期间，污泥处理处置及资源化技术和装备得到快速发展，符合我国国情的污泥处理处置技术和政策标准体系初具雏形，实现由点及线的标准化突破；"十三五"阶段，从技术、标准、政策等层面对污泥处理处置技术路线进行全链条集成推广，实现由线到面的产业化突破。

发布标准/指南20余项，制定了全链条技术路线的价格补贴政策，编制了全链条技术路线工艺包和案例集，编写了我国污泥处理处置技术发展蓝皮书，形成全链条、全覆盖的处理处置标准政策规范体系、高标准规范化的关键技术装备，为各地实现城镇污泥处理处置提供了政策支撑与可借鉴的综合性解决方案。

三、实 施 成 效

（一）社会与经济效益

（1）研发改进提升的相关污泥处理处置技术和装备，实现替代进口产品的可能，部分工程技术及设备产品达到国际领先水平，实现在质量标准达到国外同类产品条件下，价格不超过国际同类产品的75%，污泥处理成套设备产值数十亿元；对五条全链条技术路线进行集成研究，对设计、运行方法进行优化所形成的工艺包、指南等成果可用于指导全国范围内6700万t（含水率以80%计）污泥处理处置设计、运营，降低了因不合理设计、运行造成的经济损失，提高了投入成效；示范/推广工程处理污泥总量达1240万t/a（含水率以80%计），带动了污泥行业投资超过200亿。

（2）污泥处理处置技术体系构建，补足了我国污泥处理处置的短板，巩固与提高了水污染治理的成效；示范/推广工程的落地、优化提升及良好运行，缓解了工程所在城市污泥处理处置难的困境，对改善当地环境，妥善处理城市污泥产生了积极的影响；在面向未来的绿色、高值资源化领域，突破产业前沿技术，提升了我国污泥处理处置新技术储备能力，对实现"碳达峰"和"碳中和"国家战略目标提供了技术支撑。

（二）行业引领与推动

标准指南体系构建及完善，增强了环境管理决策的科学性，提高了全链条工艺路线设计和运行管理水平；培养了一大批专业人员，提高了专业技术人员储备；成果宣传促进了成果转化，扩大了污泥处理处置领域的社会认知水平，带动了环保行业全面技术进步与健康发展。

技 术 来 源

- 城市污泥及有机质的联合生物质能源回收与综合利用技术（2011ZX07303004）
- 城市污水高含固污泥高效厌氧消化装备开发与工程示范（2013ZX07315001）
- 城市污水处理厂污泥处理处置技术装备产业化（2013ZX07315002）
- 城市污泥安全处理处置与资源化全链条技术能力提升与工程实证（2017ZX07403002）

18 集镇水环境综合治理成套技术

> **适用范围**：距离城市化区域较远，污水收集管网无法有效收集输送，人口规模小于10万人的城乡接合部、中心镇以及下属行政村。
>
> **关 键 词**：集镇；小城镇；水环境；污水处理；运维管理；污水处理装备

一、技 术 背 景

（一）技术状况

国家小城镇发展和新农村建设等重大战略实施以来，我国小城镇建设得到了迅速发展，然而伴随而来的集镇经济与环境建设不协调发展导致的水环境问题也日渐凸显。

发达国家经过多年的探索和实践，在集镇水处理方面开展了很多工作，积累了丰富的经验。欧盟根据人口界定集镇分散污水处理类型，且排放水质指标与处理设施规模有关。美国分散型污水处理设施管理分为户主自主、维护合同、运行许可、集中运行和集中运营五种模式。德国在没有接入排水网的偏远农村或集镇区域建造先进的膜生物反应器系统。日本开创了以"净化槽"为关键设施的分散式污水处理技术，建立了完备的农村/集镇污水治理法律体系。

我国在集镇污水处理领域，缺乏针对性的设计规范与建设标准，以及适用的工艺、技术、设备及模式。集镇具有居住分散、经济发展水平不一、气候地形等自然条件差异大、缺乏专业管理人员等特点，简单沿用城市污水处理厂技术与模式往往会导致建造成本高、管理运行复杂等问题。

（二）问题与需求

1. 主要问题

（1）缺乏面向不同区域集镇污水处理设施的规划导则、设计规范与建设标准，缺乏适合我国不同地域特点的集镇污水处理的治理模式和技术路线。

（2）治理技术方面，对于大型集镇，通常视其与城市的距离确定是否构建自有的处理设施，东南沿海经济发展地区的大型集镇（≥5万人，污水处理站规模大于10000 m³/d）较多，对环境治理的要求高，存在着民工季节性迁徙导致的平日水量大、工业废水占比高，而冬季水量小、浓度低的独有特征，对适应此类反季节迁徙产污特征的污水高标准、低能耗污水处理技术的需求迫切。国内中等规模集镇众多，通常以建设小型污水处理厂（1000～10000 m³/d）的形式实现对污水的治理，但技术的经济性不佳、对地方来水水质以及气候的适应性较弱等问题突出；小型规模集镇的人口较少，污水量较少（≤1000 m³/d），该类小、散型污水处理站建设往往面临着施工建造质量差的问题，需通过模块化、标准化、一体化的设备实现快速施工，确保处理站的建设质量。

（3）污水处理设施运营方面，中小型集镇对污水处理专业人员的吸引力不足，缺乏专业的运营管理队伍，运维管理水平往往较低。

2. 技术需求

（1）面向不同区域各类型集镇的涉及污水收集、处理的针对性设计规范与建设标准。

（2）面向不同人口规模、不同气候条件、产污特点的集镇污水处理成套技术与可持续实施模式。

（3）面向中小型集镇的，以减少处理站维管人员成本的污水处理站远程自动化、智能化控制管理系统。

二、技 术 介 绍

（一）组成与特色

围绕我国不同区域的大、中、小型集镇在污水处理方面的问题及需求：①突破针对反季节迁徙产污特征的沿海发达地区大型集镇的污水高标准、低能耗生物接触氧化-沉水植物湿地协同处理技术；②针对中型集镇，突破适用于东北高寒地区的生物接触氧化-温室结构潜流人工湿地协同处理技术、西部山地集镇的管网预处理-SBBR-序批式人工湿地处理技术、西北/华北缺水地区的一体化氧化沟-潜流人工湿地协同处理技术节能处理技术；③针对小型集镇聚集区，突破快速施工安装的模块化、一体化、成套化污水处理装备；④以以上治理技术、产品为基础，突破了面向中小型集镇的污水处理站远程自动化、智能化控制管理系统，减少运维人员需求，提高运维效率与水平；⑤在技术研究、产品开发的基础上，形成面向不同区域各类型集镇的涉及污水收集、处理的针对性设计规范与建设标准，形成了适合我国不同地域特点的集镇水环境整体解决方案（图18.1）。

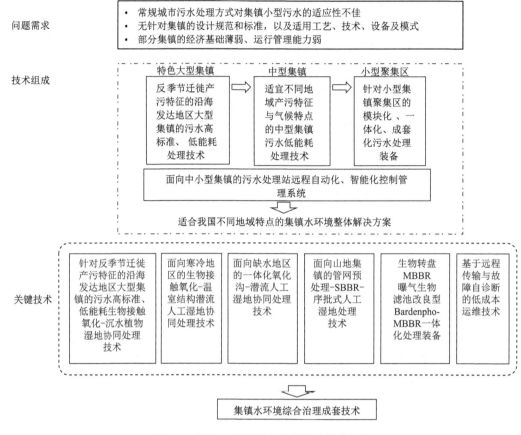

图18.1 集镇水环境综合治理成套技术组成

（二）创新与突破

1. 以规范指南为指导，建立适合不同集镇特点的水环境治理整体解决方案

目前水专项关于集镇水环境治理方面的标准规范及技术指南中，集镇排水系统的规划、体制选择以及污水处理设施的建设和运营都有所涵盖。在水专项的推进下，以标准规范为指导，同时借鉴国内外集镇污水处理集中分散处理的经验，提出了恰当的污水处理技术、标准、管理运维等方式方法，形成适宜我国不同地域和不同经济特点，适宜大、中、小型集镇污水高效处理与低成本运行维护的技术体系，为集镇污水处理工程建设提供全面的技术指导，形成了适宜我国不同地域特点的集镇水环境整体解决方案。

2. 形成符合我国不同地域集镇污水特征需求的生物-生态协同处理技术

突破针对反季节迁徙产污特征的沿海发达地区大型集镇的污水高标准、低能耗生物接触氧化-沉水植物湿地协同处理技术（图18.2）。东南部集镇经济水平发达，对环境治理的水平要求高，存在着因民工季节性迁徙导致平时水量大、工业废水占比高，冬季水量小、浓度低的独有特征。关键技术通过在原有活性污泥法基础上投加固定化填料形成泥膜共生的生物处理单元，结合多点进水，缓冲来水水质水量冲击，适应质、量多变的来水状况。结合东南地区对环保的超高要求，在强化生物处理单元及污水处理流程的基础上，依托沿海地区小型浅水坑塘众多的特点，构建沉水植物湿地，进一步削减尾水中的污染物，在实现超高标准排水的同时构建花园式污水处理厂。

图18.2　生物接触氧化-沉水植物湿地协同处理技术

针对不同地域中型集镇的产污特征及气候特点，形成适宜寒冷地区、缺水地区以及山地集镇的多模式污水生物-生态协同污水处理技术（图18.3和图18.4）。我国幅员辽阔，北方和高海拔地区存在长时间低温季节。在这些寒冷地区，低温季节肉类等能量含量高的食品的消耗量会增加，造成污水处理设施有机负荷的增加。长时间的低温会严重影响微生物的生长，导致污水污染物去除效率降低。低温气候还会使堆肥等常规污泥处置方法效率低下。关键技术研发了"水解池-生物接触氧化-温室结构潜流人工湿地"，水解池具备更强的预处理能力可以增加进水可生化性能，缓冲负荷变化的冲击。温室结构人工湿地包括上层（填料为陶粒、煤渣、土壤、植物）和下层（陶粒、煤渣）潜流式人工湿地，上层湿地和下层湿地间由不透水的隔层分开，夏季运行上层人工湿地，冬季运行下层人工湿地，确保在高寒地区冰封期全年稳定运行。将生物接触氧化和温室结构人工湿地技术有机结合，有效降低了污泥产量，提升工艺的耐寒性和稳定性，为我国生物和生态处理技术在我国北方或高海拔寒冷地区应用提供了技术指引。

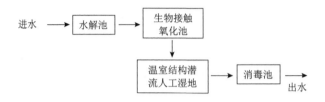

图18.3   面向北方或高海拔寒冷地区的生物接触氧化-温室结构潜流人工湿地协同处理技术工艺流程图

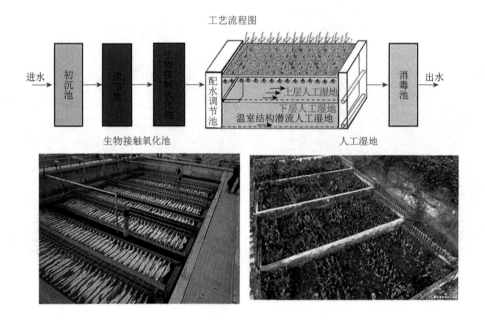

图18.4   面向北方或高海拔寒冷地区的生物接触氧化-温室结构潜流人工湿地协同处理技术

缺水地区供水水源单一，水资源重复利用率高使污水浓度较高，水量小导致流量波动大且不便于长距离输送。缺水地区生物/生态协同处理技术（图18.5和图18.6）强调了小规模分散式污水处理及强化自然净化为核心的污水处理理念。前端设置一体化氧化沟工艺单元强化污染物去除，抗冲击负荷能力强，大幅减小了后续人工湿地单元承担的污染负荷，保障了人工湿地的稳定运行，并且人工湿地面积大幅减小。深度处理采用潜流人工湿地生态处理技术，降低了投资、维护简便，处理出水水质符合农田回灌及城市杂用要求。最终，形成了生物、生态融合，以强化自然净化为主体功能的工艺技术路线。

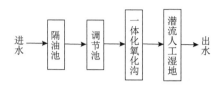

图18.5　面向缺水地区的一体化氧化沟-潜流人工湿地协同处理技术工艺流程图

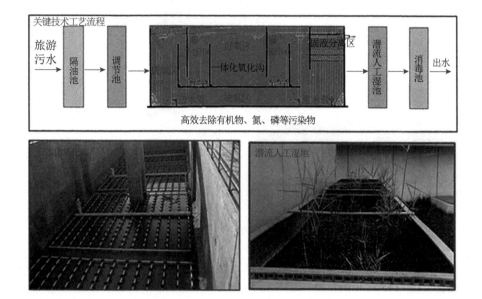

图18.6　面向缺水地区的一体化氧化沟-潜流人工湿地协同处理技术

　　山地集镇地形高差大，管网输送距离长，进水水质、水量波动大。有条件下，可采用自然跌水曝气管道输送处理技术提前削减部分污染物。SBBR工艺运行灵活，对水质水量变化适应性强，有机物、氮、磷去除效能高、剩余污泥量小。序批式人工湿地生态处理技术（图18.7），通过在序批式运行模式中设置排空闲置运行时段，强化了人工湿地复氧能力，解决现有连续流人工湿地自然复氧能力较低、硝化及脱氮效果较差、占地面积大等问题。适用于西部山地集镇的一体化生物-序批式人工湿地处理技术（图18.8）的突破，解决了脱氮除磷效能低、投资运行费高、占地大、管理复杂等问题，为了我国山地集镇污水处理提供了技术支撑和案例示范。

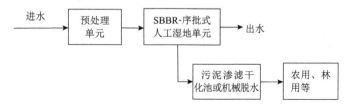

图18.7　SBBR-序批式人工湿地处理技术工艺流程

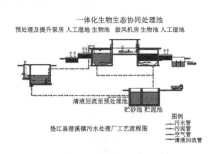

图18.8 面向山地集镇污水处理的SBBR-序批式人工湿地处理技术

3. 针对集镇污水水量小且分散的问题，自主研发并规模化应用了一批集镇污水处理系列成套装备

自主研发形成的一体化/模块化集镇污水处理系列成套设备（图18.9），主要有预处理、生物转盘、AAO、曝气生物滤池、填料氧化沟、MBR等为主体工艺，规模分别为50 m³/d、100 m³/d、500 m³/d、1000 m³/d、2000 m³/d的一体化/模块化系列成套集镇污水处理装备。该类装备具有投资建设和运行成本低、便于维护管理等优点，在浙江、四川、重庆、贵州、河北等省份得到应用。同时，编制了《高效生物转盘》《MBBR成套设备标准及选型手册》等系列标准，以及一体化及模块化污水处理设备相关图集，为我国集镇小规模污水处理提供了新路径，提升了我国集镇污水处理达标排放的能力。

图18.9 集镇污水处理系列成套装备应用实景图

4. 突破适合我国集镇污水处理设施特点的基于远程传输与故障自诊断的低成本运维技术

针对集镇污水处理普遍存在的分布较分散、经济发展水平较城市落后、资金不足、专业运维人员紧缺的问题，重点突破基于远程传输与故障自诊断的低成本运维技术（图18.10）。实现污水治理专业化、可视化、运营管理智能化、站区看守无人化、运维管理成片化、人员管理规范化和响应机制快速化。采用远程监控管理系统对分散式污水处理设施内的设备施行监控，并通过网络进行信息数据传输，由智慧管理平台集中运营管理。平台将数据采集、视频监管、设备运行监管、运营管理系统等功能整合，实现了设备自动化运行、人员远程控制，大大降低当地分散式污水处理的运营维护成本，减少人员投入，同时为环保部门的监督管理提供保障。

图18.10　集镇污水处理设施运维管理智慧云平台

（三）示范与应用

该成套技术共形成示范应用工程67项，所涉示范应用项目涵盖我国"八大经济区"中的六个，即东北、华北沿海、华东沿海、长江中游、西南、南部沿海等地区，示范工程的推广区域包含我国大部分的集镇，有效指导了全国大部分集镇水污染控制与水环境保护工程的规划、建设与运营管理。

1. 示范案例1　面向反季节迁徙产污特征的沿海发达地区大型集镇的生物接触氧化-沉水植物湿地协同处理技术：江苏昆山锦溪镇污水处理工程

示范工程结合集镇污水实际情况，采用生物接触氧化-沉水植物湿地协同处理技术。污水经过生化处理后，再进入高密度沉淀池和V形滤池，然后进入厂区人工湿地中。厂区环境优美，出水标准高（图18.11）。

图18.11 江苏昆山锦溪镇污水处理工程

2. 示范案例2 面向山地集镇污水处理的SBBR-序批式人工湿地：重庆市垫江县澄溪镇污水厂

垫江澄溪镇污水厂位于重庆市垫江县澄溪镇，设计规模1200 m³/d，采用SBBR-序批式人工湿地协同处理工艺，处理出水达到《城镇污水处理厂污染物排放标准》（GB 18918—2002）一级B标准，占地5.6亩。该厂2010年建成，总投资为204.25万元。单位经营成本为0.33元/m³；单位运行成本为0.28元/m³，其中电耗为0.17 kW·h/m³污水。经过2年运行，实现污染物减排化学需氧量约290 t，五日生化需氧量约155 t，总氮约45 t，总磷约4.2 t，取得了显著的社会、环境、经济效益，为三峡库区山地小城镇污水处理提供了新途径（图18.12）。

图18.12 垫江澄溪镇污水厂示范工程

3. 示范案例3　污水处理一体化设施：湖南省长沙县生物转盘设施运行自诊断及故障自保护控制系统示范

以生物转盘工艺为主体的5个污水处理设施在湖南省长沙县境内采用基于远程传输与低人工的管理运维平台进行无人值守式远程运营维护，分别为长沙县春华镇春华污水处理厂，日处理量800 m³/d，服务人口0.7万人；长沙县黄兴镇黄兴污水处理厂，日处理量5100 m³/d，服务人口3.0万人；长沙县高桥镇高桥污水处理厂，日处理量1500 m³/d，服务人口0.6万人；长沙县路口镇路口污水处理厂，日处理量1000 m³/d，服务人口1.0万人；长沙县安沙镇黄兴污水处理厂，日处理量500 m³/d，服务人口1.5万人。通过信息实时反馈机制整体提升集镇水务运营的效率，实现人力和技术资源集约化的有效利用，适用于村镇分散式污水厂站远程集中管理（图18.13）。

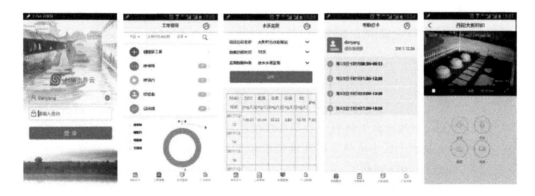

图18.13　生物转盘设施运行自诊断及故障自保护系统手机端控制界面示范

三、实　施　成　效

（一）社会与经济效益

1. 形成技术模式与建设样本，指导全国的集镇水环境建设

在东北、华东、华北、华中、华南、西南等我国六大地理地区建立示范工程75处，推广应用工程520余处，为我国不同地域集镇水环境污染治理提供了技术示范与指导。

2. 技术设备产品实现全国集镇污水治理市场的全覆盖

研发生物转盘、接触氧化、膜生物反应器、磁分离耦合模块人工湿地等标准化、一体化的集镇污水处理装备110余套，实现全国范围内集镇水治理市场的全覆盖。

（二）行业引领与推动

1. 促进了集镇污水处理行业的转型升级

随着一批示范工程及推广应用工程的建设，改变了集镇污水处理行业"土建工程"的传统模式及观念，在建设过程中通过采用成套化、模块化、标准化污水处理装备，克服了污水处理施工质量参差不齐的缺点。促进了集镇污水处理成套技术装备产业的发展，对集镇排水设施建设及乡村振兴等具有重要意义。

2. 为规范集镇水环境治理行业提供了支撑

构建了适宜我国集镇特点的水环境治理成套技术体系，形成了设计规划-高效收集-污水处理-河塘治理的整体解决方案，出版标准规范5部、指南4部、导则1部，为规范集镇水环境治理行业提供了支撑，填补了该领域标准规范空白。

技 术 来 源

- 山地小城镇污水生物/生态协同处理技术（2009ZX07315005）
- 华北缺水地区小城镇水环境治理与水资源综合利用技术研究与示范
  （2008ZX07314006）
- 小城镇污水处理成套设备产业化与整装集成应用（2015ZX07319001）

19　城镇水体修复及生态恢复成套技术

> **适用范围**：城镇水体修复及生态恢复的规划设计、工程实施、运行维护和评估监管。
>
> **关 键 词**：城镇水体；修复治理；消除黑臭；污染源解析；生态恢复；水质提升

一、技 术 背 景

（一）技术状况

在城镇化和工业化快速发展的背景下，污染负荷增加、自净能力下降使城镇水体水质不断恶化。国外在严格的流域水资源管理和政策法令法规制约下，城镇水体水环境容量，采用控源截污，清淤疏浚、岸带改造等工程措施使水体水质得到显著改善。近十余年来，美国、欧盟、日本等发达国家或地区提出了尊重河湖系统的自然规律、生态优先、统筹休闲娱乐、防洪排涝等多重目标的新治水理念。

我国城镇水体受人为因素影响大，普遍存在有机污染与氮、磷污染并存，生态、景观要素缺失的问题，导致黑臭、富营养化等水质恶化现象频发。2020年"全国城市黑臭水体整治监管平台"发布数据显示，黑臭水体总数已达2914条。由于水环境容量分析不足、功能目标定位模糊、污染来源复杂多变等因素，我国城镇水体修复无法照搬国外的技术积累与管理经验；同时，技术的规范化程度、适配度和就绪度低，且缺少政策法规引领，导致城镇水体修复技术选择靶向性不足，修复工作难以形成合力，严重影响我国城镇水体治理成效。

（二）问题与需求

我国城镇水体近年来富营养化严重、黑臭现象频发，严重影响城镇人居环境质量，主要问题在于：①城镇水体污染负荷大、成因复杂，污染源为多介质且具有迭代性，但是污染源排查和解析不全面，污染源控制与水质响应机理不清晰，导致技术选择连续性差、适配度低；②城镇水体评价标准缺失，导致功能定位不准确，难以客观体现城镇水体现状与修复效果目标的差距，阻碍合理技术的选择与实施；③城镇水体修复技术仍存在水质改善效果不佳、体系不完善、系统性不强等问题，无法对水体修复提供科学系统的政策引领和技术指导，导致在技术方案制定和工程实施过程中存在较多误区。

基于上述问题和技术现状，迫切需要：①开展基于城镇水体尺度的污染成因识别与源解析，科学识别污染形成机理与演变特征，为水体功能科学定位、水体修复技术路线选择和技术方案编制提供技术支撑；②开展基于城镇水体功能定位的评价指标研究，提出适宜性评价基准，明确城镇水体治理目标；③突破强化营养盐脱除及非传统水源补水等技术瓶颈，针对规划设计、建设实施和运维监管全链条开展系统性研究和工程示范，形成政策法规和技术体系，为我国城市水体修复和生态恢复提供系统性解决方案。

二、技术介绍

（一）组成与特色

城镇水体修复与生态恢复基于"控源为本、调配优先、多元为辅、景观共建"的基本原则，在系统研判水体类型、功能定位、污染成因、生态容量的基础上，突破城镇水体污染解析与源识别、城镇水体景观生态功能评估、城镇水体异位强化营养盐脱除、非常规水源补水、水动力调控与生态改善等技术难点，形成5项核心关键技术，推动了水体监测评估、污染负荷削减、水体水质提升、生态功能恢复4类技术单元共计60余项技术组成的全链条集成与示范应用，指导整体解决方案及技术标准的编制。成套技术组成如图19.1所示。

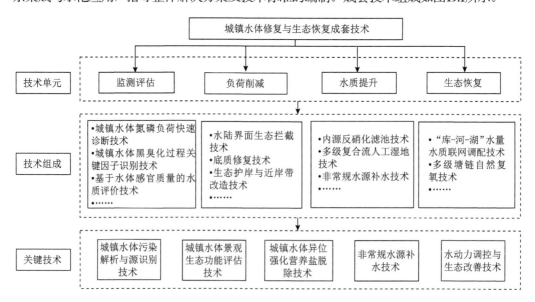

图19.1   城镇水体修复与生态恢复成套技术组成图

（二）创新与突破

水专项实施后，城镇水体修复与生态恢复成套技术就绪度由立项初期的4级提升至9级，取得以下创新和突破：

1. 突破了基于城镇水体尺度的污染成因识别与源解析方法，科学识别污染形成机理与演变特征

创新了适用于城市水体的污染源细化分类体系，建立了直排污水、合流制溢流、水体底泥、植物残体、干湿沉降、岸带径流、上游来水/补水为核心的7类污染源污染负荷量化方法，突破了以氧化还原电位（ORP）作为黑臭水体诊断核心指标的技术难点。在此基础上，阐明了城镇水体污染物汇入、迁移、沉积、再悬浮过程释放规律与水质响应的动态机理，构建了基于污染源排放规律特征和水体水质影响的城镇水体污染成因诊断排序方法，为水体功能科学定位、水体修复技术路线选择和技术方案编制提供技术支撑。

2. 提出了基于城镇水体功能需求的适宜性评价标准/指标体系，合理定位城镇水体治理目标

创新性地提出将感官性状作为城镇水体质量评价的核心指标，明确了感官性状与反映悬浮物、胶体物、有机质、藻类、溶解氧、营养盐浓度以及水体更新条件的7个核心独立水质参数间的响应关系，建立了城镇水体景观水质综合评价体系（WQI）。通过对水体水文水质、动植物、微生物等指标的监测分析，构建了涵盖自然及水文状况、人居舒适度、水质指标、生物特征的城镇水体生态评价体系。在此基础上，从景观、生态层面提出了基于城镇水体功能定位的适宜性评价基准，实现城镇水体治理目标的合理定位，为技术及工艺模式的选择提供依据。

3. 构建了基于"监测评估-负荷削减-水质提升-生态恢复"的全链条技术体系，为城镇水体修复提供系统性解决方案

在突破异位强化营养盐脱除技术、非常规水源补水、水动力调控与生态改善等技术难点的基础上，形成了"监测评估-负荷削减-水质提升-生态恢复"的全链条技术体系，突破上下游技术不明晰导致城镇水体修复与生态恢复理论体系不完善、技术选择适配性差的瓶颈问题。针对我国城镇水体类型多样、污染成因复杂、受损程度不一、生态容量各异的问题，突破了适用我国城镇黑臭水体的"污染源识别-黑臭成因解析-底泥疏浚-多源补水-岸带构建-原位修复-长效监管"治理路线，以及适配山地、高盐、河网水体的系列工艺模式，为城镇水体黑臭治理、富营养化控制、生态景观功能保障目标的实现提供系统性解决方案。

4. 提出了我国城市黑臭水体的系统性治理方案和实施效果评价方法，全面引导和支撑我国城市黑臭水体治理攻坚任务

在全面污染源调查和黑臭成因识别的基础上，建立了基于水体功能定位和治理目标的技术路线制定方法及实施效果考核评估办法，形成了针对规划设计、建设实施、运维监管全流程的黑臭水体综合整治及长效保障体系。支撑了《城市黑臭水体整治工作指南》《城市黑臭水体治理攻坚战实施方案》《城镇污水处理提质增效三年行动方案（2019—2021年）》等政策文件，以及《城市黑臭水体整治——排水口、管道及检查井治理技术指南（试行）》《城市黑臭水体整治技术方案编制技术手册》《城市黑臭水体整治工程验收评估技术指引》等标准规范出台，全面引导和支撑了城市黑臭水体治理国家重大战略任务实施。

（三）示范与应用

城镇水体修复与生态恢复成套技术引入了系统性的思维理念，在污染解析与源识别的基础上，结合适宜性评价指标构建，通过负荷控制、水质提升与生态恢复技术单元的协同耦合，提出系统化的综合解决方案，应用于太湖、巢湖、海河、三峡库区、滇池等流域重点城市的43项示范工程，并在沈阳、苏州、上海等地的城镇水体修复工程中得到推广；研发的污染预警设备及安全监管信息平台服务人口超过1000万；形成的城市黑臭水体治理系列技术方案和政策指导文件指导了全国城市黑臭水体治理工作。

其中，提出的"污染源识别-黑臭成因解析-底泥疏浚-多源补水-岸带构建-原位修复-长效监管"的黑臭水体治理技术模式在玉带河成功应用，彻底消除水体黑臭现象，为我国黑臭水体治理提供范例（图19.2）；构建的适用于山地、高盐、河网等典型水体的"污染来源解析-入湖负荷削减-水体强化循环-生态系统构建"（图19.3）、"多水源协同补水-盐碱植被优化配置-旁路循环净化-生态景观营造"（图19.4）、"水系优化调度-底质污染控制-人工充氧造流-多元生态构建"（图19.5）综合治理模式成功解决各类水体水质恶化、景观生态缺失的问题。

成套技术提升了我国城镇水体治理的技术水平，实现了城镇水体黑臭治理、富营养化控制、生态景观功能保障目标，补齐了我国城镇水体治理技术不成熟、治理体系不完善、工程化水平低等短板，为全国范围的城镇水体修复与生态恢复提供了有力支撑。

图19.2 "污染源识别-黑臭成因解析-底泥疏浚-多源补水-岸带构建-原位修复-长效监管"工艺模式示范

图19.3　"污染来源解析-入湖负荷削减-水体强化循环-生态系统构建"工艺模式示范

图19.4　"多水源协同补水-盐碱植被优化配置-旁路循环净化-生态景观营造"工艺模式示范

图19.5　"水系优化调度-底质污染控制-人工充氧造流-多元生态构建"工艺模式示范

三、实 施 成 效

（一）社会与经济效益

城镇水体修复与生态恢复成套技术共研发60余项支撑技术、研制5套设备、突破5项关键技术，实施示范、推广工程100余项，示范水体NH_4^+-N、TN、TP、COD的平均削减率均达到50%以上，溶解氧浓度、水体透明度和植物多样性显著提升，彻底消除了水体黑臭现象。

成套技术推动了城镇水体修复与生态恢复技术的系统化体系构建与规范化应用实施，以及就绪度的显著提升，支撑城镇水体治理的整体解决方案编制，全面助力全国2914条城市黑臭水体治理工作实施指导、督查核查及考核评估工作，推动全国地级市以上城市黑臭水体消除比例高达98.2%（2020年），保障了城镇黑臭水体治理国家重大战略任务实施，带动了我国水环境行业的健康发展，以及人居环境质量的显著提升。

（二）行业引领与推动

1. 有力推进技术体系标准化建设

产出了《城市污水再生利用　景观环境用水水质》（GB/T 18921—2019）、《城市河道生态治理技术导则》（RISN-TG030—2017）《城市黑臭水体整治　排水口、管道及检查井治理技术指南（试行）》等标准，全面支撑了《城市黑臭水体整治工作指南》《城市黑臭水体治理攻坚战实施方案》《城镇污水处理提质增效三年行动方案（2019—2021年）》等多部委发布的系列政策文件的编制，形成了城市黑臭水体治理技术全面指导方案，有力推进了城镇水体修复与生态恢复技术体系标准化建设，为全国各地科学推进城市黑臭水体治理和水体景观生态功能提升提供重要的科技指引。

2. 有效带动城镇水环境治理行业进步

使我国城镇水体修复与生态恢复技术由理论研究、技术开发迅速迈入工程应用阶段，全面提升了城镇水体修复与生态恢复技术成效，培养了一大批具有工程经验的专业人才，建立平台系统/研发基地/实验室中试线/生产线40余个，促进行业技术进步和企业创新发展。成果支撑获得华夏建设科学技术奖特等奖及其他省部级科技奖励等7项，开展政策解读和成果宣贯培训不少于30场次，受众超万人，完成"全国城市黑臭水体整治监管平台"的功能模块开发并实现业务化运行等工作。全程支持并参与住房城乡建设部与生态环境部联合组织的城市黑臭水体整治督查等环境保护专项行动，引领带动了城镇水环境治理能力整体提升。

技 术 来 源

- 城市内湖氮磷去除及富营养化控制技术研究（2013ZX07310001）
- 海绵城市建设与黑臭水体治理技术集成与技术支撑平台（2017ZX07403001）
- 城区水污染过程控制与水环境综合改善技术集成与示范（2012ZX07301001）
- 重庆两江新区城市水系统构建技术研究与示范（2012ZX07307001）
- 中新生态城水系统构建及水质水量保障技术研究（2012ZX07308001）

20 京津冀城市污水高标准处理成套技术

适用范围：城市污水强化生物脱氮除磷升级改造，基于地表准IV类水标准的再生水集成工艺技术。

关 键 词：污水处理厂升级改造；一级A达标排放；强化生物脱氮除磷；A^2/O工艺运行优化；污泥内碳源开发；生物滤池；$A^2/O-MBR$；地表IV类水

一、技 术 背 景

（一）国内外技术现状

随着我国城市化进程的加快和国民经济的高速发展，水环境污染和水资源短缺日趋严重。城市污水处理和回用是解决水资源短缺和水环境问题的有效途径。城市污水处理可分为一级处理、二级处理和深度处理。针对城市污水二级处理，国内外常用的污水处理技术有A/O、A^2/O、MBR和SBR等工艺。针对城市污水深度处理，国内外常用的技术有混凝沉淀、砂滤、反硝化滤池、曝气生物滤池、膜过滤和臭氧处理等工艺。膜技术具有占地面积小和出水水质好等优点，在污水处理与再生水回用领域的应用日益广泛。国外已经成功在城市污水处理和再生水生产等领域开展了广泛的研究，获得了大量工程技术参数，研发了先进的再生水生产装备。在我国，大部分污水处理厂的脱氮除磷效率低，没有形成适合于我国国情的高品质再生水生产及安全保障技术和关键设备，需要对城市污水处理和再生水生产开展进一步深入研究。

（二）主要问题和技术难点

"十一五"时期，京津冀地区的污水处理厂具有进水碳氮比低、冬季水温低和污泥活性低等特点，污水处理工艺存在可调性差、控制手段单一和运行能耗高等问题，污水处理的生物脱氮和除磷效率差，出水水质难以达到一级A的排放标准要求；

"十二五"时期，京津冀城市水体基本为劣Ⅴ类水质，为了使水体水环境质量达到功能区的水质要求，北京和天津制订了更严格的地方标准，要求城市污水处理厂出水水质达到地表准Ⅳ类标准。我国缺乏适合京津冀区域大尺度、超大规模城市群的再生水水质提升关键技术，缺乏国产化的膜材料和技术装备。

（三）技术需求分析

针对城市污水二级处理，急需研发碳源利用率高、生物脱氮效率高、工艺可调性强、多控制手段的城市污水强化脱氮除磷技术，使二级出水稳定达到一级A排放标准。针对城市污水深度处理和再生利用，急需研发适合京津冀区域大尺度、超大规模城市群的污水深度处理与资源化技术，使再生水水质达到地表准Ⅳ类水标准，研发国产化的膜材料和技术装备。

二、技 术 介 绍

（一）技术基本组成

京津冀城市污水高标准处理成套技术由三个关键技术组成，包括城市污水脱氮除磷工艺运行优化和控制技术、基于准Ⅳ类水标准的二级出水深度处理技术和基于准Ⅳ类水标准的MBR技术。技术组成如图20.1所示。

（二）技术突破及创新性

1. 针对京津冀地区城市污水碳源受限的特点，在全国首创了城市污水脱氮除磷工艺多参数控制、运行优化和稳定达标技术

确定了A^2/O工艺的关键参数，解决了A^2/O工艺可调性不强、控制手段单一的问题，率先形成了A^2/O工艺的稳态运行与优化控制技术；针对进水碳源不足等问题，突破了碳源开发与高效利用技术，提高了工艺的脱氮除磷效率和抗冲击负荷能力，降低了污水处理厂的运行能耗，成功解决了京津冀地区低碳氮比城市污水脱氮除磷难以稳定达标的难题。

2. 针对京津冀地区的污水高排放标准要求，率先在全国开发了基于准Ⅳ类水标准的二级出水深度处理技术工艺

形成了基于反硝化滤池深度脱氮、曝气生物滤池硝化和臭氧氧化组合工艺的深度处理技术；突破了反硝化滤池深度脱氮碳源精准投加技术；确定了两级生物滤池工艺的关键参数和最佳臭氧投加量；解决了水厂增容困难情况下的再生水处理技术难题。

3. 突破了适合京津冀区域大尺度、超大规模城市群的基于准Ⅳ类水标准的MBR技术

确定了A²/O和MBR组合工艺的优化运行技术参数；研发了高强度和高通量中空纤维PVDF微滤膜，单丝断裂强度＞200 N；发明了下开放式耦合高低交替曝气MBR膜组器，解决了传统穿孔曝气管中污泥的淤堵问题，大幅降低曝气能耗；建成了世界上规模最大、设施最先进的现代化膜产业基地及净水产品研制基地，总占地面积55000 m²，年产能达1000万m²。

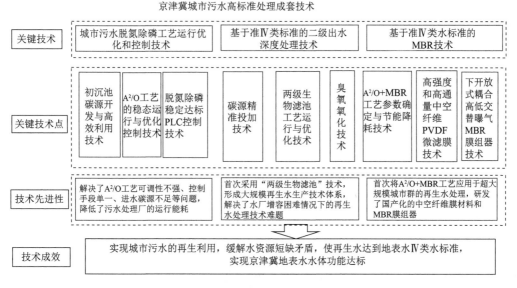

图20.1 京津冀城市污水高标准处理成套技术组成图

（三）工程示范

1. 城市污水脱氮除磷工艺运行优化和控制技术

北京高碑店污水处理厂位于北京市朝阳区高碑店乡，高碑店污水处理厂升级改造工程采用A²/O工艺二级强化生物脱氮除磷技术，示范工程规模为100万t/d。改造后的高碑店污水处理厂对污水水质的变化适应能力明显增强，脱氮除磷效率显著提高，外碳源投加量显著降低；在超出设计出水水质要求、冬季低温时间长等不利条件下，二级出水氨氮稳定小于1 mg/L，满足了热电厂循环冷却水水源要求。二级处理单位水量运行能耗约为0.21 kW·h/m³，二级处理单位污水处理成本约为0.23元/t。高碑店污水处理厂工艺流程及示范工程效果如图20.2所示。

2. 基于准Ⅳ类水标准的MBR技术

北京马坡再生水厂位于北京市顺义区南法信镇南卷村，主体污水处理工艺为A²/O+MBR+臭氧集成处理技术，示范工程规模为4万t/d。化学需氧量削减量为14.8 t/d，氨氮

削减量1.4 t/d。出水主要水质指标满足国家地表水Ⅳ类标准，单位污水处理成本低于1.1元/t。

（四）推广与应用情况

1. 城市污水脱氮除磷工艺运行优化和控制技术

城市污水脱氮除磷工艺运行优化和控制技术在北京定福庄再生水厂、北京清河污水处理厂和北京小红门污水处理厂等100余座污水处理厂进行了工程应用，推广应用总规模近300万t/d。

2. 基于准Ⅳ类水标准的再生水集成工艺技术

基于准Ⅳ类水标准的再生水集成工艺技术在北京卢沟桥污水处理厂、天津津沽污水处理厂、天津北仓污水处理厂和北京槐房再生水厂等多座污水处理厂进行了工程应用，总规模超过600万t/d。其中北京槐房再生水厂主体污水处理工艺为$A^2/O+MBR+$臭氧集成处理技术，污水处理规模60万t/d，每年再生水生产能力超过15亿m^3，有力地缓解了京津冀地区的水资源紧缺状况，促进水生态不断恢复。工艺的单位水量运行能耗约为$0.80 \sim 0.90$ kW·h/m^3，单位污水处理成本约为$0.90 \sim 1.00$元/t。

三、实 施 成 效

针对再生水补给特征突出的北运河廊道，京津冀城市污水高标准处理成套技术破解了排放标准与河流水质标准衔接的技术瓶颈，首次在全国大区域尺度内，形成了能够满足高排放标准的城市污水处理厂升级改造和再生水利用技术，解决了京津冀地区新建、改建和扩建污水处理厂的建设问题。技术应用于北京、天津160余座污水处理厂提标改造，年处理能力近30亿t，在世界范围内首次实现了区域最大规模的京津冀城市集群再生水处理与利用。建成了世界上规模最大、设施最先进的现代化膜产业基地及净水产品研制基地，总占地面积55000 m^2，年产能达1000万m^2。支撑了北京地标《城镇污水处理厂水污染物排放标准》（DB11/ 890—2012）和天津地标《城镇污水处理厂水污染物排放标准》（DB12/ 599—2015）的编制。实现了再生水领域国产化膜材料和技术装备的产业化推广应用，发表论文和国家发明专利授权达百余项，获得国家科技进步奖二等奖4项。支撑了《北京市加快污水处理和再生利用三年行动方案》《北京市水污染防治工作方案》《天津市水污染防治工作方案》等一系列规划与行动计划的颁布和实施，显著减少了向流域内城市河湖排放的污染物总量，对海河流域水资源高效利用和水环境质量改善提供了保障，极大地改善了京津冀地区的城市水环境。

技 术 来 源

- 北京城市再生水水质提高关键技术研究与集成示范
  （2008ZX07314008）
- 海河北系（北京段）河流水质改善集成技术研究与综合示范
  （2012ZX07203001）
- ＭＢＲ污水处理膜材料和膜分离成套装备开发及产业化
  （2011ZX07317002）

21　北方地区城乡面源污染控制成套技术

适用范围：北方地区农业面源、村镇面源、城市面源污染控制。
关 键 词：城乡面源；生态清洁小流域；独立排水单元面源削减；厂网联动溢流控制

一、技 术 背 景

（一）国内外技术现状

美国、欧洲等发达国家均运用TMDL理念基于水体功能确定水质管理目标及流域面源污染治理策略，将流域作为一个整体的自然生态系统，因地制宜提出适应性近自然面源治理体系，如美国依据《清洁水法》实施较为经济高效的九项面源基本控制措施。而我国目前执行以河流断面达标考核为核心的水环境质量管理制度，全流域执行统一的断面考核标准，全流域不分城乡、不分季节均需达到断面考核要求，雨季断面稳定达标的挑战很大，以北运河为例，近年雨季断面达标率仅为60%～70%，实现全流域稳定达标的适用性城乡面源污染控制技术需求迫切。

（二）主要问题和技术难点

城乡面源污染对京津冀区域水环境质量影响突出，是导致雨季小流域水体反复出现黑臭现象的主要原因，以北运河为例每年雨季北运河水质会显著变差，污染物浓度升高50%～100%，城乡面源污染控制问题凸显为水环境质量达标的制约瓶颈。城乡面源污染控制的主要问题和难点如下：

（1）人口和用地类型复杂，面源构成多源化，缺乏流域的污染负荷分布特征解析与系统诊断，局部治理策略难以形成系统效应。

（2）缺乏流域上下游的统筹考虑，雨季上游小流域农业面源影响突出，是影响全流域面源污染控制成效的关键。

（3）城乡接合部、人口聚集度高的乡镇区域，排水设施建设落后，缺乏适应性的面源控制措施。

（4）城市存在大量的雨污混流管网，增加了城镇面源污染组成复杂度，具有随机性、突发性、滞后性等特征，控制处理难度较大。

（三）技术需求分析

针对区域水系环境质量达标的城乡面源污染控制这一瓶颈问题，亟须开展城乡面源污染空间分配精准解析技术，从小流域尺度系统诊断面源污染负荷的产生与配比关系；发展全过程统筹的系统治理与调控技术，包括小流域上游农业径流面源削减、城乡接合部村镇新型排水设施面源削减和城市灰绿基础设施结合的综合面源污染削减技术，以小流域考核断面水质稳定达标为目标，形成"源头控制-过程调控-末端强化"的全流域统筹治理与调控技术组合。

二、技 术 介 绍

（一）技术基本组成

围绕流域断面稳定达标的目标，针对北方地区城乡面源污染控制的瓶颈难题，提出面向生态型清洁小流域的农业面源污染防控技术、面向城乡接合处基于新型排水体制的村镇面源污染控制技术以及基于灰色基础设施厂网联合智能调控的城市排水系统溢流污染削减技术，形成灰绿设施耦合的北方地区城乡面源污染控制成套技术，技术组成情况如图21.1所示。

（二）技术突破及创新性

1. 突破了生态清洁小流域构建技术从1.0版到2.0版的升级

由农业源头污染治理技术上升到"控-蓄-净"过程处理技术、由建设前和后农民参与式上升到参与式最佳管理实践（BMPs）、由小型水体自然修复技术上升到再生水供给水源的河沟道多生境构建和运行维护技术，实现小流域构建模式全面升级。

2. 构建面向城乡接合部的村镇独立排水单元新型排水系统

创新性提出了城乡接合部独立排水单元基于智能弃流井调控的分片雨污调蓄、溢流污染负荷快速削减与合流式村污厂站相结合的处理模式，突破了村镇合流污水的灰绿组合优化控制技术，形成"截-蓄-净-排"于一体的村镇径流污染综合解决方案，实现村镇合流污水入河污染负荷全面削减。

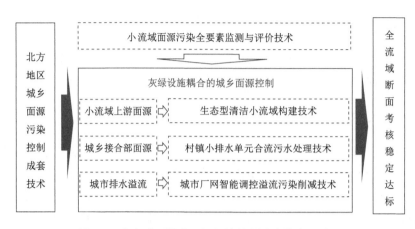

图21.1   北方地区城乡面源污染控制成套技术组成图

3. 构建多层级灰绿结合原位削减-调蓄净化-强化处理初雨溢流污染控制技术

突破了排水管网多源入流入渗与溢流精准动态评估技术与设备、厂网一体联动智能调控模型与系统、污水厂初雨雨水快速强化处理技术,实现了针对初期雨水的厂网一体高效调蓄、实时智能调控与强化处理,降雨过程可提升旱季处理能力的50%以上。

(三)工程示范

北方地区城乡面源污染控制成套技术成果,在北运河小流域开展综合工程示范,生态型清洁小流域示范位于北运河上游,村镇小排水单元合流污染处理技术示范、城市厂网智能调控溢流污染削减技术示范位于北运河下游北京城市副中心区域。北运河上游生态清洁小流域示范区总面积219 km²,构筑"农田绿地生态修复区、人居产业生态治理区、河道沟渠生态保护区"三道防线,实施山水林田湖草一体化治理。村镇小排水单元合流污染处理技术示范工程位于北运河下游北京城市副中心区域,在宋庄镇北寺村开展小排水单元新型排水体制示范。城市厂网联合智能调控溢流污染削减技术在北运河流域下游北京城市副中心40 km²以上管网区域落地示范,示范工程处理规模12万~18万t/d,降雨过程初期雨水调蓄处理能力可提升50%以上,初期雨水污染负荷削减60%以上。

(四)推广与应用情况

生态清洁小流域面源污染控制技术在北京市全面推广应用,编制北京市地方标准《生态清洁小流域初步设计编制规范》,共支撑全市100余条生态清洁小流域建设。同期指导了密云水库上游张家口和承德地区近600 km²小流域建设,实现水源涵养和清水产流。

雨季厂网联合智能调控污染削减技术成果已推广应用于无锡、宜兴等5个城市污水管网系统及10多座污水厂(处理能力累计近百万t/d)的优化运行,取得多项工程项目技术推广,基于相关成果支撑编写完成《城市排水管网安全运行与维护技术规程》等多项技术规程、指南和《关于"十四五"城市面源污染管控的建议——以京津冀区域为例》的重大建议专报。

三、实 施 成 效

1. 对流域治理目标实现的支撑情况

通过在北运河上游流域建设生态清洁小流域示范工程，对小流域应用山林草水源涵养、农业农村面源污染防控及河沟道生态修复技术，达到小流域控制土壤侵蚀模数小于200 t/(km²·a)，化肥和农药减量，入河污染物削减，生境和生物多样性提高。北京城市副中心综合示范区155 km²，围绕面源污染管控体系建设，支撑通州副中心区域21条段黑臭水体河流全部达标；北运河上游流域水质考核断面、北运河通州段主要水质指标达到水功能区划标准（地表水 V 类），王家摆断面达到"水十条"考核要求。

2. 对国家及地方重大战略和工程的支撑情况

支撑了《北京市水土保持规划（2017—2030年）》《北京市"十四五"水生态保护修复与水土保持规划》《北京市推进畜禽养殖废弃物资源化利用工作方案》生态清洁小流域和水生态保护重点内容。

3. 成果转化及经济社会效益情况

成套技术中的农业面源污染防控，种植业累计示范2000亩以上，在全市范围内累计辐射推广应用1万亩以上。养殖业技术推广覆盖北运河上游全部规模养殖场，累计年减少生产用水1.2万t，减少污水产生1.7万t。

4. 国家城镇面源污染控制政策建议

围绕城镇面源污染控制问题，总结京津冀区域水专项研究成果，提出灰绿结合系统化控制措施及其管理政策建议，编制了《水专项关于"十四五"城市面源污染管控的建议——以京津冀区域为例》重大政策建议专报，并获得生态环境部领导批示采纳。

技 术 来 源

- 北京城市副中心高品质水生态建设综合示范（2017ZX07103）
- 北运河上游水环境治理与水生态修复综合示范（2017ZX07103001）

22 城市河网联动水循环净化与综合调控成套技术

适用范围：城市缓滞河网。
关 键 词：城市河网；耦合模拟；水质净化；水量调度；综合调控；补水
净化协同；分时分区。

一、技术背景

（一）国内外技术现状

国内外持续关注河道水环境治理，已在河道污染控制与治理、水质修复与改善、近自然化修复等方面开展了大量研究工作，形成了城市河道水环境治理和改善技术。在我国快速城市化进程中，城市河网承担着多重自然和社会功能，人工干预导致城市河网连通复杂且水环境问题突出，与国外发达国家相比调控难度更大。围绕北方缺水城市河网水环境管理的重大科技需求，研发了耦合模拟-水质净化-水量调度的综合调控成套技术，提出了补水净化协同和分时分区管理的城市河网水环境治理模式，为城市河网水环境管理工作提供了支持，成果已纳入《天津市水安全保障"十四五"规划》。

（二）主要问题和技术难点

在模拟调控方面，现有城市河网水环境模型缺乏对净化技术单元实际效果的量化模拟，难以支撑不同水动力条件下净化技术单元的优化精细布局，如何精准模拟北方缺水城市引补水和净化技术单元的协同作用，制定面向河网水质改善的优化精细调控方案，是亟须解决的技术问题。

在水质净化方面，目前普遍采用的单独引补水措施不能从根本上削减河道污染负荷总量，无法满足河道水质改善目标，且仅以水质条件为依据的净化技术单元难以适应复杂的水动力条件，亟须研发适应河网不同水动力条件的经济高效的净化技术。

（三）技术需求分析

北方缺水城市河网功能多样，调控复杂且水环境问题相对突出，亟须在河网特征解析、高效净化、水质模拟评价、水量精细调配等方面开展技术攻关，建立耦合模拟—水质净化-水量调度的综合调控成套技术，为北方缺水城市河网水环境管理提供系统解决方案。

二、技 术 介 绍

（一）技术基本组成

针对城市河网连通性欠缺、水环境质量下降及河网调控难度大等问题，综合考虑了城市河网水质-水量-水动力的分时分区特征和水环境管理目标需求，从耦合模拟、水质净化、水量调度等不同环节提出综合调控技术，关键技术包括城市河网水动力-水质耦合模拟技术、适应城市河网循环条件的河道净化技术，具体技术流程如图22.1所示。

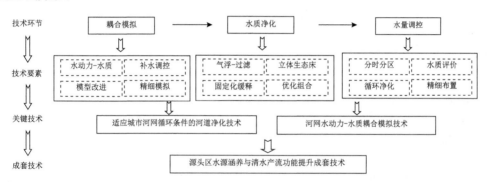

图22.1 源头区水源涵养与清水产流功能提升成套技术组成图

（二）技术突破及创新性

1. 深度识别城市河网特征，提出了调控净化协同和分时分区管理的城市河道水网治理模式，实现全过程的综合调控

根据城市河网水质-水量-水动力的分时分区特征，提出了河网分区补水调控路线，形成河网水循环的100%全覆盖；利用城市河道水流条件与净化技术单元的协同关系，面向河网水环境维持和改善需求，通过有效增强河道水体流动程度、针对性利用多类型复式净化装置、强化补水净化协同作用等方式，提出单条河道补水流量规模和时长、净化装置布设类型和间隔等综合调控措施；综合考虑河道连通及其上下游关系，实现城市河网分时分区水循环净化综合调控决策，切实解决目前引补水不能从根本上削减河道污染物总量的问题，从而改善区域水环境。

2. 明确了水系连通引补水与净化技术单元的协同作用，研发了城市河网水动力-水质耦合模拟技术，实现了不同水动力条件下净化技术单元的优化精细布局

针对现有模拟技术未考虑流速条件与净化技术单元作用的关系，不能支持精细化水循环净化综合调控方案的现状，采取分流速段设定特征污染物衰减系数方式改进污染物一维输移扩散方程。建立了特征污染物衰减速率和流速的关系，表征引补水调控与净化技术单元之间的协同关系，形成了城市河网水动力-水质耦合模拟模型和模块，模拟精度超过85%。突破了补水调控与净化技术单元协同下的精细耦合模拟的技术瓶颈，实现了不同水动力条件下净化技术单元的优化精细布局。

3. 充分考虑河网水质和水动力条件，开发适应城市河网循环条件的净化单元组合，实现经济高效水质净化和长效保持

形成了高效气浮-快速过滤-在线柔性立体组合生态床净化-固定化微生物缓释等多种净化技术单元组合模式，可适应城市河网不同水动力条件下的河道净化和水质保持。利用河道土著功能菌群进行固定、活性保持及缓释，解决了传统功能菌剂在水动力条件下易流失的问题，形成的固定化缓释微生物颗粒，在静止河水中微生物活细胞的平均日释放率为6.5%；研发的高效气浮-快速过滤技术突破了重污染河水快速和高效净化难题，可快速削减排水系统高冲击负荷和净化高藻河水，滤速高达60 m/h，对藻类过滤能力大于99%；浮床-沉床等生态组合净化实现河道水质的长效保持。在实际河道应用后，主要指标化学需氧量总体低于30 mg/L，氨氮总体低于1.5 mg/L，溶解氧大于3 mg/L。

（三）工程示范

成套技术在海河干支流津河—卫津河循环连通运行工程中得到示范应用。天津市2012年完成清水工程后，实现了二级河道和海河的水系连通，但导致二级河道污染物大量进入海河，造成海河水质不达标。为了解决这一问题，依托技术成果提出了海河及中心城区水系循环优化调度方案，开展海河及中心城区河道水质循环，循环起点位于海河三岔口的明珠泵站，经南运河—津河—卫津河—复兴河之后返回海河，或经由长泰河排向外环河，该水系循环工程实施后，海河三岔口断面化学需氧量、氨氮指标全年优于地表水Ⅴ类，大多时段优于地表水Ⅳ类。二级河道水质明显好转，氨氮、化学需氧量达标率上升12～25个百分点。

（四）推广与应用情况

成套技术在天津市中心城区海河—新开河—月牙河组成的干支流河网的水体循环和净化中得到应用。示范工程循环河道长度为31.3 km，循环流量规模达到20万m³/d，底泥微生物活化、微曝气复氧和水体生态净化集成净化装置布置的河道长度2 km。通过技术应用，可实现河网在非雨季的水循环净化，提高水体流动性，降低水体滞留时间，提高水体环境容量，改善非雨季河网水质条件，示范段进出口化学需氧量月平均浓度和氨氮月平均浓度分别降低10%和22%。河道进口月牙河口泵站日提引海河水超过20万 m³的天数占比达83.6%。示范期主要水质指标平均值是化学需氧量4.06 mg/L，氨氮0.32 mg/L和溶解氧9.26 mg/L，运行期月报数据达标率100%，达到考核指标要求。海河干支流河网南北侧水循环调控路线如图22.2所示。

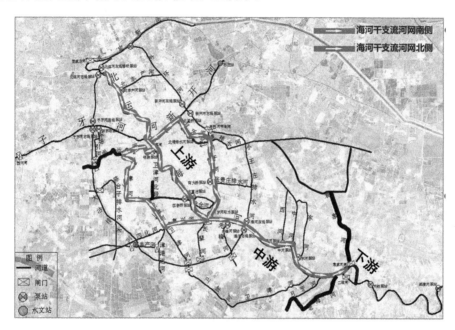

图22.2　海河干支流河网南北侧水循环调控路线

三、实 施 成 效

成套技术已经在独流减河水系沟通循环、海河干支流联通循环等多个示范工程中得到了应用，并在天津市中心城区河网内的联通河道、盲肠河道、死水域、内源污染河道四种类型水域开展技术推广应用。在推广应用期间，综合示范区典型河道水质优于 V 类的时间相比2015年提高了100%，循环补水利用率相比2015年提高了104%。

技术的应用，为天津市中心城区及环城四区的海河南北水系联通循环提供技术支撑和工程示范，支持了天津市颁布的《关于全面推行河长制的实施意见》《天津市打好碧水保卫战三年作战计划（2018—2020年）》等文件中提出的水环境治理目标，极大促进了城市河网水质改善和水量调度优化，提高了补水资源利用效率和河网水环境容量，有效缓解了海河流域水资源短缺和供需矛盾，为流域水生态安全保障提供技术支撑。技术成果已纳入到《天津市水安全保障"十四五"规划》中。

技 术 来 源

- 海河干支流河网联动水循环净化综合调控技术研究与示范（2017ZX07106004）
- 海河干流水环境质量改善关键技术与综合示范（2014ZX07203009）
- 海河南系独流减河流域水质改善和生态修复技术集成与示范（2015ZX07203011）

23　北方缺水城市海绵城市建设的雨水

径流管控成套技术

适用范围：京津冀地区的海绵城市建设。

关 键 词：海绵城市；水文效应；多层级调控；雨水排放标准；径流污染减控；效果评估；清水活源；高地下水位；弱透水区；盐碱区域

一、技 术 背 景

（一）国内外技术现状

为应对城市发展中出现的内涝、径流污染、缺水等问题，美国、英国、澳大利亚等发达国家曾提出了低影响开发（LID）、可持续排水系统（SUDS）、水敏感城市设计（WSUD）等对策。这些发达国家的缺水形势不如京津冀地区严重，如何在防控城市内涝的同时削减降雨径流污染并资源化利用雨水仍然是世界各国都未很好解决的难题。2013年底我国要求建设"自然积存、自然渗透、自然净化"的海绵城市，以减轻城市开发建设对城市水文和生态环境的影响。为支撑北京和天津两大北方典型缺水城市的海绵城市建设，开展了海绵城市雨水径流管控技术研究。

（二）主要问题和技术难点

1. 降雨径流量质过程精准监测难

海绵城市建设区水文特性难以精准表达，径流污染治理措施缺少针对性。城市雨水管涵水流条件复杂，缺乏量质过程精准监测设备。海绵城市建设区下垫面变化大，降雨-入渗-产流-蒸散发等水文过程机理不清晰，无法有效量化污染负荷。

2. 缺乏适宜京津特点的海绵城市建设技术与产品

北京位于山前冲洪积扇，土壤下渗条件好，而天津存在地下水位高、土壤渗透系数低和土壤盐渍化重等问题，需要提出针对性强的海绵城市建设适宜技术。

3. 水资源严重短缺与大量雨水径流携污排放的矛盾十分突出

在严重缺水的京津冀区域，雨水径流所产生的面源污染在城市水环境接纳污染物总量的占比达到50%左右，这些雨水径流未得到有效利用。

4. 缺乏海绵城市建设效果监测手段及评估方法，难以有效量化建设成效

大面积海绵城市建设区无水文监测条件和监测数据，无法评估建设效果。

（三）技术需求分析

针对上述问题，亟须研发高精度水文监测与海绵城市建设区水文特征识别技术、适宜京津特点的既能减少径流污染排放又能资源化利用雨水的技术、高地下水位弱透水区雨水径流控制与利用技术，和涵盖典型设施、建设地块、排水分区与城市的多同尺度海绵城市建设效果监测评估技术，为北方缺水城市海绵城市建设提供径流管控的系统方案。

二、技术介绍

（一）技术基本组成

针对北京和天津海绵城市建设中缺乏适宜技术、水文特征不清晰、污染径流难以利用、难以评估效果等问题，综合考虑水文特征识别、新技术研发、设施空间优化、效果监测评估，构建了海绵城市径流管控成套技术，由城市排水分区多层级雨水径流污染控制集成技术、高地下水弱透水区城市雨水径流污染控制技术2项关键技术，以及变化条件下的城市水文特征识别技术、多尺度海绵城市建设效果监测评价技术2项支撑技术组成。技术组成如图23.1所示。

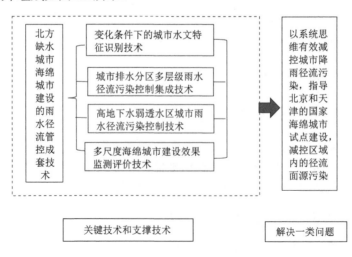

图23.1 北方缺水城市海绵城市建设的雨水径流管控成套技术组成

（二）技术突破及创新性

1. 突破了城市雨水管涵降雨径流量质同步监测技术，首次构建了多尺度城市水文监测场，量化了海绵城市水文过程规律

将所研发的径流过程零起点采样技术，与多通道高精度多普勒超声波流量计和雨水管网专用监测井相配合，实现了降雨径流过程的水量水质同步监测。构建了微观、中观和宏观尺度的城市降雨径流监测场，实现了对多尺度水文效应的同步监测，量化了海绵城市建设区的水文通量和水文效应。

2. 破解了雨水资源化利用于城市径流污染减控的难题，通过基于多层级雨水径流调控实现了雨季"清水活源"构建与河川基流适度修复

研发倒置生物滞留、自灌溉雨养屋顶绿化等海绵城市建设雨水径流调控新技术，提出雨水径流资源化利用的排放污染物控制标准，以及基于受纳水体环境容量的合流制溢流次数与溢流量确定方法，建立了海绵设施多目标筛选与空间优化技术，集成了以串联为主的城市排水分区多层级雨水径流污染综合减控技术。

3. 突破了高地下水位弱透水区海绵城市建设技术，首次完成特定自然本底条件下的海绵设施的适宜性技术研发

确定了适宜天津高地下水位和弱透水土壤条件的海绵设施的结构形式、基质构成、耐淹植物选择和主要设计参数。提出大孔隙有机废料隔盐、非常规水淋盐、暗管排盐和耐盐植物改良等盐渍土综合改良措施。

4. 突破无实测数据情况下海绵城市效果评估难题，建立了多尺度海绵城市建设效果综合评价指标体系及评价方法，编制全国第一部海绵城市效果评价地方标准

识别不同下垫面比例和调蓄容积控制比例等特征参数，并建立与年径流总量控制率、污染物削减率的定量关系，构建无实测数据区域海绵城市效果评估技术。建立了设施、地块、排水分区、城市共4个尺度海绵城市建设效果监测与评估方法，编入了北京地方标准。

（三）工程示范

1. 北京城市副中心海绵城市建设试点示范工程

成套技术在北京城市副中心海绵城市建设试点示范工程中得到示范应用，区域面积16.34 km^2。通过海绵型建筑与小区、海绵型公园绿地、海绵型道路、海绵型公

共建筑等建设项目，进行了城市排水分区多层级径流污染控制与雨水利用。根据2019年和2020年的监测数据，示范区海绵城市建设后，多年平均年径流总量控制率达到86.54%，年均悬浮物计去除率达到74.29%。

2. 天津海绵城市建设试点示范工程

成套技术在天津市解放南路试点区和中新生态城试点区中得到示范应用，区域总面积50 km²（图23.2）。通过应用高地下水位弱透水区海绵城市建设技术，实施了海绵型建筑与小区、海绵型公园绿地、海绵型道路、海绵型公共建筑等建设项目，实现了城市排水分区多层级径流污染控制与雨水利用。根据2019年监测数据，示范区海绵城市建设后，多年平均年径流总量控制率达到75%以上，年均悬浮物去除率达到65%以上。

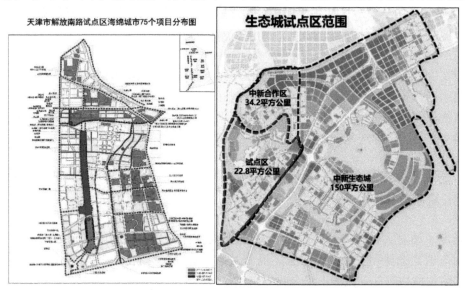

图23.2 天津解放南路一带海绵城市试点区、中新生态城试点区

（四）推广与应用情况

在北京市，成套技术支撑编制了北京市地方标准《海绵城市建设效果监测与评估规范》（DB11/T 1673—2019）和《城市雨水管渠流量监测规程》（DB11/T 1720—2020），规范了北京海绵城市建设效果监测与评价；支撑了城市副中心国家海绵城市试点区、怀柔区、昌平区、平谷区、门头沟区、东城区、房山区7个区的海绵城市系统化方案及海绵专项规划编制。环保型雨水口技术、雨水洗车技术也成功入选2019年水利部节水技术推广目录。

在天津市，成套技术为天津市量身打造一套从设计、施工验收到运行维护全流程的海绵城市建设技术标准体系，支撑了解放南路、生态城国家海绵城市试点区和津南区、武清区、西青区等6个区的海绵城市规划和建设以及运行维护。

三、实 施 成 效

通过成套技术的应用，制定了《北京市人民政府办公厅关于推进海绵城市建设的实施意见》（京政办发〔2017〕49号）、《天津市人民政府办公厅转发市建委关于推进海绵城市建设工作方案的通知》（津政办发〔2016〕30号）等文件，支撑北京市、天津市开展海绵城市建设，实现了2020年海绵城市建设达标面积占建成区面积20%的目标。

依托成套技术成果编制了10余部地方标准，已经基本形成从规划设计到施工验收、运行养管全流程的海绵城市技术体系，为京津冀地区海绵城市建设提供技术支撑。在成果的支撑下，成立了"中关村绿智海绵城市生态家园产业联盟""北京海绵城市应用集成产业创新中心""天津市海绵城市产业技术创新联盟"，促进成果转化和相关产业升级，形成涵盖"咨询设计、投资融资、建设管理、运营维护"的产业链。

技 术 来 源

- 北京市海绵城市建设关键技术与管理机制研究和示范（2017ZX07103002）
- 城市地表径流减控与面源污染削减技术研究（2013ZX07304001）
- 天津中心城区海绵城市建设运行管理技术体系构建与示范（2017ZX07106001）
- 天津生态城海绵城市建设与水生态改善技术研究与示范（2017ZX07106002）

24 集镇多源污染适宜性截污与智能控制成套技术

> **适用范围**：集镇区多种污染源高效截污、处理及其排水管网调控和运维。
> **关 键 词**：多源污染；分散式高效截污；物化/生化一体化处理；精准调度

一、技 术 背 景

（一）国内外技术现状

我国城市化快速发展过程中，原有城市区向外围发展，与农村区域融合发展成为集镇区。特别是长三角、珠三角流域经济发达城市，城区周边集镇区小型制造加工业发达，商业区、居住区聚集，同时存在农业区。集镇区排水管网新、扩建和雨污分流过程中存在合流制、分流制及混流区域，系统复杂，多种污染源共存，面源污染占比大。

国外主要通过低影响开发技术（LID），从源头到末端全方位管控面源污染。LID对径流源头削减设施主要包括雨水花园、绿色屋顶、渗透性铺装等。LID设施需要根据区域的具体空间、气候降雨特征、径流和污染控制目标选择实施，也需要一定的长效维护。我国海绵城市建设也采用LID设施，但LID对设计、维护要求高，需考虑区域气候、下垫面等因素，成本投入大，因此LID多在基础设施好的城区实施。日本通过建设深隧，存储地表径流，但资金投入大，工程难度大。德国在管网沿线设置调蓄设施，雨天储流，晴天传输到污水处理厂，如果污水厂处理能力不足，则建设分散式快速处理技术，收集处理量大，成本高。国外还没有针对集镇区特征的多源污染控制成套技术。国内近来采用雨污分流、末端截流技术控制面源污染，成本高、截污效率低，处理技术主要针对污水，缺乏针对雨水的快速处理技术。

（二）主要问题和技术难点

集镇区排水系统复杂且各系统区域界限不清，存在错接、漏接、混接现象。存在的问题和技术难点包括：①将合流制区域全部进行雨污分流改造成本高，初雨问题无法解决，且部分区域不便实施雨污改造工程；②末端截流系统无法有效截流上游汇水区初期雨水，反而将下游过多后期雨水引入污水厂，降低处理效能，缺乏高效截污技术；③缺乏国产化的溢流快速处理填料、工艺和装备，以及管道沉积物高效削减技术；④管网智能化程度低，缺乏以系统负荷削减最大为目标的算法方案。

（三）技术需求分析

黑臭水体治理过程中，大家逐渐意识到"黑臭在水里、问题在岸上、核心在管网"。国内有22000多个集镇区，还有大量具有集镇区特征的城中村、小城镇，其水环境从消除黑臭，到更高标准的不断提升都要求截污控源。通过集镇区污染源分析，发现多种污染源共存，其中面源污染占比大，超过50%。面源污染具有水量大、短时高负荷、突发性强的特点，且随着汇水区、降雨及管网特征差异性大，单一技术很难完全解决面源问题。因此，集镇区高效截污、面源污染处理控制成套技术具有迫切需求。

二、技 术 介 绍

（一）技术基本组成

多源污染适宜性截污与智能控制集成技术，由"大分流、小截流"截污网络组构技术，合流制溢流及初期雨水污染控制技术，以及基于系统负荷削减最大原则的精准调度智能控制技术构成。其中，"大分流、小截流"是在排水管"线"上设置高效截污设施，通过一体化提升装置输送污水，提高污水收集率，同时加载调蓄、截污井实现污水全截流及初期5 mm降雨有效截流；合流制溢流和初期雨水污染控制技术，在管网关键节"点"布设快速处理及管道沉积物冲洗设施，实现初雨溢流负荷的有效削减；智能控制技术以管网系统负荷削减最大为目标，设计算法方案，建立平台对排水系统所有硬件设施进行"面"上精准调控，进一步提高控源效能和管理效率。综上，本技术通过点、线、面综合协调，共同削减集镇区入河污染负荷。集镇多源污染适宜性截污与智能控制成套技术组成如图24.1所示。

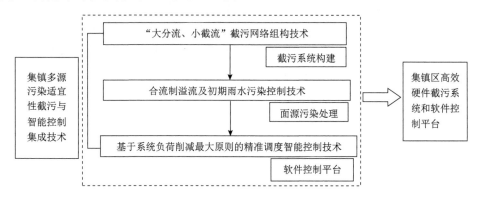

图24.1　集镇多源污染适宜性截污与智能控制成套技术组成图

（二）技术突破及创新性

成套技术适用于城市发展过程中，外围区域形成的集镇区及具有集镇特征的区域。该类区域多种管网体制混杂，由于错接、混接、漏接问题，造成多种污染源共存，面源污染占比大。技术创新如下：

1. 基于节点雨污截流组构截污网络，有效提升初雨截流效率

"大分流、小截流"截污网络组构技术以已有分流制管网为骨架，将点源及面源雨污水高效截流和输送。首次提出初期雨水有效截流率概念，即截流的初期雨水占总截流量的比例，并以初雨有效截流率最大为原则，分配各子汇水区截流初期雨水的量，构建分散式截流系统。目前普遍采用的末端集中截流，无法有效截流上游子汇水区初期雨水，反而将下游子汇水区大量中后期较干净的雨水引入污水厂，造成污水处理效能低下。该截污技术提高了初雨截流率，达70%以上，大幅提高了截污效率。同时，研发的智能截流井可控制各子汇水区的初雨截流量，实现限流、放流等功能，支持分散式截污系统的构建。同样截污效果下，相比管网新建改建节约投资30%以上。

2. 物化/生化一体化处理及管道冲洗，实现初期高负荷溢流的有效削减

降雨初期，径流冲刷地表和管道累积的污染物，造成"初期冲刷"现象，即初期20%～30%的溢流含有更高比例的污染负荷。溢流随下垫面和降雨变化大，短时流量大，负荷高，常规污水处理技术不适用。针对此，制备乙烯-醋酸乙烯共聚物（EVA）等多种功能性滤料进行快速处理。EVA密度小，约为55 kg/m³，装填厚度80 cm，雨天滤速30 m/h，据6次第三方监测结果，悬浮物负荷削减率均达50%以上，最高达85%，达到国外同类技术水平。此外，为避免处理设施晴天闲置，首次开发了物化/生化一体化处理工艺，即雨天快速过滤，晴天通过曝气（曝气量1.5 L/min），使填料挂膜进行生化处理，水力停留时间3 h，达到快速处理段悬浮物去除率30%以上，生化功能段氨氮去除率40%以上。

管道沉积物冲洗，通过在溢流口上游管道内部预埋冲洗管，形成"管中管"，晴天清洗，防止雨天负荷流出。对于通常两个检查井之间40 m的间距，冲洗流量达38 m³/h，冲洗压力达33 kPa，冲洗后沉积物厚度不超过3 cm，负荷削减25%以上。

道路径流控制，通过耦合源头削减设施，形成"绿灰"结合模块。初期分离装置利用延时调节原理，无动力分离初期雨水4～8 mm，分离装置缓释出水之后进入到雨水花园，最后渗入蓄水模块中。雨水花园与道路汇流面积比为1∶10，同时形成绿化景观。蓄水模块附着生物膜，总体悬浮物削减达96.6%，化学需氧量削减94.4%，水质保持15天达杂用水标准。

3. 充分挖掘管网截污潜能，精准调度提高控源效能

该技术适用于管网系统面源高效截污和智能控制管理的需求。通过在雨污水收集管网关键节点布设水质水量在线监测设备及可控单元，将多段截污设施有效地耦合；

以厂、站、网负载能力为边界条件，排水管网系统污染负荷削减最大为原则，构建模型预测控制（MPC）调度方案。相比一般通过单个节点水量、水质作为参数的调控方案，该技术基于整个管网系统负荷削减最大，同时制定晴天、大雨、小雨等不同场景下的运行方案，有效提高"源头-过程-末端"各治理环节截流潜能和负荷削减能力。在硬件截污系统的基础上，通过调度控制，进一步提高截污效能10.4%。

（三）工程示范

示范工程位于江苏省常州市武进区十字河—庙桥镇片区，周边服务人口约6500人，面积约3 km²。构建"大分流、小截流"排水系统，新建4座多功能智能截流井、1座调蓄池及1座调度泵站，在此基础上布设在线监测设备及可控单元，将研究区内各项设施、仪表、可控单元进行耦合，构建智能化管网，并以此为骨架，将多源点源、分流制初期雨水以及合流制、混流制溢流等污染进行联合调度，系统、全面地削减污染负荷。示范工程实施后，入河负荷悬浮物削减53.9%，化学需氧量削减47.8%；面源及点源等主要污染物悬浮物入河负荷削减60.6%，化学需氧量入河负荷削减50.5%。

（四）推广与应用情况

1. 常州市武进区应用

开发的智能截流井，具有截流、泄洪排涝、防河水倒灌以及远程自动控制等功能，常州高新区共建设智能截流井153座，运行良好，并已纳入该区智慧水务管理平台。

2. 惠州市多地区应用

适宜性截污技术 2020年应用于广东省"污染防治与修复"重点专项，工程位于董塘—桃陈沙溪区域，该区域存在点源直排和雨天溢流问题，水环境污染严重。因此，设置规模为200 m³/d的截污设施；同时，该技术也应用于惠州市石湾镇水环境综合整治工程2处（规模分别为1500 m³/d和500 m³/d），惠州市仲恺高新区水环境整治工程4处（规模均约为200 m³/d）。工程均运行稳定，截流污染物效果良好，削减了入河污染负荷。该技术的应用实现了污染减排，同时减轻了雨天排水系统对水体的不利影响。

三、实 施 成 效

针对集镇点源和面源入河污染负荷高，水体黑臭严重，流域水环境质量差等问题，在分析多种污染源分布的基础上，构建集镇区适宜性截污系统。首次针对集镇区污染特点，因地制宜地研发成套技术，截污控源效果显著。示范工程实施后，面源负荷悬浮物由11.41 t/a削减至5.26 t/a，化学需氧量由18.71 t/a削减至9.77 t/a，十字河区域消除了黑臭问题，水质明显改善，受十字河影响大的永安河断面稳定达到Ⅳ类水标准。

示范工程技术既有单体技术的创新,又有集成创新,将新理论、新产品、新技术综合示范,为集镇区或与其类似区域提供了污染控制的技术范式。并且,通过将国外类似技术国产化,降低了成本;系统性构建截污系统也使得工程投入、长效运维成本相对低,落地性强,适合推广应用。此外,部分技术成果已通过孵化企业进行转化,加速了新技术在行业中的应用,对行业发展起到引领示范作用。

技 术 来 源

- 重污染河流负荷削减与污染控制技术集成与示范(2017ZX07202002)

25 污水处理厂二级出水氮磷深度减排成套技术

> **适用范围**：氮磷减排目标较高的污水处理提标工程，厂区曝气、加药等设备具备变频调控能力，具有较好的信息物联管理系统基础。
>
> **关 键 词**：污水提标处理；脱氮除磷；深床反硝化；复合材料吸附过滤；超结构神经网络偶联；水质预测；反馈调节；药耗控制

一、技 术 背 景

（一）国内外技术现状

污水处理厂氮磷减排是河湖水生态健康的重要保障。太湖流域水环境容量有限，同时污水收集处理率高，对区域污水处理厂提出了优于地表Ⅳ类标准、争取地表Ⅲ类标准的氮磷排放限值要求。但传统工艺受制于本身的效用极限，已难以满足上述氮磷低限值排放的需求，截至"十二五"期间，国内水处理提标工程仍多以地表Ⅳ类标准为目标。以深床滤池反硝化为代表的脱氮技术和以新材料吸附过滤为代表的除磷技术因其显著的氮磷去除率而受到关注，但针对一级A出水进一步削减氮磷，上述技术仍需要进一步优化和工程化验证。同时，以往污水处理工艺设计较少考虑单元耦合，而预研显示，基于水征变化对工艺单元的运行进行偶联调控，其污染物去除效果显著优于简单串联。提标工程面临的另一个问题是成本控制。以药剂消耗为例，市场通行技术是对比出水水质和设定水质，调控加药量，如此即导致反馈延时，易造成出水水质不稳定和加药过量，且在处理寡碳污水时问题尤为突出。因此需要革新工艺调控方法，实现更加有效的成本控制。基于大数据模拟的水质预测技术为污水处理厂提前预知出水水质提供了可能，但如何实现水质精准预测、如何将预测结果用于工艺调控、实现成本节约，尚待解决。

（二）主要问题和技术难点

（1）太湖流域河网区污水处理厂提标的新要求主要是氮磷需要削减到优于地表Ⅳ

类的极低浓度。因处理对象是一级A出水，污染物已大量去除，可利用碳源有限，给基于微生物的处理技术带来挑战，磷处于很低浓度，化学药剂捕集除磷已难奏效。现有工艺的简单改良已很难满足氮磷超低排放的需求。

（2）深度提标导致污水处理成本的提高。药剂消耗是脱氮除磷的主要成本开支之一，尤其是寡碳进水的脱氮，往往需要投加大量碳源，既增加了药耗，也使得出水化学需氧量压力增大，目前常规的加药调控技术已无法满足低排放浓度提标工程的精确加药调控需求。

（三）技术需求分析

常规工艺在进一步处理尾水氮磷时，普遍存在运行效果不稳定、易受杂质干扰、运行费用偏高难以承受的缺陷，无法满足污水处理厂日益提升的排放限值要求。需要开发、优化新型工艺单元并进行科学组合，实现氮磷深度减排。同时，需要科学获取并分析水质数据，发展新型加药调控技术，帮助污水处理厂在提升出水水质的同时实现成本控制。

二、技术介绍

（一）技术基本组成

该成套技术包含二级生化出水两相耦合深度净化技术和基于水质动态预测仿真的加药精确控制技术。主要技术内容是反硝化和吸附过滤单元的技术与器件材料优化、两个单元的高效耦合和脱氮除磷效果强化、反硝化加药的智慧调控和减耗。技术组成如图25.1所示。

（二）技术突破及创新性

该技术针对污水氮磷深度去除，创新反硝化和吸附过滤工艺的器件材料、运行偶联、水质反馈、加药调控等关键环节，实现单元工艺耦合，出水氮磷稳定优于国内污水处理厂提标普遍要求的Ⅳ类水质，药耗成本较市面常用PID等技术有显著降低。

1. 通过辅剂优选投加和滤砖创新设计等，解决了反硝化深床滤池快速启动和低耗反冲洗的难题

滤池启动阶段在进水中投加80～120 mg/L鼠李糖脂，使得滤料微界面黏弹性增强，生物膜生长率较传统滤池提高60%～170%，启动时间较传统滤池缩短40%；自主设计控流间隙和限位块，开发了双空腔型布水布气器件，以提高流场均匀性，布水布气均匀性较传统同类产品提高10%以上，制造成本降低30%以上，降低反冲洗能耗30%～40%。

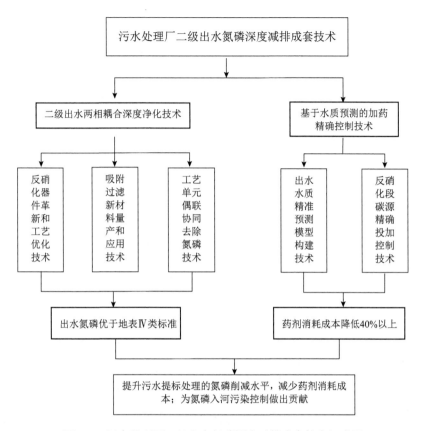

图25.1   污水处理厂二级出水氮磷深度减排成套技术组成图

2. 以纳米限域驱动可逆晶体转化原理设计新型纳米复合材料，实现吸附过滤除磷效率的新突破

通过醇相调控法实现镧络阴离子前驱体精确导入聚合物相，并加入引发剂原位成核，提升原料利用率，实现新型纳米复合材料的均质吨级量产，缩减生产成本10%。基于真实水征解析首创新材料酸-碱两步法高效再生技术，用酸削减钙磷沉淀污染，用碱驱动镧磷晶体可逆转化。新材料较传统吸附过滤材料工作容量增加10%以上，最大处理通量提升至20 BV/h。

3. 以基于卷积神经网络的水质精准预测取代传统末端水质实测，用于加药调控大幅降低反硝化碳源投加量

选择既易于自动检测又与目标水质参数紧密相关的进出水指标，通过卷积神经网络学习进出水数据间的关系，建立污水处理过程模型，自学习周期不超过30日即可应用，对氨氮、化学需氧量、总磷预测准确度可达90%以上。先设定出水水质，然后进水水质、工艺参数等前馈信号，通过寻优算法计算出加药量优化值。此调控逻辑既可保证出水水质稳定，又能最大程度减少加药量，较水厂常用PID控制法更具前瞻性，解决了水质波动后再调整加药量的弊端，可降低反硝化药耗40%以上。

（三）工程示范

在无锡市新吴区高新水务污水处理厂开展了节能减排智慧化管控系统工程示范。高新水务新城水处理厂原有工程处理量17万m³，出水执行一级A排放标准。区域污水收集量增加，且已无多余的氮磷环境容量，所以需要新建提标工程，即将17万t一级A出水再次进行处理，使得氮磷等主要污染物指标优于地表Ⅳ类水质的标准。

针对新城水处理厂一级A出水的提标再处理，工程示范以反硝化耦合吸附过滤为脱氮除磷主要工艺，通过两级反硝化去除硝态氮，通过吸附过滤去除总磷，运行处理量约11万t/d。稳定运行后，工程示范出水总氮和总磷分别小于5 mg/L和0.2 mg/L，一级反硝化段技改单元碳源消耗量减少40%以上。

基于成套技术建成500 t/d的尾水深度净化装备一套，以单级反硝化耦合固定床吸附进行脱氮除磷，一级A进水经处理，总氮和总磷分别降低至6.0 mg/L和0.1 mg/L以下，运行费用小于0.3元/t。

（四）推广与应用情况

成套技术成果推广应用于工业废水、市政污水、河道水体等多个处理场景。应用于新城第二水处理厂新建工业水处理项目（5万t/d，半导体行业废水），出水总氮<5 mg/L，总磷<0.15 mg/L；应用于天津市张贵庄污水处理厂提标改造工程（10万t/d，主要为市政污水）和长春市绿园区合心镇污水处理项目（2.5万t/d，主要为市政污水），出水优于一级A排放标准，每毫克总氮去除成本为0.012～0.015元；应用于香港城市水体深度净化工程（30 t/d，河道水）项目中，出水总磷<0.02 mg/L。

三、实施成效

成套技术实现低污染水的深度处理，有效削减进入望虞河的氮磷污染物，支撑了望虞河西岸水环境质量的提升和水环境健康保障，为区域产业经济发展拓展了空间。成套技术在综合示范区内开展工程化应用，至2021年4月，共减排氨氮251.27 t，总氮628.67 t，总磷18.85 t。成套技术提升了污水提标行业的技术先进度，为优于地表Ⅳ类标准的氮磷深度减排提供了技术选择。

技 术 来 源

- 望虞河西岸河网区入河污染控制和尾水深度净化技术研发与综合示范（2017ZX07204001）

26 平原河网区污染多级拦截与净化成套技术

适用范围：平原河网径流污染的逐级削减与河湖水质提升。

关 键 词：平原河网；污染多级拦截；生态净化；雨水分质排放；尾水湿地深度净化；沉水植物恢复；透明度；悬浮物；太湖流域

一、技 术 背 景

（一）国内外技术现状

近二十年来，我国进入了城镇化高速发展阶段，城镇化水平从2000年的36.3%发展至2020年末的61%左右。随着中国城镇化的快速发展，城市水环境质量明显下降，尤其作为城市高度发达平原河网区域，城市水环境的问题却十分突出，主要表现在：面源强度高，清水产流少；水动力差，自净能力低；水体悬浮物浓度高，生态功能弱。因此，平原河网区城市水环境治理一直是生态环境领域攻克的难点。

为有效提升城市水环境质量，欧美发达国家研发提出了低影响开发、城市面源最佳管理措施、河湖污染控制和富营养化治理等模式和方案，取得一定成效。我国相对起步较晚，自"十二五"起，在海绵城市设施设计与建设方面取得了一定的成效，但造价高、运行管理手段和方法欠缺、污染拦截效果不佳。同时，从流域整体上还缺乏大规模平原河网区污染多级拦截与净化现场综合研究与工程实践。

（二）主要问题和技术难点

1. 面源污染强度高，拦截净化效率不稳定，海绵设施造价高

由于持续的高强度开发利用，平原河网区城镇面源污染负荷强度高。针对城镇面源开展了海绵城市的建设，但现有海绵设施造价高、负荷削减效果不稳定，并且目前所建造的海绵设施大多处于刚刚建成阶段，缺乏海绵城市建设工程设施运行的长效管

理经验积累。

2. 平原河网区地势低，水动力条件差，水体自净能力低下

太湖流域平原河网区属典型的浅碟形洼地地形，市境地势低平，河底高程及水流坡降较小，水体流动缓慢，导致污染易淤积，水体自净能力低下，自然恢复难度大。

3. 水体透明度低，感官差，生态退化严重

受自然条件及人为压力影响，平原河网区水体水质普遍为Ⅳ类甚至劣Ⅴ类，水生态系统的功能退化、残缺和丧失现象严重。虽然已采取多项污染治理措施，但水质改善程度有限，距离水功能区达标、实现水清、岸绿、景美的"人-城-河-湖和谐"的江南水乡景观仍有很大差距。

（三）技术需求分析

1. 嘉兴市作为太湖流域受水区典型河网型城市代表，水系复杂、污染严重、治理情势严峻

近年来随着"五水共治"工作的开展，城市水环境质量总体有明显改善，但与水功能区水质要求相比，仍有巨大差距。为实现城镇径流[包括污水处理厂尾水（一级A）—河流（河流Ⅲ类）—城市湖泊（湖泊Ⅲ类）]水质的逐级提升，满足各种水体的功能目标，亟须进行源头-过程-末端全过程拦截与净化成套技术的创新集成，实现城市河网水质达标，同时降低实施成本。

2. 亟须研发针对低水体透明度、高底泥有机质条件下沉水植物恢复并稳定维持的生态景观恢复成套技术

在有机质含量高、比重轻、极易再悬浮的底泥条件下实现沉水植物的快速恢复，形成良好的水生植物-底栖动物生态系统，构建水清、岸绿、景美的江南水乡景观。

二、技 术 介 绍

（一）技术基本组成

平原河网区污染多级拦截与净化成套技术包括海绵设施技术优化与运行管理技术、城镇尾水及城镇径流湿地净化技术、城市河湖生态分区修复技术。充分利用城市海绵设施、河网湿地、湖荡等生态要素，通过源头-过程-末端全过程拦截与净化，实

现城市水环境质量从达标排放尾水（准河流Ⅳ类）、河流Ⅲ类到湖泊Ⅲ类的逐级改善。技术组成如图26.1所示。

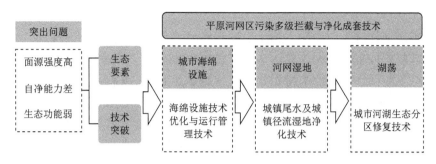

图26.1 平原河网区污染多级拦截与净化成套技术组成图

（二）技术突破及创新性

1. 海绵设施技术优化与运行管理技术

基于平原河网城市屋面雨水与路面雨水的水质差异，构建屋面/路面雨水分质排放系统。较为干净的屋面雨水直接进入雨水管道，经末端净化后排入河道；污染较高的路面雨水做源头和末端两级处理，道路径流雨水集中进入雨水分流箱，小雨时通过分流箱进入隔油沉砂井对大颗粒悬浮物（>25 mm）和油污进行拦截，经沉砂隔油处理后的雨水进入过滤净化装置，对细颗粒及溶解性污染物进行拦截及净化处理，大雨时通过分流箱上设置的溢流通道进入下沉式绿地、雨水花园、植草浅沟等LID设施，进行过滤净化，以高于河道常水位20 cm以上的散式排出口进入河道，实现排水安全，减少占地，降低造价。从日常养护、定期养护、问题诊断、恢复性修复等方面，研究海绵设施的运行管理方法和养护频率，建立海绵城市设施运行管理技术体系。

源头分离可提升雨污水快排和净化能力，从而大幅降低下凹式绿地的比例，减少占地和降低造价。与同类滨水小区海绵设施相比，优化后海绵设施单位面积造价降低57.2%，总氮、总磷的削减率基本稳定在50%以上。

2. 城镇尾水及城镇径流湿地净化技术

针对地表径流中悬浮颗粒及氮磷污染物浓度高，现有人工湿地填料基质易堵塞、拦截净化效果不佳等问题，采用"折流式水平潜流型人工湿地+表面流人工湿地+稳定塘"组合工艺，通过多廊道提供进水布水和沿程均匀性，通过折流方式使水流态从水平流动变成水平和垂直混合流态，提升载体与污染物接触概率和接触时间，强化地表径流的污染物去除。通过粉煤灰分子筛、秸秆碳、杭锦土及水玻璃3∶1∶1∶1制备高生物相容性分子筛复合材料，增加微生物活性，提高难降解有机物和总氮处理效率。同时，通过间歇进水干湿交替运行有效缓解人工湿地堵塞，提升净化效果。总氮削减比例月均值为22.60%，总磷削减比例月均值为30.05%，水质稳定在地表河流Ⅲ类标准。

3. 城市河湖生态分区修复技术

针对平原河网区透明度低、悬浮物高，底泥中有机质含量高、比重轻、易于再悬浮，沉水恢复手段盲目性大、成活率低、成本高的问题，根据生态学原理，科学划分沉水植物修复空间，制定沉水植物分区、分期修复策略，提高沉水植物恢复效率。同时，构建以螺-密齿苦草共生体的水下模块化草坪，有效解决传统恢复工艺中点状先锋沉水植物群落稳定性差、极端基底环境成活率低、沉水植物在高有机质和氨氮的半流体状态底泥中不能过夏的难题，逐步形成沉水植物稳定健康的维持机制，促进水生态系统的自然恢复。

采用分区分期生态修复策略，以光补偿深度与水深的比值（Q_i）和底泥有机质含量（LOI）为依据，将水域初步划分为"适宜区"（$Q_i \geqslant 1$ 且 LOI $\leqslant 5\%$）、"过渡区"（$Q_i \geqslant 1$，$5\% <$ LOI $< 8\%$ 或 LOI $\leqslant 5\%$g，$0.75 < Q_i < 1$）和"暂不适宜区"，在适宜区优先实施模块化苦草种植。外源基本控制后，总磷基本稳定在湖泊地表水Ⅱ~Ⅲ类，单位面积直接造价基本稳定在40元/m²左右。

（三）推广与应用情况

在嘉兴中心河网区进行了示范应用，南湖实现秀水泱泱，水质稳定在湖泊Ⅲ类标准。通过在滨水小区实施面源源头分离，充分利用滨水空间进行雨水径流的集中净化，实现了示范区氮、磷污染负荷削减86.7%及67.8%，海绵城市单位面积造价降低57.2%。在过程削减方面，通过在再生水厂尾水湿地生态净化工程中的技术应用，尾水出水水质达到Ⅲ类水平，且对周边水体的水质改善效果显著，实现了清水廊道的构建。在源头负荷削减、过程拦截净化的基础上，以城市河网中心的南湖为落点，通过在南湖水生态恢复工程中实施空间格局划分-分期分段恢复-水下草坪一体化定植-长效管护技术，实现了技术示范区水体透明度由0.3~1 m的大幅提升，氮磷浓度均有下降，水质得到明显改善，水生态完整性逐步恢复。成套技术从源头、过程至末端构建了平原河网城市污染多级拦截与净化屏障，实现了南湖历史性Ⅲ类水突破，为建党100周年水环境治理打造了南湖样板。

三、实 施 成 效

形成了《嘉兴市海绵城市设施运行管理技术指南》，为嘉兴市海绵城市设施的运行管理提供技术指导，规范嘉兴市海绵设施的运行维护，保证设施长期、有效地运行，同时也为其他平原河网地区海绵设施的运行管理提供借鉴。

编制完成《南湖生境改善与水质提升总体方案》，并工程实施，有效控制和削减了平原河网城市面源污染，降低了内源污染，全面改善了嘉兴城区水环境质量，恢复了水生态系统的完整性。成套技术为嘉兴市海绵设施的良好运维及城市河网水质提升提供重要的技术支撑。

技 术 来 源

- 平原河网水质改善与生态修复成套技术综合示范（2017ZX07206003）

第三篇

流域农业面源污染治理

27 基于 4R 的农田氮磷流失全程防控成套技术

> **适用范围**：河网平原农业种植区，对于其他类型的农业种植区可根据当地的自然条件进行技术的选择和组合，以达到全面控制面源污染的目标。
>
> **关 键 词**：种植业面源污染；源头减量；过程阻断；养分循环利用；生态修复；全程防控

一、技 术 背 景

（一）国内外技术现状

针对化肥使用量大、利用率低的问题，农业与环境科技工作者研发了很多的实用技术，这些技术主要以污染物发生的单一环节为控制对象，其中减少肥料投入类的技术占比最大。但是，保障作物产出是污染防控的前提，一味依靠减少肥料投入来削减农业氮磷污染的技术可持续性较差，且进一步减排难度较大，而有关过程拦截、养分回用等相关技术则较少，未能形成全产业链或全过程的控制体系。这些技术的单独应用无法满足有效削减种植业面源污染的实际需求。

国外在种植业污染控制方面则与我国的情形完全不同。国外土地资源多，复种指数低，一般一年只种一季作物，土壤有较长时间的空闲，存储的养分可以慢慢矿化以提供给作物生长所需，因此不需要大量的化肥投入，只要做好因地因作物施肥和精确施肥就能很好地控制农田的氮磷损失。此外，国外土地资源丰富，一般在农田的周边可以有足够的空间建立隔离带、阻断农田养分流失，达到减少面源污染的目的。

综上所述，国内外种植业面临的问题及面源污染防控效果存在显著差异。国外土地利用配置和现有技术已能较好消纳集约化程度较低条件下的种植业面源污染。而我国受耕地面积和人口压力的双重影响，农田集约化程度高，化肥投入显著高于其他国家，养分损失也普遍较高；此外，较为破碎化的农田格局增加了大型机械化统一精细管理的难度，因此相比于国际上其他国家，我国种植业面源污染管控与削减难度更大。我国相关技术的研发与推广应用虽然也已开展多年，但这些技术普遍比较单一、系统性不足、集成度不高，未能有效阻控农田氮磷流失，对种植业面源污染的防控效果有限。

（二）主要问题和技术难点

我国种植业面源污染防控的现有技术主要存在下列问题：①技术单一、分散、未能构成技术体系。对应所建污染控制工程也相对孤立，难以充分发挥整体优势。尽管单一技术能够在一定程度上控制污染物的排放，但由于系统性和集成度不高，未能形成成套的技术体系，不能有效实现区域范围内由点到面的氮磷防控的全覆盖，对周边水系水质的改善效果甚微。②以牺牲产量或减少农田面积来削减种植业面源污染的技术不具可行性。受限于我国"人多地少"的土地利用现况，依靠肥料投入提高作物产出、保证粮食供给总量对维护国家安全的意义重大。农田内部大幅度削减肥料施用量，以牺牲产量为途径来降低农田的氮磷流失是不可取的。国外为单位面积农田配备较高面积比例的隔离带或湿地，从而对农田排水中的氮磷进行吸附消纳的措施，该方式在我国也则不可取。

实现区域农田氮磷流失和面源污染防控的难点在于：①控污关键节点单项技术氮磷削减效率的提升。提高效率是单项技术氮磷削减效率突破的核心，即源头减排领域提高肥料利用效率，减少氮磷出田量，奠定氮磷减排基础；过程拦截领域提高氮磷消纳效率，巩固氮磷减排效果；养分回用领域提高回用率，降低环境氮磷污染负荷，提升排水水质。②单项技术系统性组装后对污染物全过程全时段的有效防控。只有做到不同领域的单项技术环环相扣，点线相连，面区覆盖，才能有望实现农田面源污染的少排、低排。

（三）技术需求分析

1. 不同领域单项技术的研发突破

在氮磷源头减排领域，提高肥料（氮磷养分）利用效率是现有技术基础上，进一步减少农田的化肥投入量，削减氮磷排放的核心，对此，研发能够提高氮磷利用效率的新型肥料，进行肥料（养分）的优化管理十分必要。在氮磷过程拦截领域，探索新型高效拦截手段，制备专性高效吸附环境材料是关键。在氮磷养分回用领域，突破行业壁垒，构建"种-养""种-生"等氮磷物质大循环体系，多途径提升氮磷流失全程防控技术水平是保障。

2. 系统性组装、集成多个单项技术

具有高效单项技术后，因地制宜组装与集成不同领域的多个单项技术，保证对污染发生-迁移全过程、全系统覆盖，形成种植业面源污染防控的技术体系，提升技术体系的完整性，是实现区域农田氮磷流失和面源污染全程防控的重大技术需求。

二、技术介绍

（一）技术基本组成

该成套技术适用于河网平原农业种植区，对于其他类型的农业种植区可根据当地的自然条件进行技术的选择和组合，以达到全面控制面源污染的目标。

以减少农田氮磷投入为核心，拦截农田径流排放为抓手，实现氮磷养分回用为途径，水质改善和生态修复为目标，集成高产环保的农田养分精投减投、流失氮磷的多重生态拦截、环境源氮磷养分的农田安全再利用及富营养化水体的生态修复四大关键技术，形成了基于4R（"源头减量-过程阻断-养分循环利用-生态修复"）的农田氮磷流失全程防控成套技术（图27.1）。

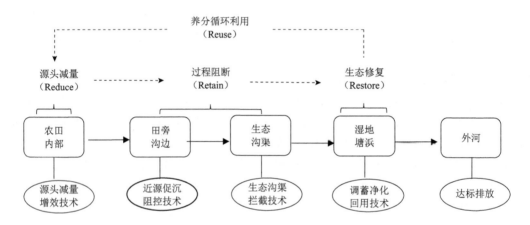

图27.1　基于4R的农田氮磷流失全程防控成套技术组成图

成套技术包括以下四大关键技术。

1. 农田氮磷投入源头减量技术

针对高度集约化稻麦农田，应根据作物高产养分需求规律以及土壤供肥特征等进行测土配方施肥，在此基础上，采用新型缓控释肥替代减量、有机肥部分替代、追肥采用叶色或光谱诊断按需施肥技术等来提高肥料利用率。通过农田氮磷投入源头减量技术，在保证水稻高产的基础上，减少氮肥投入10%～20%，提高氮肥农学效率10%～20%，减少氮排放30%以上。

2. 农田径流排放的过程拦截技术

采用农田排水原位促沉技术与生态沟渠拦截技术。农田排水原位促沉技术是在农田排水口处建设促沉池（内填高效吸附氮磷材料），促使农田排水中泥沙等悬浮物沉降并对氮磷进行吸附拦截。生态沟渠拦截技术是将原有的土质沟渠进行生态强化或者对原有的水泥沟渠进行生态化改造，沟渠和沟壁种植高效吸收氮磷植物（可搭配经济植物），并间隔配置小拦截坝和拦截箱等延长水力停留时间（内装氮磷吸附材料，并可种植水生植物），不需额外占用耕地、资金投入少、易于推广应用。通过农田径流排放的过程拦截技术，在保障农田排水的同时，对排水中的氮磷进行高效去除，氮磷的拦截率在40%以上。

3. 养分循环利用技术

环境源养分包括农田尾水、富营养化河水、生活污水尾水及沼液等低污染水，通过直接灌溉、汇流后灌溉等将环境源养分进行农田回用。此外，将作物秸秆直接还田或炭化后还田、水生植物制成有机肥还田、沼液直接还田等，均可实现养分的循环回用。通过养分循环利用技术，可实现氮磷养分的回用，减少稻田氮肥投入20%~40%，减少氮磷排放40%以上。

4. 富营养化水体的生态修复技术

采用生态湿地塘技术或者河道生态修复强化净化技术对水体进行生态修复，通过高效吸收氮磷植物群落的合理搭配（经济型、景观型）、生态浮床/岛的组合应用、水位落差的设计以及高效脱氮除磷环境材料与微生物的应用等，形成了农田面源污染治理的最后一道屏障。同时，水生植物定期收获后进行资源化再利用，生产有机肥再回用到农田。

（二）技术突破及创新性

该成套技术从提升不同领域处理效率和系统性组装成套技术的两方面进行创新研究，实现技术突破。

1. 处理效率创新方面

该成套技术在氮磷源头减排领域，通过肥料优化、耕作改良、灌溉管理、种植制度调整、添加剂使用等多种技术的集成应用，以培肥土壤、以碳控氮、增加土壤保肥能力为手段，以调控氮磷在土壤中的转化过程为重点措施，实现种植业高产稳产、氮磷减投与污染物减排的多重目标。在氮磷过程拦截领域，该成套技术借助高效吸附的环境材料在农田排水实施近源阻控，配合具有高效吸附功能的水生植物在生态沟渠中进行氮磷消纳，实现悬浮物沉降的同时，有效降低排水中氮磷含量。在氮磷养分回用领域，该成套技术将具有较高氮磷含量的菜、果系统排水、生活污水尾水或沼液直接回灌，将沟渠、塘、浜、湿地系统水生植物残体、作物秸秆等制成有机肥进行还田，实现农业废弃物的资源化。

2. 系统性组装创新方面

该成套技术实现了对污染物从投入、运移到最后污染环境的全过程、全空间的系统性管控，同时实现养分的高效利用与作物的高产稳产。相比单纯立足于农田去削减污染物出田量，通过空间上技术的优化和借力，发挥不同生态系统的养分吸收和污染物去除功能，可实现以区域为单位的污染物排放量的削减。

（三）工程示范

1. 工程地点

江苏省镇江市镇江新区姚桥镇江苏镇江润果农业公司。

2. 工程规模

农田面积近25000亩，土地集中流转，工业整理方式平整土地。

3. 工程实施内容

在示范区农田面源污染发生源解析的基础上，从化肥农药减投、农田之外的污染源（如生活污水处理后的尾水、沼液、未经处理的养殖肥水）调控入手，结合区域水系分布特征以及污染物汇聚特征，以基于4R的农田氮磷流失全程防控成套技术为支撑，遵循农田尾水"减（量）-汇（滞）-（调）蓄-净（化）-（回）用-（微）排"的设计理念，开展农田化肥农药源头减量、农田排水中污染物的生态拦截与阻控、农业尾水及环境中养分的农田循环利用及农田汇水区与污染水体的强化净化生态修复技术的示范，在区域内的关键节点综合布控相关示范工程，确保示范区的氮磷能够"汇得了，留得住，去得掉，回得来，排得出"，最终实现区域污染物减排和水环境质量改善。

4. 工程实施效果

在保证稻麦周年产量的基础上，实现化肥氮减投5%～17%，农田排水中氮磷拦截率50%以上，向水体排放的氮磷污染负荷削减30%以上，实现了氮磷排放总量削减与水质改善的总体目标（图27.2）。同时，形成可复制、可推广应用的农田污染物的"达标"或"近零"排放的生态循环种植模式。

（四）推广与应用情况

农业农村部从2013年起，在太湖流域的太仓市、常州市武进区、镇江市的丹徒区和宜兴市，巢湖流域的合肥市、洱海流域的洱源县开展以4R农田氮磷流失全程防控为成套技术的农业面源综合防治示范区建设。其中巢湖流域示范区面积2500亩，洱海流域示范区面积2320亩，太湖流域示范区面积约20000亩。通过源头控制、过程拦截、末端处理等工程的建设，实现了示范区畜禽粪便处理与资源化率和农村污水处理率均达到90%以上，化学需氧量、总氮和总磷排放量分别减少40%、30%和30%以上，有效改善了当地农业生态环境和人居环境。该成套技术在2018年被农业农村部列为十大引领性技术，2019年入选农业主推技术。

图27.2　基于4R的农田氮磷流失全程防控成套技术工程示范

　　该成套技术近3年在江苏、上海、浙江、江西、湖南和湖北等地进行了推广应用，累计推广面积5000余万亩，节约化肥氮近40万 t，氮素减排约8万 t，间接环境效益19.3亿元。利用该成套技术建成的示范区成为全国农业面源污染防治攻坚战的示范样板，引领了我国农业面源污染防控技术的发展，促进了农业可持续发展和区域水质提升。

三、实 施 成 效

　　4R成套技术的应用与推广，有效解决了种植业面源污染问题，消除了农田排水对环境水体的威胁，有力支持了区域污染负荷削减与污染治理目标的实现。同时，创建的农业面源污染治理模式也成为农业农村部农业面源污染治理的范例，获评农业农村部十大引领性技术、农业主推技术和神农中华农业科技奖二等奖，为我国农业面源污染治理攻坚战提供了强有力的技术支撑。

技 术 来 源

• 闸控入湖河流直湖港及小流域污染控制技术及工程示范
（2008ZX07101005）

28 设施菜地氮磷削减回收与阻断综合控制成套技术

> **适用范围**：平原水网区的蔬菜种植体系。
> **关 键 词**：蔬菜种植体系；面源污染防控；源头减量；盈余回收；流失阻
> 断；循环利用

一、技 术 背 景

（一）国内外技术现状

国外的设施蔬菜采用高投入高产出的模式，但是其栽培体系与国内不同，在设施栽培较发达的荷兰、以色列和日本等国家主要采用无土栽培介质和水培体系，尽管成本很高，但可以实现水分养分的循环利用；而在采用土壤基质的设施蔬菜栽培体系中，氮磷流失阻控技术大多为以牺牲产量为代价，来达到保护环境的目的。我国设施农业栽培体系以土壤基质为主，由于人多地少，国外通过限制投入、牺牲产量的做法在我国显然行不通。

为有效控制设施菜地氮磷面源污染，国内在氮磷污染负荷削减技术和产品研发方面也取得了一定的进展，初步构建了氮形态化学调控、氮磷转化利用生物生态调控、水肥协同调控和种植制度优化技术等。但是，这些技术主要为田块内部的源头控制技术，未考虑氮磷削减、盈余回收及过程阻断，且技术零散，无法集成或集成度低，整体减排效果不理想。

（二）主要问题和技术难点

在菜地面源污染防控上目前存在以下主要问题：①设施菜地规模化种植面积相对较小，种植分散，难以集中处理；②菜地退水养分浓度高，夏季揭棚期径流水总氮浓度可达15 mg/L，传统沟渠净化/阻断技术难以达到理想效果；③技术集成度低，大部分仅采用了源头控制技术，部分参照稻田面源防控照搬生态沟渠拦截技术等，未考虑养分水分的循环利用，缺乏集成度高、减排效果好的多级阻控成套技术。

存在的技术难点：①缺乏适用于小规模分散型设施菜地的"高效，低投入，易维护"的治理技术；②"因地制宜"，蔬菜种类多，施肥方式、方法、用量差异大，技术组合和配置应具有一定的可调整性；③根据设施菜地氮磷径流输移过程中浓度和形态的变化，有针对性地设计拦截植物种类及其搭配；④菜稻耦合养分循环利用技术缺乏区域尺度时间和空间的结构优化配置。

（三）技术需求分析

设施菜地氮磷投入量大、流失量高，对周边水体环境影响大。如何实现菜地氮磷总量削减、盈余回收及过程阻断，集成有效的单项技术、形成系统性技术体系，亟待研究。

二、技　术　介　绍

（一）技术基本组成

该成套技术包括3个技术单元：总量削减、盈余回收和流失阻断技术。各技术单元之间的流程和工艺见图28.1。

在总量削减上，根据蔬菜生长季节针对性地进行氮磷流失防控，春、夏茬主要采用科学减施技术、有机肥部分替代化肥技术、水肥一体化技术、硝化抑制剂增效减排技术；休闲揭棚期采用填闲作物原位阻控技术；秋冬茬主要采用机械起垄侧条施肥技术、蔬菜专用肥应用技术、豆科蔬菜轮作优化技术等，实现源头氮磷投入总量的降低及污染负荷削减。

在盈余回收上，通过填闲作物对土壤冗余氮磷再利用，因地制宜，利用生态塘汇集径流并回灌，实现设施蔬菜种植体系氮磷的盈余回收。

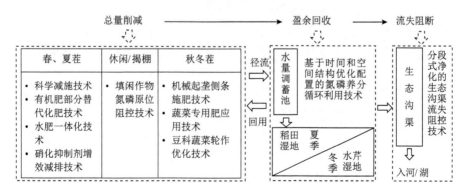

图28.1　设施菜地氮磷削减回收与阻断综合控制成套技术组成图

在流失阻断上，主要采用基于分段式净化的生态沟渠流失阻控技术等，实现径流氮磷的高效阻断、污染负荷的进一步削减。

通过多个单项技术集成，建立了设施菜地氮磷削减回收与阻断综合控制技术体系，实现菜地的清洁化生产。

（二）技术突破及创新性

该成套技术从关键技术研发和集成创新两方面进行创新研究，实现技术突破。

（1）在关键技术创新方面，依据设施菜地径流规律及氮磷形态特征，设计了适用于菜地排水口的促沉装置和不同植物配置的高效生态拦截沟渠，径流中悬浮物下降了28%，氮磷去除率分别达到47.2%和38.6%。

（2）在技术集成创新上，除了考虑田块内部的源头控制技术外，还将养分和水分的循环利用纳入技术体系，突破了以往设施菜地面源防控技术零散、集成度低、系统性差、整体减排效果不理想的技术瓶颈，实现菜地的清洁化生产。

（三）工程示范

示范工程位于江苏省宜兴市周铁镇徐渎村，示范面积504亩（图28.2）。基于长期定位试验，获得了蔬菜施氮量、产量和流失量等参数，运用肥料效应函数法明确了不同蔬菜及茬口的适宜施肥量；通过硝化抑制剂的应用，氮肥利用率提高55%，淋洗降低36.9%；基于固氮作物养分减投的轮作制度调整技术，氮磷投入降低20%～40%；通过填闲作物原位阻控，土壤冗余养分减少30%；集成技术体系，实现节氮30%，流失量降低33%～64%，增产8%，增收12%。

图28.2 成套技术工程示范图

（四）推广与应用情况

技术已在太湖流域内的无锡宜兴、南京六合等地建成数项示范工程，并在流域外江苏淮安、浙江苍南、山东临沂等地进行了推广应用。形成了"设施蔬菜减肥、减药、减工、增产、增收、增效（'三减三增'）全程绿色高效生产综合技术"等3项江苏省主推技术，完成了江苏省地方标准《太湖沿湖地区集约化设施菜地清洁生产技术规范》和南京市地方标准《南京市集约化菜地清洁生产近零排放技术规范》等的立项。截至2020年12月，该模式在省内外累计推广应用2900万亩以上，化肥减施12.1%，增产8.2%，环境氮减排4.83万 t，生态环境明显改善，农民增收显著。

三、实 施 成 效

该成套技术已在太湖流域的江苏省和浙江省累积示范和推广面积11.75万亩，农田氮磷减施节本131.4万元/年，直接经济效益达345万元/年，间接经济效益208.8万元/年。助推了太湖流域菜地化肥零增长战略的实施，菜地清洁化生产及江苏省"263"专项的开展。

技 术 来 源

- 竺山湾农田种植业面源污染综合治理技术集成研究与工程示范（2012ZX07101004）

29　基于微生物发酵床的养殖废弃物全循环利用成套技术

适用范围：我国中小规模养殖场（年出栏1万头当量猪以下）的养殖污染控制与治理。

关 键 词：微生物原位发酵床；微生物异位发酵床；养殖废弃物；源头控制；益生菌；微生物转化；零排放；资源化；抗生素；重金属

一、技 术 背 景

（一）国内外技术现状

日本是第一个建立以木屑作垫料的养猪场发酵床系统的国家，之后加拿大Biotech公司推出以秸秆为深层垫料的发酵床系统，但是由于存在如死床等诸多问题，其推广应用很少。在国内，养殖场粪污的处理主要在粪污收集后通过固液分离、厌氧发酵、好氧堆肥和多级净化等工艺进行无害化处理，再进行资源化利用。但是，对于中小规模养殖场而言，由于配套设备多、操作难度大、运行成本高，相关工艺设施很难得到维护运行。我国从20世纪90年代开始开展以微生物发酵床技术为核心的养殖废弃物全循环技术的试验研究，随着技术参数的逐步成熟和工程示范的有效开展，这些年来越来越多的养殖场接受并运用微生物发酵床技术，包括微生物原位发酵床、异位发酵床等在内的养殖粪污治理技术得到了广泛推广，取得了良好的经济、生态和社会效益。

（二）主要问题和技术难点

长期以来，畜禽养殖过程排放污水和臭气问题一直是社会关注的焦点，也是养殖污染控制的难点。微生物原位发酵床养殖技术可以实现畜禽养殖过程废弃物的微生物原位处理，达到养殖污染的趋零排放和臭气有效治理的目的，具有粪污处理高效、操作简便和资源化利用程度高等优势；但同时，针对原位发酵床养殖技术出现的垫料成本提高、饲养密度小、养殖成本增加、容易死床和抗生素及重金属累积风险等问题，研发微生物异位发酵床养殖技术，实现养殖废弃物高效处理与资源化利用尤其重要。

（三）技术需求分析

1. 优化原位发酵床的技术参数

原位发酵床通常的垫料原料主要为锯末、稻壳、秸秆和菇渣等。针对原料的不同性质，需开展原位发酵床垫料配方组合优化和筛选高效垫料发酵菌株等方面的研究，以提高粪便分解率和延长床体使用寿命。

2. 降低发酵床养殖成本

原位发酵床养殖技术养殖密度小，与传统养殖相比具有较高的养殖成本。因此，需要研发新技术以提高养殖密度，在控制污水污染同时，又不对动物养殖过程产生不利影响。

3. 盐分、抗生素和重金属减量技术

在发酵床垫料吸收粪污的过程中，残留的盐分、抗生素和重金属等有毒有害物质也容易被床体垫料吸附，进而对垫料后期资源化利用的安全性产生影响，因此需要对发酵床垫料中盐分、抗生素和重金属进行管控。

二、技 术 介 绍

（一）技术基本组成

技术基于"源头减量-生物发酵-全程控制-农牧一体-循环利用"原则，重点通过微生物原位发酵床或异位发酵床技术实现畜禽养殖源头和过程污染趋零排放，利用微生物发酵技术实现养殖粪污和农作物秸秆资源化循环利用（图29.1）。

1. 源头控制方面

利用原位发酵床内的微生物将养殖粪尿进行原位分解，减少养殖源头废弃物的产生量；利用饲料微生物菌剂添加技术，实现源头饲料利用率的提高和氮磷投入量的降低。

2. 过程减排方面

将养殖场所有粪污全部收集，并转移至微生物异位发酵床，利用床体微生物对粪尿进行异位分解，实现污染趋零排放；利用固废和液体一体化发酵设备对养殖场粪污

进行高效处理，并转化为有机肥。

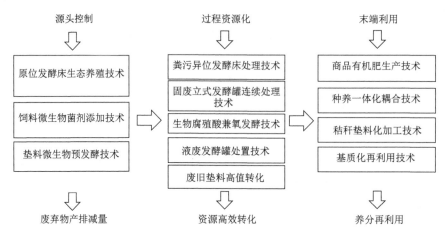

图29.1 基于微生物发酵床的养殖废弃物全循环利用成套技术组成图

3. 资源化利用方面

发酵的初级物料可以经过加工形成基质和有机肥等产品，也可以用于养殖蚯蚓或直接施用于农田；将农作物秸秆收集加工后，用作异位发酵床垫料，构建多途径资源化利用技术体系。

（二）技术突破及创新性

1. 研制了饲料益生菌产品，改进了原位发酵床养殖模式，实现了养殖成本降低和源头污染趋零排放

研制出多个配套原位发酵床养殖的益生菌饲料添加菌剂产品，提高饲料利用率30%以上，降低饲料中重金属添加量50%以上。改进原位发酵床小栏养殖模式为大通栏养殖，实现了养殖过程中垫料的机械翻刨，减少了死床现象的发生，降低了人工成本70%以上，实现了养殖源头污水的趋零排放。

2. 率先提出了养殖粪污异位发酵床处理模式

该模式解决了原位发酵床养殖模式中动物疫病风险和养殖密度低问题，同时实现了养殖污水零排放。另外，利用秸秆替代锯末，不但实现秸秆垫料化，还降低了垫料成本及盐分和重金属的积累风险，更有利于实现养殖粪污和农田秸秆联动处理和资源化利用。

3. 构建了源头减量、全程控制和资源循环利用的养殖污染控制与治理系统方案

以微生物异位发酵床技术为核心，形成了因地制宜菜单式组合的养殖粪污控制技

术方案；依托该系统方案建立流域有机废弃物资源利用中心，通过多种技术的"串联应用"示范，实现种养废弃物的全循环利用，扩展了技术应用范围和可持续性。

（三）工程示范

该成套技术已支撑全国多个流域的工程示范建设。下文以建于安徽省合肥市牌坊乡的典型示范工程为例进行介绍。

（1）污染低排放生猪生态养殖技术研究与示范，以牌坊乡旺盛生猪养殖场（年出栏1万头生猪）为示范点，通过微生物原位发酵床和异位发酵床技术联合支撑示范工程建设。示范工程内容主要包括养猪原位发酵床+固废立式发酵罐处置、厌氧发酵沼液+异位发酵床、液废发酵罐处理和种养一体化等工程。相关工程每年削减总氮、总磷和化学需氧量分别为40.84 t、5.17 t和339.47 t，大幅度降低了旺盛生猪养殖场对店埠河的污染负荷。

（2）污染低排放奶牛生态养殖技术研究与示范，以牌坊乡桂和奶牛养殖场（存栏1000头奶牛）为示范点，通过微生物异位发酵技术支撑示范工程建设。示范工程内容主要包括异位发酵床+固废立式发酵罐处置、液废发酵罐处理和生物腐殖酸兼氧发酵有机肥等工程。相关工程每年削减总氮、总磷和化学需氧量分别为134.21 t、15.01 t和1109.52 t，基本消除了牌坊乡桂和奶牛养殖场污染对定光河的直接影响。

（3）与安徽省合肥小岗生物科技有限公司开展技术合作，建立店埠河小流域有机废弃物资源转化中心，建成11000 m^2的生物有机肥厂，年收集和处理养殖废弃物4万 t以上，年产有机肥和育苗基质超过1.5万 t，新增产值1100多万元，带动了流域农业面源污染治理，大幅度削减流域养殖污染负荷。

（四）技术成果推广与应用情况

目前，大通栏原位发酵床养殖技术和养殖粪污异位发酵床处理技术已经推广到福建、山东、浙江等20多个省市，年推广应用800万头当量猪，近5年来已累计推广应用3000多万头当量猪；原位发酵床养殖技术已扩大推广到了养填鸭上，在北京金星鸭业已完成32栋鸭舍的发酵床改造，年推广应用了130多万羽。养殖粪污异位发酵床处理技术已推广到养鸡污染控制上，在四川成都青神县及周边县年推广了100多万羽；固体发酵和液体发酵设备已推广到辽宁省阜蒙县及丹东市等地区。

三、实 施 成 效

该技术应用实现了养殖污水趋零排放和废弃物无害化全循环利用，近年来累计削减养殖业对水体的污染负荷化学需氧量、总氮和总磷分别超过90万 t、10万 t、1.5万 t，创造经济效益25亿元以上，带动效益为340亿元。技术成果先后获得2010年、2018年福建省科技进步奖二等奖，2016年中国产学研合作创新成果奖二等奖，2017年农业部神农中华农业科技进步奖三等奖，2020年中国产学研科技成果创新奖一等奖和2020年河北省科技进步奖二等奖，同时被列为2018年农业农村部十大引领技术；目前，该成套技术已支撑60多个区县的整县养殖污染治理工程建设，有力促进了国家有机肥替代和农业面源污染防治攻坚战等国家行动。

该成套技术还支撑了2014年通过原环保部发布的湖泊生态环境保护系列技术指南之七"畜禽养殖污染发酵床治理工程技术指南"（环办〔2014〕111号附件7）和2016年通过原农业部发布的《发酵床养猪技术规程》（NY/T 3048—2016）2项标准的制定，为流域养殖污染控制方案的设计提供了指导；以巢湖南淝河流域和太湖苕溪流域为重点研究对象，在获取相关数据资料的基础上，总结形成《巢湖流域农业面源污染控制技术方案》和《苕溪流域农业面源污染系统控制方案》，并分别被合肥市环巢湖办和农业农村部生态总站、浙江余杭区和湖州市生态环境局采纳，为流域水污染防治和水土资源管理提供了决策依据；"十三五"期间，该成套技术支撑了《我国畜禽养殖业污染治理的若干问题与对策》《以生态循环与流域统筹思路解决我国农业面源污染问题的建议》《水专项畜禽养殖业污染防治技术成果及建议》和《太湖流域生猪养殖产排污规律研究报告》等专报和签报编制，助力国家相关部门农业农村水环境污染治理的决策和政策体系的制定。

技 术 来 源

- 南淝河流域农村有机废弃物及农田养分流失污染控制技术研究与示范（2013ZX07103006）

30 农业农村复合型污染控制清洁小流域构建成套技术

适用范围：南方平原河网地区农业农村复合型污染控制清洁小流域构建。
关 键 词：农业农村复合型污染；清洁小流域；种植业尾水；畜禽养殖废弃物、水产养殖废水；农村生活污水；资源化；指标体系

一、技 术 背 景

（一）国内外技术现状

农业农村污染已成为流域水体污染的主要来源，如何有效控制农业农村污染，实现流域清洁生产、生活已成为我国农村发展的迫切需求。国外在农业面源污染防治方面的措施包括三个方面：提供先进的技术控制面源污染，制定相关的法律、政策和资金的支持，注重调动农民的积极性。

我国人口密度高、耕地面积有限、种植强度大，国外的清洁流域治理模式不适用于我国，因此，在借鉴国外清洁流域理念基础上，我国于2002年提出了生态清洁小流域的概念。但是该定义以山区水土保持为主，兼顾面源污染防控，与平原河网特征差异明显且缺少清洁流域建设责任主体。此外，在现有治理技术体系下，多为针对农业农村污染的单项污染治理，缺乏农业农村污染防治协同治理和资源循环利用的成套技术。

（二）主要问题和技术难点

1. 清洁流域建设责任主体不明确

农业农村污染首要面对的是分散、独立的农户，而单独的农户作为面源污染防控

实施主体时无法从更大尺度上进行污染物的综合去除。

2. 现有处理模式单一,不同技术之间缺少衔接,污染物协同去除及资源化效能差

农业农村污染防治技术研究大多集中在单个污染环节,产出的单项技术较多,但是很少有针对某个流域或区域尺度提出农业农村污染防控技术模式,不利于污染的协同治理和资源的统筹循环。

3. 农业农村复合型污染控制清洁小流域评价指标体系缺乏系统研究

前期关于清洁小流域的研究均为低山丘陵区,多选取水文水质、土壤侵蚀、植被覆盖、生物多样性、化肥农药施用、污水垃圾处理等指标,缺少平原河网地区清洁小流域的相关指标。

(三)技术需求分析

农业复合污染因其"面广点多、源头分散且缺少实施主体"等特点,已成为污染防治难点问题,因此,国家、地方规划迫切需要明确责任主体来实现流域农业面源污染的综合防控,形成可推广、可复制的治理模式。

需要针对农村生活污水、集约化种植、畜禽和水产养殖等生产、生活污染源开展系统设计,实现污染物的高效处理和资源化利用的生态循环。

从小流域尺度,评估农业农村污染防治成效。从村容村貌、村庄污水、清洁种植、清洁养殖、清洁产品、河道水质、河流生态、管理机制、工程管护等要素出发,构建合适的农业农村污染防治评价体系。

二、技 术 介 绍

(一)技术基本组成

该成套技术以清洁小流域建设为核心,构建以农业合作社为运行管理主体的小流域农业面源污染防控实施体系,明确了清洁小流域构建的责任主体;基于构建的"种养生"一体化技术模式,有效衔接各类污染源治理环节,实现小流域内不同污染源协同治理和资源的生态循环利用。提出了农业农村复合型污染控制清洁小流域评价指标体系,从而实现小流域清洁度的量化,形成农业农村复合型污染控制清洁小流域成套技术(图30.1)。

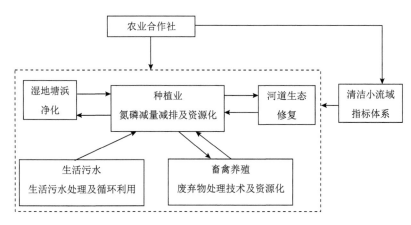

图30.1　农业农村复合型污染控制清洁小流域构建成套技术组成图

（二）技术突破及创新性

1. 构建"种养生管"一体化技术模式

构建了以农业合作社为主体的小流域农业农村污染防控实施体系。针对分散农户，构建了以农村合作社为流域治理责任主体的实施体系。合作社通过集体流转方式把分散在农户手中的稻田进行集中，由专业合作社进行集中经营管理，在提高土地集约化程度的同时，通过农业面源污染治理技术的实施，从小流域（村域）尺度进行农业面源污染的综合治理和生态循环。针对农业农村污染，利用源头控制收集、过程生物转化、末端多级利用和区域结构调整的联控策略，形成种植业"节减用"、养殖业"收转用"、生活污水"收处用"的技术体系，实现区域污染物协同去除及资源循环利用。

研发了保证农田生产力的化肥增效及氮磷减排技术，实现种植业的"节减用"。通过机插-掺混控释肥一次侧深施技术，从源头上提高肥料利用率，节省劳动力，保证高产高效的同时实现氮磷减量减排。结合水体氮磷高效环境吸附材料以及高效净化植物，集成了农田排水中氮磷的"排水口原位促沉-生态沟渠拦截-湿地塘浜净化"全过程多重拦截系统和农田尾水的循环回用技术，最终形成集约化农田氮磷流失的"节-减-用"综合防控技术模式。

研发了畜禽养殖粪污与农业废弃物高效高值资源化利用技术，实现畜禽养殖业的"收转用"。收集水稻秸秆等农业废弃物作为养殖垫料，吸附吸收养殖粪污，然后将垫料与畜禽粪污共发酵、生物保氮除臭，生产有机肥，实现了畜禽养殖粪污与农业废弃物的还田利用，达到提高水稻产量和绿色稻米生产的目标。

研发了高适应性村落生活污水生物生态组合工艺技术，实现生活污水的"收处用"。通过缺氧反硝化单元与高效水车驱动生物转盘技术组合，提高好氧段的有机物去除率，消除了臭味问题。浸润度可控型潜流人工湿地技术通过出口水位控制，灵活调整湿地水位浸润度，满足不同类型经济型植物和植物不同生长期的水位需求，强化了湿地处理效果。

2. 农业农村复合型污染控制清洁小流域指标体系构建

农业农村复合型污染控制清洁小流域评价指标包括村容村貌、村庄污水、清洁种植、清洁养殖、清洁产品、河道水质、河流生态、管理机制、工程管护等9个要素层、25项具体指标，包括生活垃圾无害化处理率、村庄绿化率、生活污水处理率、生活污水尾水资源化利用率、耕作和种植技术水平、化肥施用强度、农药施用强度、氮磷生态拦截的农田比例、农作物秸秆综合利用率、畜禽养殖规模化率、畜禽养殖粪便资源化利用率、水产养殖废水循环利用率、主要农产品周年产量、农业"三品"种植面积比重、化学需氧量、氨氮、总磷、总氮、生态护岸比例、水域湿地率、河流连通状况、监管机制完善度、群众参与度、人均财政收入、污染治理工程运行率等。

（三）工程示范

（1）成套技术在常州市武进区雪堰镇新康村进行了示范应用（图30.2）。新康村区域面积6 km²左右，涵盖了分散村落、农田、水产、畜禽养殖等生活和生产要素，具有典型的农业农村复合污染特征。区域内有生活污水处理工程14座，农田面积2222亩，

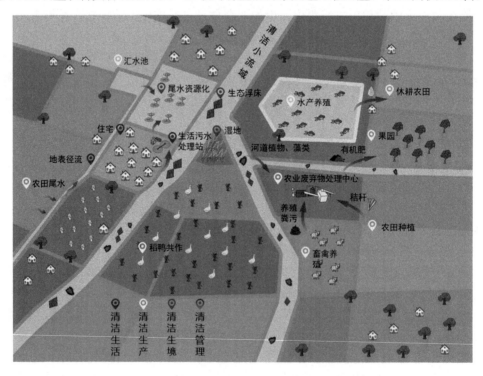

图30.2 农业农村复合型污染控制清洁小流域构建示意图

养猪场1个（年出栏量300头）。成套技术应用后，结合河道生态修复示范，区域内年化学需氧量、总氮、总磷分别削减79 t，11.8 t和1.7 t。河道水质达到河流Ⅲ类标准。示范区清洁度指数由建设前0.413提高到建设后0.790，由成套技术应用前的"不清洁"状态提高到"清洁"状态。新康村也为农业农村复合污染区污染治理提供了示范样本，成为农业绿色发展和美丽乡村建设的引领者。

（2）成套技术在安徽省肥东县元瞳河小流域进行了应用（图30.3）。完成了11372亩农田污染控制、年出栏1500头生猪养殖场污染控制、4800亩种养结合与污染减排、171亩前置库生态系统优化配置和3.1 km河道生态修复等多项技术示范，实现年化学需氧量、总氮和总磷排放削减200 t、40 t和5 t。通过相关示范工程的实施，养殖场污染氮磷削减100%，削减径流尾水对河道水体氮磷等污染负荷排放20%以上，小流域出口（元瞳河与县道合白路交叉口）水质连续六个月稳定达到地表Ⅳ水以上标准（化学需氧量≤30 mg/L，总氮≤1.5 mg/L，总磷≤0.3 mg/L）。

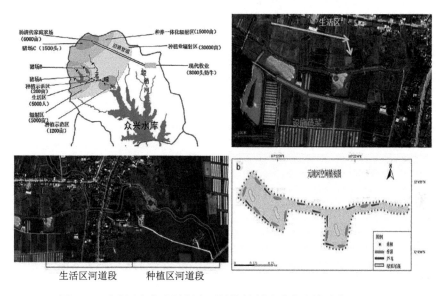

图30.3　元瞳河农业农村复合型污染控制清洁小流域示范工程图

（四）推广与应用情况

该成套技术正在太湖流域、巢湖流域推广应用。形成相关标准、规范、指南、导则共7项，其中发布了4项（《畜禽养殖污染发酵床治理工程技术指南》《发酵床养猪技术规程》《环巢湖地区小麦氮磷减量控制栽培技术规程》和《环巢湖地区水稻氮磷减量控制栽培技术规程》），3项规程处于征求意见阶段（《农田径流监测技术规范》《太湖流域稻/麦轮作化肥增效及氮磷减排技术规程》和《太湖流域村落生活污水处理技术规程》），有力支撑了成套技术的推广应用。

三、实 施 成 效

构建的区域污染治理和资源循环"新康"模式，①有效支撑了区域污染减排，通过协同攻关，显著改善了区域水环境质量，确保国控、省控断面全部达标；②新康村被评为省级生态循环农业试点村、全国乡村治理示范村。构建的"新康"模式被《人民日报》等媒体广泛宣传，取得了较好的社会效应；③构建的农业清洁小流域方案，得到了生态环境部领导、江苏省政府领导、农业部生态环境总站和合肥市环巢湖生态示范区部门领导的高度认可。

技 术 来 源

- 太滆运河农业复合污染控制与清洁流域技术集成与应用（2017ZX07202004）
- 流域农业面源污染防控整装技术与农业清洁流域示范（2015ZX07103007）

31　与种植业相融合的农村生活污水生物生态

组合处理成套技术

适用范围：我国淮河以南农村地区（增加保温措施后可用于北方）的生活
污水处理，规模一般不大于200 t/d。

关 键 词：融合种植业；农村生活污水；生物生态组合；高效低耗生物单
元；污染净化型农业；可持续发展

一、技 术 背 景

（一）国内外技术现状

国际上对农村生活污水的处理主要为单纯的生物处理或生态处理技术。生物技术
以日本的净化槽为代表，属于将大型污水厂技术简单小型化，在我国农村应用时存在
建设及运行成本高，难以实现运行管理精细化要求，且难以有效除磷等弊端，长期运
行管理困难。生态处理技术主要在澳大利亚、北美等土地资源丰富、环境容量大的地
区运用，所需占地面积大，处理效果受季节影响明显；而我国农村地区受土地资源和
地理位置的双重制约，不能单纯依靠生态处理技术。

国内农村生活污水处理技术研发虽起步较晚，仅在近二十年才有相关研究涉及，
但发展迅速。目前已有的技术类型众多，主要包含活性污泥法、生物膜法、膜生物反
应器和生态法等。这些技术存在的共性问题是简单套用城市污水处理厂工艺、建设与
运维成本高、管理复杂，不适应我国农村的现状和需求。

（二）主要问题和技术难点

我国农村生活污水治理主要存在下列问题：①污水处理率低（官方报道截至
2016年底，行政村覆盖率仅20%，实际处理率只有10%左右）。②生搬硬套城市污
水厂工艺，存在严重的水土不服，已建成设施大多不能正常运行或难以达标。③忽

视了农村与城镇在土地资源和生态消纳能力方面的巨大差异，成本过高，影响长效运行。农村生活污水治理问题严重阻碍了我国"水污染防治攻坚战"的进程和美丽乡村建设。

技术难点在于：①适合农村条件，坚持"高效、低耗、易维护"原则。②"因地制宜"，满足于不同地理环境、不同气候条件、不同社会经济基础、不同水质要求的农村生活污水处理需求。③"可持续发展"，将农村生活污水处理与农业种植有机结合，将"污水"转化为"资源"，构建污染净化型农业。

（三）技术需求分析

我国农村生活污水具有污染源相对分散，治理设施水量较小，日变化系数大等特点，且大部分农村地区经济相对落后，农民缺乏专业知识和专业化管理条件；同时农村具有丰富的土地资源和种植业，具备氮磷资源化利用的消纳能力。综上，农村生活污水的治理既不能简单照搬城镇污水处理厂规模化、专业化管理的高投入模式，也不宜采用纯生态处理的高占地模式，而应该选择因地制宜、稳定高效、低投资、易管理、氮磷资源化，紧密联系"农村、农业、农民"的本土化处理模式。

二、技 术 介 绍

（一）技术基本组成

该成套技术通常适用于规模不大于200 t /d的农村生活污水处理（图31.1）。

技术基于"因地制宜、高技术、低投资与运行成本、资源化利用"的可持续发展原则，在保证出水稳定达标的基础上，秉承"生物单元重点处理有机污染物，生态单元资源化利用氮磷"的理念，集成传统及单元技术创新技术与工艺系统集成相结合，形成多种具有节能、节地、高效、低维护、景观化、园林化特征的单项技术，构建了具备高适应性的菜单化可选技术体系。

工艺中生物单元充分发挥简易高效降解有机物的特点；以跌水曝气方式替代传统鼓风曝气方式，实现节能和工艺简化；生态单元通过开发具有较高氮磷吸收能力和适于在人工湿地内种植的经济型作物，实现氮、磷资源化，构建污染净化型农业。该技术较好地解决了农村地区社会、经济、环境等基本情况复杂，不同农村的污水处理技术需求差异较大的问题，满足农村地区生活污水治理的不同技术需求。

1. 高效、节能、节地、易管理的生物单元技术

研发了阶梯式/往复式跌水曝气充氧装置、水车驱动生物转盘、复合介质脉冲生物滤池等低能耗好氧处理单元，用自然充氧替代传统生物处理曝气方式，大幅降低工艺能耗；研发了大深径比高效厌氧反应器，提升厌氧效率，缩小占地；开发了反硝化除

臭技术，实现无须增设设施或外加药剂的污水除臭。低能耗，全流程不允许多于一个水泵的动力设计。

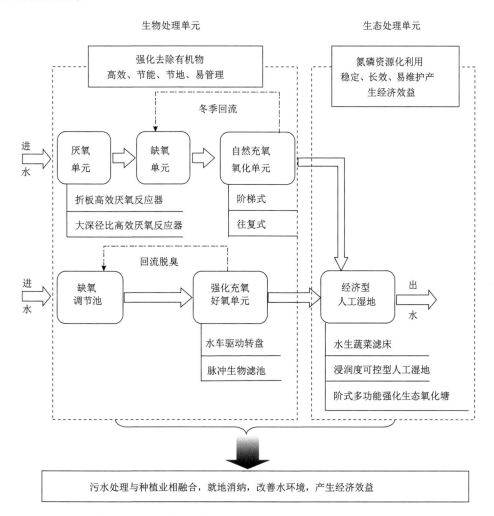

图31.1　与种植业相融合的农村生活污水生物生态组合处理成套技术组成图

2. 氮磷资源化利用的生态单元技术

用经济作物替代传统湿地植物并优化湿地构型，首次提出"污染净化型农业"的理念，开发了水生蔬菜滤床和浸润度可控潜流人工湿地技术；充分利用农村的地形地势及地域特征，提出了阶式多功能强化生态氧化塘技术。

3. 高适应性菜单式技术组合模式

单元技术可根据现场需求有机组合，形成多种具有节能、高效、低维护、景观化、园林化特征的菜单式可选工艺流程，突破了复杂农村条件下的技术适应性难题。

（二）技术突破及创新性

成套技术从工艺理念、关键技术和体系构建三方面进行创新研究，实现技术突破。

（1）在模式创新方面，首次识别了农村生活污水的特性与价值，充分考虑"农村、农业、农民"，提出生物单元去除有机物，生态单元资源化利用氮磷，构建"污染净化型农业"的可持续理念，实现了农村生活污水处理设施景观化、环境友好、受欢迎度高、技术适应性强的效果。与常规技术相比，生物处理单元只去除有机物，不专门设计除磷脱氮功能，从而大幅度简化了生物单元，既降低了建设成本，又使得运行管理简单；前置大深径比厌氧反应器可实现有机物的高效去除，降低后续好氧段有机负荷和需氧量；在生态处理单元，筛选氮磷吸收能力强、生物量大的空心菜、莴苣、水芹等经济性作物替代传统的芦苇、香蒲等湿地植物，在实现污水中氮磷的资源化利用的同时，产生可观的经济效益。

（2）在关键技术创新方面，针对农村生活污水特点，自主研发了一系列新型高效、低耗生物处理单项技术和农村适用型资源化生态处理单项技术，通过科学组合，解决了农村生活污水处理设施建设投资大、设备复杂维护难、动力能耗高、处理副产物多且处置难、占地面积大、氮磷未实现资源化等国内外技术难题。主要关键技术包括：大深径比高效厌氧反应器、阶梯式与交错式跌水充氧反应器、水车驱动生物转盘、脉冲生物滤池、反硝化除臭技术等。在生态单元部分，一方面，用经济作物替代传统湿地植物并优化湿地构型，首次提出"污染净化型农业"的理念，实现环境效益和经济效益双赢；另一方面，强调充分利用农村沟、塘、洼地等地形条件，以最小成本实现污染物削减最大化。开发集成组合式经济型人工湿地、浸润度可控潜流人工湿地、阶式多功能强化生态氧化塘等技术。

组合工艺相比于其他农村生活污水处理技术具有以下特点：①建设和运行成本低，吨水设备建设成本仅为7500元/t，直接运行费用不超过0.15元/t。②运行稳定。经第三方监测，工程出水暖季可达到《城镇污水处理厂污染物排放标准》（GB 18918—2002）一级A标准，其他时间稳定达到一级B标准。③生态单元可产生经济效益，种植经济型作物，每亩每年可产生2万元以上的经济收入。④立体布置，占地面积小，便于保温，较传统农村生活污水处理工艺节地20%以上。⑤管理简单，通过自动控制实现无人值守运行，定期巡检即可。

（3）在体系创新方面，技术围绕"（厌氧）-缺氧-好氧-经济型生态单元"的核心流程，形成菜单式可选技术体系，可根据实际情况进行单项技术的自由组合，突破农村生活污水处理工程建设中经济状况、人员素质、地形地貌、气候条件等多方面的条件限制，实现分散式农村生活污水治理技术的高适应性。

（三）工程示范

以建于常州武进区和宜兴市的两组较典型的工艺为例（图31.2）说明技术工程示范情况。

常州武进区湟里镇伍巷村生活污水处理工程建于常州市武进区湟里镇的伍巷村塘

田里自然村，污水来源于村内80户村民，约350人，设计处理规模30 t /d，工艺流程为"调节池-缺氧反硝化-水车驱动生物转盘-浸润度可控潜流人工湿地"，主体工艺及现场情况如图31.2。工程占地面积100 m²，其中湿地面积92 m²，吨水湿地面积3.07 m²，平均吨水能耗0.2 kW·h，设施建设投资每吨水不到7500元/t，直接运行成本0.11元/t水。工程较传统生活污水处理工艺（以A²/O工艺为例）节能60%以上，节地60%以上。该项目出水稳定达到一级B标准，除磷指标均达一级A标准。人工湿地以空心菜和水芹菜轮种，产生经济效益约13000元/亩。

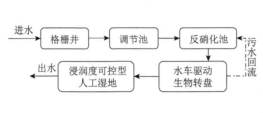

图31.2 常州武进区湟里镇伍巷村生活污水处理工程主体工艺及现场情况图

宜兴市周铁镇沙塘港村分散式生活污水处理工程建于2012年，覆盖范围87户，人口约310人，设计污水处理流量30 t /d，工艺流程为"大深径比厌氧反应器-阶梯式跌水充氧反应器-水生蔬菜过滤床+潜流人工湿地"，主体工艺及现场情况如图31.3。工程占地面积240 m²，其中湿地面积216 m²，吨水湿地面积7.2 m²，直接运行成本0.11元/t水。

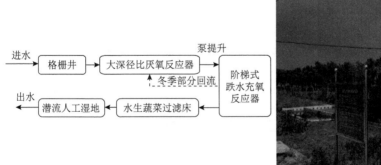

图31.3 宜兴市周铁镇沙塘港村分散式生活污水处理工程主体工艺及现场情况图

（四）推广与应用情况

技术已在太湖流域内的常州武进、无锡宜兴、南京高淳、无锡江阴等地建成数项工程示范，并在流域外江苏淮安、云南玉溪、大理等地进行了推广（图31.4）。截至2020年5月，已建成农村生活污水处理工程640座，处理规模达1.58万 t /d，取得了良好的社会、环境效益，得到了技术应用单位的高度好评。技术应用示范工程第三方评估按照第三方检测单位监测报告认定，出水可达到《城镇污水处理厂污染物排放标准》（GB

18918—2002）一级B标准，温暖季节或采取保温增效措施可达到一级A标准。

图31.4   其他工程现场图

技术实用性得到了农业农村部、江苏省建设厅、江苏省住房和城乡建设厅、江苏省环境保护厅等主管部门的肯定，入选"2019年农业主推技术"、江苏省住房和城乡建设厅编制的《农村生活污水处理适用技术指南》、江苏省环境保护厅编制的《江苏省农村环境连片整治生活污水处理典型适用技术》等指导性文件，为农村生活污水的减排提供科学依据。

三、实施成效

该成套技术主要在太湖流域进行研究和示范。针对目前农村分散式污水处理技术的发展特点及应用水平，面对太湖流域农村污染带来的总氮、总磷和化学需氧量负荷占总污染负荷的比重呈现逐年增加的趋势，以农村生活污水处理过程中的节能减排和资源化利用为出发点，充分利用和发挥了厌氧消化、缺氧反硝化、好氧硝化和生态资源化利用氮磷等功能单元的各自优势，选择丰富高效的植物材料与组合，实现了太湖流域农村污水处理过程中的节能减排与控源截污目标，从而从源头上改善太湖水环境。已建工程在太湖流域内处理规模为15304 t /d，年污染物削减量为化学需氧量 1955.2 t、总氮167.5 t、总磷19.6 t，有效降低了太湖入湖污染物总量，为常州武进、无锡宜兴、南京高淳、无锡江阴等地的一系列"覆盖拉网式农村环境综合整治工程""农村环境连片整治工程"提供了技术支持，助力农业面源污染控制。

2020年正在以该技术为主体工艺，编制江苏省地方标准《太湖流域村落生活污水处理技术规程》。该标准适应于我国新形势下农村环境改善和资源利用的要求，可助力我国整体性、系统性的农村生活污水处理技术标准化体系构建，对提升江苏省农村生活污水标准体系水平，促进流域目标的实现起到重要作用。

技 术 来 源

- 竺山湾农村分散式生活污水处理技术集成研究与工程示范（2012ZX07101005）
- 太滆运河高适应性村落生活污水处理技术集成与应用示范（2017ZX07202004）

32 高效低耗农村污水达标排放与提标改造处理成套技术

适用范围：改良型复合介质生物滤器处理技术适用于规模小于200 t/d的非寒冷地区、水质水量波动大的农村和农家乐生活污水，运行最佳水力负荷范围0~1 $m^3/(m^2 \cdot d)$；自充氧层叠生态滤床+人工湿地处理技术和水生蔬菜滤床+浸润度可控潜流人工湿地技术适用于已建农村生活污水处理设施的达标与提标改造，形成了满足不同前端工艺和农村需求的可选技术体系。

关 键 词：高效低耗；脱氮；除磷；提标改造；低成本；农村；农家乐

一、技 术 背 景

（一）国内外技术现状

国外关于农村生活污水治理走过了较长的历程。美国早在19世纪中期已着手于农村生活污水处理研究，主要使用高效藻类塘技术，并将此技术推广至欧洲、南非、南美等地。高效藻类塘具有基建费用低、前期投资少、日常运行维护成本低等特点，适用于土地面积大的经济水平欠发达地区。日本农村生活污水处理始于20世纪80年代，以JARUS模式为主，近几年生物膜法发展迅速。韩国农村以小型人工湿地处理系统处理污水，出水用于灌溉。澳大利亚的Filter系统是较成熟的资源化利用污水处理技术。总之，国际上农村生活污水处理技术各有特点，也各有限制。

我国农村生活污水治理技术研发在21世纪初才刚刚起步，技术储备远远落后于国外发达国家。早期多采用厌氧沼气池技术、厌氧生物处理系统、厌氧池-人工湿地技术和稳定塘等技术，既未考虑我国国情和农村特征，也未包含氮磷资源化利用的技术理念，更无技术体系及配套机制。

（二）主要问题和技术难点

经调研发现，各地农村污水处理工程数量偏少，农户受益率偏低。具体问题与技术难点包括：①农村水质水量现状变化大，部分已建工艺无法适应需求，实现稳定达标。②处理设施建设标准偏低，施工质量参差不齐，部分工程设施难以达到预期效果。③收集管网配套不完善，存在收水范围偏小及雨污混接情况。④化粪池存在渗漏。⑤处理设施管理机制粗放，缺乏有效的日常维护。

（三）技术需求分析

我国农村生活污水处理起步较晚，经前期探索可知，农村生活污水治理与集约化的城市生活污水处理有很大差异，简单套用城市污水处理厂工艺会带来建设与运维成本高、管理复杂等问题，无法适应农村的现状和需求。在技术探索期间，已建的大量处理设施未能正常运行，造成了财政投入和土地资源的双重浪费。因此，需要对已建设施进行评估，适合纳管的地区接管，适合分散处理的进行改造和运营配套，使处理设施出水满足地方标准要求，从根本上减少"晒太阳"工程。结合农村特征和污水特性，处理设施提标改造的基本原则应该是成本低、易管护、资源化利用和因地制宜，同时对技术成套化、设备化有一定要求。

二、技 术 介 绍

（一）技术基本组成

该成套技术通常适用于规模小于200 t/d的非寒冷地区、水质水量波动大的已建农村生活污水处理设施的达标与提标改造，形成了满足不同前端工艺和农村需求的可选技术体系（图32.1）。

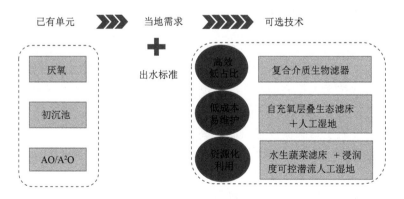

图32.1 高效低耗农村污水达标排放与提标改造处理成套技术组成图

针对目前农村污水处理中主要水质指标稳定达标（指达到各地农村生活污水排放

标准）困难、旧设施翻新改造工程量大等问题，集成应用多功能新型强化脱氮除磷生物填料、缓释固磷材料、缓释碳源、生物强化脱氮技术等，形成模块化的氮磷强化去除与水质稳定达标装置，综合"已有单元+当地需求+出水标准"的条件，将其通过简单易行的方式集成到A/O、A²/O、AO+人工湿地等几种常用的工艺技术中，形成适用于不同工艺、不同规模的组装化成套化强化氮磷处理工艺与设备，从而在不对现有设施进行太大改造的基础上提升设施脱氮除磷效率，满足最新的地方排放标准。

三项主体技术在提标时可根据当地需求和出水标准因地制宜的选用，各技术简介如下：

1. 改良型复合介质生物滤器处理技术

本技术研制了专用填料，通过配水、运行和填料填充方式优化，强化了滤器内兼氧-好氧微区的形成，提高了反硝化效果，破解了常规工艺氮磷去除效率低、耐冲击负荷差、运行性能不稳定等难题。

2. 自充氧层叠生态滤床+人工湿地处理技术

该技术属组合型人工湿地，以"自通风耦合系统"为核心，通过生态滤池空气对流实现自动增氧，采用不同填料（火山岩、蚌壳等富含钙离子填料）及配置的耦合系统，实现生态滤池的空气对流、自动增氧，污染物高效低耗的去除，降低投资和运维护成本。

3. 水生蔬菜滤床+浸润度可控潜流人工湿地技术

技术主体为水生蔬菜滤床与浸润度可控潜流人工湿地的组合型生态单元，可种植空心菜、莴苣、水芹等经济性作物，实现氮磷资源化。利用前置水生蔬菜滤床的高植株密度和高拦截性，大大延长后续潜流人工湿地运行寿命；浸润度可控潜流人工湿地通过湿地出口水位控制，实现经济植物高产和稳定高效处理效率。

（二）技术突破及创新性

针对目前大量的已建农村生活污水处理设施无法实现预期运行效果的问题，筛选了一系列低成本、可根据农村条件和排放标准选用的技术，其中水生蔬菜滤床+浸润度可控潜流人工湿地技术为集成创新，改良型复合介质生物滤器技术和自充氧层叠生态滤床技术为对原有技术的提升。技术主要创新表现在以下方面：

改良型复合介质生物滤器技术研制了高表面积发泡填料的配方与制作工艺，以农村广泛分布的生物质材料作为生物填料，新型填料可缩短50%挂膜时间，提高30%脱磷效率。

自充氧层叠生态滤床技术通过特殊的滤床结构和隧道型空气扩散装置设计形成拔风效应，实现滤床内自通风，大幅缩减了运行成本。吨水占地面积约2～4 m^2，且运行成本极低，在污水可自流情况下不产生能耗，仅在进水液位需提升时产生水泵的耗电费用。

水生蔬菜滤床+浸润度可控潜流人工湿地技术实现了新型氮磷资源化利用的可持续污水处理模式，并产出了可观的经济效益；通过两类湿地的构造优化、植物配型、运行周期优化等，有效提高氮磷去除率，缩短湿地启动期，增加植物产量15%以上；同时考虑了北方寒冷地区应用时的保温和连续运行保障措施。

（三）工程示范

成套技术组合灵活，在此仅列出部分典型技术示范。

1. 改良型复合介质生物滤器技术

童家厂农家乐污水处理设施是位于安吉县石岭村的典型农家乐污水处理工程，设计处理水量80 t/d，服务农家乐31家（图32.2）。采用的工艺为厌氧+复合介质生物滤器技术，工程与2015年建成投入运行，目前已移交第三方运维单位正常运行。该工程厌氧池有效容积200 m³，复合介质池有效面积150 m³，总投资45万元。课题组为期一年的长期水质监测结果显示，出水水质稳定优于现有农村生活污水处理设施水污染物排放一级标准（DB33/ 973—2015）。

图32.2 改良型复合介质生物滤器技术示范现场

2. 自充氧层叠生态滤床+人工湿地技术

示范工程位于浙江省径山镇求是村中村，处理规模50 t /d（图32.3）。于2014年9月开始施工，并于2014年11月底土建与设备安装工程完成并开始运行。工程处理出水的化学需氧量、氨氮、总氮、总磷达到《农村生活污水处理设施水污染物排放标准》（DB33/ 973—2015）一级标准。①进水化学需氧量在24.00～442.00 mg/L之间，出水化学需氧量均值为21.93 mg/L，化学需氧量平均去除率为85.65%。②进水氨氮在11.10～58.00 mg/L之间，出水氨氮均值为4.3 mg/L，氨氮平均去除率为88.28%。③进水总氮在16.70～73.60 mg/L之间，出水总氮均值为5.83 mg/L，总氮平均去除率为87.23%。④进水总磷在1.82～6.98 mg/L之间，出水总磷均值为1.37 mg/L，总磷平均去除率为70.41%。

图32.3　自充氧层叠生态滤床+人工湿地技术示范现场

3. 水生蔬菜滤床+浸润度可控潜流人工湿地技术

工程位于常州市武进区雪堰镇王家塘村，对原有地埋式MBR生物处理装置进行完善，增加水生蔬菜滤床+浸润度可控潜流人工湿地技术（图32.4）。污水源于王家塘自然村，共计约65户，人口约195人，设计村落生活污水处理工程处理规模20 t /d。改造后出水水质稳定优于《城镇污水处理厂污染物排放标准》（GB 18918—2002）一级B标准，可实现进入地表水体污染物化学需氧量、氨氮、总氮、总磷分别削减7906 kg/a、254 kg/a、227 kg/a和61 kg/a。生态单元种植美人蕉、翠芦莉等经济型花卉，水肥条件优渥。工程直接建设成本低于7500元/吨，吨水直接运营成本低于0.15元。

工程建设前　　　　　　　　　　　　　　　　　　工程建设后

图32.4　水生蔬菜滤床+浸润度可控潜流人工湿地技术示范现场

（四）推广与应用情况

技术已在浙江、江苏多地建设示范工程，并推广至安徽、江西、河南、山东、湖南等地，建成污水处理设施1500余套，处理规模达705万 t/a，为浙江省"五水共治"、保障"南水北调"水质安全，推进各地农村环境连片整治工作提供了强有力的技术支撑，得到了社会的广泛认可，取得了良好的环境效益、社会效益和一定的经济效益

（图32.5）。同时，研发的复合介质生物滤器技术和一体化A/O装置稳定可靠、适应性强、效果明显，以安吉为样板已在多地推广应用，累计销售收入1.02亿元。

图32.5　其他工程现场图

三、实 施 成 效

1. 形成了具有市场竞争力的核心技术

以农业面源污染控制单项关键技术研发与示范工程应用成果为基础集成的农业面源污染综合管理与控制技术体系，通过县域规模的综合示范，形成一批成熟可靠的实用技术，具有广泛的推广应用前景，提升了技术在市场上的竞争力。"改良型复合介质生物滤器技术"2014年被生态环境部和科技部列入适用推荐技术名单，2015年被浙江省"五水共治"行动和浙江省科技厅列为推荐技术名录，为浙江省和我国的农村水环境治理提供了技术支撑；2019年，依托该技术形成的人工快渗一体化污水处理设备被列入《雄安新区水资源保障能力技术支撑推荐短名单》，被认定为B类（成熟实用）技术。

2. 促进了政产学研用平台的建设

建成农业面源污染控制与管理体系县域示范与推广区，建设县域农业面源污染控制技术推广网络与创新示范平台，为农业面源污染防治技术体系创新、科技成果推广应用提供有利条件。

3. 产生了丰厚的社会、经济和环境效益

技术在全国多个省市的农村生活污水处理工程中广泛应用，处理规模超53万 t/a，年污染物削减量为化学需氧量 1855.1吨、总氮158.9吨、总磷18.6吨，对改善当地环境质量，保障水环境安全，实现我国节能减排目标，确保社会可持续发展具有重要意义。

技 术 来 源

- 苕溪流域农村污染治理技术集成与规模化工程示范
  （2014ZX07101012）
- 竺山湾农村分散式生活污水处理技术集成研究与工程示范
  （2012ZX07101005）
- 太滆运河高适应性村落生活污水处理技术集成与应用示范
  （2017ZX07202004）

33 农村生活污水处理设施智慧运维监管成套技术

> **适用范围**：有动力的农村生活污水处理设施进行远程运行监控、运维管理和监督管理。
>
> **关 键 词**：农村生活污水处理设施；在线监控；运维监管；流量在线监测；水质在线监测；水质移动监测；运行异常识别；智慧控制；监管平台

一、技 术 背 景

（一）国内外技术现状

农村生活污水治理事关全面建成小康社会和农村生态文明建设。"十一五"和"十二五"期间，我国大量农村生活污水处理设施建成，对于改善农村水环境发挥了积极作用，但多处调研也表明，由于运维监管跟不上，很多设施出现了被废弃、"晒太阳"的问题。如何对量大面广的农村污水处理设施开展长效运维和高效监管、最大限度发挥其污染治理作用，需求极为紧迫。

日本、欧美等发达国家已经建立了较为成熟的设施运维管理体系，主要采用人工巡检模式，投入费用高、居民负担重，不适合我国国情。基于信息化手段开展农村生活污水处理设施的远程智慧监管，有望大幅度提高运维效率、降低运维监管成本。我国个别区域已经率先开展了设施运行远程监管的尝试，但由于信息化的技术瓶颈没有根本解决，因此存在初期投入高、使用寿命短、智慧度不足的问题，阻碍了技术的推广普及。

（二）主要问题和技术难点

农村生活污水处理设施智慧运维监管的技术瓶颈包括：缺少低价耐用、适合农村使用的水质水量在线监测技术；缺少从有限数据信号中高智慧度识别设施运行异常并自动预警、干预的技术；缺少对大量设施的在线数据进行快速处理和多维挖掘，有力支撑规模化运维和区域统筹监管的高效技术。

（三）技术需求分析

太湖流域人口密度高，生产生活强度大，水环境改善压力大。大力推进农村生活污水治理，是太湖流域改善水环境质量的重要措施。环太湖的两省（浙江、江苏）一市（上海）近些年加快农村生活污水处理设施建设，仅浙江"十二五"期间就投入数百亿建设设施超过6.5万座。大量设施建成后如何进行高效运维监管、使其长效稳定地发挥污染治理效能成为紧迫任务。嘉兴是太湖流域末端典型的平原河网城市，建成近2000座以A^2/O工艺为主的有动力设施，对运维管理要求高，亟待突破低价耐用在线监测技术、设施运行异常识别与智慧控制技术、设施智慧监控运行管理技术，形成智慧运维管理模式，提高运维监管效率。

二、技 术 介 绍

（一）技术基本组成

成套技术主要适用于对有动力的农村生活污水处理设施进行远程运行监控、运维管理和监督管理。技术组成如图33.1所示。

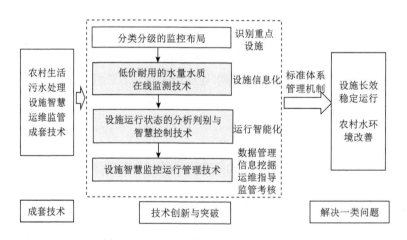

图33.1 农村生活污水处理设施智慧运维监管成套技术组成图

成套技术由低价耐用的水质水量在线监测技术、设施运行状态的分析判别与智慧控制技术、设施智慧监控运行管理技术3项技术组成。低价耐用的水质水量在线监测技术包含水量在线监测设备、多参数水质在线监测设备、小型移动式巡检设备、基于电导率的水质与运行效率综合指示技术4项技术/设备，上述设备/技术在工程中既可单独应用，也可组合应用，主要是解决设施水量和水质数据信号的有效获取问题。设施运行状态的分析判别与智慧控制技术包含设施运行状态的分析判别与智慧控制两个模块，通过对数据信号进行整理、分析和挖掘，实现对设施运行异常的判别预警和干预。设施智慧监控运行管理技术以平台为载体，对各类数据信号和信息进行分类分项管理和知识挖掘，满足大量农村污水处理设施区域统筹监管的业务化要求，支撑管理决策，促进管理提质增效。

（二）技术突破及创新性

成套技术在以下三方面取得技术突破和创新：

1. 四种不同类型的低价耐用水量水质监测设备/技术

通过原理性创新，研制出以巴氏计量槽为基础堰槽，外加电学原理液位计的新型流量在线监测设备，具有抗污堵、维护方便的优点，价格比电磁流量计降低40%。通过关键元器件改进、算法优化和系统集成创新，开发出多参数水质在线监测设备，对化学需氧量、氨氮和总磷示值误差不超过15%，单个模块制造成本小于3万元；研制出小型移动式巡视监测设备，30分钟内可速测化学需氧量、氨氮、总磷等6个水质指标，测试费用降至标准法的1/5，结果现场读取或远程传输至监管平台。

通过研究污染物与电导率的定量转化关系，创新开发出用电导率综合指示农村生活污水中污染物浓度并智慧判别设施运行效率和出水超标的技术。该技术适于除海岛以外绝大多数地区设施的在线监管，单个设施新增硬件成本小于2万元，对设施运行无效或出水超标的识别准确率达80%以上。

2. 适合不同硬件配置的设施运行状态分析判别与智慧控制技术

以"重点设施稳定达标-重要设施有效运行-一般设施设备运转"为分级分类管控目标，根据不同设施运行监控的硬件配置要求，深度挖掘设备电信号、流量信号、电导率信号等监测数据之间的关联关系，开发建立相适宜的异常识别算法，构建水量、水质、设备、仪表和运行效果等5大类25项设施运行异常的识别模式。把设施异常识别与反馈控制技术联动，增强对进水负荷和曝气时间的自动调配控制，提高设施运行稳定性。

3. 适合区域统筹监管的分区分类分级信息化监管新模式

以"重点设施稳定达标-重要设施有效运行-一般设施设备运转"为管控目标，筛选设施监控优先级（重点、重要、一般）并设计不同的监控配置组合，实施分区、分类和分级设施运行监管，在有限的资金投入下实现远程运维监管全覆盖并使监控效率最高。开发高系统度的智慧运维监管平台，实现对设施运行异常的及时性、针对性与专业性干预管理，以及设施运行监控-企业运维管理-政府监督管理三环节的信息实时互通共享，为高效运维监管提供了新思路。

（三）工程示范

成套技术被应用于秀洲区和海宁市，对两示范区全部（1119座）设施进行分区分类分级智慧化监管，覆盖农户5.6万户，污水处理规模约3万m^3/d。工程示范2020年4月开始业务化运行，运行后帮助地方发现了更多的设施建设和运维问题，保障了设施的正常运转。第三方评估结果表明，秀洲区、海宁市的终端处理设施运维成本分别为0.51元/m^3、0.34元/m^3，低于人工运维模式，设施运维成本效益比人工管理模式提高126%、236%。在2020～2021年疫情期间，示范工程显著提高了运维养护人员出行的针对性，有力保障了两示范区农村生活污水设施的正常运行。

（四）推广与应用情况

成套技术示范应用于秀洲区、海宁市并推广至南湖区，对三个区县近2000座设施进行远程智慧监管，提高了设施运行效率，使11.8亿元基建投资和1720万元/年运维资金得到高效利用。相关技术服务与设备量产的新增产值为4600余万元；运维企业收入增长1.5亿元。

成套技术为嘉兴秀洲、海宁、平湖等多个县区的农村生活污水治理专项规划（2020—2035年）编制提供了技术支撑，涉及污水规模约5万m^3/d、建设金额28.87亿元。技术支撑编写了嘉兴市《农村生活污水处理设施运行管理技术规范》（报批稿）、浙江省《第三方运维服务机构管理平台建设导则》和《农村生活污水处理设施运行监测（监控）技术导则》，促进成套技术在全省的推广应用。

三、实 施 成 效

成套技术通过在嘉兴的示范工程及推广应用，提高了示范区1000万 t/a农村生活污水处理设施的污染物去除效率，促进化学需氧量、氨氮、总磷的年排放量分别削减1000吨、250吨和10吨，助力了嘉兴市生态文明示范市创建和美丽浙江建设。成套技术的信息化思路和内容被列入《嘉兴市农村生活污水治理三年攻坚专项行动方案（2020—2022）》，作为指引嘉兴进一步开展污染攻坚行动的重要内容。

成套技术通过推动农村生活污水处理设施信息化、设备运行智能化、维护管理互联网+专业化，为运行监管提供直观有效的工具，提高了农村生活污水处理设施的运行监管效率。在疫情期间减少了运维养护工人户外作业的病毒暴露风险，显示出很强的技术优越性。

成套技术作为核心技术，显著增强了有关企业的行业竞争力，产生了明显的经济和社会效益。

技 术 来 源

- 分散生活污水处理设施智慧监测控制系统设备与平台
  （2017ZX07206-004）

第四篇

河流水体生态修复

34 源头区水源涵养与清水产流功能提升成套技术

> **适用范围**：北方以森林为主要植被类型的河流上游源头区，而对于南方地区，应根据树种类型，调整相关指标。
>
> **关 键 词**：源头区；水源涵养；功能提升；林分结构；植被优化；效应带；林窗；近自然化

一、技 术 背 景

（一）国内外技术现状

河流上游的水源涵养林对于源头区清水产流至关重要，源头区水源涵养林的蓄水、净水、调水功能影响着流域的水生态安全。欧洲、美国和日本等自20世纪初就已开展流域对比试验，分析植被对流域产水、地表径流的影响；近年来，国外科学家更加关注森林植被对流域水文功能的影响，尤其是对水质的影响。但多数国家将河流上游源头区森林植被作为水源地保护区，进行严格保护，将其划定为不同等级，实施不同级别的保护，缺少源头区水源涵养林功能提升的培育技术。

近年来，国内对源头区水源涵养林的研究主要集中在分析不同植被类型对土壤蓄水、枯落物持水、水体中的铵态氮、硝态氮等指标的影响；20世纪90年代中国科学院成都生物研究所在岷江上游半干旱区开展了水源涵养林/水土保持林人工植物群落结构模式构建研究，取得了《岷江上游半干旱区水土保持、水源涵养林营造技术与小流域综合治理研究》成果。中国科学院在江西"五河"源头区开展低效人工针叶林结构优化技术、低效残次林水土流失控制技术研究，构建了"五河"源头区水源涵养和水土保持模式，并进行了集成示范。

河流上游源头区的水源涵养林多为生态公益林，林业部门主要采取保护的措施，少有经营培育措施，即使开展一些经营活动，也是以林业生产为主，鲜有关注源头区水源涵养与清水产流功能提升技术，在很大程度上影响了源头区森林植被涵养水源功能的充分发挥。

（二）主要问题和技术难点

近年来，由于长期的自然与人为干扰，河流上游源头区的天然林破坏严重，建群种更新能力差，限制水源涵养功能的发挥；而人工林由于树种组成单一，垂直结构简单，其水源涵养功能相对天然林更低。源头区现有水源涵养林长期按用材林经营，没有真正按水源涵养林经营，相关经营技术限制水源涵养林功能发挥，不能实现源头区清水产流的作用，影响着全流域的水生态安全。因此，如何在保护/培育好源头区现有森林的前提下，提高森林植被的涵养水源、清水产流的能力，成为源头区水源涵养林培育面临的核心问题。

针对上述问题，如何在不破坏现有森林植被的前提下，通过优化林分结构，提升源头区天然林水源涵养能力；通过改造人工林的组成、结构等，提升源头区人工林水源涵养能力，成为源头区水源涵养与清水产流功能提升技术的难点。

（三）技术需求分析

迄今为止，尚无系统全面的源头区水源涵养与清水产流功能提升成套技术，缺乏对源头区森林植被的水源涵养功能改善技术的深入研究，无法科学保护、恢复河流生态系统。因此，亟须研究上游源头区水源涵养林功能提升技术，筛选并集成符合蓄水、净水和调水等多目标要求的水源涵养林培育技术，从而提升源头区水源涵养林的涵养水源、调节径流等生态功能，满足全流域对上游源头区森林植被涵养水源、提高水质、调节径流的需求。

二、技 术 介 绍

该成套技术的技术就绪度与"十一五"前相比从4级提升到8级，部分成果获国家科学技术进步奖二等奖。

（一）技术基本组成

源头区水源涵养与清水产流功能提升成套技术包括天然林与人工林两个单元，其中天然林单元采取结构优化与调控技术（林窗调控、针叶树与阔叶树配置、生态疏伐），人工林单元采取改造技术（近自然化改造、效应带改造、抚育与补植），其技术组成图见图34.1。

（二）技术突破及创新性

该成套技术基于源头区天然林与人工林两个单元，开展水源涵养与清水产流功能提升技术创新突破。

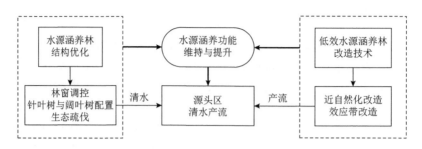

图34.1　源头区水源涵养与清水产流功能提升成套技术组成图

1. 在技术创新方面

针对源头区现有天然林破坏严重，建群种更新能力差，水源涵养功能发挥不充分的现状，在天然林单元研发具有自主知识产权的林窗调控技术，界定了林窗大小、面积、上下限等（林窗面积占总面积＜10%）。该技术在维持天然林植被持续覆盖的前提下，突破森林更新过程中干扰小、原生境、恢复快的结构调控难题，实现连续更新，该技术具有成本小、无污染等优点，有利于增加林下物种多样性，提高水源涵养功能3%～5%。在人工林单元，针对源头区人工林树种组成单一，垂直结构简单，涵养水源低下的现状，研发了效应带改造技术，将林业的等距离带状间伐拓展为效应带改造，增大保留带与效应带比例，实现逐步改造（1：1～2：1等），该技术可提高林地连续覆盖，持续提高水源涵养功能5%～10%。

2. 在模式创新方面

在上游源头区，开展以水源涵养功能提升为主导的森林培育模式创新，基于源头区现有森林植被，在天然林单元构建针叶树与阔叶树配置模式，在人工林单元构建近自然化诱导模式，该技术体系将森林经营技术与水源涵养功能提升有机地结合，促进行业间技术融合。技术突破了现有林业行业技术规程，增加抚育间伐的强度（在现标准基础上增加10%～20%），打破原有森林更新只采用间伐、择伐、皆伐等方法，提出针叶树与阔叶树配置技术、近自然化诱导技术，技术实施后提高林地覆盖度，增加灌木与草本数量10%，提高水源涵养功能3%～9%。

3. 在集成创新方面

围绕源头区水源涵养与清水产流功能提升的核心，在天然林单元集成生态疏伐技术，在人工林单元集成疏伐与补植技术，将原来采用5级分类法的疏伐技术拓展为生态疏伐技术，突破林业经营由单一注重木材生产，转为以水源涵养功能提升为重点，集成生态疏伐、疏伐与补植等技术，实现优化林分结构，改善林分下垫面（草本层与凋落物层），提高单位面积森林涵养水量5%～10%。在河流上游源头区，可根据现有水源涵养林类型，选择适宜的技术或不同技术组合，提升源头区水源涵养林蓄水、净水能力，实现源头区森林植被涵养水源、清水产流的能力提升。

（三）工程示范

在浑河上游辽宁省抚顺市清原县建立水源涵养林建设典型示范工程，将源头区水源涵养与清水产流功能提升技术应用于水源涵养林建设综合示范工程（面积50 km²），在示范区内开展水源涵养型植被定向恢复培育模式、低功能水源涵养林结构改造模式、小流域净水调水功能导向型水源涵养林培育模式建设（图34.2和图34.3）。通过推广水源涵养与清水产流功能提升技术，实现源头区清水产流的功能。监测表明，通过示范工程的实施，示范区内河流水质得到了明显改善，化学需氧量、氨氮、总氮等降低20%，相关指标达到了国家地表水Ⅱ类水质标准，示范流域内的水源涵养能力提升5%～10%，枯水期径流量增加10%～20%。

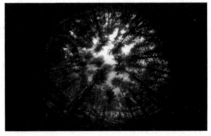

图34.2　林窗更新技术示范

图34.3　落叶松人工林效应带改造技术示范

（四）推广与应用情况

该技术体系已推广应用到浑河上游的其他支流（大苏河、小苏河、沙河子）水源涵养林建设中，已编入《辽宁省清原满族自治县国家级森林经营样板基地建设实施方案》，在清原县林业系统开展成果推广应用，其关键技术应用于其中的防护林增效培育模式组（水源涵养型植被定向恢复培育模式、低功能水源涵养林结构定向调控模式、小流域净水调水功能导向型水源涵养林培育模式）建设，解决了水源涵养林经营技术匮乏，长期按用材林的技术经营的问题。相关成果成功申报中央财政林业科技推广示范资金项目"水源涵养与水生态功能恢复的植被优化与改造技术"（中央财政经费100万元），全方面地推动了浑河上游源头区的植被优化与改造。据估测，该成果推广到浑河源头区和大伙房水库上游区后，年有效蓄水量将分别提高2000万t和4000万t以上，有力保障下游用水安全。

三、实 施 成 效

1. 对流域治理目标实现的支撑

该技术为实现河流源头区清水产流、促进河流上游水生态环境的生态修复提供技术支撑。监测表明，示范区出水口的径流水质相关指标下降20%以上，达到国家地表水Ⅱ类水质标准，为辽河流域治理目标的实现提供了坚实的前提基础。

2. 对国家及地方重大战略和工程的支撑情况

该技术科学支撑了辽东山区水源涵养林建设，为科学经营和保护好辽东水源涵养林资源，提升水源林质量、增大清水产流能力，相关技术入选国家林草局2018年100项重点推广成果。保障辽河流域水生态安全，全面推进辽东绿色生态经济区建设具有重要意义。相关技术获国家科学技术进步奖二等奖、辽宁林业科技进步奖一等奖。集成的"河流源头区水质改善与生态修复关键技术"入选了国家"十二五"科技创新成就展。

3. 对流域水环境管理的支撑情况

从源头区开始恢复流域上游的水生态功能，为流域水环境综合整治提供经济可行的水源涵养林植被优化与改造技术支撑，持续提升与改善辽河上游的水环境质量，确保流域整体生态功能的改善。

技 术 来 源

- 浑河上游水环境生态修复与生态水系维持关键技术及示范研究（2012ZX07202008）

35　基流匮乏型污染河流梯级序列生态强化净化成套技术

> **适用范围**：天然基流匮乏、来水主要为污水处理厂尾水、可生化性差的污染河流治理。
>
> **关 键 词**：污染河流；基流匮乏；可生化性；原位净化；梯级序列；河流自净能力；生态系统恢复

一、技 术 背 景

（一）国内外技术现状

20世纪40年代，德国学者Seifert首次提出了"近自然河溪水体治理"概念，这是水治理技术方面首次提出的往生态治理方向发展的相关理论。我国的河湖生态保护与修复工作始于20世纪90年代。21世纪以来，国家及地方相关部门从流域、河流等多个尺度、多个方向下对河湖生态保护与修复工作进行了规定。

我国许多河流，如淮河、海河、辽河等的干支流，天然基流匮乏，主要来水多为经过污水厂处理的城镇污水和工业废水，该类尾水常伴随着碳氮比低、可生化性差等特点，在河道中难以进一步被自然净化；虽尾水入河前可经过深度处理，但存在投资费用大、占地面积大、技术要求高等缺点，不能适用所有地区。河流原位生态净化技术，如河床底质净化、河岸污染削减、滩地土壤侧渗等技术逐渐发展起来，可因地制宜开展技术应用，有效调节河流水流量，长效维持河流的自净能力，具有景观效果好、河岸环境影响小、经济成本低等优势。针对河流水质持续改善的需要，综合考虑原位与异位净化技术的有机组合，发挥各项技术的优势，成为提升河流净化能力，实现水生态系统健康的未来趋势。

（二）主要问题和技术难点

我国基流匮乏型污染河流主要存在下列问题：①由于水资源的过度利用及气候异

常变化，河流水位出现强烈的季节性波动，乃至基流匮乏。②主要来水为经过污水厂处理的城镇污水和工业废水，可生化性差。③生态功能严重退化。④不同的河段面临不同的污染输入与负荷，具有不同的水文过程，生态净化与修复的需求有所不同。

主要技术难点有：①在河道中提高污水处理厂来水的可生化性，增强河道净化能力。②缓解河流基流匮乏现象，维持河流持续运行。③通过一系列生态净化与生态修复手段，恢复河道自净功能。④根据河道沿程污染治理的不同需求进行技术集成与组合。

（三）技术需求分析

针对河道来水可生化性差的问题，需研发河道内电解强化净化反应器技术；针对河道水位季节性波动及自净能力低的问题，需研发主槽泄洪、侧槽净化的水质净化耦联技术；针对河流自净能力低的问题，需研发河滩地及滩地土壤净化功能提升技术以及基于土著物种的、长效且低成本的河流原位污染削减技术；针对河道沿程污染的不同特点，需研发针对不同污染特征与水文过程的净化技术的集成与组合。

二、技术介绍

技术就绪度从立项初期的4级升至9级，部分技术成果获得了国家科学技术进步奖二等奖。

（一）技术基本组成

该成套技术由"内电解基质强化潜流湿地净化技术""表流人工湿地水质净化耦联技术""近自然人工滩地-土壤侧渗联合净化技术""近自然河道污染生态削减技术"四部分组成（图35.1）。从在河道上游构建"内电解基质强化潜流湿地净化技术"提高来水可生化性，到在河道中游构建"表流人工湿地水质净化耦联技术"、在宽阔滩地构建"近自然人工滩地-土壤侧渗联合净化技术"，到在河道下游构建"近自然河道污染生态削减技术"，技术之间相互配合，缓解河道基流匮乏问题，削减不同污染物，修复河道水生生态，恢复河道自净能力。

通过铁铜内电解循环与潜流湿地基质、河道原位反应器的结合，降解自然状态下难以被微生物消耗的污染物，提高来水的可生化性，改变水体碳氮比，提高河道污染净化能力；通过主槽泄洪、侧槽净化的空间配置，及侧槽中不同类型表流人工湿地水质净化功能的耦联，提升河流对氨氮、化学需氧量的降解能力；通过基质强化与自然曝气提升滩地土壤净化能力，构建人工滩地-土壤侧渗联合净化，去除水体的硝态氮以及总磷；通过对河流土著生物分析，研究适宜的生境条件，恢复自然河流物理结构、底质条件与水文过程，恢复河流生态系统，提高河流长效自净能力。

1. 内电解基质强化潜流湿地净化技术

研发了内电解强化净化反应器构建、内电解-基质组合强化净化结构构建、河道

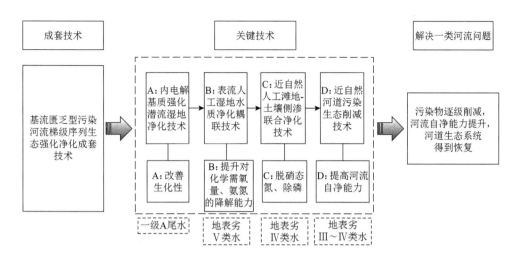

图35.1 基流匮乏型污染河流梯级序列生态强化净化成套技术组成图

原位净化岛构建等技术。使用铁铜内电解结构，在原内电解工艺上通过添加曝气工艺，铁铜质量比1:0.2与气水比9:1推荐作为人工湿地污水处理的最优组合。并尝试在两电极间添加基质，培养微生物，通过电子传递促进基质吸附以及微生物活动。将反应器融合于原位净化岛作为核心部分，利用河道清淤污泥回收利用，辅以砾石、砂石等常见基质，形成净化岛，岛下平水位高程上下50 cm构建潜流湿地，实现对水体中污染物的有效拦截、过滤与净化。

2. 表流人工湿地水质净化耦联技术

提出创新型"主槽泄洪，侧槽净化"的河流断面设计技术与"人工湿地耦联组合技术"，利用河道的主槽-侧槽结构，在侧槽构建表流湿地等人工湿地类型。耦联人工湿地系统由单体湿地床子系统、水动力调配子系统和湿地耦联子系统（由单体湿地床、耦联控制阀和联通管道组成，通过单体湿地床前的耦联控制阀进行需要的开和关，可以产生串联48种、并联5种及串并联12种系统）三个部分构成。

3. 近自然人工滩地-土壤侧渗联合净化技术

基于河滩地宽广、土壤沙质化的特点，创新研发出"土壤侧渗墙技术"，利用河堤内滩地植被、土壤和含水层的天然净化能力达到去污目的。系统分两个部分设计，自然侧渗部分和侧渗墙部分。自然侧渗直接利用土壤-含水层介质的去污能力；侧渗墙部分是指在侧渗沟不同的位置（侧渗沟坡岸和侧渗沟与河流之间）设置侧渗墙，以达到对污染物的强化去除。侧渗墙深度为距滩地表面2.0～5.0 m。

4. 近自然河道污染生态削减技术

根据流域内土著生物的特点，分析适合提高河道自然净化能力的底质条件（河道形态、生境结构），研发河道塑型改造技术、生态坡岸恢复技术、近自然河道植被与生态系统构建技术，削减水体的污染负荷，提高河流自净能力。

（二）技术突破及创新性

该成套技术从技术创新、模式创新和集成创新三方面进行创新研究，实现技术突破。

1. 在技术创新方面

研发了"内电解基质强化潜流湿地净化技术"技术创新。针对污染河流天然基流匮乏、来水可生化性差、化学需氧量和氨氮浓度高等特点，研发了内电解基质强化潜流湿地净化关键技术。使用铁铜内电解结构，并在已有内电解工艺上通过添加曝气工艺，使产生的Fe^{2+}在后续反应中被氧化成Fe^{3+}；之后，在两电极间添加基质，培养微生物，通过电子传递促进基质吸附以及微生物活动，促进污染物去除；最后，将反应器融合于原位净化岛作为核心部分，利用河道清淤污泥回收利用，辅以砾石、砂石等常见基质，形成净化岛，实现对水体中污染物的有效拦截、过滤与净化。该关键技术主要创新点在于电极-基质-微生物之间的协作以及河道淤泥的回收利用。

2. 在模式创新方面

研发了"表流人工湿地水质净化耦联技术模式""近自然人工滩地-土壤侧渗联合净化技术模式""近自然河道污染生态削减技术模式"。①针对河道泄洪与水质净化双重需要，提出创新型"主槽泄洪，侧槽净化"的河流断面设计技术与"人工湿地耦联组合技术模式"，将已有的人工湿地技术与主侧槽泄洪技术进行融合，形成新型"表流人工湿地水质净化耦联技术模式"，在满足泄洪需求的同时增加污染物去除率；②"近自然人工滩地-土壤侧渗联合净化技术模式"利用河流滩地的自净能力，辅以人工构建的"土壤侧渗墙"，利用河堤内滩地植被、土壤和含水层的天然净化能力，进一步达到去污目的；③"近自然河道污染生态削减技术模式"依托于河道原有生态环境特点，人为对河道形态、生境结构等进行重新构建，依据不同的地形特征，配置不同的植物类群，恢复与重建河道生态系统，削减水体的污染负荷，提高河流自净能力。以上三种技术模式应用后，化学需氧量去除率达40%以上，氨氮去除率达50%以上，总磷去除率40%达以上，可有效削减河流的污染负荷。

3. 在集成创新方面

沿着河流上游到下游，从"强化"-"耦联"-"侧渗"-"削减"等多个方面开展技术集成，形成基流匮乏中小型污染河流治理的梯级序列，先提高来水可生化性，之后一步步削减污染物，同时提高河流自净能力并进行河流生境的恢复。整套技术可以有效净化河流，提高河流自净能力，并充分利用河道自净能力，修复河道生态系统。

（三）工程示范

该成套技术应用于贾鲁河尾水生态强化净化综合示范工程（图35.2），依托工程与示范工程自师家河坝（34°52′13.5″N，113°34′02.1″E）至索须河入贾鲁河河口（34°52′09.1″N，113°43′30.3″E），全长18.48 km，河道宽度120～170 m；日处理水量50000～400000 t。示范工程于2009年5月开始实施，先后经历土建工程阶段（2009年5月至2009年9月）、植被恢复阶段（2009年10月至2010年9月）、后期维护阶段（2010年10月至2011年5月），土建阶段完成后，边施工边放水进行污染河水的净化。

图35.2　示范工程河段生态恢复效果图

其中，内电解强化净化技术示范段7.68 km、人工湿地水质净化耦联技术示范段4.07 km、近自然人工滩地-土壤侧渗联合净化技术示范段2.97 km、近自然河道污染生态削减技术示范段3.76 km。工程运营后，河水透明度平均提升85%，化学需氧量削减49%，氨氮削减76%，总磷削减35%，劣Ⅴ类河水生态净化后升至Ⅳ类标准。示范区生物物种丰富度大幅提高，尤其是斑嘴鸭、青脚鹬等长途迁徙鸟类成群栖息，"臭水渠"变成了"水景区"。

（四）推广与应用情况

该成套技术已先后在江苏、上海、浙江、福建、河南、安徽、广西、内蒙古、湖南、海南、黑龙江等地推广应用，长度达388 km，总面积达1650 hm²（图35.3）。

图35.3　上海大莲湖湿地生态恢复后效果图

其中，2010年4月至2011年2月期间，上海大莲湖生态修复工程区内总磷、总氮和氨氮比工程区外对照点分别降低了62.5%、72.2%和63.3%，浮游植物生物量比工程区外降低了48.0%；综合水质达到国家Ⅲ类水标准，出水水质明显优于进水水质。

三、实施成效

1. 对流域治理目标实现的支撑情况

该技术推广应用后，贾鲁河主要水质指标得到有效提升，水生态质量显著好转，提高了本土动植物物种丰富度，河流自净能力显著提高。"十二五"期间，围绕"减负修复"，针对贾鲁河存在的现实问题，开展了水生态修复技术的研究与示范，重现了"水清草美、鸟鸣鱼戏、人水和谐"的优美景观，带动了流域水质持续改善。

2. 对地方重大工程的支撑情况

污染河流原位净化"梯级序列净化模式"贾鲁河技术示范工程有力支持了中国大运河通济渠郑州段的成功申遗，且已在长江流域、淮河流域、黄河流域、雄安府河以及福建莆田河流等大型河流（流域）污染净化及生态治理工程中推广应用，支持了当地生态城市建设与发展。

3. 对流域水环境管理的支撑情况

成果作为水生态净化与修复技术的核心技术，分别于2013年、2014年、2016年集成了"小流域水质改善、生态净化与生态修复整装成套技术推广手册""淮河流域湿地保护恢复、水生态净化暨水生态修复技术推广手册""小流域水生态净化与生态修复指南"；与江苏省林业局共同编写并出版了《湿地保护与恢复手册》在全省推广应用并被安徽、河南、黑龙江等省市学习借鉴。

技 术 来 源

• 工业及城市生活尾水生态净化关键技术研究与示范（2009ZX07210001004）

36　大型河流生态完整性保护与修复成套技术

适用范围：大型河流生态完整性保护与修复。
关 键 词：河流；生态完整性；自然生境；河岸带恢复；湿地网；生态水保障

一、技 术 背 景

（一）国内外技术现状

国际上，欧洲、美国和日本等发达国家，自20世纪60年代就已认识到河流生态环境问题，并积极开展生态修复的相关研究与实践。至今，在河流生态修复现状调研、机理、技术、方法等方面研究深入，基于多种目标的各种修复技术已得到研发，大型河流的生态完整性修复工作也有不少实际范例，但我国河流生态问题的修复机理并不相同，不能单纯借鉴发达国家在某一河流基于生态完整性实施的修复技术。

国内河流生态修复技术研发虽起步较晚，但发展迅速。目前已有的技术类型众多，主要包含生态护坡、水生植物构建、人工湿地等。这些技术存在的共性问题是简单套用生态学原理，仅针对某一指标进行生态修复，缺乏从大尺度流域角度开展河流生态完整性修复的重要实践，未体现河流"总体修复，系统管控"的总体思路，不满足我国大型河流生态修复的现状和需求。

（二）主要问题和技术难点

大型河流生态修复存在的主要问题：①干流水环境质量不稳定，河道净化能力有限，水生态安全受到威胁；②部分大型河流缺水的现状没有根本解决，如辽河、海河干流出现过断流现象，汛期和非汛期均有断流发生；③河流生态系统退化，水土流失严重，生物多样性减少。

技术难点在于：①如何解决经济发展后所带来的大型河流水生态系统退化、修复并保障生态系统完整性问题；②在摆脱重污染的大型河流上开展生态完整性保护与修复，没有先例可循，面临着如何实施自然生境恢复、流域湿地重建、生态流量保障等一系列重大科学问题。

（三）技术需求分析

缺水型河流干支流的水利用率较高，造成河流污染比较大。人工化现象严重，河岸带植被覆盖程度低，外源污染物在缺少河岸缓冲截留条件下直接入河，加剧水体污染程度。部分河道采砂活动泛滥，河道内水生维管束植物数量相比20世纪80年代数量急剧减少，代以水绵等污水型水生植物为主，水体净化能力退化。因此，应实施"河岸带功能提升与自然生境恢复、湿地重建与污染阻控结合、生态水保障"的技术策略。

二、技 术 介 绍

技术就绪度与"十一五"前相比从2级提升到9级，部分成果获辽宁省科学技术进步奖二等奖和环境保护科学技术奖二等奖。

（一）技术基本组成

秉承"基于最小生境空间需求理论，研发三生供水技术，保障水生态恢复目标"的理念，创新技术与工艺，形成多种具有水质提升、生态流量保障、生境功能提升等特征的关键技术，构建了具备高适应性的成套技术。

大型河流生态完整性保护与修复成套技术包括河岸功能提升与自然生境恢复技术、湿地网构建技术、生态水保障与时空优化调度三项技术，其技术组成图如图36.1所示。

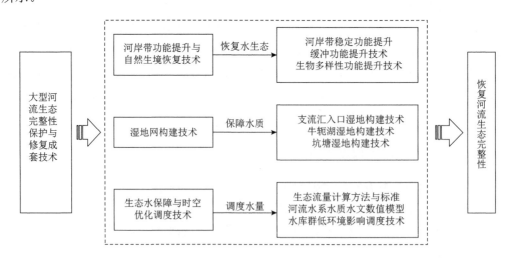

图36.1 大型河流生态完整性保护与修复成套技术组成图

1. 河岸功能提升与自然生境恢复技术

甄别了河岸带生境恢复现状评估与关键生境因子，基于对河岸现有稳定技术在土壤抗蚀性、土体结构、岸坡植被盖度、多样性指数等对比分析，研发了河岸带稳定-缓冲-生物多样性功能提升技术，实现河岸带自然封育与土地空间优化。

2. 湿地网构建技术

基于支流污染程度和河口滩涂面积确定湿地规模，研发了支流汇入口湿地构建技术，解决了支流入干流水质超标问题；通过使用块石、卵砾石和碎石以一定方式抛填于河道中，并搭配种植各种不同的水生植物，研发了牛轭湖湿地构建技术，解决了大型牛轭湖湿地自然恢复难题；基于现有坑塘，结合河流水系流向，研发坑塘湿地构建技术，解决了干流两岸坑塘恢复难题。

3. 生态水保障与时空优化调度技术

以生态流量保障和水质改善为目标，建立了面向河湖健康的生态流量确定方法与标准，研发了增加引水工程的水库群的联合生态调度技术，建立了聚合水库供水与引水联合调度模型，提出适合干流水库群调度复杂的聚合水库供水与引水规则。制定了流域内农业灌溉用水与河流环境用水共享方案和大型闸坝的联合调度方案。

（二）技术突破及创新性

成套技术从技术创新、模式创新和集成创新三方面进行创新研究，实现技术突破。

1. 在技术创新方面

研发了河岸功能提升与自然生境恢复技术、不同类型的自然为主-人工为辅的湿地网构建技术、兴利供水与生态供水相结合的水质水量联合调度技术。

（1）河岸功能提升与自然生境恢复技术：500 m封育范围可使大型河流河岸带生物多样性基本得到恢复和保护。灌木紫穗槐、杞柳，草本植物小冠花、草地早熟禾搭配种植，可有效控制水土流失、阻控入河污染及抑制外来入侵植物生长，提升河岸稳定-缓冲-生物多样性功能，促进自然生境恢复。

（2）湿地网构建技术：不同类型湿地化学需氧量去除率从4%到26%，湿地出水化学需氧量＜30 mg/L，氨氮＜1.5 mg/L，达到了地表水Ⅳ类水质标准。支流汇入口湿地可削减化学需氧量＞30%，氨氮＞30%，总磷≥40%。解决了支流入干流水质超标、大型牛轭湖湿地、干流两岸坑塘恢复难的问题。

（3）生态水保障与时空优化调度技术：保障大型河流重要控制断面在各水期内满足以河流健康为目标的生态流量要求。技术实施后，辽河干流的铁岭、毓宝台以及辽中断面年生态流量达4.85亿m³、5.44亿m³、6.43亿m³。实现了生态流量分级控制的库群供水，保障了高效引水、减少弃水的水库群环境流量。

2. 在模式创新方面

以生态建设引领，创新性地提出了河流生态完整性的保护与修复新模式，适用于大型河流生态完整性保护与修复实践。以突破性的"水质提升—水量调度—水生态恢复"的核心流程建立了三水统筹的技术体系，突破大型河流保护与修复过程中水质季节性波动、支流入干流水质超标、水系-坑塘连通性差、生态流量不足、河岸带及水生态生物多样性不高、大型牛轭湖湿地和两岸坑塘湿地自然恢复难等问题。

3. 在集成创新方面

在关键技术研发和建立的可推广的技术模式的基础上，结合最小生境理论、河岸带空间优化原理、流域湿地发育机制、三生供水规律，开展河岸功能提升与自然生境恢复技术、湿地网构建技术、生态水保障与时空优化调度关键技术研发，集成建立了大型河流生态完整性保护与修复成套技术体系。有力支撑了流域治理工程的实施，发挥出明显的生态环境效益，保障了流域水生态系统功能明显恢复。

（三）工程示范

在辽河干流建设了100 km^{2}的水环境治理与修复综合示范区，其中干流自然封育工程111 km，干流一级支流汇入口湿地修复技术示范工程12.43 km^2，河道综合整治工程20.1 km^2（图36.2）。示范段河流水体化学需氧量浓度达到地表水Ⅳ类水标准，干流河滨带植被覆盖率达到95.65%（比封育前提高了36.35%），湿地面积达到140.34万亩（图36.3）。

图36.2　辽河保护区水生态恢复效果

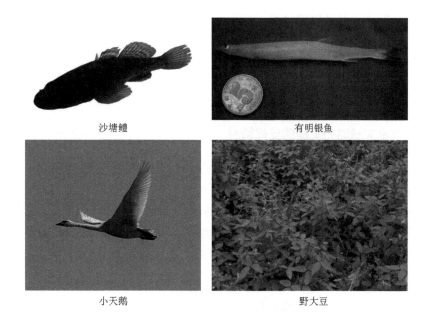

沙塘鳢　　　　　　　　　　　　有明银鱼

小天鹅　　　　　　　　　　　　野大豆

图36.3　辽河干流生态完整性保护效果

（四）推广与应用情况

项目成果推广应用到辽宁省大小凌河、吉林省东西辽河、安徽省巢湖生态治理与恢复工作，推动河流管理由水污染防治向水生态保护转变。研究成果推广至辽宁省大小凌河沿岸朝阳、锦州、阜新、葫芦岛、盘锦5市，应用于大小凌河两岸每年15万亩河滩地退耕还河、自然封育。技术推广至沿河5市40处干支流综合治理工程、12处人工湿地工程、8处生态蓄水工程，支撑凌河流域干支流考核断面水质均稳定达到Ⅳ类水质标准。支撑凌河干流河滩地植被覆盖率由2010年的32%提高到2016年的82%，鱼类、鸟类、植物、昆虫、兽类分别恢复到22种、70种、232种、161种、8种。

项目成果推广应用于吉林省东西辽河生态治理与保护工作，保障流域水污染治理、水生态修复、水资源保护"三水统筹"，支撑了习近平总书记东辽河批示指示落实，保障吉林省四平市2019年连续4个季度水质改善幅度位居全国第一。2020年，四平市近十年来首次退出国家地表水考核排名后30位城市名单。项目成果同时应用于《巢湖流域水环境一级保护区治理与保护规划》编制，支撑巢湖综合治理工作。

三、实 施 成 效

1. 对流域治理目标和生态修复目标实现的支撑

成套技术主要在辽河干流保护区进行研究和示范。支撑辽河538 km长、440 km²的生态廊道全线贯通，河滨植被覆盖率提高到95.65%，植物、鱼类和鸟类分别由封育前2011年的187种、15种、45种恢复到封育后2015年的230种、33种、86种，辽河干流内再现遗鸥、东方白鹳、大天鹅、小天鹅、阿穆尔隼、纵纹腹小鸮等10余种国家级保护鸟类和辽河刀鲚、怀头鲇、圆尾斗鱼、中华鳑鲏鱼等珍稀鱼类，生态系统功能明显恢复。

2. 对地方重大战略和工程的支撑情况

综合支撑与引领，推动流域"摘帽"重大行动。技术支持编制《辽宁省辽河流域"摘帽"总体规划》，支持辽河流域水污染防治实现历史性突破，提前摘掉了重度污染帽子。以生态建设引领，创新河流治理与保护新模式。编制形成了《辽河保护区"十二五"、"十三五"治理与保护规划》，保障了辽河干流水环境质量明显改善，水生态系统功能显著恢复，为辽河流域水污染防治工作提供科学指导和决策依据。

3. 对流域水环境管理的支撑情况

河流生态完整性保护与修复成套技术，支撑了辽河干流集"外源控制-生态修复-生境恢复"于一体的流域顶层设计与系统实施，全面支持了辽河保护区开展国家生态文明先行示范区建设，对于探索我国河流生态保护和修复的管理模式做出了理论和技术贡献。

技 术 来 源

- 辽河保护区水生态建设综合示范（2012ZX07202）
- 辽河流域水污染治理与水环境管理技术集成与应用（2018ZX07601001）
- 辽河保护区河流健康修复与管理技术集成（2018ZX07601003）

37 经济高度集约化区域受损河流生态修复成套技术

适用范围：经济集约开发区污水截排与生境受损河流，尤其是土地约束型城市河流，以及枯水季生态基流匮乏、水生动植物多样性锐减及水生态功能丧失的河流。

关 键 词：经济集约开发区；生境受损河流；短程硝化；多级生物强化净化；复式河床生态化模式

一、技 术 背 景

（一）国内外技术现状

经济高度集约化区域在经济、城市化持续高速发展过程中形成了人口高度集中、土地高度开发、地表高度硬化、污水高强度排放等特征，并产生了河流生态水量失衡、枯水期生态基流匮乏导致的河流生境受损等问题。针对这一系列问题，国外比较成熟的修复技术有生态基流量保障、河道栖息地修复、生态友好型岸坡防护、洄游鱼类保护等技术模式，已在美国、德国、法国、英国及韩国等国家的中小型污染河流污染治理中得到应用。随着实践的发展，国外的河流生态修复技术已经从单纯的水质提升发展到生态系统的综合修复；污水治理与修复的范围从前端污水处理厂扩展到入河湿地、河漫滩乃至城市公共空间；修复的目标从河流水质指标扩充为综合性的水生健康评价。

我国针对经济高度集约化区域受损河流生态修复技术研究与应用起步较晚，初期主要集中在区域污水处理厂及配套管网逐步完善方面，随着污水收集率和处理率的逐步提升，水质恶化趋势得到有效遏制，并且进入水质改善阶段。但由于城市化快速发展，流域建设用地面积比例过大，地表硬化比例不断提高，入河污染负荷逐步提高，河流自净能力减弱，加上大部分污水被截并集中在下游污水处理厂处理，最后集中在下游排放入河，无净化时间和空间，导致河流水质不能满足高受损河流的生态系统重建需求。

（二）主要问题和技术难点

河流生态修复的关键前提是保障高品质生态基流，但在集约化城市系统中保障净水入河仍存在以下难点：

（1）由于经济高度集约化区域污水产生量巨大，若通过增加膜法的三级处理工艺实现污水的超净排放，会导致河流生态修复的运行成本急剧升高。

（2）通过在污水处理厂后端构建大型人工湿地的方式实现污水入河前的深度处理将占用城市建设空间，带来投资成本的增加。

因此，亟须研究集约开发区高品质生态基流保障技术，筛选并集成符合低能耗、小土地成本和高生态宜居等多目标要求的城市河道生态修复技术；从而降低入河水质保障的能耗，提升城市系统生态空间的净化功能，满足居民对高品质景观河的宜居需求。

（三）技术需求分析

高受损河流水质基本达到Ⅴ类后，依然存在提标增效困难、尾水雨水污染高负荷、污水截排与集中处理导致生态水量失衡与枯水季生态水量缺乏等问题，建立高度集约开发区域水生态功能恢复的系统解决方案，实现粤港澳大湾区水质安全保障和美丽中国建设，是南方区域受损河流水生态功能恢复亟须解决的问题。因此，需开发出一种适用于城市尾水受纳型河流的强化脱氮除磷技术，兼顾流域水环境治理增效降耗、河流生态空间、因地制宜地构建尾水多级强化净化体系，稳定河流水质，逐步恢复河道污染物降解能力，并在生境高受损的河道中恢复自然形态，提升水生生物的生境适应性，优化底栖动物的栖息环境，从而提高河流生态系统的生产力和自我维持能力。

二、技 术 介 绍

该成套技术就绪度与"十一五"前相比技术就绪度从5级提升到7级，部分成果获得湖南省科技进步奖一等奖。

（一）技术基本组成

针对城市污水处理成本高、出水污染物浓度高、河流污水厂尾水占比高、雨污大量排放对受纳水体生态重建和功能恢复造成较大污染冲击等问题，研发了基于FNA的短程硝化构建技术、尾水深度脱氮除磷植物-微生物生态床技术和"潭-塘-湿地-河道"多段水质净化技术为核心的污水厂尾水多级生物强化净化，通过前段污水厂的污染物高效脱除与后续污水厂外深度净化的有机结合，实现污水的超净排放（图37.1）。

针对高度集约化开发区域沿河污水截排集中处理模式下的河流生态水量失衡、枯水期生态基流匮乏以及缺水导致的河流生境受损、河岸缓冲功能下降等问题，研发了以复式河床生态化模式构建技术和动物栖息地优化配置技术为核心的"高受损"河流生态修复技术，进一步实现经济高度集约化区域受损河流的生态修复（图37.1）。

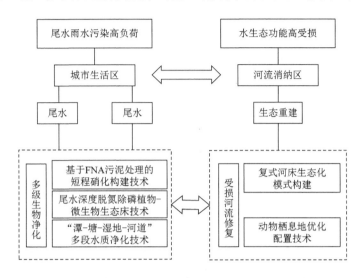

图37.1 源头区水源涵养与清水产流功能提升成套技术组成图

（二）技术突破及创新性

该成套技术适用于经济集约开发区污水截排与生境受损河流，尤其适用于土地约束型城市河流，以及枯水季生态基流匮乏、水生动植物多样性锐减及水生态功能丧失的河流，技术突破及创新性主要体现在：

1. 技术创新方面

针对污水厂以全程硝化反硝化为核心的传统活性污泥脱氮技术曝气耗能高、脱氮效率差、外加碳源和污泥产量大等不足，通过FNA与溶解氧对活性污泥中功能微生物的联合调控作用，提出了在连续流工艺建立短程硝化工艺的新技术，并首次利用FNA和溶解氧的联合调控技术在A^2O中实现了短程硝化反硝化的稳定建立。通过在FNA浓度为1.2 mg N/L的条件下处理系统30%的活性污泥18小时，同时将好氧区的溶解氧控制在0.5 mg/L左右，可在A^2O中于23天之内快速实现稳定的短程硝化反硝化，亚硝酸盐积累率（NAR）的平均值维持在78%以上，总氮的脱除效率提高了15%，出水总氮浓度稳定维持在15 mg/L以下，且处理成本降低42%。

2. 模式创新方面

在污水厂外的深度净化模式创新方面，针对受纳水体生态功能丧失的问题，自主研发生产了多黏类芽孢杆菌与类球红细菌，并制成微生物复合菌剂，每毫升样品中活菌数达到1.5×10^9以上，以满足强化脱氮的生物活性需求；针对受纳水体污染冲击大的问题，研发了IBASR功能微生物陶制颗粒作为改良型人工湿地底质，为更多微生物群落的附着提供良好场所；针对受纳水体生态重建功能性差的问题，研制出"潭-塘"净化系统，该系统以狐尾藻为核心，其种植密度为50～100株/m³，可满足强化吸氮吸磷的生物量需求。该技术体系充分利用河流沿线的生态空间构建塘-潭-湿地净化措施，并依靠其中的净化装置及活性生物（如微生物群落、活性填料和水生植物群落）进行水质净化，提升出水水质，实现尾水深度净化由灰色设施向绿色设施的转变，削减入河污染负荷，为受损河流生态修复提供保障。

3. 集成创新方面

该成套技术的集成创新在于将污水处理厂内污染物的高效脱除与厂外的深度净化和生态修复相结合。在厂内实现基于FNA污泥处理的短程硝化构建实现污水低耗高效处理的基础上，集成厂外生态修复方面基于横-纵断面梯级布置的河道植物恢复技术，包括横向断面构建"沉水-伏地-挺水-攀缘"多层次植物群落和纵向断面构建"水域-漫滩-水陆交错带-驳岸带"的多级河道空间。横向断面以多样化修复为核心，在水域配置耐污性先锋种沉水植物，种植密度为20～30丛/m³；漫滩配置伏地类湿生植物，覆盖度15%～20%；水陆交错带配置挺水植物，种植密度为10～15丛/m³；垂直驳岸配置藤蔓植物，形成从涉水岸边到河岸的优化配置，实现水生植物数量和多样性增加。纵向以蜿蜒性构建为核心，构建"深潭"和"浅滩"的自然特征，通过保障河道流速处于0.2～0.6 m/s，河道水深维持在0.3～0.6 m，断面形态采取近自然化或复合生态断面，糙率0.025～0.03，形成不同流速和生境，使附着在河床上的生物数量增加。基于横-纵断面的梯级布置保障了物质循环和能量流动的通畅，极大地改善了河流水体植物群落、水生、陆生和两栖动物的生境，提高了河流水体的生产能力和生物多样性。该技术提出了经济集约开发区域以恢复河流生态系统多样性和蜿蜒性为核心的受损河流生态修复技术，构建具有多样结构和形态的仿自然、柔性河流廊道，有效地诱导了河流生态功能的恢复，提高了河流生物多样性和稳定性。

（三）工程示范

东江流域是粤港澳大湾区不可替代的饮用水源地，以占全国不足0.4%的国土面积及1.2%的水资源量，支撑了香港、深圳、广州等地7000余万人和11万亿GDP的社会经济发展。东江流域重污染支流作为南方地区高受损河流的典型代表，具有"经济密度大、水质要求严与控污强度高"的特征，水环境与经济发展矛盾日益突出。该成套技术的实施全面支撑了深圳市龙岗河流域水生态健康生境重建综合示范区的建设，包含11条支流综合治理工程，投资超过200亿，龙岗河流域水质稳定达到Ⅳ类，实现了龙岗河流下游深惠交界断面化学需氧量＜20 mg/L、氨氮1.0～1.5 mg/L，水生物种类和多样性大幅提高（物种丰度提高82.7%，多样性指数提高46.5%），开始出现以四节蜉属、中国长足摇蚊、花翅前突摇蚊等底栖动物清洁种；土著鱼类增加，鲤、鲢、鳙、赤眼鳟等在河道中重新出现。破解深圳"以空间换时间"沿河大截排后遗症、打造尾水生态治理工程样本（图37.2）。

图37.2　深圳市龙岗河流域河流生态修复技术示范工程效果图

（四）推广与应用情况

该成套技术在茅洲河污染治理和海口市水体治理与生态修复中得到了应用（图37.3）。经过治理，茅洲河水质已得到明显改善，至2018年底，深圳河、观澜河、坪山河等考核断面水质达到地表水Ⅴ类；至2017年底，海口市河流已完全消除黑臭。随着生态系统的构建和恢复，水体自净能力增强，目前水质常态下已经提升到地表水Ⅴ类及以上标准，有效提升了水生生物种类丰度与多样性指标，实现了河流水生态功能的恢复。

图37.3　茅洲河、美舍河河流生态修复示范工程效果图

三、实 施 成 效

1. 对地方流域治理目标实现的支撑情况

深圳市龙岗河流域污水截排与生境受损河流技术的研究和示范，结合深圳市流域水环境综合整治措施，提高了河流水质，使龙岗河下游深惠交界断面化学需氧量<20 mg/L、氨氮1.0～1.5 mg/L（50%月份），同时使流域水生生物种类丰度和多样性水平都大幅提高，全面支撑了高强度开发区域河流水生态健康、生境重建综合示范区。

2. 对国家及地方重大战略的支撑情况

深圳市龙岗河流域高受损河流生态修复技术的研究和示范，发展了基于陆域-水域一体化统筹考虑的水质和水生态安全保障技术体系，创新了高度集约开发城市受损河流高强度控污与水生态功能修复模式，科技服务于生态增容的目标，打造城市高品质景观河流，为粤港澳大湾区河流生态修复提供了可行样本。

技 术 来 源

- 东江高度集约开发区域水质风险控制与水生态功能恢复技术集成及综合示范（2015ZX07206006）

38　寒区大型河漫滩湿地植被恢复与生态功能提升成套技术

适用范围：大中型河流大型河漫滩上退化湿地恢复、退耕还湿工程。

关 键 词：大型河漫滩；湿地恢复；退耕还湿；湿地植物；生态功能；生境；生物多样性；净化功能

一、技　术　背　景

（一）国内外技术现状

河漫滩是河流两岸受洪水频繁淹没的低平区域，长江、黄河、松花江、淮河、辽河等平原地区河漫滩宽广，分布有大面积的沼泽湿地，是水禽、鱼类的重要栖息地，发挥着重要的生态环境功能。然而，经大规模围垦，造成河漫滩湿地植被减少、结构破坏和生态功能丧失。对这类湿地的恢复，国内外主要采用模拟河漫滩湿地自然洪泛频率、持续时间等水文过程，通过增加河漫滩湿地季节性的水文连通和水分补给，为河漫滩湿地植被群落、水禽与鱼类栖息地恢复提供水文保障；在此前提下，通过土壤种子库、种苗培育、人工移植、结构优化配置等技术恢复湿生与水生植物群落；采用工程技术创建激流与深潭，恢复鱼类产卵生境；采用增殖放流、人工鸟巢等技术恢复水禽食物链与栖息生境。对于河漫滩湿地关键植物物种引种与规模化快速定植、先锋物种移植、水禽食物链恢复等技术的研发与集成还很薄弱；对于河漫滩湿地生态功能提升的技术研发尚未见报道；寒区春季地温低，生物恢复受温度的制约明显，适合寒区河漫滩湿地恢复的技术更少。

（二）主要问题和技术难点

河漫滩湿地受洪泛作用的强烈影响，水位存在剧烈的年际与季节波动；北方寒区春季还有明显的凌汛，对湿地植物有明显的机械损害；长时间围垦导致土壤种子库失效，限制了湿地植被的自我恢复；需要选配种植耐冲击、适应性强的湿地植物。河漫滩围垦后，地形地貌被均质化，水位梯度变小，不利于生物多样性与生态功能的恢复。现有技术尚不能解决上述问题，主要技术难点为：

（1）耐冲击、适应性强的本土湿地植物的选配与种植方法，实现群落快速恢复。

（2）在本土湿地植物群落快速恢复过程中，如何同步提升其生态功能。

（3）成熟期的本土湿地植物具有较强的耐冲击、适应性能力，但在幼苗期非常脆弱，对环境变化的耐受性弱，幼苗成活率保障是群落快速恢复的关键环节。

（三）技术需求分析

针对耐冲击、适应性强的河漫滩湿地本土植物的选配与种植技术，需要调查河漫滩湿地主要本土植物分布特征，确定典型先锋物种、建群物种，研发植物无性繁殖及种植技术；针对河漫滩生物群落组成结构与生态功能同步提升技术，需要研发不同水文梯度植被优化配置、生物栖息地构建、水禽食物链复壮、净化功能提升等技术；针对河漫滩湿地本土植物幼苗死亡率高，需要研发幼苗密植、水位控制等幼苗成活率保障技术。

二、技 术 介 绍

该成套技术适用于大中型河流大型河漫滩上退化湿地恢复、退耕还湿工程。该成套技术就绪度与"十一五"前相比从6级提升到8级。部分技术支撑了2017年吉林省科技进步奖一等奖。

（一）技术基本组成

寒区大型河漫滩湿地植被恢复与生态功能提升成套技术由典型湿地植被恢复、湿地生物多样性恢复、湿地净化功能提升三部分技术组成（图38.1）。湿地植物是湿地生态系统的基本构成要素，典型湿地植被是湿地恢复的标志，典型湿地植被恢复技术是河漫滩湿地及其生物栖息地恢复的根本保障，是生物多样性恢复技术、净化功能提升技术应用的前提。湿地动物是湿地生态系统的顶级物种，处于湿地生物食物链的顶端，湿地生物多样性恢复技术是河漫滩湿地生态结构完善的保障，为湿地生态功能强化和净化功能提升技术应用提供了基础。

通过本土植物塔头苔草的分根移植、沼柳的条带状扦插密植、香蒲的条带更新保育等典型湿地植被恢复技术，营建寒区河漫滩生物栖息地；通过人工鱼巢、鱼蟹放牧式养殖-水禽食物链复壮等技术，改善河漫滩湿地的生态结构与生物多样性；通过湿地导流拦截植被配置、河汊植物栅栏拦截净化、侵蚀河段生物护岸等湿地生态功能提升技术，强化河漫滩湿地的生态功能。

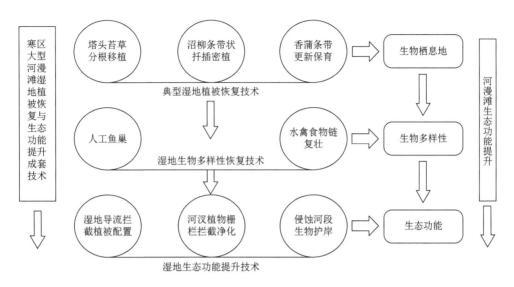

图38.1　寒区大型河漫滩湿地植被恢复与生态功能提升成套技术组成图

（二）技术突破及创新性

成套技术从技术创新、模式创新和集成创新三个方面进行创新研究，实现技术突破。

1. 技术创新方面

实现了河漫滩典型湿地植被快速、规模化恢复。典型顶级湿生植物塔头苔草对水位的要求高，生长速度慢，成墩时间长，原创的塔头苔草"分根移植"技术突破了已有成墩移植技术植株成活率低、定植规模小、群落恢复时间长的瓶颈，实现了规模化恢复，大幅度提高了无性繁殖效率，减少了活体的需求量，降低了对原生态的破坏，恢复时间由8～10年缩短到3～4年。典型的优势物种沼柳为成丛的灌木或小乔木，根系发达，不仅耐旱，也耐淹没，但已有扦插技术恢复的幼苗成活率低，通过对已有技术的集成创新，创建的沼柳"条带状密植扦插"快速恢复技术突破了当年幼苗被周围植被遮盖，光合作用不足而死亡的瓶颈，提高了幼苗采光与养分竞争的能力，采用密植（行株距10～15 cm）的方法扦插，能够快速形成斑块状的优势群落，当年成活率可达到85%以上。香蒲生物量大、景观效果好，可通过根系自我繁殖，能快速建群成为优势种，但恢复后6～8年即进入衰草期，原创的香蒲湿地"定向定距条带间隔挖掘"保育技术打破了香蒲群落恢复后6～8年即进入衰草期而发生大片死亡的"魔咒"，突破了香蒲湿地需要定期移植恢复等传统技术的瓶颈，将恢复6年之后的香蒲湿地地块划分成2 m左右宽度的平行条带，采用间隔条带作业方法，在春或秋季通过机械翻耕切割香蒲的老根，3～4年之后再翻耕或切割相邻条带的香蒲老根，通过定期定向清除老根，控制新根扩展方向，保持香蒲的盛草活力，消除衰草现象，诱导香蒲群落有序"更替"。

2. 模式创新方面

实现了湿地要素-结构-功能的同步恢复。湿地植物是湿地生态系统的基本要素，不同类型植物、动物及其配置完善了湿地的生态结构，而湿地功能是湿地是否健康的标志。传统的河漫滩湿地恢复技术侧重在单一植物或动物、单一功能的恢复上，缺少系统性，注重表象，存在严重的头痛医头、脚痛医脚的问题，系统内各要素没有同步恢复，湿地的功能单一。而基于湿地要素-结构-功能的同步恢复成套技术，既实现了要素、结构、功能的快速恢复，也提升了恢复的效果与质量。

3. 集成创新方面

大幅度提升了河漫滩湿地的净化功能。针对河漫滩遭受周期性洪泛和凌汛冲击的规律，巧妙利用北半球流水向右偏转（科里奥利力）的特点，原创河漫滩大型湿生植被定向窄行相间栽植技术大大提升了河漫滩湿地的污染拦截能力，宽行（宽约5 m）内配置湿生草本植物，可使凌汛和夏汛洪泛时的冰块、漂浮物、悬浮物等更易进入河漫滩湿地，窄行（宽约1 m）内配置大型湿生植被河柳（行距为15 cm，株距为15 cm）等，退水时漂浮物等可被成行的大型湿地植被拦截。成行植物的行向与顺直岸线的夹角（面向下游侧）一般应小于45°（图38.2）。

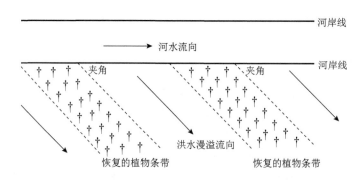

图38.2 河漫滩上大型湿生植物种植方向示意图

（三）工程示范

该成套技术在黑龙江省富锦沿江湿地自然保护区湿地恢复示范工程中得到应用。示范区位于黑龙江省富锦市江段，长度111 km，包括富绥大桥江段、291农场江段、鸟岛、莲花河江段等，核心示范区面积1324 hm²。示范江段湿地覆盖率（含水面）由实施前的47%上升到了2015年的61%，储水量由0.64亿m³增加到1.44亿m³，单位面积湿地植被地上生物量由212 g/cm²增加到278 g/cm²，水禽栖息地适宜性好和适宜性一般的面积由167 km²增加到202 km²，土著鱼类鳌花、鳊花、吉花、雅罗、法罗、东北七鳃鳗等陆续出现，鸟类由5种增加到9种，典型湿地水禽鹭科、鸥科、鸭科种群数量明显增加；特大凌汛时拦截秸秆9 t/km，特大夏汛时泥沙拦淤厚度24.76 mm，单位面积泥沙拦淤量

58.15 t/hm²；一般凌汛时单位面积泥沙拦淤量4.63 t/hm²，湿地拦截泥沙、净化水质的功能显著增强（图38.3）。

图38.3　富绥大桥综合示范区实施前（2011年10月）、后（2016年6月）对比

（四）推广与应用情况

该成套技术陆续在三江平原、松嫩平原的三江湿地保护区、七星河湿地保护区、莫莫格湿地保护区、向海自然保护区等保护区的湿地植被快速恢复、生物多样性恢复工程中得到应用；该成套技术也在哈尔滨太阳岛公园、三环泡国家湿地公园、牛心套保国家湿地公园、宁夏阅海湿地公园等湿地植被快速恢复工程中得到应用，累计推广面积5万hm²以上（图38.4和图38.5）。

图38.4　哈尔滨太阳岛公园恢复的塔头湿地

图38.5 宁夏银川阅海湿地公园恢复的湿地

三、实 施 成 效

1. 对流域治理目标实现的支撑情况

该成套技术推广应用后,松花江干流下游河漫滩湿地的生态、环境功能得到明显提升,成为黑龙江干流珍稀鱼类向松花江扩散的安全廊道和产卵场所、候鸟迁徙的驿站和取食地,全面提升了流域生物多样性与生态完整性。恢复后的松花江下游两岸大型河漫滩湿地也是流域污染物入河后的拦截净化场所,成为松花江流域污染治理的最后防线,有效支撑了松花江出境断面水质目标的实现。

2. 对地方重大工程的支撑情况

该成果入选了国家林草局技术储备库、黑龙江省水污染防治先进适用技术指导目录,已应用于黑龙江、吉林、宁夏等省区10余项退化湿地恢复、退耕还湿、国家湿地公园、城市湿地公园工程建设中,为流域水质改善和生态恢复做出了重要贡献。

3. 对流域水环境管理的支撑情况

依托本项目成果,编制了吉林省地方标准《沼泽湿地恢复技术规程》(DB22/T 2950—2018)、吉林省地方标准《沼泽地生态养鱼技术规范》(DB22/T 2712—2017)、黑龙江省地方标准《湿地监测技术规程》(DB23/T 1816—2016),可为退化湿地恢复、效益评估、生态产业发展等提供可靠的技术参数及技术依据。

技 术 来 源

- 下游沿江湿地生态功能与生物多样性恢复技术集成与综合示范
(2012ZX07201004)

39 河口区行蓄洪约束下湿地功能修复成套技术

适用范围：易受洪水淹没的河口湿地，水体为轻度污染；适用于耐寒水体稳定水生植物群落构建技术在冬季（气温3～4℃）。

关键词：行蓄洪；碳氮失衡；冷季；进自然湿地

一、技术背景

（一）国内外技术现状

河口湿地是受湖泊潮汐和上游洪水频繁扰动的区域，具有很好的滞洪减灾效果，同时也是众多鸟类和鱼类的栖息场所，发挥着重要的生态功能。洪水过后，长期的厌氧条件会降低湿地生物多样性，短时间内湿地生态系统功能很难得到恢复。因此，亟须探索河口湿地在行蓄洪约束条件下生态系统功能恢复的途径。目前，河口湿地的研究主要在集中在通过构建前置库的方式用于控制面源污染，减少湖泊外源氮磷及有机污染负荷。国内外针对河口行蓄洪约束下湿地功能恢复的技术主要集中在湿地植被的构建，包括不同类型净水植物配置效果比较研究，以及同类型不同种类净水植物配置效果比较研究。河口湿地作为入湖河流的汇集之处，水质成分复杂，不同季节湿地生态功能存在较大差异等问题。因此，河口湿地的修复要综合考虑不同植物在净水能力的有机组合，发挥各植物的优势；兼顾不同时期河口水质净化能力，以实现行蓄洪约束下湿地功能的快速修复。

（二）主要问题和技术难点

河口区行蓄洪约束下湿地修复面临的主要问题有：

（1）湿地植物自适应和自我调节能力较差，短时间内很难自我恢复。

（2）河口湿地同时作为河流的汇集之处，受工业、农业、生活等尾水的混合型水源污染，导致河水碳氮比失衡和污染成分复杂。

（3）河口湿地植被在冷季水质净化效率低，污染去除缺乏持续性。行蓄洪约束条件下，河口区植被生态功能的丧失制约着我国水体污染控制与治理进程。

面临的主要技术难点有：

（1）适宜河口湿地，选择具有自适应、自恢复和自调节的能力的修复技术。

（2）因水施策，应满足入河尾水碳氮比失衡、入湖水质较差的水质提升技术。

（3）治理可持续性，提升冷季河口湿地水质净化效率，实现河口湿地生态修复的连续性和持续性。

（三）技术需求分析

行蓄洪约束条件河口湿地面临着水质成分复杂、碳氮比失衡，以及洪水退去后湿地植被功能降低，低温期地植物对水质净化能力下降等问题。针对以上河口湿地净水功能严重丧失的现象，现有技术尚不能很好地解决上述问题，需要研发新的技术，主要技术需求有：①设置多水塘活水链，增加河口湿地植被多样性，提升植被抗逆性和改善湿地水质。②构建近自然湿地，提高污水厂尾水的可生化性，增强河道净化功能。

二、技　术　介　绍

此技术实施前技术就绪等级为4级，在经过"水专项"实施后技术就绪度等级升8级。

（一）技术基本组成

河口区行蓄洪约束下湿地功能修复成套技术主要包括三个部分，分别是多水塘活水链技术、近自然湿地生态净化技术和耐寒水体稳定水生植物群落构建技术。技术从河口湿地生态修复开始到入河口水质净化结束，解决了河口区生态修复和水质净化的问题。技术组成示意图如图39.1。

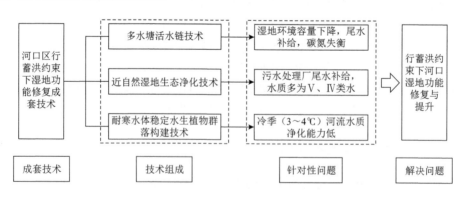

图39.1　河口区行蓄洪约束下湿地功能修复成套技术组成图

1. 多水塘活水链技术

针对河口湿地生物多样性降低、自适性差和低碳氮比的问题，提出了多水塘活水链技术。多水塘水量由不同水塘组成，包括沉淀塘、水生动物塘、藻类塘、挺水植物塘、沉水植物塘，不同池塘适用于不同水质，针对不同水质设置不同水塘组合，解决了入湖水碳氮比失衡的问题，提升了湿地植物的自适性。

2. 近自然湿地生态净化技术

针对河水存在污水处理厂尾水补给、水质差的问题，研发了近自然湿地生态净化技术。此技术是前置沉淀生态塘、潜流湿地和水生植物塘的组合，前置生态塘沉淀可使水中悬浮颗粒物产生沉淀，潜流湿地采用不同填料针对性地去除氮磷污染物，沉水植物塘和挺水植物塘在深度净化水质的同时也改善湿地景观。

3. 耐寒水体稳定水生植物群落构建技术

针对冷季河流水质净化较低、水生植物群落结构稳定性较差的问题，提出了耐寒水体稳定水生植物群落构建技术。该技术通过构建小型河道多物候型水生植物群落拦截带，包括在河道横断面上构建多物候型水生植物群落拦截带，可有效解决冷季水质净化能力低的问题。

（二）技术突破及创新性

此成套技术从技术创新、模式创新和集成创新三方面进行创新研究，在河口区行蓄洪约束下湿地功能修复技术实现了突破。

1. 技术创新方面

此技术筛选出了黄菖蒲、东方香蒲、水芹潜流型人工湿地耐低温植物，当系统水力负荷为188 mm/d、水力停留时间为4 d时，在大气平均温度为3.6℃、水体平均温度为5℃的冬季，水芹根部仍保持着相对较高水平的活力，与非冷季相比此技术可使冷季氮磷去除率显著提高15%～26%。此技术的提出对正确认识冷季人工湿地植物除氮途径具有重要意义。

针对有污水处理厂尾水补给和无水质净化功能的河口湿地，创新性地研发了"前置沉淀生态塘+潜流湿地+水生植物塘"的自然湿地生态净化技术。为提高前置生态塘沉淀悬浮物作用，设计浮动湿地和围网种植措施，结合种植挺水植物，初步水质净化同时提升生态塘景观。浮动湿地植物选择黄菖蒲、水菖蒲，种植密度为16株/m²；围网种植植物选择香菇草，种植密度为30株/m²。针对来水水质特点，潜流湿地采用不同填料针对性地去除氮磷污染物，一级、二级潜流湿地填料采用碎石，主要去除总氮、部分总磷等污染物，三级潜流湿地采用钢渣、沸石等填料，针对性地去除总磷等污染物，净化后进入集水支渠、集水干渠入水生植物塘。沉水植物塘和挺水植物塘，可分为四类功能区八大区块，提升区域生态多样性。当进水水质达到地表水河流Ⅳ类标准时，近自然湿地生态净化技术使得磷去除率≥30%；当进水水质劣于地表水河流Ⅴ类标准时，总磷、化学需氧量去除率≥30%，总氮和氨氮去除率≥20%。此技术深度净化污水处理厂尾水补给型河流水质，保障入湖水质，改善水环境、维持生态系统稳定。

2. 模式创新方面

针对河口湿地环境容量下降、尾水补给、碳氮比低的问题，提出了不同水塘及塘中生物类群以及水塘组合集成性技术。多水塘活水链池塘中种植的植物共筛选出目标植物11种，其中挺水植物5种，以喜旱莲子草占优；漂浮植物1种，为荇菜；沉水植物5种，以金鱼藻占优；以及多种鱼类。根据水量以及水质要求，核算各个工艺单元的去除率，确定并设计潜流湿地+藻类塘+水生动物塘+浮叶植物塘+沉水植物塘+挺水植物塘+沉水植物塘，在气温大于15℃，水力负荷为0.2 m³/m²，日处理水量为57万m³，流量6.6 m³/s时，多水塘活水链技术使入湖口水质化学需氧量≤30 mg/L、BOD_5≤6 mg/L、氨氮≤1.5 mg/L、总氮≤2.5 mg/L，水质为Ⅳ水，达到了入湖水质标准。

3. 集成创新方面

技术围绕"提升-改善-增效"的核心技术流程，形成多种的可选技术。根据河口湿地水质、生态退化和环境等情况进行单项技术的自由组合。突破了河口湿地在行蓄洪约束下水质复杂、环境容量低、水质净化持续性差等问题，实现了河口区湿地生态功能的恢复。

（三）工程示范

此成套技术已在较多河口湿地进行了示范，仅以建于安徽巢湖十八联圩的湿地的示范工程为例（图39.2）。在开展工程示范之前，十八联圩湿地水体氨氮平均浓度为

图39.2 十八联圩湿地修复示范工程实施后效果图

5.27 mg/L，2017年11月至2018年9月水质超标比例为91%。总磷平均浓度0.39 mg/L，2～6月超标比例为41%。此技术在十八联圩湿地示范后，日均净化南淝河来水约28万m³，水体溶解氧从3 mg/L提升至11 mg/L，总氮的去除率25%以上，总磷的去除率40%以上；每年削减氨氮305 t、总磷20 t、总氮231 t。示范区内鸟类和鱼类数量显著增加，其中鸟类恢复至73种，鱼类增加至40种。多水塘活水链工艺基础建设费用约75～100万元/hm²，降低了水质净化成本。该技术的推广应用，使十八联圩湿地将成为蓄洪功能强大，水质净化功能显著的近自然湿地，生态系统健康，为"让八百里巢湖成为合肥最好的名片"做出应有的贡献。

（四）推广与应用情况

2016年该技术在南水北调沿线城市淮安洪泽进行了推广应用。位于洪泽湖流域（118°28′～119°9′E，33°2′～34°24′N）。推广应用区湿地长度5.85 km，日处理水量4万t。南线工程系统对总氮、总磷、氨氮和化学需氧量等污染物的总体平均去除率分别为45.63%、22.0%、41.93%和30.74%；北线工程系统对总氮、总磷、氨氮和化学需氧量等污染物的总体平均去除率分别为85.08%、60.94%、93.82%和76.04%。水体总磷、化学需氧量等指标达到地表水Ⅴ类标准，总氮、氨氮等指标介于Ⅴ类水，基本实现了尾水深度处理生物-生态处理系统的预期目标。生态修复后，水生植物物种数增加了6种，生物多样性指数显著提高，大型底栖动物群落种类数达11种，推广后工程效果图见图39.3。

图39.3　淮安洪泽水生态净化与修复工程实施效果图

此技术还在淮安市洪泽区高良涧镇入洪泽湖口湿地得到了推广，此工程能每天处理来自天楹污水处理厂和清涧污水处理厂的6.5万t污水，其中工业废水占30%，生活污水占70%，收集系统总面积33 km²；清涧污水处理厂位于经济开发区，承担着县工业区废水的处理任务，污水收集范围面积为25.5 km²。按照一级B的排放标准，估算此技术能减少化学需氧量1314 t/a、氨氮262.8 t/a、总氮438 t/a、总磷21.9 t/a。

此外，该技术还在雄安新区、常州市和常熟市得到了推广应用（图39.4）。雄安新区府河河口湿地净化工程占地面积4.2 km²，每天净化河水25万t。提高了白洋淀入淀水质，减少了淀区水环境治理投入，保障生态健康和区域可持续发展。常州市复合污染型支浜河道异位生态净化，日处理水量2000 t，出水达到地表Ⅳ类水标准。常熟尚湖官塘生态湿地化学需氧量年去除为121.2 t、氨氮22.7 t、总氮45.7 t、总磷1.02 t（图39.5）。

图39.4　雄安新区府河河口湿地修复效果图

图39.5　常熟尚湖湿地公园修复后效果图

三、实 施 成 效

此技术有效改善洪泽湖流域湿地的水生态环境，保证了南水北调东线工程调水水质和当地饮用水的安全，为实现淮河流域水体污染的有效控制、水体功能达标和入湖水质达标排放提供技术支撑。河口区行蓄洪约束下湿地功能修复成套技术在巢湖流域得到了示范，结果表明十八联圩湿地恢复鸟类73种，鱼类40种，六大生境（森林沼泽、灌丛沼泽、草本沼泽、季节性草本滩涂、湖泊湿地和河流湿地）得到了快速恢复。十八联圩湿地的建设可丰富巢湖流域的生物多样性，大力支撑了巢湖生态保护与修复，努力实现巢湖成为合肥最好的名片。

技 术 来 源

- 沙颍河多闸坝重污染河流生态治理与水质改善关键技术集成验证及推广应用（2017ZX07602002）
- 重污染河道水质改善生态净化与生态修复技术及示范（2014ZX07204005002）

40 京津冀河流生态廊道构建成套技术

> **适用范围**：河流生态廊道构建、流域水生态环境综合管理。
>
> **关 键 词**：河流生态廊道；水质目标管理；水环境承载力；流域排放标准；生态流量；水资源优化配置；景观格局优化；生态修复

一、技 术 背 景

（一）国内外技术现状

河流廊道的概念源于景观生态学，相关研究起步于20世纪90年代。近30年来，河流廊道相关研究在宏观层面上主要关注河流廊道生态规划与景观空间格局分析，中观层面重点关注河岸带和河流近自然修复治理，微观层面重点关注河岸带植物群落、物种和微生境修复等。目前国内外河流生态廊道构建技术研究和实践集中于中观和微观尺度，宏观尺度研究难以满足我国新时期"山水林田湖"治理的系统性、整体性、协同性要求。

该成套技术围绕京津冀河流生态廊道建设现实需求，按照流域系统性、完整性治理的思路，将传统流域景观生态学与流域水环境、水资源的理论和方法相融合，研发了流域层面"格局优化-生态水量-水质安全"三位一体的成套技术，拓展了流域尺度生态廊道的理论内涵，解决了大尺度复杂系统下流域水资源、水环境、景观格局综合管理技术思路。

（二）主要问题和技术难点

（1）在京津冀区域水资源条件十分严苛的条件下，统筹当地径流、再生水、外调水、雨洪水等多种水源，统一优化配置流域水量，保障适宜生态流量，开展地表、地下同步修复，实现河流廊道贯通，是京津冀区域河流生态廊道构建的技术难点之一。

（2）京津冀区域社会经济高度发达，准确识别城市生活、工农业生产水资源开发利用等社会经济活动与河流水生态环境状况之间的响应关系，实施基于水质目标的流域排放标准，倒逼产业结构调整和污染治理技术升级，是京津冀区域河流廊道构建的技术难点之一。

（3）在河流生态廊道景观格局构建方面，对流域景观宏观格局进行优化和重建，识别生态廊道网络中的重要生态节点并开展生态修复，是贯通廊道生态流、构建河流生态廊道的技术难点之一。

（三）技术需求分析

从河流生态廊道构建的整体性、系统性需求出发，从流域尺度综合考虑景观格局优化、生态水量保障、水环境质量改善技术需求，研发基于保障生态用水为基本目标的流域多水源、多目标水资源优化配置技术，实现"有河有水"；制定基于河流水环境承载力的流域水污染物排放标准体系，实现"清洁健康"；研发河流生态廊道景观格局构建关键技术，开展重要生态节点的适应性修复，实现"廊道贯通"。

二、技术介绍

（一）技术基本组成

针对京津冀区域河流流域景观破碎化严重、景观功能退化、资源性缺水、河流水质不佳等问题，研究京津冀区域河流生态廊道构建成套技术，包括面向生态流量的多水源水资源优化配置、基于水质目标的流域污染物排放标准、河流生态廊道景观格局构建3项关键技术。技术组成如图40.1所示。

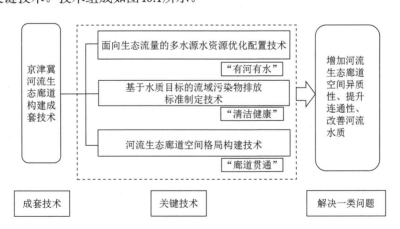

图40.1　京津冀河流生态廊道构建成套技术组成图

（二）技术突破及创新性

该成套技术针对流域"社会-经济-环境"复合生态系统，构建"格局优化-生态水量-水质安全"三位一体的河流生态廊道构建成套技术,为集成创新成果。成套技术应用于永定河、北运河、大清河—白洋淀三条生态廊道构建,支撑京津冀区域一体化生态安全格局构建和水生态环境系统治理。

1. 提出了基于"四分+协调"原则的生态流量核定和保障技术,突破了面向水质保障的多水源生态流量优化配置技术,解决了北方典型河道生态流量保障与水资源精准配置难题

针对京津冀区域水资源短缺、"三生"用水矛盾突出的问题,突破了植被化生态河道的水量水质模拟技术难题,构建了根据水质目标和生态保护对象"管理分区-目标分类-水文分期-预警分级"、流域上中下游与"三生"用水综合协调的"四分+协调"为指导原则的生态流量核定技术;提出了保障生态目标需求的本地水、再生水、雨洪水、外流域引调水等多水源优化配置与综合调控技术,解决了生态流量保障的技术难题。基于该技术,永定河官厅水库实现2020年入库水4.3亿 m³,白洋淀入淀水量5.56亿 m³,显著高于规划目标,为永定河及大清河生态廊道全线贯通奠定了基础。

2. 基于流域水生态安全格局和水环境承载力约束,提出河流水环境质量标准体系,支撑差别化、精细化污染物排放管控

针对京津冀区域河流水生态环境退化问题,建立了基于流域水生态四级分区的河流水生态保护目标确定方法,形成京津冀区域"十四五"水生态保护目标体系;提出基于水环境承载力约束的北京市和天津市水污染物综合排放标准,实现排放标准与水环境质量标准的衔接;基于水环境质量改善需求与技术经济分析的双向反馈,突破差别化流域排放标准制定技术,出台大清河流域、子牙河流域水污染物排放标准。助力京津冀区域达到或优于Ⅲ类水断面比例从2007年的25%增加到2020年64%,水生态环境一体化管理和精准科学治理能力显著提升。

3. 突破以河流为主轴的"点-线-网-面"结构的生态廊道景观格局构建技术,支撑河流生态廊道构建,保障流域景观生态功能提升和流域生态系统稳定维持

以河流中心性为原则,基于最小耗费方向和路径的景观阻力原理,研发中等尺度流域景观生态格局网络优化方法,在永定河流域4.7万 km²范围内,首次在尺度流域提出永定河流域上游水源涵养、中游农业观光和下游都市亲水等景观群的生态廊道构建方法。创新重要生态节点的生态修复技术,突破了上游水源涵养区山地适应性修复技术和下游沙质断流区河流绿色生态廊道重建技术瓶颈,通过技术示范重建、连接官厅水库、府河、孝义河等永定河和大清河关键生态节点,贯通流域景观单元的物质流、信息流、能量流,保障廊道景观生态功能提升和流域生态系统稳定的维持。

（三）工程示范

该成套技术应用于天津市"独流减河河岸生态带示范区"建设中，示范区位于天津市独流减河河岸带，依托"美丽天津·一号工程"天津市清水河道行动方案——独流减河绿化工程（津水规〔2012〕103号）进行建设。该示范工程构建了"团泊洼—独流减河—北大港—宽河槽"为主轴的"点-线-网-面"结构的生态廊道网络布局，规划出"一轴两心九带"的生态框架（图40.2）。廊道共识别出26个生态节点和35个生态断裂点，明确了示范区需重点保护建设和修复改善的关键点（区）的地理位置，确定了廊道最佳宽度为30～60 m；建设了大尺度水系联通补水工程226 km，联通河道12条，年补生态需水量0.85亿m³；根据识别的受损廊道情况，修复了受损河流廊道23 km以及生态湿地27.82 km²。

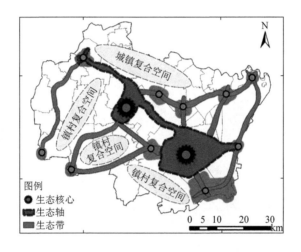

图40.2 独流减河流域生态廊道空间格局

（四）推广与应用情况

1. 永定河生态廊道构建

成套技术应用于永定河流域开展河流生态廊道景观格局构建，初步构建山地森林水源涵养景观、丘陵盆地农业观光景观、平原都市亲水景观三大景观群，沿永定河上下游建立生态修复和湿地景观12个示范工程。针对永定河生态廊道重点生态节点开展生态修复工程示范，适应性修复永定河上游山地森林、灌草，构建小流域和谐景观20 km²，有效提升山地水源涵养功能；建设洋河、八号桥、妫水河湿地，有效改善官厅入库水质同时，打造世园会和官厅生态节点；在新首钢节点18.4 km的"五湖一线"实现生态功能提升与水质保障；实施永定河平原南段生态修复，形成60.7 km沙质断流河段生态廊道贯通。通过生态节点和景观生态流贯通的作用，实现河流的生态修复和污染净化，恢复永定河受损生态系统。永定河生态景观群构建如图40.3所示。

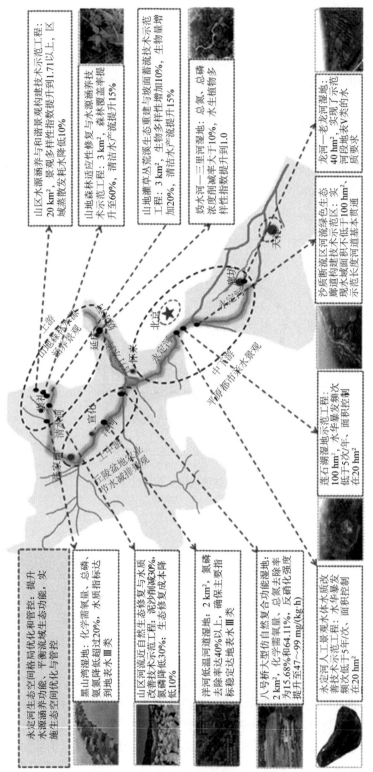

图40.3 永定河生态景观群构建

山区水源涵养与和谐景观构建技术示范工程：20 km²，景观多样性指数提升到1.71以上，区域散发耗水降低10%

山地森林适应性修复与水源涵养技术示范：3 km²，森林覆盖率提升至60%，清洁水产流增15%

山地灌草丛与荒溪生态重建与面蓄流技术示范工程：3 km²，生物多样性增加10%，清洁水产流提升15%

灼水河—三里河湿地：总氮、总磷浓度削减率大于10%，水生植物多样性指数提升到1.0

龙河—老龙河湿地：40 hm²，实现了示范河段地表V类的水质要求

沙质断流区河流绿色生态廊道构建技术示范区：实现水域面积不低于100 hm²，示范长度河道基本贯通

莲石湖湿地示范工程：100 hm²，水华暴发频次低于5次/年，面积控制在20 hm²

永定河人工景观水体水质改善技术示范工程：水华暴发频次低于5次/年，面积控制在20 hm²

八号桥大型仿自然复合功能湿地：2 km²，化学需氧量、总氮去除率达40%以上，反硝化强度提升至47～99 mg/(kg·h)

洋河低温河道湿地：2 km²，氮磷主要指标去除达40%以上，确保达地表水Ⅲ类

山区河流近自然生态修复技术示范工程：泥沙削减30%，氮磷降低10%；生态修复成本降低10%

黑山湾湿地：化学需氧量、总磷、氨氮降低超过20%，水质指标达到地表水Ⅲ类

永定河生态空间格局优化和管控：提升水源涵养功能、平衡流域生态功能，实施生态空间优化与管控

2. 大清河下游生态廊道建设

基于该成套技术构建了"五区十源三轴"的大清河流域"山水林田淀海"的生态安全格局，形成了连淀通海的河流生态廊道植物生态缓冲带构建体系，制定了不同河流或河段的治理、保护和修复策略，提出了包括生态廊道植物群落建设体系，形成水湿陆植被生态缓冲带保育格局。相关成果应用于《白洋淀上游生态涵养区规划》，形成的《大清河下游水生态环境改善综合解决方案》已纳入《廊坊市"十四五"水生态环境保护规划》，为雄安新区建设蓝绿交织、水城共融生态城市提供支撑。大清河下游河流生态廊道如图40.4所示。

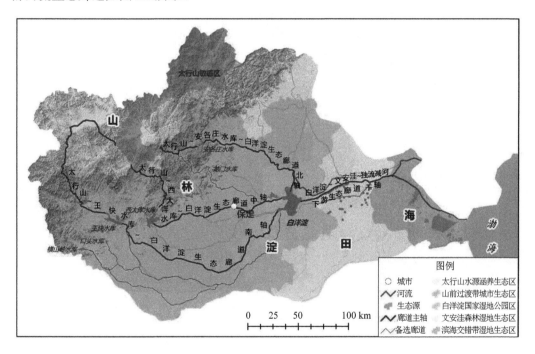

图40.4 大清河下游河流生态廊道

三、实 施 成 效

该成套技术在理论上拓展了传统河流廊道达到内涵，首次提出"格局优化-生态水量-水质安全"三位一体河流生态廊道构建理念，创新了京津冀区域河流水生态环境管理和治理模式。基于该成套技术，重构或优化了京津冀永定河、北运河、大清河—白洋淀三条生态廊道格局，实现永定河近四十年首次全线通水，大清河流域形成连淀通海的山水林田淀海新格局；永定河、北运河、大清河流域水质均明显改善，2007～2020年达到或优于Ⅲ类断面比例分别上升了约63、64、35个百分点，劣Ⅴ类断面比例分别下降了约50、50、37个百分点，支撑京津冀区域实现"有河有水、有水有鱼、人水和谐"，助力京津冀"三地联动，两翼齐飞"。

技 术 来 源

- 永定河流域水质目标综合管理示范研究（2018ZX07111002）
- 永定河（北京段）河流廊道生态修复技术与示范（2018ZX07101005）
- 海河南系独流减河流域水质改善和生态修复技术集成与示范（2015ZX07203011）
- 京津冀西北水源涵养及永定河（上游）水质保障技术与工程示范项目（2017ZX07101001，2017ZX07101002，2017ZX07101003）
- 大清河流域生态廊道构建技术研究（2018ZX07110006）

41 北方大型近自然湿地系统构建和水质提升成套技术

> **适用范围**：北方大型近自然湿地构建、水生态修复和水环境改善。
> **关 键 词**：近自然湿地；大尺度；低温区；生态修复；水质净化；预处理、水系连通；景观格局；水生植物配置；城市尾水

一、技 术 背 景

（一）国内外技术现状

我国自"七五"开展污水人工湿地处理技术的研究，基质和植物配置、微生物结构优化、构筑物结构设计与工艺运行管理等方面的技术水平与国外基本相当。但在退耕、退塘、退渔、退养还湿等领域起步较晚，相应成熟的湿地修复技术较少，较国外发达地区基本完成近自然湿地生态修复差距较大。围绕京津冀河湖水环境质量保障和水生态修复重大科技需求，研发了生态塘群预处理-功能湿地强化污染削减-近自然湿地生态景观提升成套技术，构建了最大规模的近自然湿地生态系统，有效支撑北方河湖水体的大尺度近自然生态修复和水质提升。

（二）主要问题和技术难点

（1）北方地区城市尾水排放量大，水质难以满足地表水环境质量标准。尚缺乏大尺度湿地建设理论和技术，支撑城市规模化再生水全收集、全处理、全利用。

（2）北方尾水补给型河水水质较差、暴雨期降水集中导致非点源污染负荷累积，河道和湿地自净能力低下。有效控制尾水和暴雨期径流污染冲击负荷，全面提升水体的水质净化能力，是亟须解决的关键技术。

（3）北方湿地生态系统退化、生态功能低下、生态景观格局破碎。实现湿地水系连通、生态功能恢复和自然景观提升，是北方湿地系统近自然生态修复的技术瓶颈。

（三）技术需求分析

再生水是我国北方地区重要的非常规水资源，更是河流、湿地、淀泊的主要补给水源。从流域或生态廊道的角度，亟须系统开展北方缺水地区大尺度近自然湿地生态系统构建、水环境质量改善和生态景观提升等技术研究，保障北方水体生态环境质量，为京津冀河湖水体近自然生态修复提供系统解决方案。

二、技 术 介 绍

（一）技术基本组成

针对城市尾水不能满足流域地表水环境质量要求、河道和湿地水质净化能力低下、水体生态系统脆弱等问题，研发了生态塘群预处理-功能湿地强化污染削减-近自然湿地生态景观提升成套技术，主要包括尾水补给型河道水质提升技术、生态塘群预处理技术、功能湿地污染强化削减技术、近自然湿地低温强化技术和近自然湿地生态修复技术，具体技术流程如图41.1所示。

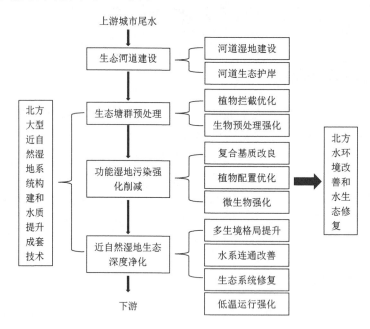

图41.1 北方大型近自然湿地系统构建和水质提升成套技术组成图

（二）技术突破及创新性

1. 突破了大尺度近自然湿地构建技术体系，实现了大城市再生水规模化生态利用

突破了城市尾水生态塘群预处理-功能湿地强化污染削减-近自然湿地生态景观提

升一体化湿地构建技术体系，首次累计建设了京津冀地区8 km²大规模近自然湿地系统，实现了每年2亿m³以上城市尾水全收集、全处理和全补给，出水水质达到地表水Ⅳ类以上标准，可支撑600万以上人口城市再生水的生态利用。

2. 突破了"生态塘群-功能湿地-退耕还湿"梯级水质净化技术，实现了尾水补给型河水的水力负荷和污染负荷全控制

研发了河道生态斑块水质净化技术，筛选出格宾石笼/雷诺护垫和松木桩生态护岸模式，水生植物及微生物丰度提高20%～40%，促进狭窄型河道水质净化能力提升10%以上；优化了前置生态塘植物配置，颗粒污染物去除效率提高50%以上、有机物水解率达到25%以上；系统优化了分区分级湿地基质级配，提出了湿地基质缓释长效除磷技术，实现溶解性磷削减50%以上；建立了"挺水+沉水"和"冷季+暖季"本土植物复合配置模式，首次突破底栖动物传质促进技术，水生植物生长速率提高20%以上，水体藻类及污染物去除率提升30%以上；突破了地温-冰盖协同增温保温技术，降低生物温度胁迫，实现了低温期（水温低于10℃）氮磷削减率20%以上。

3. 突破了"水系连通优化-立地条件改善-微生境营造"近自然生态修复技术，实现退耕、退塘、退渔、退养全面还湿

首次联合运用ENVI、ArcGIS和Fragstats遥感解译和统计分析，筛选了连接度、斑块内聚力、破碎化、分离度4项近自然湿地生态水文连通评价指标，建立北方大型湿地近自然生态水文连通模式，实现沟渠、生态塘、植物塘、生态岛等生态景观格局优化；首次集成了水环境、水生态与Delft3D水动力的联合模拟，确定了府河和孝义河河口湿地水质净化工程的引水方案，湿地水文连通性提高30%以上、水体污染削减30%以上；营造了良好的水生动物和鸟类等的栖息地，连通河流-湿地-淀泊生态系统，首次发现了成群小天鹅、疣鼻天鹅、鸿雁等国家二级重点野生保护鸟类，实现了破碎化湿地蓝绿生态风貌恢复，府河河口湿地获批河北省生态环境教育基地。

（三）工程示范

1. 府河河口湿地水质净化工程

在府河新区段实施了16.3 km的河道清淤和环境整治工程（构建了7块共10.6万m²河道生态湿地），主要包括河道疏通工程、存量垃圾清运处置工程、污染底泥治理工程、生态修复工程。在藻苲淀的府河、漕河、瀑河三河入淀口建设了府河河口水质净化工程，采用"前置沉淀生态塘+潜流湿地+水生植物塘"近自然工艺，主要包括功能湿地工程、生态湿地恢复工程、配套设施及公共工程及智慧湿地工程，建设面积4.23 km²，处理规模25万m³/d，配套资金12460万元，该工程属于《雄安新区白洋淀流域生态环境治理工作总体方案》（雄安字〔2018〕25号）文件确定的2020年前白洋淀生态环境治理目标和10大类、26项工作任务。

2. 官厅水库八号桥水源净化湿地工程

在河北省怀来县官厅水库八号桥永定河入库口，利用长约3.5 km，宽约700 m的河道及滩地，建设近自然复合功能湿地示范工程，建设面积约2.1 km²，处理8.6～26.0万m³/d上游来水。常温期化学需氧量、氮和磷平均去除率分别达到15.7%、64.1%和75.6%；低温期（水温低于15℃时）湿地系统持续稳定运行，氮和磷削减率分别达到50.4%和64.4%，有效破解了北方地区近自然湿地越冬运行难题。

（四）推广与应用情况

该成套技术在雄安新区孝义河河口湿地、廊坊龙河老龙河人工湿地和宣化洋河河道人工湿地进行了技术应用和推广。其中，孝义河新区段实施了6.4 km的河道清淤和环境整治工程，孝义河河口湿地水质净化工程采用"前置沉淀生态塘+潜流湿地+多塘系统"工艺，工程建设面积2.11 km²，处理规模20万m³/d。龙河人工湿地工程采用"高效沉淀池+两级串联水平潜流湿地+表流湿地"工艺，处理规模3万m³/d，占地面积9.6万m²。老龙河人工湿地采用"沉降塘+潜流湿地+表流湿地+水力调控"工艺，占地面积约2.9万m²。

三、实施成效

1. 支撑京津冀流域超净排放和生态廊道建设

大型近自然湿地系统构建技术及其工程示范，实现了城市尾水的全收集、全处理和全利用，有效恢复了河流和湿地生态系统，提升了水体自净能力。以污水厂尾水为主的微污染河水通过近自然生态深度净化，实现了河水水质的大幅度提升，支撑了京津冀流域超净排放技术体系，保障了白洋淀和官厅水库等重要水体环境质量稳定达标。同时，湿地和淀泊作为京津冀河流生态廊道的关键生态节点，其水环境质量提升和水生态稳定为流域河流生态廊道的构建提供了重要的支撑。

2. 经济社会效益

河道和湿地生态修复工程通过水质净化，减少了污水深度处理和水体环境治理投入，保障了生态健康前提下的区域可持续发展。同时，生态环境的改善为附近居民带来良好的滨水自然游憩空间，也有利于河流、湿地和淀泊的生态旅游开发。府河河口湿地已获批河北省生态环境教育基地，成为华北区域集展示、宣传、教育、科研为一体的重要湿地科普宣教基地和生态文明教育基地，也成为华北地区优良的鸟类栖息地、白洋淀游客的网红打卡地，逐步促进全社会共同参与生态环境保护的良好风尚。

技 术 来 源

- 入淀湿地复合生态系统构建技术研究和工程示范（2018ZX07110003）
- 妫河世园会及冬奥会水质保障与流域生态修复技术和示范（2017ZX07101004）

42 北方浅山区季节性河流生态基流与高标准水质协同保障成套技术

> **适用范围**：北方浅山区典型季节性河流流域。
> **关 键 词**：北方浅山区；水量并行快速模拟；生态基流保障；林水田要素耦
> 合调控；水体原位修复；双循环强化净化；河流-湿地群生态连通

一、技 术 背 景

（一）国内外技术现状

近几十年以来，国内外在流域水体水质提升及生态修复技术方面开展了大量的研究工作，经历了从河流形态修复到功能修复，从单一的水质修复到系统整体修复的转变。在水质提升与生态修复构建方面的已有研究成果，对于非季节性河流主要以水质改善为主，对季节性河流则主要以水量提升为主。关于北方浅山区季节性河流兼顾水量保障与水质提升的相关研究，特别是以再生水为主的多水源快速模拟调度技术研究、流域面源污染源精准识别与防控措施的精准配置技术研究、河流-湿地群连通及优化布局技术研究较少。

（二）主要问题和技术难点

我国北方浅山区季节性河流主要存在下列问题：

（1）干旱缺水，河道生态基流不足，断流频发且持续时间较长。

（2）经济林占比高，坡地水土流失严重，面源污染负荷较大，而目前防治措施控制效率不高、针对性不强，无法有效拦截入河污染。

（3）降水强度大历时短，为有效蓄积雨水，河道多建有拦蓄性工程，导致河道水体流动性差、水质恶化，无法形成具有自净化能力的良性生态系统。

技术难点在于：

（1）如何在最大限度使用优质再生水作为补给水源且水质达标的情况下，提出不同水文年型下多水源水质水量耦合调度方案。

（2）如何有效控制面源污染削减，提升景观功能，助推"冬奥小镇"建设。

（3）如何实现低流量或静止河道的高标准水质保障及脆弱生境的有效修复。

（三）技术需求分析

北方浅山区河流由于地理环境及气候的特殊性，普遍存在着水资源匮乏及生态系统结构脆弱等问题，亟须针对性地开展：

（1）基于生态基流保障的多水源配置调度和水质保障技术研究。

（2）基于林水田三要素耦合调控的"三生"空间综合治理与景观功能提升技术研究。

（3）河流-湿地群生态连通系统优化研究。

最终实现流域生态流量保障及水质安全，流域生态系统稳定性及景观格局的提升。

二、技 术 介 绍

（一）技术基本组成

北方浅山区季节性河流生态基流与高标准水质协同保障成套技术，针对河流廊道功能保护需求，以保障河道生态流量、达到高标准水质要求、构建流域水环境景观为目标导向，通过高占比优质再生水等多水源联合调度技术、基于林水田三要素耦合调控的"三生"空间综合治理技术、河流原位修复与旁路湿地处理双循环强化净化技术3项关键技术，形成常态条件下及非常规用水期的多场景联合调度方案，保障河道水质和生态基流；通过面源污染精准控制及河流湿地群的最优空间布局，重塑流域生态景观格局，实现区域微污染水体向地表Ⅲ类的高标准水质的转化，该技术适用于北方浅山区典型季节性河流流域。技术组成如图42.1所示。

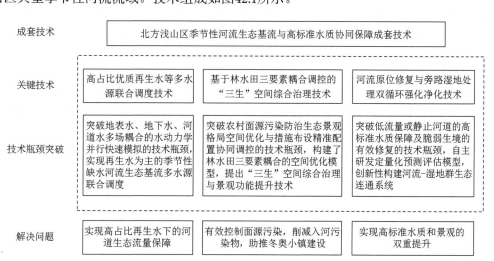

图42.1　北方浅山区季节性河流生态基流与高标准水质协同保障成套技术组成

（二）技术突破及创新性

1. 构建了不同水要素监测、预测、预警平台，通过基于自适应动态分区的河道水量并行快速模拟技术，创新提出了高占比再生水生态基流保障的多水源联合调度技术

构建地表水、地下水、河道水及外调水等多物理场水循环动力学模型，提出基于MPI的河道水量并行模拟的动态分区算法，较OpenMP并行技术提高23%以上的计算效率；构建基于地表产流、地下基流、河道径流响应关系，得到丰平枯不同年型，不同节水情景下的水资源供需耗排平衡关系；计算常态化及特定场景下妫水河生态基流，融合短期（1~7 d）、中期（8~15 d）降雨预报预测河道水量变化，研发基于WebGIS的流域土壤水分、陆面植草需水、河道水质水量监测、河道水量快速预测和预警的生态基流保障平台，形成了优先使用再生水的常态化、特定运行场景下的河道生态流量多水源调度解决方案。通过示范工程水量联合调度，实现河道无断流情况，生态基流保障率达到95%，再生水平均配置比例达到75%以上。

2. 创新性构建了多目标约束的空间格局优化模型，提出了基于林水田三要素耦合调控的"生产、生活和生态"空间综合治理与景观功能提升技术体系，实现了水质和景观功能双提升

针对北方浅山区水质改善与生态景观功能提升等需求，突破了面源污染防治生态景观格局优化与布设措施精配置协同调控的技术瓶颈，创新性构建了多目标约束的空间格局优化模型，提出了基于林水田要素耦合调控的"三生"空间综合治理与景观功能提升技术体系。基于面源污染控制、生态效益提升和美丽乡村建设等多目标约束条件，构建了小流域景观单元的空间格局优化模型，实现了小流域"林水田"耦合要素空间格局优化；基于BMPs模型，结合小流域面源污染关键源区和面源污染负荷，提出了位置精准、面积精准和与目标匹配的"三生"空间农村面源污染综合防治措施精准配置技术。针对冬奥会与世园会的景观要求，着力打造集面源污染控制、水土保持生态修复、雨洪管理等多功能于一体的"冬奥小镇"，实现水质和景观功能双提升，达到了面源污染控制率达到70%、入河污染物削减率达到30%的目标。

3. 依托自主研发的定量化预测评估模型进行优化，创新性构建了河流-湿地群生态连通的内循环系统和旁路湿地强化净化外循环系统的协同技术体系，实现了高标准水质和景观的双重提升

自主研发了基于"WQ+Veg"EcoLab（水质+营养盐+湿地植物）模块的定量化预测评估模型，构建了基于河流表流湿地原位修复的内循环系统和旁路湿地强化净化的外循环系统协同治理技术体系。通过对河流湿地群与旁路湿地不同单元污染物去除效果进行量化，确定湿地类型、水生植物种植密度、湿地空间分布的最优化组合，提出了丰平枯来水条件下的适宜调度运行方式。研发了基于底泥缓释除磷技术的生境岛景观构建技术，破解河道清淤底泥处理难题的同时提升了景观格局。构建了涵盖415种湿地植物的群落配置决策支持系统，能够根据多目标需求为决策者提供最优化的植物配置方案。与同类技术相比（100～200元/m²），具有污染物去除率高、成本较低（70元/m²）的优势。

（三）工程示范

该成套技术的3项关键技术在妫水河流域得到了很好的示范及应用，共建设3个示范工程，分别为妫水河及支流水质水量优化配置和调度示范工程、妫水河上游流域水土保持生态修复示范工程和妫水河水循环系统修复示范工程。

1. 妫水河及支流水质水量优化配置和调度示范工程

工程建设规模20 km，位于妫水河及其支流。工程基于北方山区季节性河流生态基流保障的多水源配置和调度技术，集成山区季节性河流生态基流阈值的计算方法，结合流域内再生水、地表水、外调水的多水源配置，建立基于妫水河特征的小流域水质水量联合调度模型，达到了流域生态基流量提高10%以上的考核目标要求。

2. 妫水河上游流域水土保持生态修复示范工程

工程建设规模10 km²，位于延庆区西五里营小流域和张山营小流域。工程通过对生产、生活、生态不同空间的面源污染治理、景观提升等工程建设，实现农村面源污染综合防治技术集成与精准配置，达到了流域面源污染控制率70%、入河污染物削减率30%、土壤侵蚀模数200 t/(km²·a)以下的考核目标要求。

3. 妫水河水循环系统修复示范工程

工程建设规模3 km²，位于妫水河延庆城区段妫水桥至农场橡胶坝段，以及三里河再生水补水段。示范工程基于河流原位修复与旁路湿地处理双循环强化净化技术，通过妫水河底泥清理、固化堆积生境岛、堤岸清洗与平整等工程措施，达到了区域总氮、总磷去除率平均值10%以上，考核断面溶解氧浓度≥5 mg/L，水质由Ⅳ～Ⅴ类提升为Ⅲ类，水生植物多样性指数平均由0.3提升到2.05，完成考核目标要求。

三、实　施　成　效

该成套技术结合妫水河流域的地理位置和气候特征、问题现状及功能需求，通过技术筛选与优化配置，实现了谷家营国家考核断面稳定达到"水十条"的要求，使世园会周边8 km"枯河"重现清流，助力了妫水河被评为2018年度北京市优美河湖。相关示范工程的实施，重塑了妫水河流域的河流生态景观格局，有效满足了2019年北京世园会、2022年北京冬奥会重要赛事高标准水生态环境要求，可推广应用于其他北方浅山区季节性河流流域的生态修复建设，为"十四五"流域水环境治理提供了有力技术支撑，同时为永定河生态廊道构建、京津冀协同发展提供了技术支持。

技 术 来 源

• 妫河世园会及冬奥会水质保障与流域生态修复技术和示范
（2017ZX07101004）

43 滞流河道污染控制和强化净化修复成套技术

适用范围：河道污染较重、流速较低、水生态环境质量较差的滞流河道治理。

关 键 词：滞流河道；双改性生物质炭阻断；电解强化降解氮磷；光催化强化净化水质

一、技 术 背 景

（一）国内外技术现状

城市和乡镇的快速发展以及污染控制基础设施建设的相对滞后，导致城市水系水体严重污染，水生态修复面临巨大压力，滞流河道环境问题尤为严重。滞流河道的自净功能弱，污染物累积导致河道底泥呈黑褐色，并时常产生挥发性恶臭气味，导致河道水生态环境严重受损，生物多样性显著降低。目前，滞流河道的治理主要是建立在点源有效管网收集处理的基础之上，通过生态疏浚、底泥覆盖、化学药剂投加、微生物修复、底泥曝气等措施实现河道水体和底泥污染物削减；通过沟通水系、回用水或初期雨水补水、改善闸坝调控等，实现滞流河道畅流活水；通过生态浮岛技术、曝气复氧技术、人工湿地技术、磁分离技术等实现滞流河道水质提升和生态恢复，这些技术为滞流河道的治理提供了新的方法。但是，由于滞流河道自身特点的独特性及单项技术适用范围的局限性，滞流河道的治理仍然处在"头痛医头"的较单一的河道治理模式阶段，无法做到有针对性的"整体把脉"，实现滞流河道生态环境的有效改善。

（二）主要问题和技术难点

（1）河道截污不彻底，黑了治，治了黑。

（2）滞流河道底泥中厌氧菌的繁殖产生硫化氢、氨氮和含硫有机物等有毒有害物质；重污染底泥向水体中二次释放氮磷等营养物质，导致水体反复恶化。

（3）滞流河道水体中氮磷、有机物等浓度较高，溶解氧较低，导致水生植物表面厌氧菌膜的形成，水生植物难以生长。

（三）技术需求分析

（1）滞流河道底泥内源污染物需要得到有效控制，应采取有效技术阻断河道底泥中污染物的释放。

（2）滞流河道水体中氮磷、有机物等污染物需进一步强化去除。

（3）需研发滞流河道强化生态修复技术，恢复健康的河道水生态系统。

二、技术介绍

（一）技术基本组成

该成套技术适用于河道污染较重、流速较低、水生态环境较差的滞流河道治理。在调查甄别滞流河道的外源和内源污染物特征和通量的基础上，基于滞流河道的生态特征、河道流量、水文水动力及水生态状况，进行河道水体强化净化和设施的模块化设计及优化配置，形成基于底泥原位氮磷污染阻断技术、电解强化生物氮磷削减技术、光催化强化生态净化技术3项关键技术的滞流河道污染控制和强化净化修复成套技术。技术组成如图43.1所示。

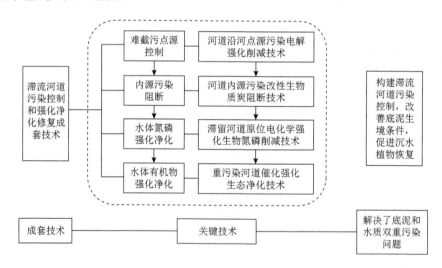

图43.1   滞流河道污染控制和强化净化修复成套技术组成图

（二）技术突破及创新性

1. 河道内源污染双改性生物质炭阻断技术

化学性底泥改良剂的使用会产生二次污染等水环境问题，创新性通过化学和生物双改性的方法制备改性生物质炭,将其作为底泥覆盖剂阻断底泥氮磷释放,并改善滞流河道基底生境。目前,针对传统生物质炭吸附氮磷能力较低问题,该技术通过三氯化铁改性剂对原料进行化学前改性,再对化学改性的生物质炭负载氨氮降解菌进行生物改性。双改性之后生物质炭较改性前吸附硝态氮、氨氮和磷酸盐的能力提高2~5倍,双改性生物质炭投加于河道底泥中,可有效阻断底泥氮磷的释放,改善河道水质。改性生物质炭投加量约为2.0 kg/m²,投资费用约60元/m²水面积。较现有覆盖技术,实现较河道治理前底泥氮磷释放降低30%以上。

2. 滞留河道原位电化学强化生物氮磷削减技术

利用传统的生态浮床进行滞流河道水体的治理冬季效果差,大型水生植物生长难,该技术基于光能-电能-自由基-氧化还原反应-脱氮微生物的氮磷污染物强化净化新途径,将电解引入生态浮床形成电解-生态浮床,电解阴极析氢促进了填料表面氢自养反硝化菌脱氮,创新生物反硝化与电化学还原硝氮耦合体系,大幅提高了传统浮床的脱氮效率。利用光能为电解-生态浮床的电化学反应供电,克服了传统浮床冬季低温去除效率低的问题。选用生物质炭或陶粒作为填料,通过牺牲阳极电解产生铁离子实现对生物质炭和陶粒的原位改性的同时,提升了河水中磷的去除能力,有效改善了滞流河道水体环境质量,提高水质类别1~2级。基于该关键技术开发了碧水器水处理装备,电解电压为24~30 V,每台服务300 m²水面面积,冬季滞流河道氮磷削减效果分别较生态浮床提升了20%~40%。

3. 重污染河道催化强化生态净化技术

针对重污染滞流河道水体中有机物厌氧分解产生臭味物质的问题,该技术形成的负载催化材料的功能纤维新材料,基于光能-催化-活性氧来强化滞流河道水体中有机物去除,负载催化材料的功能纤维放置于水面下3~5 cm处,纤维正面材料吸收日光能量并转化为电能,以激发态电子形式与水分子、氧气结合形成活性氧,增强水体有机物降解能力,并结合生态浮床对氮磷的去除,利用功能纤维周边的植物根系吸收水体氮磷等物质,实现有机物和氮磷的耦合去除,提高水质类别1~2级,同时提高河道水体透明度50 cm以上。该新材料布置简单,管理方便。该材料的布置要求光照充足,河道流速不超过5~10 cm/s,水深在0.5~4 m之间,按照河道水面面积30%布设,每套服务水域面积1000 m²,有机物和氮磷削减率大于50%。

(三)工程示范

在无锡市重污染滞流河道丰产河和民丰河进行了滞流河道污染控制和强化净化修复成套技术的工程示范,底泥原位氮磷污染阻断技术、电解强化生物氮磷削减技术、光催化强化生态净化技术等关键技术在示范工程得到应用,丰产河消除黑臭,氨氮、总磷和化学需氧量平均削减率为74.7%、67.7%和62.5%,溶解氧平均值为5.42 mg/L。民丰河消除黑臭,氨氮、总磷和化学需氧量去除率均值分别为77%、62%和62%,溶解氧平均浓度为4.58 mg/L，关键技术在氮磷污染物削减贡献超过60%，从而有效提高了无锡市圩区滞流河道的水环境质量，形成了微生物、挺水植物、浮叶植物为主的净化功能群，实现了水质净化功能及景观生态服务功能有机融合。示范效果如图43.2所示。

图43.2 民丰河治理前（左）和示范工程实施后（右）现场图

（四）推广与应用情况

滞流河道污染控制和强化净化修复成套技术在江苏省无锡市滨江学院人工湖、无锡市梁溪区耕渎河、无锡市新吴区江溪街道驴桥头浜、无锡市新吴区七房巷浜、前进河、无锡市梁溪区徐来河道等10余项河道治理工程中得到应用，同时，成套技术在上海长兴岛青草沙水库、云南省大理市洱源西湖和浙江嵊泗长弄堂水库等水体治理工程中也得到推广应用，提升了水库、湖泊与河道水环境质量。工程效果如图43.3所示。

图43.3 耕渎河曝气-电解生态浮床及水生态恢复情况

三、实 施 成 效

1. 对综合示范区治理目标实现作出了贡献

滞流河道污染控制和强化净化修复成套技术在望虞河西岸大于500 km²综合示范

区污染物总量减排和100 km以上滞流河道水质改善发挥了重要作用，加快推进无锡城区劣Ⅴ类水体整治、河道底泥处置、河网区综合整治和小流域治理，为综合示范区九里河钓邾大桥国考断面和伯渎港承泽坎桥省考断面Ⅲ类地表水达标作出了重要贡献。

2. 对太湖流域乃至全国水环境治理提供了科技支撑

基于滞流河道污染控制和强化净化修复成套技术，编制了《滞流河道治理综合方案》，推动了望虞河西岸河道水环境治理，形成了江苏省地方标准《河道清水廊道构建和生态保障技术导则》，搭起了水专项技术研发成果向政府水污染治理技术应用转化的桥梁，助力于太湖环境质量改善，保证了城市可持续发展及供水安全。

技 术 来 源

- 河网区上游滞流河道治理和生态净化关键技术研发与工程示范（2017ZX07204002）

44 基于净污新材料的河流绿色生态廊道构建成套技术

适用范围：河流净污容量提升工程、河流绿色生态廊道建设工程。
关 键 词：新型净污材料；河流形态优化；净污型堤岸；内源污染控制

一、技　术　背　景

（一）国内外技术现状

国内外公开的研究报道表明，河道生态修复过程中常采用的基质有土壤、砾石、陶粒等，但这些传统材料对污染物的吸附净化去除效果有限。随着新型材料的逐步兴起，国内外研制出了一些用于代替传统基质的多孔介质材料，但这些多孔介质材料存在着大量不透水的与外界隔绝的无效孔隙，从而产生降低材料比表面积和净污效率的突出问题。此外，现有的部分多孔介质材料还存在水体透过率较低、材料强度相对较低，无法在实际工程中运用、难以与植物协同净化等问题。因此，当前关于净污新材料的研究多集中于理论上的室内实验研究，而在实际生态修复工程中利用及大规模实施的案例较少。

河道生态修复过程中，常采用的技术有河流形态优化、净污型堤岸构建、内源污染控制等技术，这些技术的应用对河道的生态修复及净污容量提升具有一定的作用。但由于太湖流域河网区水文、水动力、流向、地理特征、污染成分复杂、污染负荷量大等特征，这些技术的单一运用往往难以达到预期效果。而国内外关于此类单项技术的综合运用及综合运用这些技术的效果观测研究较为少见，特别将净污新材料应用于河流系统各要素，针对河网区的河流绿色生态廊道构建成套技术研究更为匮乏。

（二）主要问题和技术难点

（1）如何攻克新型净污材料制备工艺优化的技术瓶颈，并使得新型净污材料的透水率、有效孔隙率、比表面积率及净污能力等性能达到较优状态。

（2）如何针对河网区现状河流形态单一顺直的特征，从提升河流净污能力出发，在有限的空间内从河流纵向、横向以及垂向上进行形态优化和改造。

（3）如何基于净污新材料创新河网区典型硬质化护岸河流、自然护岸河流以及水位变动区半硬质护岸构建的关键技术。

（4）如何将传统生态毯技术与多孔净污材料关键技术相结合，开发出适用于河流不同水动力特征和水体污染状况的河流底泥内源污染控制技术。

（三）技术需求分析

望虞河西岸河网区河流具有太湖流域典型的水体流速缓慢、水动力条件复杂、农业面源污染直接入河、内源污染严重的特征，使得原有的生态修复工程难以达到预期处理效果。因此，在充分掌握太湖流域河网水系特征的基础上，研发新型多孔净污新材料，并基于新型净污材料创新河网区河流形态优化、净污堤岸构建、内源污染控制技术，构建河流绿色生态廊道成套技术，提升河网区河道净污容量，突破强化净污、输水排洪与景观生态多功能复合的河流容量提升技术难题，是太湖流域河网区水环境治理的迫切需求。同时，如何将新型净污材料运用于河流水质治理和生态修复工程，突破河网区河流净污能力提升与生态修复一体化技术研发的新方法和新途径，是当前水环境治理技术领域的新需求。

二、技 术 介 绍

（一）技术基本组成

该成套技术由多层复合透水净污材料、复合功能净污堤岸构建技术、顺直河流形态优化技术以及多孔材料生态毯技术4项技术组成。该成套技术创新高效净污新材料制备工艺，并将制备的新型多层复合透水净污材料融合于传统的河流净污堤岸构建技术、河流形态优化技术以及河流内源控制技术，基于新型净污材料的优良物理性能，通过自然植被防护工程与基于新材料的生态防护工程有机结合，构建"稳定性、净污性、生态性、景观性"于一体的河网区绿色生态廊道。技术组成如图44.1所示。

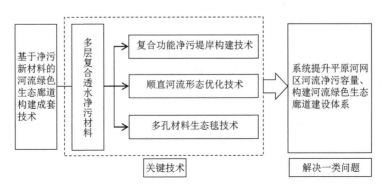

图44.1　基于净污新材料的河流绿色生态廊道构建成套技术组成图

（二）技术突破及创新性

1. 突破复合材料制备核心工艺技术，制成集透水、输水、储水和水质净化功能于一体的多层复合透水净污材料

多层复合透水净污材料是经过多种材料复合加工而成的不同形状、强度和孔隙率的块状透水材料。在制作过程中，采用骨料交联法改善多孔砌块结构和成孔效果；通过添加玻璃纤维材料以提高其抗压强度；通过对浆料流动度和料灰比的优化来提高其透水性能；通过湿养护的方法，解决其由于多孔结构引起的水分散失快的问题。

基于砂石骨料、混凝土、陶瓷、柔性三维骨架等材料制成了不同孔隙率、不同透水率、不同抗压强度、不同抗冲刷强度的6个系列多孔透水净污砌块。所制备的系列多层复合透水净污材料具有"透水面层+变孔径透水支撑层+生物净化层"的多层式结构以及良好的物理性能特性（最小孔隙率≥20%，透水系数≥4.5 cm/s，抗压强度≥15 MPa），与传统多孔材料相比，具有孔隙分布均匀、孔隙率大、开孔率高的特点，同时具有较高的抗压强度和优良的耐候性（图44.2）。

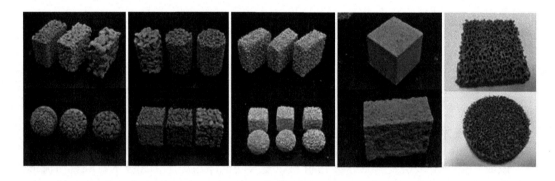

图44.2　不同类型、不同形状的系列多孔透水净污材料

所制备的多层复合透水净污材料突破了载体散粒体黏合成形、有效孔隙率提升和孔隙贯通透水能力增强等关键技术难题。该材料可通过附着微生物的降解作用以及自身的吸附截留作用，较好地去除水体中的污染物。多孔透水砌块（孔隙率20.0%）在自然水体中40 d后，表面附着生物膜的生物量高达11.5 mg/cm。该多孔透水净污砌块的制作成本约1600元/m³。

2. 创新传统河流堤岸建设以及底泥修复技术，构建多孔介质材料与微生物耦合的新型净污堤岸与河床微生态系统

复合功能净污堤岸构建技术克服了传统石笼技术中块石吸附污染物性能较低的缺点，将传统石笼中的块石以块石与新型多孔材料6∶4混合比混合后所替代。该技术实施时，沿河道顶冲部位岸打一排松木栅栏，在松木栅栏背水一侧铺设土工布，在松木栅栏朝水一侧与河床的夹角处设置粒径为200～300 mm的抛石，在坡面上铺设粒径为

50～100 mm碎石，碎石垫层之上累叠石笼。同时，在河道常水位附近的石笼中夹放挺水植物（芦苇、菖蒲）根系以及占块石条笼10%空间的湿润土；在河道枯水位附近的块石条笼中夹放沉水植物（菹草、金鱼藻）种子以及占块石条笼10%空间的湿润土。该技术在保证抵抗河流水力冲刷的同时，对污染物吸附起到了良好效果，自然降雨条件下所构建的堤岸（坡宽2 m）坡底总氮、硝氮、氨氮和总磷浓度比坡顶降低37.4%、33.8%、25.2%、35.8%。技术建设成本约为680元/m。

多孔材料生态毯技术实施时，由无纺面料包裹植生基质，经压板机、成型机制成毯状，外面包裹一层尼龙网制作多孔材料生态毯。生态毯中的植生基质由沙石、水苔藓、生土、泥炭、新型多孔透水材料按0.2∶0.2∶1∶1∶2体积比混合而成，并在基质中添加水生植物种子或插种水生植物分枝。在生态毯本体的上下两面分别设置有相互连接的金属制备的覆盖网和底网，并在覆盖网上设置联钩或钩环将多条生态毯相互联结形成联排毯，将联排毯平整铺设于河床。工程实施60 d后，底泥氨氮含量下降约12%。技术建设成本约为1530元/m²。

3. 克服河网区顺直河流生态修复空间有限的问题，在河流蓝线范围内实现河流三维形态的重塑，在优化河流形态的同时构造河流绿色生态廊道

河流形态优化技术实施时，利用木桩在河岸人工构建波浪形蜿蜒形态，全单波长8 m（两波峰间距），波峰至波底高2 m，波浪峰谷分别间隔种植挺水植物和沉水植物，单个波浪形态可形成波峰和波谷两个小型湿地。人工将波谷中河床平整至水面以下3～50 cm，首先铺设一层5 cm左右的片石（直径5～8 cm），再铺设一层厚约15 cm的多孔净污材料，并按40株/m²的种植密度种植沉水植物（苦草、竹叶眼子菜、黑藻等）。单个波峰湿地中挺水植物种植面积约为2.7 m²，种植密度约为40株/m²。建成后的蜿蜒河道植物丰富度指数、多样性指数以及均匀度指数分别上升21%、10%、15%。技术建设成本约为830元/m。

（三）工程示范

基于净污新材料的河流绿色生态廊道构建成套技术成果在无锡市新吴区住房和城乡建设局负责实施的新吴区张塘河、古市桥港河道整治工程以及徐塘桥河综合整治工程中进行了示范应用，工程示范总规模14.8 km。第三方监测结果表明，与工程实施前相比示范区河流水质提升效果显著，景观环境得到很好改善。示范区河流总氮、氨氮和总磷浓度分别降低了15.46%～16.89%、15.44%～17.15%、15.59%～17.51%。工程示范建设效果如图44.3所示。

（四）推广与应用情况

该成套技术在江苏省宜兴市丁蜀镇、宜兴市新庄街道、江苏省宜兴市周铁镇的河流治理工程中得到很好应用。另外，部分单项技术成果转让给江苏天池河湖生态治理工程有限公司等多家企业单位，在上海市崇明区，河南省新郑市等多地河流水环境综

合治理工程中得到推广应用。工程实施总长度超过200 km，取得了良好的社会经济环境效益。成果推广情况如图44.4所示。

图44.3 工程示范建设效果

图44.4 成果推广应用建设

三、实 施 成 效

通过基于净污新材料的河流绿色生态廊道构建成套技术的实施，控制区主要河流氮磷浓度降低15%以上，为确保新兴塘河—九里河—钓邾大桥国家考核断面和伯渎港承泽坎桥省级考核断面稳定达到地表水Ⅲ类水质标准提供重要技术支撑。同时，无锡市新吴区政府为切实推进水污染防治工作，完成"水十条"既定目标和任务，编制了《无锡市新吴区河道环境综合实施工作方案》。该成套技术支撑了该工作方案的实施，技术成果运用于新吴区张塘河、古市桥港河道整治工程，徐塘桥河综合整治工程等工程建设项目，有效降低了新吴区当地河道污染负荷，提升了河流净污容量，改善了当地河网区水环境质量。

技 术 来 源

- 望虞河西岸河网区水系优化和净化容量提升技术研究与工程示范（2017ZX07204003）

45 河网区河道水生植被"方格化种植 – 自组织修复"成套技术

适用范围：水生植被方格化种植技术适用于透明度与水深比小于0.3、往复流的流速大于10 cm/s，河道近岸水生植被密度小于10%，边坡比1∶5~1∶1的河道近岸带水生植被恢复；河道水生植被人工诱导的自组织修复技术适用于含水率约为5.0%~10.0%，孔隙度约为25.0%~30.0%的结构受损，以及总氮、总磷分别小于1.5 g/kg和1.0 g/kg，影响植被分蘖和光合速率的滨岸带生态系统恢复。

关 键 词：水生植被；方格化种植；自组织修复；稳定化；河道；岸坡；土壤；生物质炭；膨润土；丛植菌根真菌

一、技 术 背 景

（一）国内外技术现状

太湖流域河网区河道具有航运、泄洪、调水以及生态廊道的功能，近年来实施的闸坝建设、清淤、河岸整修等工程，对河网水系的人工调节大，水环境变化剧烈，给河道生态廊道功能的维持带来较大的影响。与此同时，太湖流域河流水生植被修复不稳定性长期困扰水生态修复工作者，部分河流整治陷入"清淤—修复—再清淤—再修复"原地踏步的境地，水生态系统不能形成有序演替。特别是在污染输入、高水位、多流态、蓝藻入侵等不利影响环境中，水生植被的快速定植和规模化修复后，构建的水生植被群落结构容易发生退化，群落稳定演替难，长效维稳更难，阻碍了水生态系统修复技术的规模化应用，亟须构建耐受引水工程冲击和影响的高效的水生植被维稳技术，实现水生植被的快速定植和规模化修复，恢复流域河网健康的水生态系统。

（二）主要问题和技术难点

（1）太湖流域河网区形成的水系水环境新格局的主要特点是调水周期长、水位高、流速大、水体透明度低，对河道的沉水植物、浮叶植物的稳定恢复带来极大的困难，给河流水生植被修复带来挑战，而目前适用于这一河网水环境新格局的河流水生植被恢复的技术积累不足，用于湖泊、湿地水生植被恢复，特别是用于沉水植物、浮叶植物恢复的传统的种植技术，难以应用于上述新的生境条件。

（2）河网区河道反季节调水时高水位、多流态、岸坡淘蚀等对大型水生植物的不利影响如何减缓，引水工程冲击和影响的水生植被如何维稳，大型水生植被如何快速定植、规模化修复和长效维稳，是太湖流域河网生态修复亟须解决的技术问题。

（三）技术需求分析

（1）在河流水生态修复中广泛使用的浮床技术，只能发挥植物的部分生态功能，但是水生植物的根系不能着床，浮床难以越冬，而传统的沉水植物和浮叶植物的抛泥球、扦插技术，难以适应新的河流生境，亟须研发可以快速定植和规模化修复的河道水生植被的种植技术。

（2）水生植被长期维持难、成本高，亟须长效自组织维稳技术，提高水生植被修复效率、降低运行和维护成本，突破河网区规模化生态修复的技术瓶颈。

二、技 术 介 绍

（一）技术基本组成

该成套技术包括两项关键技术水生植被的方格化种植及稳定化技术和水生植被人工诱导的自组织修复技术。该技术工艺流程为"方格化种植-自组织修复"。技术组成如图45.1所示。

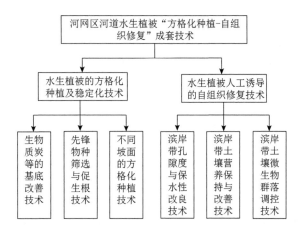

图45.1　河网区河道水生植被"方格化种植-自组织修复"成套技术组成图

（二）技术突破及创新性

该成套技术适用于平原河网地区河道经过截污、清淤、护岸、活水等初步整治后的水生植被的修复，用于河道高水位、多流态、岸坡淘蚀等对大型水生植物不利影响的减缓，以及引水工程冲击和影响下的水生植被系统的维稳工作，可大幅保障水生态修复工程的实施效果。

1. 研发了适应不同河道断面坡度、形式的水生植被的方格化种植及稳定化技术，解决了河道快速定植、规模化修复的应用难题

针对望虞河西岸河网区河道水位变化大、多流态的特点，在河道生境改善和先锋物种促生根的研究基础上，比选了水生植被的不同配置和种植密度的修复效果，构建了适应河道透明度与水深比变幅大、往复流的流速超过10 cm/s，近岸带边坡比1∶5～1∶1的水生植物快速定植的柔性和硬质方格技术，形成了适应河道多水位变化、多流态、多种近岸带边坡地形的水生植物方格化定植技术，应用于河道快速、规模化的生态修复工程，以较小的初始种植密度（10%～30%）达到河道近岸水生植被的覆盖度提高40%和定植成活率提高30%以上的效果。

2. 研发了滨岸带"孔隙度与保水性改良-土壤营养改良-土壤微生物群落调控"的低扰动自组织修复方法库，通过集成应用为河网区河道水生态功能自组织持续改善提供了保障，降低了河道水生植被修复成本

针对河道滨岸带土壤结构的孔隙度与保水性等问题，采用5%质量比秸秆生物质炭和2.5%质量比钠基膨润土对其进行改性；针对滨岸带土壤营养分布不均匀问题，利用5%～10%质量比疏浚河道底泥、5%质量比秸秆生物质炭及摩西球囊霉菌剂等进行改良；基于滨岸带土壤微生物群落特征，采用1%～5%的钠基膨润土搭配3.0～9.0 mg/kg的地表多样孢囊霉菌进行复合改良，形成了滨岸带"孔隙度与保水性改良-土壤营养改良-土壤微生物群落调控"的低扰动自组织修复技术库，实现了河道近岸带水生植被的低扰动自组织恢复。

河网区河道水生植被"方格化种植-自组织修复"成套技术的应用保障了水环境激烈变化的河道近岸水生植被覆盖度从10%以下提高到40%以上，水生植被生物多样性指数比修复前提高30%以上。技术成本比传统的水生植被修复技术成本节约25%以上，水生植被维护成本节约30%以上。

（三）工程示范

在望虞河西岸的九里河流域开展了河网区河道水生植被群落重建示范工程建设。望虞河西岸区域水环境和生态修复问题具有苏南河网典型特征，区域内污染源复杂多样，总氮浓度偏高，河道、湖荡生态系统脆弱，生物多样性低。以九里河、伯渎港流域干流河道为重点，剖析污染来源，应用生境改善和水生植被修复成套技术，在望虞

河西岸500 km²的综合示范区内开展示范应用，保障九里河钓渚大桥和伯渎港承泽坎桥两个重要考核断面的水质达标。

　　根据望虞河西岸流域特点和地方水环境治理的迫切需求，围绕地方两个考核断面达标，实施的示范工程分布在滨江学院、九里河锡东、桑叶桥港谢更上和荡东小流域等地，共进行11 km以上的各具特色的河道生态修复工程示范。其中滨江学院水生植被修复示范工程的特点是在净化流域雨水地表径流的基础上，开展水生植被修复；九里河锡东生境改善与水环境修复示范工程，主要特点是河道畅流活水生境改善与水环境修复结合；桑叶桥港谢更上水生植被修复示范工程的特点是在河道断面清淤的基础上实施水生植被修复工程；荡东小流域整治与生态修复示范工程的特点是小流域综合整治与水生植被修复相结合。工程示范区河道近岸生态修复前水生植被覆盖率为10%～20%，生物多样性指数为0.27～0.74，物种数为4～5种；通过河网区河道水生植被"方格化种植-自组织修复"成套技术的应用，生态修复后近岸水生植被覆盖率为40%～80%，生物多样性指数为1.27～1.52，修复后物种数达到8～15种。示范工程投资成本<150万元/km，技术运行、管理成本10元/m²。技术应用效果如图45.2所示。

（a）示范应用前河道蓝藻堆积	（b）示范应用河道改造
（c）河道改造完成	（d）河道水下森林
（e）滨岸带改造效果	（f）示范区远景

图45.2　成套技术应用效果

（四）推广与应用情况

河网区河道水生植被"方格化种植-自组织修复"成套技术成果在太湖流域得到推广应用，2019年以来实施了20多项水生态修复工程，经济效益在2亿元以上。成套技术为《无锡市新吴区河道生态治理实施方案》编写提供了支撑。同时，关键技术应用在无锡市荡口古镇、马山街道、宜兴和桥镇等生态修复工程中，累计修复水域面积50万m²，支撑和引领了当地的生态修复。

三、实 施 成 效

根据成套技术主要内容编制了《太湖流域干流河道近岸水域水生植被修复技术导则》，《区域联动的水环境整治与生态修复调控方案》被无锡市生态环境局采纳，在太湖流域得到进一步的推广应用。

基于成套技术实施的生态修复工程示范，生态改善成果显著，为无锡市与望虞河交汇处的国考断面钓渚大桥和省考断面承泽坎桥的水质稳定达到地表Ⅲ类水标准发挥了重要作用，整体改善了河道水质和生态景观环境，提升了区域的整体形象和生态品质，获得了地方政府部门的高度认可，得到当地媒体的关注和宣传报道。

技 术 来 源

- 望虞河西岸河网区干流河道水生态修复及实时诊断联动能力提升技术与示范（2017ZX07204004）

46　滨湖城市入湖河口生境改善成套技术

适用范围：滞流、缓流或河湖阻隔的中小型河口的生境改善，为河口生态
　　　　　恢复创造条件。
关 键 词：活性过滤；滨水滤解带；原位生物净化；水生植物筛选；底栖
　　　　　动物调节；适宜生物量评估；入湖河口

一、技 术 背 景

（一）国内外技术现状

　　滨湖城市入湖河口指流经城市区域的河流与该城区湖泊交汇的过渡区域，生态系统相对脆弱和敏感。

　　目前国内外河道生态修复的理论、技术研究及工程实践已经较为广泛，但河口区的研究相对不足。对于河口生境改善与生态修复的研究主要还是集中在河流入海口以及大型入湖河流的河口，这些河口一般都有较开阔的空间，河口生态恢复技术主要以河口湿地、边滩湿地恢复为主。由于缺乏足够的生态空间，这些技术并不适合滨湖城市入湖河口，滨湖城市入湖河口的生境改善技术十分缺乏。

（二）主要问题和技术难点

　　滨湖城市水体河网交叉，人居密集，人为活动影响大，生态空间受到挤压；我国多数滨湖城市入湖河口都存在污染严重、蓝藻堆积、污泥淤积、生境恶化等问题，严重威胁着湖泊水环境质量和水生态系统稳定。

　　技术难点：①水质改善和生境修复的适用技术和装置要求高度集约，适用于局促的河口空间；②要求成套技术既高效、易用，又造价低廉、维护方便，技术经济合理、便于推广。

（三）技术需求分析

我国滨湖城市水体或城市内湖很多，密集的人口和快速的经济社会发展速度给城市河流和湖泊水环境带来的巨大压力，河湖交汇区的河口的水质下降、生境恶化、生态系统退化现象普遍存在，河口水域生境改善的市场需求广泛。

针对滨湖城市河湖阻隔、河口水域透明度低、局部水质差等问题的系统解决方案和技术还很缺乏。筛选并集成一套占地面积小、不影响水利工程运行和安全、技术经济可行，兼顾水质改善与生态调节，与水景观的协调相统一，便于市场推广应用的入湖河口生境修复成套技术的需求十分突出。

二、技 术 介 绍

生境是指物种或物种群体赖以生存的生态环境，包括生物生活的空间和其中全部生态因子的总和。生境强调的是决定生物分布的生态因子。生物与生境的关系是长期进化的结果。生物有适应生境的一面，又有改造生境的一面。我们希望恢复某种特定生物就必须首先建立满足其生存必需的生境条件。

该成套技术以水质改善为基础，采用活性过滤、滨水滤解带和原位生物反应净化技术等强化措施，提高水体透明度，创造适合水生植物生长的生境条件；其次，生境条件具备以后，选择适生高效的土著水生植物，恢复先锋植物群落；最后，利用先锋植物适应生境后对生境的改造作用，为底栖生物的生存创造条件，选择贝类等大型底栖动物过滤水体颗粒物，控制底泥再悬浮，与水生植物协同，低成本地进一步改善生境条件；在生境改善的过程中，维护适宜的水生植物生物量，逐步建立正向反馈机制，使良好的生境条件稳定存在。这样就能实现将改善生境的强化净化措施逐步过渡到生态稳定措施，实现河口水生态系统的健康和自维持。

（一）技术基本组成

该成套技术由河口水质改善技术、水生植物筛选与底栖动物调节技术、适宜生物量评估与维护技术3项技术组成。技术组成如图46.1所示。

1. 河口水质改善技术

河口水质改善技术由水体活性过滤技术、滨水滤解带技术和原位生物反应净水技术3项技术组成，在工程中可单独应用，也可组合应用，满足不同的工程需求，形成高度集成的河口区水质改善技术体系，高效去除水体污染物、提高水体透明度，对河口生境改善具有重要作用。

活性过滤技术利用高效悬浮物过滤装置，投加少量的可降解生物絮凝剂，有效提高水体透明度。

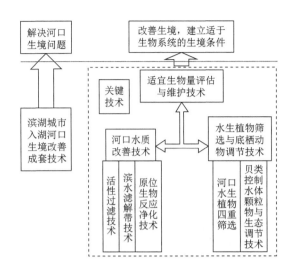

图46.1　源头区水源涵养与清水产流功能提升成套技术组成图

滨水生物滤解带技术针对硬质驳岸，构建活性滤解带，柔化硬质驳岸，提高微生物代谢活性、多样性和优势度，恢复岸线生物"活性"，从而改变直立驳岸滨水区生境条件。

原位生物反应净水技术是利用浮于水上的装置，改善水体水质。装置主体由微纳米曝气器、微生物填料微球仓和缓释营养微球仓组成。

2.水生植物筛选与生态调节技术

河口水生植物恢复的核心是水生植物筛选。该技术提出的水生植物"四重筛选法"（筛选土著物种-筛选适宜目标区域生长的物种-筛选环境效益好的物种-筛选群落共生稳定的物种），在现场生境进行自我淘汰与优选，容易形成稳定的水生植物群落。

水生植物恢复过程中和恢复后，利用大型底栖贝类改善透明度和调节生物结构，提高河口水体自净能力。底栖动物可以滤食浮游植物、有机碎屑等悬浮颗粒，改善水下光照条件；又可以通过分泌、排泄等生理代谢活动调节营养盐循环路径。同时，通过食物网操纵技术，调节浮游植物和沉水植物的种间关系，使水生植物成为优势种类，提高水体透明度，从而构建适合清水态的水生态系统。

3.适宜生物量评估与维护技术

利用PCLake湖泊生态模型及现场实验和调查取得的参数，针对具体河口，定量研究与评估不同生活型的水生植物在生长期、衰亡初期的适宜生物量，进行精准和科学管理，对恢复后的河口进行长效维护。

（二）技术突破及创新性

（1）集成了一套适用于空间狭窄、污染严重的河口区水体生境改善技术，提升了原位修复技术的系统性。基于活性过滤与河口水质改善关键技术可根据河口实际情况单独使用或组合应用。活性过滤技术主要是降低水体悬浮物浓度，部分去除氮磷等污染物，适用于透明度低于30 cm、藻类聚集的水体，处理水量为水体总水量的10%～20%时，可使透明度提高约20%，吨水处理成本约0.198元，较市场同类技术降低约21%。原位生物反应净水技术适用于重污染或黑臭河口水域，可持续改善河口水质，单元设备建议功率不宜太大，作用水域面积约50 m^2，可提高水体微生物活性2～3倍，氨氮去除率达到50%以上，总磷去除率达到20%以上。技术配合使用，更可有效改善水体黑臭情况，总氮、总磷浓度分别降低了50%以上、30%以上，提高沉水植物群落覆盖度，得到当地政府和人民群众的高度认可。

（2）河口区水生植物适宜生物量评估方法实现了水生植物的量化管理，为生态修复工程实施及其后续维护提供了重要的科学依据，有助于推动实现我国湖泊的智慧管理。确定不同河口水体的适宜生物量，以太湖的蠡湖为例，生长期挺水植物和沉水植物最佳适宜生物量分别为2000 g/m^2和200 g/m^2左右；在冬季水生植物衰亡初期，收割80%，保留20%的水生植物生物量，有利于长效维护水体水质，逐步建立正向反馈，形成良性水生态系统。

（3）滤解带解决了直立堤岸陆水界面无法生态衔接的问题，利用滨水滤解带装置提高了水体岸线生物活性，并成为活性过滤设备出水的分散入水体场所，增强了活性过滤的辐射范围，对污染物的去除效果显著，无植物滤解带对总氮、总磷和总有机碳的平均去除率分别为31.8%、36.8%和28.4%，有植物滤解带则分别为52.6%、51.3%和42.1%。

（4）贝类控制水体颗粒物与生态调节的生物恢复技术可适应无机悬浮物占比达70%的高悬浮物水体（总悬浮物70～80 mg/L），滤除效果最好的河蚬，能将浊度从65降低到5，同时对蓝藻和绿藻等有机颗粒的滤除率达到12%～14%；贝类在高温季节对水体悬浮物去除率可达到18%～21%。在溶解氧为5～6 mg/L的条件下，即可保证河蚬较高的滤食率、生长率与存活率。按照贝类（河蚬）投放量平均为300 g/m^2计算，水处理成本在4.5元/m^3。

（三）工程示范

成套技术在无锡蠡湖的小渲河、新胡田庄浜等河口修复工程中应用，工程规模53576 m^2，取得了良好的治理效果。经第三方监测，小渲河河口水体中总氮、总磷、氨氮平均浓度分别为2.88 mg/L、0.19 mg/L、0.66 mg/L，透明度平均值为55.42 cm。与2017年示范工程建设前相比，总氮、总磷、氨氮浓度分别降低了54%、34%、30%，透明度提高了46%。新胡田庄浜河口水体中总氮、总磷、氨氮平均浓度分别为1.26 mg/L、0.12 mg/L、0.22 mg/L，透明度平均值为96 cm。与2017年示范工程建设前相比，总氮、总磷、氨氮浓度分别降低了57%、33%、60%，透明度提高了45%。治理成果得到了各级政府部门的高度认可，为滨湖区水环境治理作出了极大贡献。示范效果如图46.2所示。

图46.2　小渲河技术应用现场

（四）推广与应用情况

　　技术成果在无锡河道水环境综合整治工程中"太湖街道骂蠡港（骂蠡港闸至五里湖）水质提升工程""雪浪街道采矿厂浜、北横山浜、小桥浜等八十条河道水环境综合整治工程之漆塘浜水生态修复工程"、苏州漫山岛等地方治污项目工程中得到推广应用。示范效果如图46.3和图46.4所示。

图46.3　骂蠡港技术应用现场

修复前

修复后

图46.4 苏州漫山岛推广应用

漫山岛东头村河道水环境治理与生态修复工程采用"近自然-贴乡土"的理念，应用了该成套技术的技术思路，主要内容包括基底生境改善、水生植物群落修复及岸带岸线活性恢复，应用了生物滤解带装置。治理后，河段水质由目前的劣Ⅴ类提升至Ⅳ类或以上，水体沉水植物群落覆盖度达70%或以上，水体生物多样性提高，并与周围景观相协调。

三、实 施 成 效

滨湖城市入湖河口生境改善成套技术在太湖的蠡湖河口水域应用，有效削减了氮磷污染物，提升了示范区水体透明度，改善了河口水质，提升了区域生态服务功能，具有较好的环境、经济和社会效益。

支撑区域生态文明建设，创造和谐人居环境。应用该成套技术的工程项目所营造出的人水和谐的城市水域景观，将极大地提升当地居民的生活质量。小渲河等水专项示范工程将黑臭水体治理成水清、岸绿、鸟语花香的美景，已经成为无锡地方的亮点工程，实现了人居环境改善，有力支撑了区域生态文明建设。也有利于开发当地的旅游资源，对沉淀历史底蕴、丰富水文化内涵具有十分重要的意义。

支撑地方流域管理工作。基于该成套技术所编制的无锡32条入湖河道及蠡湖周边地区的入湖河口综合治理方案，对蠡湖整治提出的总体思路和环湖河口段生态治理建议被相关主管部门采纳，有利于协同推进无锡美丽河湖建设。编制的江苏省地方标准"出入湖河口生境改善工程技术指南"，可为江苏水生态环境治理与修复工程提供了技术指导和管理支撑。

技 术 来 源

- 滨湖城市水体出入湖河口水域生境改善技术与工程示范（2017ZX07203005）

第五篇

湖泊水体生态修复

47　河口污染物拦截和水体强化净化前置库成套技术

适用范围：平原河网地区河口处，其进水宜为低污染水。
关 键 词：河口；前置库；水力调控；生态拦截；强化净化；生态稳定；
平原河网区

一、技 术 背 景

（一）国内外技术现状

前置库技术最早出现在国外，20世纪50年代后期，国外学者将前置库技术应用于水库富营养化治理及流域面源污染控制。研究发现，前置库对控制面源污染，减少湖泊外源有机污染负荷，特别是去除入湖地表径流中的氮、磷安全有效。近年来，国外学者对前置库的研究扩展到前置库径流蓄积调控及库中氮磷的高效去除。

我国对前置库技术的研究起步于20世纪末，前置库主要应用于山区丘陵地区，同时前置库结构主要由预沉池和主反应区构成，河水在预沉池中充分沉降泥沙、颗粒物，在主反应区内通过物理化学及生物的作用加速氮磷、有机物等的去除。由于平原河网地区地势低平、河流纵横、交错成网、水动力不足，鲜见平原河网地区构筑前置库系统案例。随着污染控制技术的不断完善和发展，国内学者陆续提出将前置库技术与其他净水技术耦合构建前置库生态工程以进行流域污染控制、水体富营养化控制等。平原湖泊前置库主要是利用平原河网地区现有圩区、沟渠、水塘等，采用人工湿地技术、水生生物净化技术等，通过物理沉降、吸附和化学反应，以及生物吸收和微生物降解作用，去除入湖河流以及其他未处理的污染源中的氮磷营养盐、悬浮固体和有机污染物，减少入湖污染负荷。

（二）主要问题和技术难点

河口是受到河流因素和湖泊因素强弱交替相互作用的区域，是水环境、水生态敏感区域，是河流、湖泊生命交错带，极易受到自然因素和人为因素的影响。近年来受城市化、水体高密度养殖、污染排放等影响，河口生态退化严重，严重削弱和降低了其对污染物的转化和拦截功能。

河口前置库技术是改善入湖河流水质、河口生态修复的重要技术，但发展仍存在以下难点：

（1）平原河网区地势落差小，水体流动缓慢，如何克服平原河网区水体流动的水力学缺点，通过优化河口水力条件，解决河口前置库系统构建的引流问题？

（2）平原河网河口区空间有限，如何通过优化生态拦截前置库系统结构与形式，在有限的空间内增长系统水力停留时间，利用物化、生物作用对入湖河流氮磷营养盐、悬浮固体及有机污染物进行有效拦截，提高系统净化效果？

（3）如何优化生物群落，构建稳定的前置库生态系统，使前置库出水持续保持稳定状态？

（三）技术需求分析

湖库具有提供水源、维护生物多样性、净化水质等重要生态服务功能，目前湖库生态环境形势仍严峻。在保证河湖结构稳定性的前提下，河口区是维持河湖-陆地生态系统动态平衡，保护河湖健康生命的生态交错带。于河口区有效拦截污染物、削减污染负荷，解决湖库富营养化问题十分必要。

（1）河口区水力调配综合技术研究：研究河口区处理系统引流、出流和水流的水动力特性、不同水动力条件下系统的运行状态和净化效果。

（2）污染物强化净化技术研究：针对平原河网入湖河口区的环境特征及水质净化与生态恢复需求，研发改变植物布局、优化前置库系统布局与形式等生态拦截系统的优化调配技术，研究水生植物、菌群等生物有机物降解、脱氮除磷净化效果。

（3）前置库系统稳定化技术研究：构建与周围景观相协调的水生植物群落配置技术，在优化水生植物群落结构的基础上，研究水体生态系统上、下行效应的调控技术实现前置库生态系统的稳定性。

二、技术介绍

（一）技术基本组成

河口污染物拦截和水体强化净化前置库系统（图47.1）包括进水导流系统、拦截沉降区、强化净化区、深度净化区和生态稳定区。进水导流系统通过导流坝水力调控技术确保河水进入前置库区，并实现水量分流。拦截沉降区为前置库主体净化系统的第一环节，通过种植大型水生挺水植物，形成拦截屏障，促进水中泥沙及营养盐的沉降，实现初步拦截削减污染物。强化净化区利用生态浮床为漂浮载体，在浮床上构建曝气系统，达到提升水体溶解氧、降低水体有机物含量的作用。深度净化区通过优化配置适水性较好的挺水植物，形成天然的廊道式植物过滤墙，对来水污染物层层处理，净化水质。生态稳定区是前置库系统最后一个环节，布置沉水植物、鱼类、底栖动物等生物，通过生物间的互利共生，加快湖泊生态恢复进程，提高湖泊生态系统的稳定性。

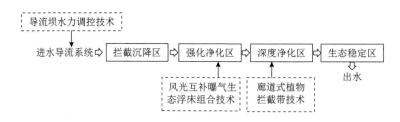

图47.1　河口污染物拦截和水体强化净化前置库成套技术组成图

（二）技术突破及创新性

湖荡河口区水体净化能力增强和生态拦截技术于2017年入选中国环境科学学会环保科技创新示范项目。

1. 研发了生态导流坝水力调控技术，突破了平原河网区河口前置库系统构建引流和水量分配技术难点

针对平原河网入湖河口区水力落差小、河水导入困难的问题，研发了生态导流坝水力调控技术，调控前置库区水力条件，克服了平原河网区水体流动的水力学缺点，解决了河口前置库系统构建的引流和水量分配问题。导流坝坝高为多年平均常水位水平，弧度为30°～40°，迎水坡与背水坡的坡度分别为3∶1～2∶1、1∶1～1∶3（获授权国内发明专利：一种以弧形生态导流坝为特征的湖口前置库处理系统。专利号：ZL201310705146.1）。

2. 优化了生态拦截前置库系统结构与形式，突破了平原河网区河口前置库系统净化效率的技术难点

经典的前置库结构适用于山区丘陵地区，针对平原河网区地势低平的特点，对传统前置库预沉池和主反应区结构进行优化发展，包括进水导流、拦截沉降区、强化净化区、深度净化区和生态稳定区，在有限的空间内增加系统水力停留时间，前置库系统结构设计中拦截沉降区、强化净化区、深度净化区、生态稳定区面积比为1∶1.5∶1.5∶3（获授权国际发明专利：一种以景观一体化为特征的前置库处理系统。

专利号：KR102003419B1）。

基于河口区水质净化需求，针对河口区动力补给困难问题，研发了风光互补曝气耦合生态浮床技术，利用生态浮床为漂浮载体，在浮床上构建曝气系统，曝气系统以太阳能和风能提供曝气能源对进水进行曝气，达到提升水体溶解氧、降低水体有机物含量的作用，辐射范围100 m²（授权国内实用新型专利：一种河湖水质强化净化集成装置，专利号：ZL201320292715.X）。同时利用河口区地形条件，优化配置适水性较好的挺水植物作为植物拦截墙，在植物墙间隙恢复沉水植被，利用植物物理阻挡和生物吸收作用的同时，增加水体在前置库系统中的停留时间，对来水进行污染物的截留和过滤，达到净化水质改善生态环境的目的，廊道式植物拦截墙设置水域水深大于0.5 m且小于1.3 m，最大水流速不得超过2.0 m/s（获授权国内实用新型专利：一种廊道式植物拦截墙。专利号：ZL201520810071.8）。

3. 研发了沉水植物+鲢鳙鲴鱼+底栖动物的生物配置技术，突破了前置库生态系统稳定构建的技术难点

运用沉水植物+鲢鳙鲴鱼+底栖动物的生物配置技术，逐步恢复了平原河网河口区前置库湿地系统服务功能，提高了生物多样性和景观性，保障前置库出水稳定状态。沉水植物覆盖率约30%，鱼类放养鲢、鳙、鲴鱼等滤食性鱼类，投放密度200~400 g/m³，底栖动物投放密度2~4 kg/m³（授权国内发明专利：细鳞鲴、三角帆蚌、铜锈环棱螺、菖蒲协同控制铜绿微囊藻及水质净化方法。专利号：ZL201310658764.5）。

（三）工程示范

在常州滆湖扁担河入湖口构建污染生态拦截工程示范（图47.2），工程内设置导流坝、拦截沉降区、强化净化区、深度净化区、生态稳定区。工程总面积2.0 km²，水力负荷0.4 m³/(m²·d)，进水流量10 m³/s，停留时间2.5天，总氮、总磷平均出水浓度为2.46 mg/L和0.193 mg/L，削减效率为33.0%和27.2%，高锰酸盐指数出水浓度为2.56 mg/L（达到地表水Ⅲ类标准）。工程入选"2020年生态环境创新工程百佳案例"。

图47.2 滆湖入湖河口（扁担河）污染生态拦截工程示范效果图

（四）推广与应用情况

"河口污染物拦截和水体强化净化前置库技术"在安徽焦岗湖生态修复类项目前置库工程中得到了应用（图47.3），前置库工程建设面积2 km²，有效削减了入焦岗湖污染负荷。在安徽省铜陵市滨江生态湿地工程中得到推广应用，水域面积约310000 m²，实现了水系水质净化，对恢复滨江湿地景观生态服务功能起到了重要作用。在环巢湖十五里河河口生态湿地工程中得到应用，包括2.6 km河道及100000 m²湿地，工程出水水质稳定达到地表水Ⅳ类标准。技术同时指导了滆湖出湖太滆运河口、漕桥河口、殷村港河口等多处生态修复工程，取得了良好的效果。

图47.3　安徽焦岗湖前置库工程效果图

三、实 施 成 效

（一）对流域治理目标实现的支撑情况

太湖流域上游滆湖河口区污染物拦截和水体强化净化前置库技术的研究和示范，结合常州市滆湖综合整治措施，滆湖北部入湖河口核心示范区总氮、总磷浓度下降20%以上，富营养化程度由中度改善至轻度，提高了滆湖自净能力和调蓄净化功能，也为削减入太湖污染负荷、改善竺山湾及太湖水环境质量发挥了重要作用。

（二）对国家及地方重大战略和工程的支撑情况

河口污染物拦截和水体强化净化前置库成套技术，综合运用系统结构优化、物理-生物拦截、生物消纳等手段，为2013年第八届中国常州花卉博览会成功召开提供了水环境保障，为湿地展区和主展馆的水域良好水质和优美生态环境做出了重要贡献。

（三）对流域水环境管理的支撑情况

（1）江苏省标准《平原河网区入湖河口污染物生态拦截技术指南》，规定了平原河网区入湖河口污染物生态拦截技术的总体要求、入湖河口水力调控技术、入湖河口生态净化技术和管理维护等方面的技术方法。

（2）中国环境科学学会团体标准《平原河网区入湖河口前置库技术指南》，规定了平原河网区入湖河口前置库技术的总体原则、工艺设计和维护技术等方面的技术方法。可指导河口生态环境改善工作，减少入湖污染负荷，为维护湖泊及流域生态系统稳定提供保障。

技 术 来 源

- 太湖运河与湖荡区水污染控制技术与工程示范（2008ZX07101007）
- 湖荡湿地重建与生态修复技术及工程示范（2012ZX07101007）
- 武南区域河湖水系综合调控与生态恢复技术集成与示范（2017ZX07202006）

48　过水性湖荡水生植被生境改善成套技术

适用范围：过水性湖荡生态修复工程需求；湖荡沿岸没有工业和生活污水排入湖荡，非汛期湖荡水位常态波动范围为1~2 m。

关 键 词：过水性湖荡；生境；底质；生物多样性；水生植物；生态修复

一、技 术 背 景

（一）国内外技术现状

过水性湖荡是保障清水入湖的重要生态单元，还担负行洪、航运和农业灌溉等服务功能。过水性湖荡的水文过程和情势复杂，水质污染和生态系统退化严重；另外调水引起的水位反季节抬高，对沉水植物越冬及复苏带来不利影响。恢复其健康生态系统结构与功能，首先须有效改善湖荡水生植被生境条件及弹性适应能力。

目前关于过水性湖荡污染治理研究较多，而关键物种赖以生存的生态环境条件保护技术较零散，缺乏针对过水性湖荡水文特征下有效改善生境的方法。过水性湖荡生境改善应从底质和水体生境营造进行系统考虑。国内外对于底泥内源污染修复如底泥清淤已有工程案例，而关于基底促进沉水植物春季萌发的生境改造技术匮乏。将底泥污染治理和底质生境改善进行有机结合，是该领域的技术发展方向。

水体光照是沉水植物生长维持的关键因素。除了防控蓝藻水华外，降低水体悬浮颗粒物/胶体含量也是湖荡水体透明度提升的关键，目前报道的拦截打捞及絮凝沉降等方法实用性较弱。生态系统结构完整性，反映了在外来干扰下系统自组织净化修复能力。受环境污染、水文波动等影响，过水性湖荡栖息地退化严重、土著滤食性鱼类减少，而恢复开放性水体土著鱼类及提升生物多样性的技术亟待开发。

（二）主要问题和技术难点

过水性湖荡是河-湖水系连接的关键节点，其过水性特征受到自然和人类活动的双重影响，生态系统完整性易受冲击，进行生态修复面临着水位反季节变化、基底条件差、水体透明度低等生境不佳多重胁迫。主要技术难点为：

（1）过水性湖荡中客水持续性输入导致光衰减的颗粒和有色物质，如何连续有效提升湖荡水体透明度。

（2）水网反季节调水和汛期泄洪导致湖荡时常处于高水位，如何使底质适合沉水植物春季萌芽及生长演替。

（3）客水水量水质波动大，外界强烈干扰下如何进行滤食性生物调控和生物完整性增强。

（三）技术需求分析

过水性湖荡生态系统的恢复工程还没有取得理想的效果，需要研发适应水位常态波动下非过水主通道区域沉水植物稳定恢复的基底地形塑造、薄层蓝藻水华自然收集、开放水体的生态完整性增强和水体透明度提升等技术，以实现过水性湖荡生态系统自组织修复、水生植物群落季节自然更替。

二、技术介绍

（一）技术基本组成

针对水网调水导致反季节和汛期的高水位波动、输入性负荷冲击大、底质环境复杂等过水性湖荡特征，以提高真光层与水深之比值范围为重点，形成了过水性湖荡水生植被生境改善成套技术（图48.1）。该成套技术包含过水性湖荡底质生境适生性改善、水体透明度强化提升、水体颗粒物生态去除3项关键技术。针对反季节/汛期高水位的问题，通过底质生境适生性改善，提升基底在春季光照强度；水体透明度强化提

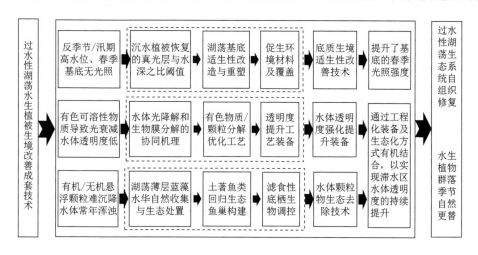

图48.1　过水性湖荡水生植被生境改善成套技术组成图

升和水体颗粒物生态技术，分别通过工程化装备及生态化方式，去除有色可溶性物质和悬浮颗粒物，以实现滞水区水体透明度的持续提升。这3项技术的有机组合，为沉水植被的稳定维持提供了良好基底/水体生境条件，对于过水性湖荡生态修复具有普适性应用价值。

（二）技术突破及创新性

1. 明确了湖荡沉水植被修复的阈值，研发了基底适生性改造与地形重塑技术，为水位常态波动的过水性湖荡底质生境改善提供了切实可行方法

为改善底质的生境条件、满足沉水植物在春季萌发的工程需求，通过现场调查和试验结合，明确了在长江中下游地区过水性湖荡沉水植被修复的阈值：水深小于1 m时，真光层与水深之比为0.7；水深为1~2 m，真光层与水深之比为0.85；水深大于2 m时，真光层与水深之比为0.95；另外，春季水草发芽，真光层能到达水底。在此基础上，进行基底适生性改造与地形重塑，创新性将湖荡底质生境改善与地形地貌关联，在不影响防洪条件下利用人工措施（清淤、开挖等）改变湖底地形形状，呈现暗岛-深沟面积之比为6∶4（或7∶3）的相间交错格局，浅滩暗岛的水体真光层与水深比值春季能达到0.95以上。在暗岛新生泥水界面覆盖固磷促生环境材料，该材料添加固磷降氮的环境友好无机材料经缺氧加热制备而成，通过覆盖抑制底泥营养盐释放，提高水生植物扎根强度及氧气在底质中渗透深度，改善底质生境，促进水生植物在基底着根及生长。该技术基本破解了过水性湖荡关键区域基底长期无光照的难题，提升了真光层与水深的比值范围和栖息地环境质量，保障了水位汛期和反季节波动1~2 m时下沉水植物能够维持生长，较未生境改善地区水生植被恢复率提高20%以上，提升了抗客水波动冲击的弹性能力。

2. 阐明了水体中生物分解-光降解的协同机制，创制了水体透明度强化提升装备，为滞水湾区水体常年浑浊问题解决提供了具体的工程手段

过水性湖荡中的非过水通道是生态修复重点关注场所，其中滞水区湖湾受外界影响水体常年浑浊，主要为有色有机质和有机/无机胶体颗粒。根据水体活性自由基和微生物群落分析，明确水体光降解分解大分子难降解有色物质，而微生物膜分解易降解有机物的联合协同机制，进而耦合水动力循环过程，重点围绕水体有色物质/颗粒高效去除，创制了水体循环和透明度同步提升装备。该装置采用光降解与生物膜分解单元依次串联工艺，光降解功率优化为25W，通过低耗能曝气提水实现了水体在装置内的循环处理，长期直接运行费用不高于0.15元/t。在滞水区湖湾、水深不超过3 m，单台作用面积2000~3000 m^{2}时，有色可溶性有机物和颗粒去除率达到50%，滞水区透明度提升30%以上，有助于滞水湾区水体常年浑浊问题的解决。

3. 根据湖荡水动力及滤食性生物特点，发展了水体颗粒物自然及生态去除方法，保障了湖荡滞水区水体透明度持续提升

针对湖荡夏季中薄层蓝藻水华，利用闸控河口，发展了结合地貌、风向、水动力的湖荡薄层蓝藻水华自然收集方法，再运用河口强化湿地进行处置，有效防止湖荡生态系统退化。针对过水性湖荡水文过程多变、水生态结构完整性不易恢复的难题，优选滤食性贝类品种，将底栖生物从湖底向上立体悬挂和湖底投放相结合，主要进行底部50 cm颗粒过滤去除；研制出一种新型人工生态鱼巢装置，该装置创新性地利用了生态浮床作为载体，依据土著滤食性鱼类特性选择特异性填料，并将浮床水生植物根系与框式鱼巢一同纳入鱼类的产卵基质，显著提高了整个鱼巢装置的产卵面积与繁殖效率。该技术能够适用于过水性/开放性水体，在水位常年波动1～2 m的开放水体中，可有效保障土著鱼类回归，湖荡鱼类多样性提升30%以上，实现水体透明度及生物多样性双重提升，增强过水性湖荡生态系统自身弹性恢复潜力。

（三）工程示范

在4600多亩的无锡地区望虞河西部过水性湖荡生态修复工程中进行了技术示范应用，通过生境提升，形成季节演替稳定的水生植物群落结构，受到地方部门的肯定。同现有的水生植被修复技术相比，成本降低10%以上，生境条件改善费用不超过80元/m²，水生植被恢复费用不超过50元/m²。示范核心区近岸水域水生植被覆盖度从低于10%提升至40%。湖荡示范区底栖动物生物多样性提高32.3%，鱼类生物多样性提高34.5%，水生生物群落与生态系统功能得到较高程度恢复，提升了过水性湖荡生态系统完整性及弹性适应能力。

（四）推广与应用情况

该成套技术已在全国多地进行了应用，取得了良好反响。至今，成套技术已在30多项水生态修复工程进行了应用，累计修复水域面积600万m²以上，经济和社会效益显著。

成套技术推广提升了湖库及湿地生态治理修复效果。南京莫愁湖生态治理工程，应用了基底适生性提升技术，进行沉积物-水界面磷释放控制，在此基础上对全湖进行沉水植物修复，构建了清水湖泊水生生态系统。贵阳市梯青塔湖荡湿地工程，通过成套技术应用，在净化水体营养盐的同时提升了水体透明度，有效保障了贵阳市饮用水安全。成都新华公园提升工程，对公园内景观湖泊的污染底泥采用上下翻耕的方式实现了底泥污染的快速控制，为生态修复创造了条件。洪泽湖养殖迹地生态修复项目，应用了大型底栖动物栖息地营造，实现了底栖动物群落恢复及水质净化的协同效果。

为入湖库河口河道生态修复提供了强有力科技支撑。近3年，无锡市锡山区厚桥街道河湖治理投入超3000万元，成套技术中的河口强化湿地、水生态环境长效维持管理等成果得到了推广应用。无锡市东北塘街道和太湖街道11条河道综合整治工程，也应

用了基底修复、生态浮岛等技术，提升河道自净能力，助力水生态系统恢复。镇江市茅山李塔水库河口工程应用了强化湿地构建技术，构建了串联式多功能性蓄水塘、多级拦泥拦沙堰、强化人工湿地的组合工艺，有效发挥了水质净化以及水生生物多样性提升等作用，保障了备用水源地安全。

三、实 施 成 效

成套技术对于望虞河西部湖荡水生生态系统修复及生态功能恢复具有显著作用，整体改善了望虞河西部湖荡生态环境质量。望虞河西部湖荡所处街道内市考断面达标率100%，2018~2020年间宛山荡生态系统健康评估值从63.78增加到70.34，保障了望虞河和宛山荡相连的钓郱大桥国考断面稳定达到地表水质Ⅲ类，从而提升了区域的整体形象和生态品质，获得了地方政府部门和居民的高度认可，得到当地媒体的宣传报道。另外，结合水草收割长效管理，有助于湖荡系统从碳排放转变为碳固定。

该成套技术为长期稳定、生态功能健全的过水性湖荡连片水生态系统构建提供了技术支撑，实际应用于太湖生态岛（列入江苏省"十四五"规划纲要）的规划及新一轮滇池水体治理方案的编制。基于成套技术的核心成果，撰写的《关于加强鄱阳湖枯水期生态水位控制的提案》，被全国政协十三届三次会议正式作为全国政协提案，受到国家有关部门高度重视；提交的政务信息《中科院专家建议提升乌梁素海生态自净能力促进黄河流域生态保护》被中办采用。

技 术 来 源

- 望虞河西部湖荡健康生态系统构建技术研发与工程示范（2017ZX07204005）

49　缓冲带低污染水调蓄净化成套技术

适用范围：湖泊缓冲带生态构建以及环湖区域径流水质净化。

关 键 词：缓冲带；库塘湿地；调蓄湿地；脱氮除磷；乔灌草带；拦截净化；径流长度

一、技 术 背 景

（一）国内外技术现状

　　湖泊缓冲带是流域人类开发利区与天然湖泊之间的过渡区，也是拦截净化流域径流污染入湖的最后一道生态屏障。国外湖泊缓冲带更多关注岸边植被缓冲带对营养物、颗粒物的截留净化功能以及岸边带生物多样性保护作用。早在20世纪60年代欧美国家就开始利用天然低洼地构筑湿地，处理地表径流中的悬浮物并利用植物去除养分；20世纪80年代，湖泊岸边植被带作为湖泊缓冲带开展了较多研究，植被带的宽度设计是关注的重点，植被的类型与空间结构、岸坡坡度、土壤基质、区域降雨等都是植被带技术设计的重要考虑要素。同时，岸边带的生境异质性和植被多样性，岸边带水生动物的保护也越来越受到高度重视，近年来，植被带对地下径流的净化效果也受到关注。

　　我国湖泊缓冲带是在湖滨带生态修复技术基础上发展起来的。由于我国湖泊流域往往是人类活动较为强烈的区域，"十一五"后，我国又提出在湖滨带外围构建湖泊缓冲带，其功能主要是应用生态工程技术对入湖低污染水进行强化净化，并在高原湖泊、东部平原湖泊等进行规模化示范研究。如何建立高效的低污染水"截、蓄、净、回、用"体系，以构建更为有效的入湖生态屏障，是我国缓冲带生态修复技术的研究热点。

（二）主要问题和技术难点

湖泊缓冲带由于受流域农田、建设用地等的侵占，缓冲带变窄甚至消失，入湖径流净化功能下降或丧失成为湖泊生态环境的主要问题之一。湖泊缓冲带以入湖低污染水净化为主要功能，然而，入湖低污染水类型多、径流途径复杂、水量大、水质水量波动性强，其有效截留净化是技术的难点，主要表现在：①针对水质水量剧烈波动的入湖径流，如何建立结构相对稳定、性能可靠、用地效率高的净化系统；②如何利用陆生生态系统向水生生态系统过渡的区域特点，构建生态结构合理、拦截净化效率高的植被过渡区；③针对不同类型径流及污染特征，如何通过不同技术构建径流污染高效截留滞蓄的组合方式。

（三）技术需求分析

由于缓冲带入湖径流的差异性变化特征及对湖泊富营养化的影响，亟须研发以生态净化措施为主的污染负荷的深度净化技术。具体需求体现在以下方面：①入湖径流污染通量变化特征及负荷高效截蓄方法；②不同类型库塘湿地及组合对低污染水N、P的协同净化；③湖泊水位变化对湖滨湿地净化效率的影响；④低污染水N、P及水量资源利用方式及利用需求变化规律。

二、技 术 介 绍

（一）技术基本组成情况

该成套技术是在湖泊流域层面考虑、在湖滨高水位线外围的缓冲带范围设计的低污染水净化成套技术，利用变水位湿地调蓄暴雨初期营养含量相对较高的径流，植物碳源、红壤基质强化脱氮除磷，同时利用分区植被带错流拦截净化湖滨漫流，形成高效净化系统。

成套技术由调蓄经济湿地净化、乔灌草拦截净化隔离两个单元组成（图49.1）。调蓄经济湿地净化单元主要截留流域径流长度相对较长（0.5～5 km）径流区较大沟渠径流，沟渠径流通过雨量及水位感知翻板闸调蓄，截蓄暴雨初期或水量较小的径流（旱季），径流分别经过调蓄塘调蓄、植物碳源强化的挺水植物湿地单元脱氮、红壤改良的沉水经济植物湿地单元除磷、灌溉回用单元调度灌溉，或配水进入乔灌草拦截净化单元净化。调蓄湿地面积单元占径流区面积2%～5%，湿地水位调蓄幅度0.5～2m。调蓄塘、挺水植物湿地子单元占单元面积比30%～50%；红壤厚度3～5 cm。

乔灌草拦截净化单元一般拦截径流长度较短（＜0.5 km）的湖滨漫流（雨季），并接纳水量优化配置的初步调蓄净化后的沟渠径流（旱季）。湖滨漫流经过由草本区、陆生乔/灌草区、湿生乔草区错流经过植被带净化带进行净化。同时，部分浅层地下径流在水深较深的沉水植物湿地单元进入地表，或与植被带根区与植被带被作用被部分净化。植被带净化带最低宽度30～100 m；草本区、陆生乔/灌草区、湿生乔草区3区宽度按（20%～40%）∶（30%～60%）∶（20%～50%）配置。

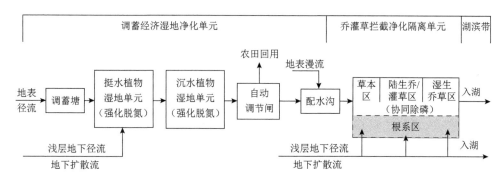

图49.1 湖泊缓冲带低污染水调蓄净化成套技术组成图

（二）技术突破及创新性

1. 创新了以调蓄经济湿地为核心，"分、截、蓄、净、用"一体的入湖沟渠径流污染控制技术，解决了入湖径流处理效率低和处理成本高的难题

调蓄经济湿地净化技术创新采用了"分、截、蓄、净、用"一体的方式，"分"即农田上游清水、灌溉水等清水与农田径流高营养水分离，分区收集的方法，提升沟渠汇流区径流氮磷浓度；"截"即根据径流氮磷污染特征，控制暴雨期截留时间或截留水量的方法高效截蓄初期径流污染；"蓄"即湿地整体大水位变化调蓄运行、耐水淹植被群落配置；"净"即采用塘整流、植物碳源强化挺水植物湿地脱氮、红壤强化沉水植物湿地除磷协同（图49.2）；"用"即采用泵抽提至灌渠农田用水期回用。同时充分利用藕、慈菇、海菜花、螺贝等经济动植物，大大降低湿地的运行维护成本。在占径流区面积2%～5%的调蓄净化湿地，能够拦截流域30%～50%初期径流，截蓄50%～70%径流污染物；总氮、总磷和悬浮物负荷分别削减率可达20%～40%、30%～60%和40%～60%；并能维持湿地微利运行。

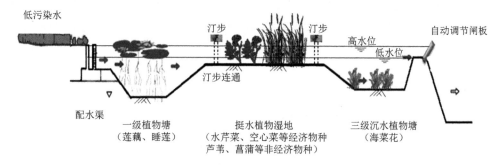

图49.2 低污染水新型调蓄经济植物湿地结构示意图

2. 提出了乔灌草带拦截净化隔离带最低宽度，创新了三区植被结构及分区错流拦截技术，解决了环湖植被屏障带构建的难题

明确提出了环湖漫流氮磷协同控制的乔灌草带的最低宽度100 m，并以"洱海一级保护区"法定名义及宽度固定；提出了环湖"乔灌草"带的空间结构，即上部草本（混播草、百慕大等）、中部陆生乔木（女贞、垂丝海棠等）、下部湿生乔木（云南柳、水杉等）的三区结构及错流水流方式（图49.3）（发明专利：一种扇形多维错流式复合陆生植物缓冲带及其构建方法，ZL201510103809.1），提升了植被带拦截净化的处理效果，同时又充分发挥了水土保持和生物栖息地保护等功能。

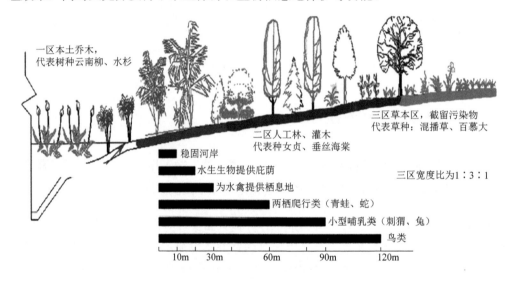

图49.3　乔灌草植被拦截净化隔离带的3区生态结构示意图

3. 采用调蓄净化湿地与植被拦截净化隔离带组合结构，突破了沟渠径流、环湖漫流同步控制，并部分控制浅层地下水入湖污染的技术难点

创新地将入湖径流按径流长度（约0.5 km）或径流区大小将径流划分为沟渠径流和环湖散流，采用沿沟渠纵向调蓄净化和环湖横向拦截净化相结合的方式，同步控制两类径流污染；同时，利用沉水植物塘与高氮的浅层地下径流区打通，将部分高氮的地下径流引入地表净化，以及植被带丰富的根区对浅层地下水净化，控制部分高氮入湖潜流，充分发挥湖泊缓冲带的环湖屏障作用。

（三）工程示范

工程示范区位于洱海北部永安江下游流域（图49.4和图49.5）。面积4.85 km²，主要分小街排灌沟调蓄经济湿地、白马登村复合湿地、东湖—马厂村复合湿地以及湖滨湿地4个工程片区。该示范工程在北部河流冲积扇型缓冲带，以村镇及农田径流调蓄净化、环湖林草地净化和河口湿地净化为主，构建了外圈村镇径流截蓄净化带、中圈绿色经济带及内圈调蓄经济湿地带与环湖林草绿色隔离带的4.85 km²缓冲带构建与低污染水处理集成技术示范区，工程建成后，农田径流控制率达到60%，总氮、总磷和化学需氧量负荷分别削减34%、58%和32%，植被盖度由35.3%提升到63.3%，水生和湿生植物平均生物量由2.35 kg/m²提高到3.68 kg/m²、生物多样性Shannon-Wiener指数由0.58提升到1.11。

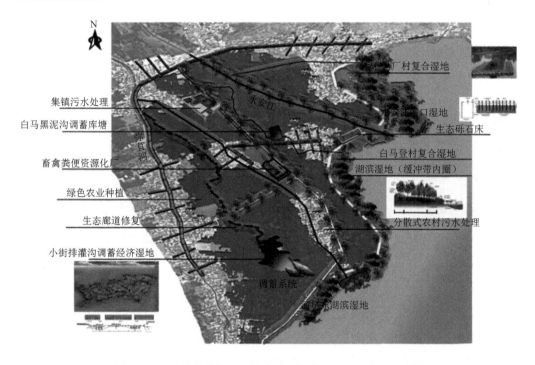

图49.4　缓冲带构建与低污染水处理示范工程平面布置示意图

图49.5　缓冲带构建与低污染水处理示范工程

（四）推广与应用情况

该成套技术有力支撑了"大理市洱海环湖截污二期工程"库塘湿地体系建设（图49.6），根据低污染水新型调蓄湿地技术，提出了洱海坝区库塘湿地面源控制模式，设计了农田-村落型生态库塘和城镇污水厂尾水型库塘等工艺，即"上游调蓄-中游调蓄净化-下游净化"的库塘体系构建，支撑了环洱海坝区15万亩农田径流污染控制，5400亩库塘湿地工程的建设，工程总投资7.3亿元，实施后削减化学需氧量3224.6 t/a；总氮798.5 t/a；总磷103.0 t/a；氨氮417.0 t/a。

图49.6　"大理市洱海环湖截污二期工程"库塘湿地体系建设

三、实 施 成 效

通过该成套技术在洱海流域的实施与推广，目前已实施坝区5000多亩农田调蓄净化库塘湿地建设，3000多亩河口净化湿地建设，环湖1806户客栈及农户生态搬迁，岸线长度129 km面积近万亩湖滨缓冲带修复，每年可削减入湖约30%的总氮、总磷负荷，生物多样性指数持续升高，其中总磷基本达到Ⅱ类，入湖河流及湖泊生态环境呈现向好的趋势，有力支撑了洱海流域实现保护治理目标。

该成套技术支撑了《洱海保护管理条例》中洱海生态环境保护"三线"划定，为洱海水生态保护区核心区范围内的1806户居民生态搬迁提供科学依据；为《洱海保护治理与流域生态建设"十三五"规划》与《洱海保护治理规划（2018—2035年）》中"分区保护"的相关规划内容提供了理论支撑；为《洱海流域山水林田湖草一体化保护修复工程实施方案》中湖滨缓冲带修复方案提供了重要技术支撑，助力洱海流域保护治理。

技 术 来 源

• 洱海低污染水处理与缓冲带构建关键技术及工程示范（2012ZX07105002）

---

50 多自然型湖滨带生态修复成套技术

适用范围：平原河网区大堤型湖滨带、陆岸型湖滨带的生态修复，尤其是强风浪导致生态退化的湖滨带修复。

关键词：生态退化驱动因子；消浪；多自然型基底；水生植物恢复；生态修复；湖滨带

一、技术背景

（一）国内外技术现状

湖滨带是湖泊水域生态系统与陆地生态系统之间的生态交错带，健康湖滨带具有截留净化污染物、改善水质、提高生物多样性、提供生物栖息地等多种生态功能，是湖泊的天然保护屏障。然而由于不合理的人类活动破坏了湖滨带结构，导致湖滨带水生植物减少甚至消亡，湖滨带生态功能退化成为普遍现象。随着湖泊生态环境问题的出现，西方发达国家除德国、荷兰等在少数湖泊开展了生态岸坡建设，或者通过适当防护恢复挺水植物外，主要是通过严格的污水处理措施减少排入湖泊的污染负荷，少数湖泊同时采取退出湖滨带内的人类活动，把湖滨空间还给湖泊，很少采取湖滨带生态修复工程措施，因此湖滨带修复技术研究不多。东方的日本、韩国则在湖滨带生态修复方面开展了大量的技术研发及工程应用，采用生态驳岸、浮岛等进行近岸防护，恢复水生植物；也有对大堤进行自然化改造，甚至重构自然湖岸，工程投入巨大。这些措施的前提也是高标准的污水处理。而我国在20世纪六七十年代，大量围湖造田、围湖建鱼塘，随后在八九十年代又高标准修建防洪大堤或建设硬化驳岸，这些活动直接侵占了大量的湖滨空间，破坏了湖滨湿地，湖滨带生态功能严重退化。随着湖泊富营养化问题和藻类水华现象的日益严重，我国在湖泊治理的实践中，把湖滨带生态恢复作为一项重要措施，开展了大量的研究。这些研究主要是在水专项项目资助下开展的，可以说湖滨带的生态修复技术的发展是与水专项研究基本同步的，是水专项的成果。我国的湖滨带生态修复与国外相比，有更多的限制条件，防洪功能是第一位的，不能破坏大堤；不能减少或占用湖面水体；水污染依然严重；水华藻类在近岸堆积现象普遍。在这种条件下，国内湖滨带生态修复的人工干预较重，各种技术很多，也逐渐摸索出一条可行的技术路线。主要内容包括生态清淤、水质改善、消浪、水生植物恢复、食物网调控等技术；小型湖泊有成功的案例，大型湖泊少有成功的。整齐划一的工程措施违背了生态修复的多样性原则，针对不同类型、不同退化程度和退化原因湖滨带，以"近自然"修复法，开展"多自然型"湖滨带生态修复技术的研究还十分薄弱。

（二）主要问题和技术难点

我国湖滨带类型多样，退化特征各不相同，而且导致相同退化特征的因素也不一样，需要在诊断的基础上识别出湖滨带退化的驱动因子，才能进一步采取技术措施，修复健康的湖滨带。湖滨带生态修复的主要问题是如何抓住驱动因子这个主要矛盾，通过技术缓解或去除不利影响，改善生境条件。技术难点是创造多样性和异质性的生境条件，恢复多样性土著生物，构建相对复杂的食物网，促进恢复后的湖滨带生态系统达到稳定和自维持状态。

（三）技术需求分析

针对上述问题和技术难点，技术需求主要体现在以下几点：

以湖滨带生态系统健康变化为依据，识别湖滨带退化的驱动因子，是开展湖滨带生态修复的必要前提。目前关于湖滨带生态退化驱动因子多属于定性描述，或者直接把影响因子当作驱动因子，缺乏科学的量化分析。

缓解或去除驱动因子影响，构建多样性和异质性的生境条件，都需要技术，这是湖滨带修复的具体手段。在湖滨带内，修复湖滨带基底的多样性是提高生境异质性，促进湖滨带生态健康和稳定的有效手段，也是恢复"多自然型"湖滨带的重要基础。

修复以大型水生植物为主体的湖滨带生态系统，既要能有效筛选出适宜不同水深的植物先锋种；又要根据不同湖滨带的特点，采取不同的植物配置，逐步恢复多样性土著生物，实现大型水生植物"多自然型"的特点，这是湖滨带修复的目标。

二、技 术 介 绍

（一）技术基本组成

"多自然型"湖滨带生态修复成套技术主要包括湖滨带退化驱动因子识别、湖滨带"多自然型"生境改善和湖滨带"多自然型"大型水生植物恢复三个技术环节，每个环节的技术组成见图50.1，以下分别对这三个技术环节进行概要阐述。

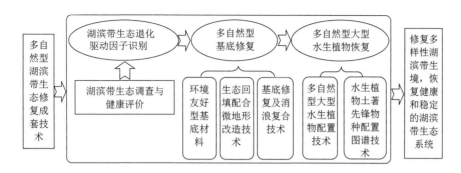

图50.1　多自然型湖滨带生态修复成套技术组成图

1. 湖滨带生态退化因子识别技术

湖滨带生态退化的实质是生态系统健康受损，影响生态系统健康的环境因子很多，相互作用，主次难分。该技术以湖滨带生态系统健康为主要目标，运用"多元线性逐步回归法"和"偏相关系数法"对影响湖滨带生态系统健康的环境因子进行排序，识别引起环境因子变化的原因，找到湖滨带生态退化的驱动因子。该驱动因子识别技术能够量化分析影响湖滨带退化的因子，有效提高湖滨带生态修复技术选择和应用的准确性和科学性，减少了主观判断的模糊性和不确定性。

2. 多自然型生境改善技术

在湖滨带退化驱动因子识别的基础上，以改善水生植物恢复的生境条件为主要技术目标。在湖滨带生境改善中，基底修复是关键。运用环境友好型材料进行生态回填配合微地形改造，构建出异质多样、形态变化的湖滨基底，并结合消浪设施营造出不同的水动力环境，形成多样性的栖息环境，从而满足不同水生植物及水生动物生长需求。因地制宜是生境改善技术的关键，过犹不及。湖滨带基底的稳定性、与先锋植物定植相关的基底适宜性（沙质、泥质、氮磷有机质含量）、水体透明度以及极端条件下水动力的破坏性，是湖滨带生境改善的关键参数，这些参数在反馈机制的作用下具有较大的弹性空间。

3. 多自然型水生植物恢复技术

生态系统多样性是由生境多样性决定的，与每一种生境相适应的自然湖滨带是湖滨带生态修复的参照系。因此，与"多自然型"生境条件相适应的湖滨带水生植物也体现出"多自然型"，主要技术内容包括：水生植物的四重筛选技术（筛选土著物种-筛选适宜目标区域生长的物种-筛选环境效益好的物种-筛选群落共生稳定的物种），选择适宜的水生植物和群落组合；全系列与半系列湖滨带植物配置技术，构建适用于不同类型条件的湖滨带植物空间配置模式；以及水生植物的季节变化及水深配置区间的选择图谱技术，用于指导湖滨带水生植物恢复中的物种配置和物种最佳种植时间与深度选择。

（二）技术突破及创新性

该成套技术适用于大堤型湖滨带水生植被恢复、湖滨带生态功能和环境功能修复。

1. 湖滨带生态退化驱动因子识别方法及应用具有创新性

以湖滨带生态系统健康为评价依据，联合运用"多元线性逐步回归法"和"偏相关系数法"，建立了湖滨带生态退化驱动因子识别方法，识别结果可以作为湖滨带生态修复技术选择的方向和重点。这项技术将湖滨带退化原因的分析由定性判断发展到定性判断和定量分析相结合，有利于更加科学和客观地确立湖滨带生态修复的重点和方向，这一方法具有创新性。

2. 就地取材循环利用环境友好型材料开展 "多自然型"基底修复的技术思路具有创新性

就地取材循环利用环境友好型材料开展"多自然型"基底修复，一方面突破了我国《水法》第四十条禁止围湖造地的限制。在不减少湖容和影响行洪的前提下，结合湖泊疏浚清洁底泥的生态回填处置，使得湖滨带基底修复在法律上具有可行性。另一方面，利用湖泊清洁底泥进行微地形改造，构建出异质多样、形态变化的湖滨基底，并结合消浪设施，营造出适宜的水动力环境，有利于水生植物定植，形成多样性的栖息环境，从而满足不同水生植物及水生动物生长需求。另外，结合基底修复因地制宜构建的导藻沟，在富营养化严重的湖泊，也有利于改善生境条件。

湖泊疏浚的清洁底泥属于环境友好型材料，可以作为资源进行循环利用。生态回填配合微地形改造技术（图50.2），不仅能满足挺水植物生长需要，还满足了沉水植物对水下光场、透明度和光补偿点、真光层等参数的需求。对比了斜面型、平面型、凹面型、凸面型和多起伏型5种不同的基底形态，筛选出多起伏基底构建更有利于污染物的去除，两个起伏峰距一般在峰底1倍以上；单峰峰底长度一般在2～10 m，多个峰相连时宜构建成不同峰高的深浅滩形态。另外，基底修复还与多类型的消浪模式相结合（图50.3），形成抛石修复、木桩修复、潜堤+浮式消浪修复技术，解决了多自然型湖滨带生境构建的多样性问题，实现了植物定植率提高50%～80%，消浪效果可达50%～70%。

图50.2　生态回填与微地形改造技术

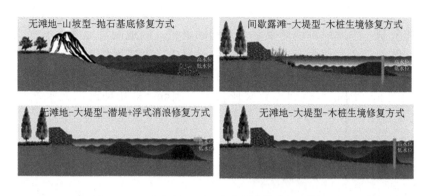

图50.3 "多自然型"基底修复技术应用示意图

3. 根据不同类型湖滨带的水生植物特征，构建典型的"多自然型"水生植物配置模式，有利于推广应用

针对空间结构差异、时间节律变化，研发了多自然型的湖泊全系列、半系列植物配置技术，为逐步形成能够自我繁衍更替、生态功能健全的植物群落提供了保障。健康湖滨带具有从陆生到水生生态系统比较完整的过渡带结构，通常由陆生植物、湿生植物、挺水植物、浮叶植物、沉水植物等不同生活型的植物种群构成比较完整的植物群落。针对不同类型湖滨带现状，因地制宜地研发了全系列与半系列湖滨带植物配置技术。

（1）全系列植物配置技术主要应用于湖岸坡度比较缓和、底质适合于植物生长的湖滨带，从陆生到水生过渡带内的各种生活型的植物类型系列比较完整，主要包括陆生植物带、湿生植物带、挺水植物带和浮叶、沉水植物带。全系列的植物配置模式见图50.4。

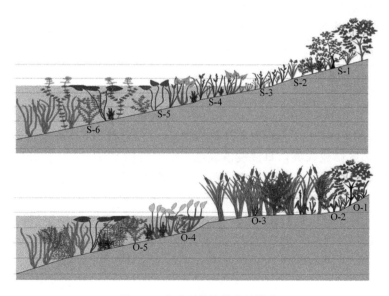

图50.4 全系列的植物配置模式

（2）半系列植物配植技术适合于由于地形、底质、水文条件、湖滨带使用功能和人文景观的限制，不能或难以修复全系列的湖滨带，因地制宜地减少不宜或不能生长的植物带。例如，在太湖西五里湖湖滨带的修复中，湖滨区的人文景观很多，大部分湖滨带不适合恢复挺水植物，陆生植物和湿生植物的布置也受地形、景观和湖滨带使用功能的限制，因此半系列修复区比较多。图50.5是几种典型的半系列植物配置实景图。

图50.5　半系列的植物配置模式

4. 将水生植物土著先锋物种的季节及水深配置区间做成选择图谱，形式新颖、内容科学、易学易用、便于推广

在湖滨带生物恢复过程中，需针对不同类型湖滨带生境条件及功能需求，选择土著植物物种进行生态修复，尽量避免采用外来物种，防止生态风险。但是，由于推广应用人员相关基础知识的缺乏，工程应用中经常出现问题。太湖湖滨带为例，在长期研究的基础上，优选了3类12种土著植物作为先锋植物，综合考虑了太湖湖滨带不同先锋植物配置的最佳时间（季节）和水深区间，并结合各自的生长适应性，绘制了先锋植物配置图谱，用以指导太湖湖滨带生态修复工程建设。这一图谱具有地域特殊性，但是方法具有普适性，形式新颖、内容科学、易学易用、便于推广。

（三）工程示范

成套技术于2011年4月在太湖竺山湾宜兴市周铁镇沙塘西港到邾渎港岸段示范工程中应用（图50.6和图50.7），工程规模为总长度3 km，总面积0.37 km²。工程区由于在湖滨带的水位变幅区修建大堤，直接侵占湿地，水生植物大量消亡，污染重、夏季水华藻类堆积，生态退化严重。工程实施后第三方监测数据显示：风浪平均波高削减64%、波能削减67%，示范区内植物覆盖率由几乎为零上升到30%以上；逐步形成能够自我繁衍更替生态功能逐步健全的群落形态，到2020年水生植物自然向周边延伸12 km，基本达到了自维持状态，景观与生态状况有显著改善。

基底地形改造

图50.6　防波消浪与多自然型基底构建

图50.7　湖滨带水生植物恢复

（四）推广与应用情况

该技术在我国长江中下游地区的湖泊以及其他类似湖泊具有广泛的推广应用价值。

1. 在太湖生境条件最不利的西岸湖滨带重建3 km健康湖滨带，入选江苏省生态环境十大先进典型项目

湖滨带多自然型生态修复技术在江苏省宜兴市西太湖八房港段湖滨带生态修复项目中成功获得推广应用，入选江苏省生态环境十大先进典型项目。2017～2019年，在太湖西岸宜兴八房港水域，实施了湖滨生态湿地工程总长度3 km，宽200～260 m。生态修复后工程区水生植物覆盖率达到60%以上，减少了藻类腐解，底栖生物多样性提高了3倍以上。

2. 淀山湖青商路近岸水域生态带建设工程

在淀山湖实施了"青商路近岸水域生态带建设工程"，恢复湖滨带总面积约30000 m²，实施后工程区植被覆盖度达到78.9%，最终形成的主要植物群落9个，湖滨带景观效果得到极大提高（图50.8）。

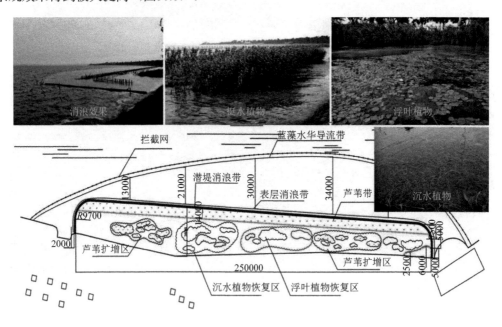

图50.8 淀山湖青商路近岸水域生态带建设工程效果

三、重大实施成效

1. 对流域治理目标实现的支撑情况

工程示范与推广应用，对于全面改善太湖地区的生态环境，带动和提升太湖周边环境的整体改善，具有十分重要的示范推动效应。在此基础上，编制了《太湖湖滨带生态修复方案》，并已经纳入到江苏省太湖水环境综合治理实施方案中，指导了太湖约576 km²的湖滨带水生植物的恢复工程，预期扩增后植被覆盖率增加14%，从而达到30%的目标。该成套技术为太湖综合治理提供了重要的技术支撑。

2. 对国家及地方重大战略和工程的支撑情况

多自然型湖滨带生态修复技术，成功支撑了我国首份省级层面的生态缓冲带划定与生态修复的专项指导意见，编制的《浙江省湖库生态缓冲带划定与生态修复技术指南》2020年11月由浙江生态环境厅发布。

湖滨带多自然型生态修复技术也支撑了2020年生态环境部的重点工作之一《湖滨缓冲带生态保护修复技术指南》的编制工作，将为指导、规范我国湖滨缓冲带的划定及生态保护修复工作发挥重要作用，能够在本技术领域有效支撑我国环境管理向生态保护修复转型的重大战略。

技 术 来 源

- 湖滨带生态修复与缓冲带建设技术及工程示范（2009ZX07101009）

51 退渔还湖区水生植被多层次修复成套技术

适用范围：浅水湖泊退渔还湖区规模化的水生植被修复，需要长吹程消浪、改善基底维护水生植被的稳定，以及退渔还湖区初期生态系统构建、中期优化和后期维护各阶段的水环境管理和水生植被的管护。

关 键 词：水陆交错带；迎风岸坡；岛堤消浪；秸秆-PAM；基底改善；水生植被；配置；长效维护

一、技 术 背 景

（一）国内外技术现状

国外发达国家大多采用控制入湖营养负荷或清除湖泊中的鱼类等生物调控措施，使沉水植物自然恢复，逐步达到生态修复的目的。但是沉水植物恢复周期较长且沉水植物恢复后的"草型清水态"并不稳定，常常经过一段时间后生态系统发生再次退化为"藻型浊水态"的现象。

过去几十年，我国专家和学者在藻型富营养化浅水湖泊中进行了生态修复的实践，开展了"草型清水态"湖泊构建技术等方面的研究，这些探索为控制和治理湖泊富营养化、改善水质、恢复健康的湖泊生态系统提供了重要的参考和借鉴。但以往的生态修复工程实践和研究规模较小，通常在一定人工保护措施下开展修复，而人工保护措施一旦去除，所构建水生植物群落，特别是沉水植物群落很快会崩溃，健康生态系统难以长期、稳定维持。而规模化的生态修复，除了营养盐、植物配置等化学和生物条件的控制外，更大的难点在于风浪、水流等物理因子叠加之后，给水生植被的定植和稳定演替带来极大的干扰。因此，我国还缺乏大型富营养化浅水湖泊规模化生态修复技术的积累和成功案例，亟须开展相关的研究工作。

（二）主要问题和技术难点

20世纪70年代末到21世纪初的近30年间，太湖流域湖泊水面由于围垦等人为开发，面积减少了近100 km²。2007年蓝藻事件以后各级政府开展了大规模控源截污与排水达标区建设工程、"五退"（退耕、退渔、退厂、退养、退居）、"三还"（还湖、还湿、还林）等工程。其中大规模的退渔还湖工程实施后，退渔还湖区的生态修复工作始终存在以下技术难点：

（1）退渔还湖区位于陆域和湖区之间的过渡带，区域降雨径流与面源污染的输入，以及部分区域受蓝藻倒灌影响，风浪作用下浑浊度高，透明度低，不利于水生植被生长。

（2）退渔还湖区基底稳定性差，大规模水生植被修复缺乏相应的底质生境，亟须快速构建稳定基底的生境条件改善技术。

（3）退渔还湖区土著水生植物物种生境破碎、种群小型化，沉水植被规模化恢复工程技术成熟度低，开展规模化生态修复技术面临技术瓶颈。

（4）退渔还湖区修复初期生态系统自稳定性差，规模化生态修复工程实施后的长效稳定运行是一个难题。

（三）技术需求分析

针对退渔还湖区实施水生态修复存在的难点，亟待开展研发的技术需求如下：

（1）退渔还湖区规模化水生植被恢复的重要前提条件，即风浪抑制改善透明度技术的研发。

（2）针对退渔还湖区基底稳定性差的问题，快速稳定基底，保障沉水植被恢复的技术研发。

（3）针对退渔还湖区沉水植被规模化恢复工程技术成熟度低的难题，开展多层次、规模化水生植被恢复技术的研发。

（4）在长效运行管理方面，针对修复初期生态系统自稳定性差难题，开展规模化生态修复区水生植被预警阈值以及全过程管理技术的集成研发。

二、技 术 介 绍

（一）技术基本组成情况

退渔还湖区水生植被多层次修复成套技术（图51.1）包括生态堤岸基底构建与生境改善技术、多层次规模化水生植被重建技术、生态修复区的长效运行技术等，涵盖"基底—修复—运行"全过程的水生植被修复成套技术。

1. 生态堤岸基底构建与生境改善技术

针对近岸土壤水土流失与养分不均、重建基底底泥再悬浮、水体透明度低等问题，强化长吹程消浪技术的应用，同时采用无机与有机高分子按一定比例混合的土壤改良剂，有效改善土壤结构状况；利用抛石抑制底泥的再悬浮。在此基础上，形成"基底促沉降-快速稳定-水质改善"成套技术，有效地解决水陆交错带基底快速修复难题。

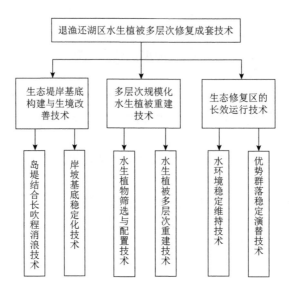

图51.1　退渔还湖区水生植被多层次修复成套技术组成图

（1）岛堤结合的长吹程消浪技术：为提高退渔还湖区下风向长吹程消浪效果，考虑区域弃土平衡，在退渔还湖区设计多个岛屿，利用清淤土干化堆岛，为水生植被生长和水生动物庇护提供多样化的生境，在起到消浪挡藻作用的同时，有利于水生植被，特别是沉水植被的修复和稳定维持。

（2）岸坡基底稳定化技术：利用"秸秆-PAM"土壤改良剂，配合构建"乔-草-被"（草本-地被）缓冲带，增强岸坡基底稳定性，有效改善基底土壤结构，快速实现岸坡基底稳定化提高的目标。

2. 多层次规模化水生植被重建技术

针对规模化生态修复的水陆交错带水位变幅大，建成初期水体透明度低、氨氮浓度高、部分区域水文条件复杂、植被群落及敞水区沉水植物自然恢复难等问题，研发突破了水陆交错带水生植物优配、多样群落构建与稳定、敞水区水生植被重建、多样性稳定维持技术，集成形成了从水陆交错带到开敞水域的湿生、挺水植物群落向浮叶、沉水植物群落过渡，以及从湖底到水面，从草甸型沉水植物群落到冠层型沉水植物以及浮叶植物群落过渡多层次、规模化水生植被重建关键技术。

（1）水生植物筛选与配置技术。筛选根系发达、生长快、耐水位变化的湿生、挺水和浮叶植物，生长快、耐污力强的先锋沉水植物和根系发达、耐低光、无性繁殖能力强的建群沉水植物，进行快繁和培育。其中，选用百慕大-芦苇-千屈菜-黑藻用于水陆交错带群落配置，选用营养盐和蓝藻耐受度高的篦齿眼子菜以及对水位和底质适应性强的密刺苦草用于敞水区群落配置，选用密刺苦草-微齿眼子菜-马来眼子菜用于水文多变区沉水植物群落配置。

（2）水生植被的多层次重建技术。提出了从湖底到水面，从草甸型沉水植物群落到冠层型沉水植物以及浮叶植物群落过渡的多层次重建技术，同时提出了规模化生态恢复区"分区修复-分步完善-分季维护"的"三分原则"。首先是"分区修复"，将湖泊划分为浅水区、中水区和深水区，根据水质、底泥、地形和群落组成情况选取沉水植物种类、种植时间和种植技术，种植沉水植物高净污先锋种，进行沉水植物群落构建；其次"分步完善"，对完成沉水植物先锋种群落构建的区域进行跟踪监测，水质达到Ⅲ类或Ⅳ类要求后，在浅水区、中水区和深水区分别增加伴生种，完善群落多样性构建；最后"分季维护"，对沉水植物群落进行维护管理，确保了夏季或秋季沉水植物群落的生物量在2000～6000 g/m²之间，冬季沉水植物群落的生物量大于600 g/m²，维持沉水植物群落的生物量和生物多样性稳定。

3. 生态修复区的长效运行技术

（1）水环境稳定维持技术。针对生态修复工程建成后难以长期稳定运行问题，开展示范区水质水量调控、前期水生植物种养、后期生态系统维护管控等，集成了专业化全过程管理技术，应用于修复区的日常管理，维持水环境的稳定，保障生态工程的长效运行。

（2）优势群落稳定演替维持技术。提出了一整套保障生态修复工程长效运行的预警阈值。沉水植物只有达到一定的生物量，提高了生物多样性，才可维持水质的稳定。当沉水植物关键物种低于阈值时，必须调整沉水植物群落结构，适时补种或者抑制某些种群植物的生长；生态修复区水体水质目标为Ⅲ类及以上，长效运行的目标是保证区域始终稳定在Ⅳ类以上水体。当水体水质劣于Ⅳ类，透明度<50 cm时，应及时采取相应措施，使水质恢复到Ⅳ类以上水质，保障修复区的稳定运行。

开展专业化全过程维护管理工作，优化生态系统建设初期水生植物种植的最佳植株长度、密度和配置方式，减少生态修复工程后期维护管理的工作量；运用水生植物维护管控技术，结合在线和定期监测，在示范区建成初期注意及时收割、合理控制先锋种的生物量阈值，实时掌握生态修复工程的运行情况，引入沉水植物清水种，丰富沉水植被的多样性，维持沉水植被的稳定演替。

（二）技术突破及创新性

针对入湖污染负荷高、蓝藻倒灌、退渔还湖区基底稳定性差、土著水生植物物种生境破碎种群小型化、沉水植被规模化恢复工程技术成熟度低、修复初期生态系统自稳定性差等问题，从生境改善、水生植被重建、长效运行管控等方面开展技术集成研发，形成了浅水湖泊退渔还湖区水生态修复工程成套技术，通过示范应用，提升了太湖及类似湖泊的规模化生态修复工程技术水平及管理能力。

形成了包含"生态堤岸基底构建与生境改善—多层次规模化水生植被重建—长效运行维护"全过程的平原湖泊退渔还湖区水生植被修复成套技术的标志性成果。成套技术适用于长江中下游的浅水湖泊（水深2～3 m）退渔还湖区的生境改善、植被修复工程。

1. 集成岛堤一体化长吹程消浪技术，研发了植物联合"PAM-秸秆"基质改良剂技术，突破了生态堤岸基底构建与生境改善的难点

强化长吹程消浪技术的应用，提高退渔还湖区下风向消浪效果为水生植被生长和水生动物庇护提供多样化的生境，在起到消浪挡藻作用的同时，有利于水生植被，特别是沉水植被的修复和稳定维持（授权专利：ZL201610261689.2；ZL201520657450.8）；同时针对重建基底底泥再悬浮、水体透明度低和生境条件亟待改善等问题，研发了植物联合"聚丙烯酰胺（PAM）-秸秆"基质改良剂技术，集成形成了基质持久稳定改善技术，突破了生态修复工程基质难以快速稳定和效果难以长期维持的瓶颈。将农业秸秆和聚丙烯酰胺按一定比例配制作为改良材料，不仅可以改善水生植物生长的基质养分，保证大型水生植物生长，同时能够改良基质结构，防治水土流失。其关键机理在于有机质和大团聚体状况决定了基底土壤稳定性好坏。秸秆提供的有机质降解为腐殖质，腐殖质有助于微团聚体黏聚为中粒径团聚体，而PAM的吸附架桥作用可将中粒径团聚体转化为大团聚体，从而显著改善基质持土保肥能力。改良效果最好的配比为3 g/kg 秸秆与1 g/kg PAM，改良后细粒物质含量提高，砂粒含量降低，容重减小14.92%，大团聚体含量提高42.81%，有机质、碱解氮、速效磷、速效钾含量分别提高42.70%、189.60%、31.80%和50.32%。研发的"PAM-秸秆"改良剂，使用费用为市场常用壤改良剂价格的70%，解决了生态堤岸基底修复与生境改善的难题。

2. 研发了水生植物筛选与立体配置技术，突破沉水植物-浮叶植物群落多层次重建技术难题

该技术适用于退渔还湖区水位变化大的滨岸带植被群落构建工程以及透明度低、水体营养盐含量高的浅水湖泊沉水植物恢复工程。

为了解决湖泊水生植被规模化修复和大幅提升氮磷净化能力难的问题，探索了湖泊生态修复不同水生植被群落组成以及湖泊生态系统的变化过程，发明了浅水湖泊沉水植物群落的筛选、配置与重建方法，提出了湖泊生态恢复区"三分原则"与相关的技术。首先是"分区修复"，将湖泊划分为浅水区、中水区和深水区，根据水质、底泥、地形和群落组成情况选取沉水植物种类、种植时间和种植技术，种植沉水植物高净污先锋种，进行沉水植物群落构建；其次"分步完善"，对完成沉水植物先锋种群落构建的区域进行跟踪监测，水质达到Ⅲ类或Ⅳ类要求后，在浅水区、中水区和深水区分别增加伴生种，完善群落多样性构建；最后"分季维护"，对沉水植物群落进行维护管理，确保了夏季或秋季沉水植物群落的生物量在2000～6000 g/m²之间，冬季沉水植物群落的生物量大于600 g/m²，维持沉水植物群落的生物量和生物多样性稳定（授权专利：ZL201610261357.4；ZL201310292384.4）。创新形成了生态修复区水生植被重建技术，保障了退渔还湖区规模化水生植被的多层次恢复、生物多样性稳定提高和高净化能力的维持。

3. 提出了一整套保障生态修复工程长效运行、优势群落稳定演替的技术，突破了生态修复工程难以长效稳定维持的瓶颈

针对湖泊生态修复工程难以长期稳定运行的问题，研发了大型水生植物维稳技术。开发了湖泊水质-水生态耦合模型，阐明了影响大型水生植物稳定的因素为生态调控提供了科学依据，保障了生态修复区的长效维持，并提出了一整套保障生态修复工程长效运行的预警阈值（授权专利：ZL201310737103.1；ZL201410545845.9；ZL201410451104.4）。针对沉水植物预警，沉水植物只有达到一定的生物量，提高生物多样性，才可维持水质的稳定。当沉水植物关键物种低于阈值时，必须调整沉水植物群落结构，适时补种或者抑制某些种群植物的生长。其次为理化指标预警，生态修复区水体水质目标为Ⅲ类及以上，长效运行的目标是保证区域始终稳定在Ⅳ类以上水体。当水体水质劣于Ⅳ类，透明度<50 cm时，应及时采取相应措施，使水质恢复到Ⅳ类以上水质。提出的预警阈值有力指导了湖泊水生态调控，保障了生态修复工程的长效运行。

突破了生态修复工程难以长效稳定运行的瓶颈，为类似的浅水湖泊规模化生态修复工程的长效运行管理提供了借鉴。

（三）工程示范

针对太湖贡湖退渔还湖区基底稳定性差、沉水植被规模化恢复程度低、自稳定性差等问题，在综合示范区2.32 km²（3480亩）内开展了工程示范（图51.2），通过成套技术的应用，有效地改善了示范区水体生态环境，提高了水生植物的成活率和建群效率，增强了生态系统的稳定性。综合示范区稳定运行5年以上，水质由初期的劣Ⅴ类提高到Ⅲ～Ⅳ类，氮磷浓度得到有效削减，透明度提高到100 cm以上，水生植物种数达75种，水生植被覆盖率50%以上。生物多样性大幅提升，水生态系统稳定，示范区有鱼类26种，水鸟23种，成为白眼潜鸭、红头潜鸭及白骨顶鸡等珍稀近危鸟类的停留和栖息地；规模化生态修复工程效果受到科技部、生态环境部和多个省级行政区领导充分肯定，该区域已成为无锡国际马拉松赛段的重要赛道，吸引了国内外大量游客前来游览，具备良好的社会效益。

<table>
<tr><td>（a）贡湖示范区远景</td><td>（b）贡湖示范区近景</td></tr>
</table>

（c）贡湖示范区沉水植物　　　　　　　　　（d）贡湖示范区水鸟

图51.2　贡湖综合示范区效果

（四）推广与应用情况

　　成果在湖北鄂州、山东淄博以及太湖流域苏州、宜兴等地推广应用（图51.3），累计实施修复面积34万m²（510亩），支撑和引领了当地的生态修复：①湖北鄂州洋澜湖生态系统构建与优化管理，2015～2017年将生态修复区生境改善和水生态构建等关键技术推广应用于湖北鄂州洋澜湖"浅水湖泊生态系统构建技术与优化管理研究"项目，通过生态系统构建，实现洋澜湖水体由浑水态向清水态转变，水质稳定维持在Ⅲ类水以上。②宜兴临溪河水生态系统构建，2016～2017年，将水生态系统构建技术应用于"宜兴临溪河水生态系统构建"工程。修复河道长约2 km。修复后水体透明度由30 cm提升至80 cm，水质稳定在地表水Ⅳ类标准。③淄博市孝妇河修复工程，2016～2017年将水生植物规模种植、群落构建、优化配置与稳定化技术推广应用于"淄博市孝妇河修复工程"，面积约24万m²（360亩），生态修复工程实施后水体总氮、总磷和高锰酸盐指数等指标均显著下降，达到地表水Ⅴ类，水体透明度100 cm以上，水生植物25种，覆盖度达65%。

（a）湖北鄂州洋澜湖　　　　　　　（b）宜兴临溪河　　　　　　　（c）淄博市孝妇河

图51.3　成果推广应用的效果

三、实 施 成 效

1. 对流域治理目标实现的支撑情况

在水质改善和生态重建方面,综合示范区在实施前为鱼塘,水质为劣Ⅴ类,水生生境严重破坏,生物多样性单一,透明度不足30 cm,蓝藻水华时有发生,自净功能基本丧失。通过成套技术应用,综合示范区内水质达到地表水环境质量标准Ⅳ类水湖库标准,水体透明度平均为100 cm以上。水生植物种类数恢复75种,综合示范区基本恢复自净功能,实现了清水还湖的目标。

在生态环境的改善方面,目前该区域已成为候鸟越冬栖息场所。经调查统计,综合示范区内共发现鸟类107种。其中包括被列入《国家保护的有益的或者有重要经济、科学研究价值的陆生野生动物名录》和《世界自然保护联盟》(IUCN)国际鸟类红皮书2009年名录中近危(NT)种的白眼潜鸭*Aythya nyroca*、红头潜鸭*Aythya ferina*及白骨顶鸡*Fulica atra*等。

太湖贡湖退渔还湖区示范工程已经成为无锡地方治太的亮点工程,有力支撑了区域生态文明建设。

2. 对国家及地方重大战略和工程的支撑情况

"生态堤岸基底构建与生境改善-多层次规模化水生植被重建-生态修复区的长效运行"成套技术应用于五里湖草型生态系统重构工程示范。五里湖生态修复工程是国家"十三五"水体污染控制与治理科技重大专项"太湖流域综合调控重点示范"项目三"梅梁湾滨湖城市水体水环境深度改善和生态功能提升技术与工程示范项目"的配套工程。成套技术的应用,大幅提高了五里湖1.1 km²水生植被覆盖率(>60%)和成活率(>40%),提高了生物多样性(>40%),取得了良好的生态效果和社会效益。

3. 成果转化及经济社会效益情况

太湖贡湖退渔还湖区经过生态修复技术的应用和示范工程的实施,极大地提升了太湖沿岸水体和景观的效果,多家媒体对示范区进行宣传报道,扩大了国家水专项的影响,取得了良好的社会效益。

综合示范区是加拿大女王大学、宾夕法尼亚州立大学、同济大学、南京大学等国内外20余所高校及科研院所的实习基地,已成为无锡国际马拉松赛段的重要赛道,吸引了国内外大量游客前来游览,每年接待游客100万人次以上,具备良好的社会环境效益。

4. 对流域水环境管理的支撑情况

在太湖贡湖区域开展的退渔还湖区生态修复研究及工程示范,促进了无锡市以及环太湖区域的水生态重建规划的制定与实施。水专项的集中示范,不仅对太湖新城贡湖区域健康水环境的构建有重要指导意义,也对太湖周边以及我国类似的湖泊水环境治理具有重要的指导意义，研究成果为我国湖滨城市区域的生态文明建设提供技术和管理支撑。

技 术 来 源

- 太湖贡湖生态修复模式工程技术研究与综合示范（2013ZX07101014）

52 河湖底泥环保疏浚与处理处置成套技术

适用范围：河湖内源污染异位处理的工程，对不同污染类型底泥经处理处置后可最终被当地接受和消纳的工程或区域，例如有生态湿地、绿化建设、道路岸坡修整、轻型建材等大需求量的区域。

关 键 词：河湖；内源异位处理；不同污染类型；生态湿地；绿化建设；道路岸坡修整；轻型建材

一、技术背景

（一）国内外技术现状

早在20世纪70年代，日本、美国及西欧等发达国家就投入了大量的人力、物力用于环保疏浚关键技术及设备的研究与开发，并关注有毒有害底泥对水生生物的影响及环境基准，针对不同污染类型底泥有专用的环保疏浚机具，同时拥有较为成熟的分类资源化利用技术，具备解决底泥上岸后的出路问题。我国从"九五"开始研究湖泊底泥疏浚技术，并在"十五"期间"863计划"太湖子课题提出了底泥环保疏浚的概念和指标，研究通过污染底泥氮磷总量确定底泥疏浚范围、深度的确定方法，并开始关注底泥疏浚过程对环境的影响，开发了"绞吸挖泥船高精度定位"及"双吸口防扩散环保绞刀头"疏挖精度从常规疏浚的100 cm提升至10 cm，完成了常规疏浚向环保疏浚的转变。总体而言处于起步阶段，尤其在疏浚装备方面研制和开发工作主要以引进国外先进环保疏浚装备为主。"十一五"后，我国开始研发自有环保疏浚装备，并针对高氮磷和有毒有害底泥，逐步开发了系列化和成套化的环保疏浚技术及装备，包括污染底泥工程勘察、底泥污染释放及生态毒性评估、精确环保疏浚、污染物防扩散、底泥调理脱水减量、余水达标处理、污染底泥安全处置和资源化的技术和装备，基本具备了较为完整的环保疏浚技术和产业化体系。环保疏浚技术已经与河湖生境修复相结合，并成为河湖生态修复重要的工程技术手段。

（二）主要问题和技术难点

我国湖泊底泥污染问题突出，太湖、巢湖、滇池、白洋淀等湖泊底泥污染已成为制约湖泊富营养化控制的关键因素之一，而底泥环保疏浚技术是治理污染底泥最重要的方法之一。在"十一五"之初，经过近十年的研究，环保疏浚技术已有了长足的进步，从引进到消化吸收，并开始注重专用化、环保和效率，但依然存在较多的问题。对疏浚范围、厚度的精确鉴别、施工方式和装备的选用、大规模底泥处理处置后的去处问题都是直接关系到环保疏浚效果好坏及工程费用高低的制约因素，也是打赢污染防治攻坚战，消除内源污染的瓶颈问题。

技术难点1：污染底泥勘测取样精度不足

湖泊表层浮泥和流泥含水率高、颗粒细小、污染物复杂、活动性强，常规勘测取样装置难以做到精确勘测和低扰动原状取样，导致鉴别评估无法准确评判这部分泥层的厚度和污染程度，疏浚范围和深度确定存在争议。

技术难点2：污染底泥环保疏挖扰动大、浓度低，缺乏专用环保疏浚装备

环保绞刀在施工时，扰动大，容易使污染物扩散引发二次污染，只能牺牲绞刀转速、降低疏挖浓度、加装防护罩来控制细颗粒泥沙的扩散，在防止二次污染的同时却加大了上岸泥浆量，增加了后续底泥脱水和余水处理工程量。同时对有毒有害及重污染底泥缺乏针对性低扰动的原状环保疏挖装备。

技术难点3：疏浚底泥脱水减量时间长，装备化和自动化程度低

疏浚底泥含水率高、颗粒粒径细，渗透性差，脱水困难，长期堆存，占用大量堆场，脱水减量时间需要几个月甚至几年时间，脱水减量设备缺乏装备集成化和自动化。

技术难点4：浚后底泥资源化程度低、成本高、推广难

由于浚后底泥污染物复杂、程度不一，需要采用不同的调理改性技术和方法，使污染底泥无害化、稳定化，才能最终资源化，因此应用成本较高，技术成熟度低，与底泥大规模疏浚量无法匹配，推广应用程度低。

（三）技术需求分析

"绿水青山就是金山银山"，要保护好"绿水"，除了控制外源污染外，底泥作为内源污染载体的问题同样不容忽视。我国河湖众多，底泥污染严重，各地政府都制定了庞大的清淤计划，据统计，未来5年内平均每年环保疏浚产生的淤泥量就达6000～8000万 m^3。面对如此规模的底泥清淤量，如何防止二次污染、实现快速减量化、稳定化和资源化，为清淤底泥寻找合适的出路显得尤为重要。

在技术需求层面，当前污染底泥勘测取样技术和装备精度不高，造成鉴别和评估不准确，同时缺乏对有毒有害污染底泥的鉴别评估方法；环保疏挖装备扰动性大、

浓度低、二次污染风险高，缺乏针对有毒有害和重污染底泥的疏浚技术和装备；底泥上岸后堆存量大、污染复杂、含水率高、脱水困难等特点，缺乏底泥快速脱水减量技术；不同污染类型底泥脱水减量后，缺乏有针对性的不同的调理改性资源化利用技术，能够降低成本并大规模推广应用。

二、技 术 介 绍

（一）技术基本组成

针对有毒有害及高氮磷污染底泥对河湖水质及水生态影响问题，以污染底泥精准勘察鉴别评估、低扰动疏挖、快速减量化、无害化和资源化处理处置的理念，研发了污染底泥原状精准勘测、污染底泥鉴别评估、底泥疏浚、脱水减量、资源化利用成套技术及国产化装备（图52.1）。通过污染底泥原状精准勘测和鉴别评估，确定需要疏浚的范围和深度；针对有毒有害污染底泥进行原状高浓度薄层疏挖，针对氮磷污染底泥进行环保绞吸疏挖；依据工程现场条件选择脱水技术，如有较好的堆场处理条件且属于高有机质污染底泥（大于5%以上），采用调理分选联合负压直排脱水技术，如污染底泥处理量大且受堆场场地制约但具备较好的电力基础设施条件，则采用规模化机械脱水一体化及智能管控技术，如污染底泥处理量较小，采用移动式模块化脱水减量设备即可；底泥经过脱水干化并减量后，根据底泥污染特征及潜在的底泥处置需求，选择多途径进行资源化利用，主要资源化利用途径包括固化改性作路基土、免烧发泡制备新型建材、调理改良作湿地基质。

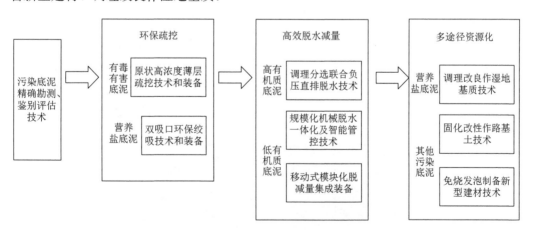

图52.1 河湖底泥环保疏浚成套技术组成图

（二）技术突破及创新性

1. 流态、流塑态、软塑态污染底泥精确勘测取样技术

针对现有勘测和取样技术对表层流态污染底泥采取原状率低、扰动大等问题，本

研究自主研制"中闭锁式"底泥取样器（图52.2），主要包括上部取样管、中部闭锁装置和下部取样管三部分，较常规取样器增加了中部闭锁装置，突破了表层流塑状底泥与下层底泥一次采样过程中极易渗混流失的问题，首次将表层样流塑状样品和下部软塑状样品分别封闭原状保存，达到取样原状率90%以上的目的。该技术重点在采取底泥表层流塑状样品，不受水深条件限制，属于原始创新，将底泥采样原状率从常规取样器的60%提高至90%，实现流态、流塑态、软塑态底泥一次性柱状全采取，便于可视、岩性描述、底泥分层，避免二次扰动。

图52.2　"中闭锁式"底泥取样器现场作业图

2. 有毒有害底泥全封闭原状薄层疏挖技术和装备

自主研发全封闭原状矩形薄层切面可调高浓度管道输泥环保疏浚技术和装备（图52.3），突破了有毒有害及重金属污染底泥疏挖过程中受扰动易扩散、污染物危害较大的问题，实现了疏挖过程水下原位全封闭、矩形、薄层水平切削，并通过液压系统及管道挤压系统，输送至水面驳船，全过程装备不用频繁出水面，疏挖过程基本不扰

图52.3　有毒有害底泥全封闭原状薄层疏挖装备现场作业图

动周围底泥,有效防止了污染物的扩散,挖掘质量浓度超过40%。该装置适用性、稳定性及通用性较好,创造性结合了机械疏浚与水力疏浚的优点,可针对上层浮泥、原状淤泥、有毒有害污染底泥等进行有效的疏挖,满足低扰动高浓度及高精确度的环保疏浚要求。

该技术和装备适用于河湖污染底泥高浓度清淤工程,尤其适用于有毒有害和重金属等污染底泥疏浚,大大降低了水体二次污染的风险,同时增加了上岸底泥浓度,减少了后续底泥和余水处理量,属原始创新技术。

3. 高有机质底泥调理分选联合负压直排脱水减量技术

针对高有机质污染底泥脱水过程形成结痂,阻碍排水通道构建,造成脱水困难的问题,研究形成微细颗粒和有机质高效分离的旋流分选技术,同时通过在泥层中构建竖向排水通道,有效加快底泥的固结速度,并将竖向排水通道与水平负压管直接连接,有效降低排水阻力,形成高有机质底泥调理分选联合负压直排脱水减量技术(图52.4)。

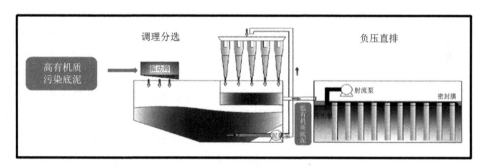

图52.4 高有机质底泥调理分选联合负压直排脱水减量技术示意图

该技术适用于高有机质(大于5%)污染底泥的脱水干化工程,属集成创新技术,有机质分选效率达70%以上,堆场干化时间可缩短至60~120天,处理后疏浚土含水量低,承载力较高,干化土极限承载力达30 kPa。

4. 规模化机械脱水减量一体化及智能管控技术及装备

针对城市河网密集区域,土地紧张、浚后淤泥缺乏作业堆场,采用机械脱水后需要考虑底泥资源化适用性等问题,研发了大规模河湖底泥从疏浚、预处理、调理、均化、脱水和尾水处理全流程成套处理工艺,并研发集成了成套装备,实现了河湖底泥的稳定、高效脱水减量工厂化处置(图52.5)。同时针对机械脱水过程中自动化智能化程度低、泥饼含水率不稳定、人工成本较高的问题,研发了河湖底泥板框脱水处理过程智能控制系统,实现了供浆浓度和流量-脱水剂最优配比,自动调节脱水剂添加量和自动控制泥饼的含水量与厚度。通过工艺配方的改进和智能管控系统的研发,最终形成适合城市河网地区规模化机械脱水减量一体化及智能管控技术。

该技术适用于缺少大面积的处理场地的底泥清淤工程,可快速对污染底泥进行脱水减量化,属于集成创新技术,使泥饼含水率小于50%,大大减少外运和后续处置的成本,同时实现了工厂化和自动化,提升了工人的工作环境,降低了人工数量,稳定并提高了泥饼生产效率,具有广泛的推广应用价值。

图52.5 底泥机械脱水自动化工厂

5. 疏浚底泥多途径资源化利用技术

针对土地资源紧缺，浚后底泥处置难的问题，突破现有资源化技术不足、经济性差的困难，结合现有物质、材料改性及利用技术，形成可规模化应用的浚后底泥多途径资源化利用技术，主要包括：与城市河网地区生态恢复绿化土需求相结合，以生物质粉末为缓释固持添加材料，改良并提高脱水减量后的氮磷污染底泥肥力、降低pH值，形成氮磷营养盐污染底泥缓释固持改良作湿地基质土技术，用于河湖湿地的营建或动物栖息地的建设；与河湖岸坡治理及道路建设需求相结合，以废弃灰渣为加强固化添加材料，提高脱水后疏浚底泥的强度和水稳性，研究形成疏浚底泥固化改性用于岸坡路基填筑技术；与高附加值新型建材需求大，硅砂原材料紧缺需求相结合，以粉煤灰或灰渣为主要添加材料，研究形成复合污染型底泥制作气泡混凝土砌块和免烧气泡砖技术，免烧蒸压砖强度大于25 MPa、加气混凝土砌块强度大于3.9 MPa，重金属稳定良好、浸出安全，处理经济、可行性高、市场需求大。

该技术适用于有大量湿地和公园营建、道路修建和建材需求的地方，适用于各种污染的底泥，可有效提升脱水减量化后的底泥的肥效、稳定性，属集成创新技术。该技术将资源化利用成本从现有的每吨处置费120元降低至80元以下，既能消纳底泥，解决河湖大规模底泥疏浚工程底泥出路问题，还可以通过销售产品取得收益。

（三）工程示范

1. 污染底泥环保疏浚与处理处置示范工程

污染底泥环保疏浚成套技术在太湖宜兴市生态清淤二期工程（31.4485°N，120.0331°E）中得到示范应用（图52.6），工程区位于竺山湾中部，示范区占地22万m²。选择20万m²底泥疏浚区开展勘测、鉴别示范，底泥疏浚后输送上岸，利用排泥场北端约2万m²，开展疏浚底泥快速脱水干化和余水达标示范。

通过现场工程示范检测，在示范区实现污染底泥取样原状率达到92.3%；根据底泥污染评价结果确定底泥疏浚方案后，结合工程现场疏浚土质、挖深、排距等因素，采用环保绞吸挖泥船组合底泥原状高浓度精确疏挖装置进行施工，浚后检测实现厘米级；疏浚底泥脱水干化后极限承载力平均达到30 kPa，疏浚余水处理后主要污染物指标达到《污水综合排放标准》（GB 8978—1996）中规定的二级排放标准等主要指标。

(a) 环保绞吸挖泥船施工　　　　　　　　(b) 原状疏浚装置

(c) 堆场　　　　　　(d) 干化　　　　　　(e) 观测

图52.6　太湖宜兴市生态清淤二期工程现场作业图

2. 底泥处理处置与湖荡生境改善工程示范

底泥处理处置与湖荡生境改善工程示范依托嘉兴市北部湖荡整治及河湖连通工程（秀洲片）PPP项目（图52.7），考虑到100万t污染底泥的减量化和资源化处理需求，选择的工程示范点为西千亩荡和沉石荡（西千亩荡：120.7761°E，30.8482°N；沉石荡：120.7855°E，30.8871°N）。

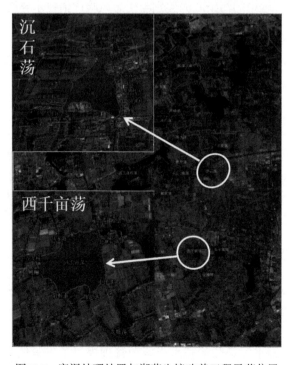

图52.7　底泥处理处置与湖荡生境改善工程示范位置

示范的主要技术包括高有机质底泥调理分选联合负压脱水减量技术、规模化机械快速脱水减量优化及智能控制技术、移动式模块化脱水减量集成装备、疏浚底泥缓释固持改良作绿化用土技术、疏浚底泥固化改性作堤防用土技术等。工程实施后，完成了超过100万t疏浚淤泥的示范规模（西千亩荡和沉石荡），淤泥机械脱水减量后含水率小于50%，淤泥资源化率大于90%，淤泥平均处置费用不超过80元/t，取得了良好的经济、社会和环境效益。

（四）推广与应用情况

（1）污染底泥原状精确勘测技术在天津于桥水库底泥调查中得到应用，并节约勘测费30万元；污染底泥疏浚与高效脱水减量技术在武汉官桥湖、南湖、海沧内湖、2019年第七届军人运动会帆船比赛水域、深圳前海铁石片区及上海老港暂存库区等底泥清淤及水环境综合整治项目中得到应用，清淤总量达到1500万m³，固化污泥广泛用作路基基土和土地复垦，累计产值超过8亿元。

同时该技术成果在雄安新区白洋淀内源污染治理试点项目中得以工程应用，达到了底泥脱水预期绿色高效的效果，改善了雄安新区白洋淀南刘庄地区生态环境和人居环境，进一步满足了广大人民对美好生活的需求和向往，以雄安标准展现了雄安形象，为建设美丽雄安贡献了力量。

（2）通过该底泥环保疏浚技术的研究，原生态环境部出台了《湖泊河流环保疏浚工程技术指南（试行）》（环办〔2014〕111号），项目组出版了《太湖有毒有害与高氮磷污染底泥环保疏浚规划研究》，形成了污染底泥勘测、鉴别与生态风险评估技术，并提出了《环保疏浚工程中的污染底泥鉴别与生态风险评估技术导则》（草案）。

三、实 施 成 效

1. 对流域治理目标实现的支撑情况

研发成果基于水环境和水生态的理念，突破了环保疏浚整个工程的各个关键技术瓶颈，对流域水体内源污染为什么要治、怎么治和每年半亿方以上的疏浚底泥的出路问题，提供了依据和解决方案，为河湖流域保护、改善水生态环境、维护生态健康、实现河湖流域功能永续利用提供了技术保障。

2. 对国家及地方重大战略和工程的支撑情况

应用有毒有害污染底泥勘测鉴别评估技术确定了太湖有毒有害与高氮磷底泥有效疏浚深度、范围、疏浚工艺和疏浚工程量，形成了《太湖有毒有害与高氮磷污染底泥调查报告》，提出了《太湖有毒有害与高氮磷污染底泥环保疏浚规划总体方案》（简称《方案》），为太湖水污染防治和水土资源管理提供了决策依据。《方案》集成的污染底泥调查、鉴别、生态风险评估、环保疏浚、脱水干化等技术和成果，不仅支撑了江苏省宜兴和无锡等城市的太湖疏浚计划，同时也为我国其他湖库污染底泥治理工程提供了借鉴依据和重要参考。为水污染防治攻坚战、"水十条"、长江经济带生态环境保护提供了技术支撑。

3. 对流域水环境管理的支撑情况

通过该底泥环保疏浚技术的研究，原生态环境部出台了《湖泊河流环保疏浚工程技术指南（试行）》（环办〔2014〕111号），项目组出版了《太湖有毒有害与高氮磷污染底泥环保疏浚规划研究》，形成了污染底泥勘测、鉴别与生态风险评估技术，并提出了《环保疏浚工程中的污染底泥鉴别与生态风险评估技术导则》（草案）。为各地发改、水利、环保、农林及地方政府管理和咨询部门提供了湖泊底泥疏浚决策、退化基质生态修复的必要性和重要性结论和决策支持。关键技术的研究成果被各水利水电设计、工程咨询设计等部门应用于底泥环保/生态疏浚、湖库和河流湿地修复的方案中，直接将理论和技术成果转化为实际应用。向多家环保工程施工单位提交或推荐了关键技术的研究成果，使我国污染底质治理和修复的施工工艺、质量和效益得到明显提高，极大地推动了我国环保疏浚企业的科技进步与普及。

技 术 来 源

- 有毒有害与高氮磷污染底泥环保疏浚与处理处置技术及工程示范（2008ZX07101010）
- 平原河网水质改善与生态修复成套技术综合示范（2017ZX07206003）

53 湖泊蓝藻水华仿生过滤/磁分离/原位深井控制成套技术

适用范围：不同类型水域、不同程度蓝藻水华控制。其中仿生式水面蓝藻清除设备通过前端宽幅分离铲精确分离富含蓝藻的表层水，吃水深度浅，适用于湿地或小湖湾严重堆积蓝藻的处理处置；原位深井压力控藻技术适用于湖湾外围相对开阔水域且藻密度较低的富藻区蓝藻处理；藻水磁分离高效脱水技术可实现移动作业，适用于大湖湾水深较深区域或开阔水域堆积蓝藻的处理。

关键词：蓝藻水华；智能拦挡；仿生式过滤；絮凝磁分离；原位深井；湿地；湖湾；开阔水域；严重堆积蓝藻

一、技术背景

（一）国内外技术现状

早在20世纪60年代美国就采用调水稀释法控制蓝藻水华，90年代，针对小型水体藻华问题，欧美研发出铜试剂、过氧化氢等杀藻剂，可在短时间内达到控藻效果，但易造成二次污染；针对水库等深水湖泊藻华控制，日本研发了扬水筒曝气、密度流等方法。我国在"九五"提出用振筛打捞蓝藻，推动了蓝藻打捞技术的发展。水专项立项之初的技术仅对小型水体或相对清洁的水库控藻较为有效，而缺乏对蓝藻水华较严重的大型湖泊的水华控制的有效手段。"十一五"以来，叠筛仿生过滤、絮凝-磁分离、毛毡过滤、转鼓过滤等一系列船载一体化蓝藻打捞分离技术及装备研发出来，使得蓝藻移动打捞能力和打捞规模获得增强；同时针对岸边大规模堆积区，研发了一批以拦截打捞、絮凝气浮分离、板框脱水等为主体工艺单元的岸基式蓝藻打捞工艺，为堆积区蓝藻控制提供了支撑。另外近些年扬水曝气抑藻、深井加压控藻等一批原位规模化控制技术也获得长足发展。

（二）主要问题和技术难点

1. 主要问题

蓝藻水华控制的主要目标是保障饮用水源安全，防止对周边人群感官造成影响，防止造成生态灾害，不同目标会对应不同的水华发生水域，如饮用水源地一般位于大型湖湾或开阔水域，对人群感官影响主要针对湖湾等浅水区，对水生态影响主要针对湖湾外围相对开阔水域。而目前现有的蓝藻水华控制技术只是针对某一特定水域水华蓝藻的控制，而能同时实现水华控制目标所有涉及水域的水华蓝藻处理的成套或集成技术仍是空白。

2. 技术难点

目前我国大型湖泊蓝藻水华的拦截打捞技术存在多个技术瓶颈。

（1）水华蓝藻的拦截导流富集困难。大型湖泊水量大，加上风速、风向、水流的不确定性，蓝藻的高效导流富集仍然是水华控制的一大技术难点。

（2）藻水分离效率仍然偏低。藻类群体体积小，比重与水接近，几乎能悬浮或漂浮在水中，藻水分离困难，另外，由于藻类胞外多糖等黏性物质较多，过滤分离易造成过滤系统堵塞，大规模藻水分离仍存在较大困难。

（3）蓝藻拦截打捞技术适用范围窄。我国大型湖泊蓝藻水华发生面积大、发生时间和地点不确定性强，现有蓝藻拦截打捞技术只针对某种特定水域或藻类严重堆积区水华控制有较好效果，而不适用于其他水域蓝藻水华控制。

（三）技术需求分析

（1）水华蓝藻拦截导流富集困难，急需开发能高效拦截富集水华蓝藻的技术或装备。

（2）蓝藻机械打捞技术处理规模小、藻水分离效率低，急需开发规模化除藻或抑藻、能快速进行藻水分离且成本低的技术或装备。

（3）蓝藻水华发生区域、发生程度不同，急需开发适用于不同类型水域及不同程度水华蓝藻处理的成套或集成技术或装备。

二、技 术 介 绍

（一）技术基本组成

针对蓝藻水华打捞技术需求，基于蓝藻水华控制目标对应的控制水域，集成了能满足高效富集、处理规模大、藻水分离效率高、适用于不同类型水域及不同程度水华蓝藻控制的成套技术，由大型仿生式水面蓝藻清除技术和原位深井压力控藻技术两个关键技术、藻水磁分离高效脱水技术1个支撑技术组成（图53.1）。该成套技术能够有针对性地对标水华控制目标，有针对性地对每项目标所涉及的水域进行精准控制，全面实现蓝藻水华控制目标。

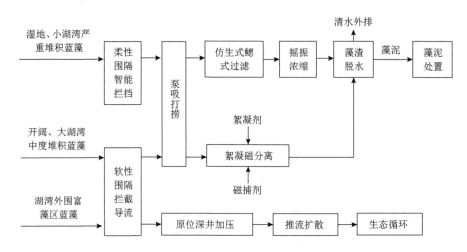

图53.1 湖泊蓝藻水华仿生过滤/磁分离/原位深井控制成套技术组成图

1. 大型仿生式水面蓝藻清除技术

仿照鲢鱼滤食浮游生物的原理，以"鳃式过滤器"为核心，对水中蓝藻进行去除，技术工艺流程为：抽吸富藻水→仿生式鳃式过滤器→浓缩富藻水→摇振浓缩→藻泥→收集→运输。

关键工艺参数：最小汲水深度5～10 cm；叠筛层数40片；摇振筛频率1～10次/秒。

关键技术参数：单筛过滤能力20 m³/(m²·h)；单船藻水处理能力3000 m³/d；藻泥含水率90%～95%。

2. 藻水磁分离高效脱水技术

集藻水推进、磁絮凝、磁分离、磁种回收、藻泥脱水等全部工艺于一体的可移动式平台，技术工艺流程为：拦截导流-蓝藻打捞-絮凝+磁分离-藻渣脱水-藻泥处置。

关键工艺参数：磁种：钕铁硼磁体；磁捕剂：天然矿物黏土与Fe_3O_4改性加工形成的复合材料；藻水分离（絮凝+磁分离）停留时间3～5 min。

关键技术参数：处理藻水能力1000～1200 m³/h；磁种回收率>75%；藻饼含水率<90%。

3. 原位深井压力控藻技术

在70 m水深产生的压力下，蓝藻细胞内的伪空胞破裂失去上浮特性，藻细胞变形萎缩，粒径变小，随U形套管负压输出，在水体中随水流扩散沉降（技术原理图如图53.2），技术工艺流程为：蓝藻导流－原位深井压力控藻井加压－推流扩散－生态循环。

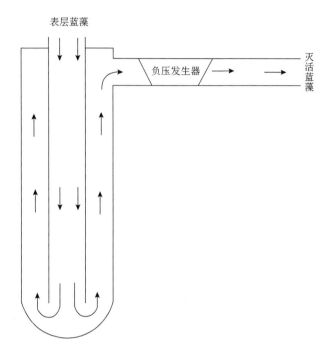

图53.2　原位深井压力控藻技术原理图

关键工艺参数：压力大小0.5～0.7 MPa；施压时间>30 s。
关键技术参数：直径2 m的单井能耗< 0.01 kW·h/m³、藻水处理能力> 86000 m³/d。

（二）技术突破及创新性

1. 研发了智能蓝藻水华拦挡技术，提高了蓝藻拦截富集效率

针对局部敏感水域藻华应急防控需求，采用快速充/放气的可隐没式柔性围隔，挡藻效率可达82%～99%。研发了一种挡藻放藻围隔，在普通围隔浮体加装耳型铝板，耳型铝板弯曲面面向水体迎风面，显著提高拦藻效率，当风向反吹时，藻华可翻越围隔，起到排出藻华的目的，比常规围隔保护区内藻华降低了60.8%。

2. 仿生式水面蓝藻清除设备基于鳃式叠筛过滤原理加配摇振浓缩筛，极大提高了藻水分离效率

仿生式水面蓝藻清除设备属于原创技术，汲取的藻水通过鳃式叠筛过滤器无压过滤分离，再并配以一定振荡频率的摇振筛进一步浓缩脱水，极大提高了藻水分离效率。基于其创新性形成了专利"鳃式过滤器（ZL 200910031268.0）"和"大型仿生式水面蓝藻清除设备（ZL 200910026679.0）"。

3. 原位深井压力控藻技术利用伪空胞压力下破裂沉降及U形套管无压差特征，极大提高了富藻水处理规模

原位深井压力控藻技术采用70 m深同心套管（U形套管）属于工艺创新，利用70 m水深产生的0.7 MPa压力对蓝藻进行处理，无须专门施加外部压力，富藻水处理量大，加压过程无能耗、效率高、运行成本极低。

4. 磁分离高效脱水技术利用永磁铁的高磁场作用及改进复合磁捕剂，实现了藻水的快速分离及包含蓝藻打捞脱水全部工艺单元于一体的可移动式集成技术

藻水磁分离高效脱水技术属于集成创新，通过改进的天然矿物黏土-铁粉（Fe_3O_4）改性加工的复合材料为磁捕剂，磁盘材料选用钕铁硼磁体（永磁铁），磁场作用强，能够瞬间吸附藻絮体将其除去，藻水分离彻底；由于絮凝磁分离速度快，占用空间小，能够在一体化船上实现，极大提高了大水域蓝藻打捞的移动灵活性。

5. 该成套技术实现了针对不同类型水域、不同程度蓝藻水华的集成控制

仿生式水面蓝藻清除设备通过前端宽幅分离铲精确分离富含蓝藻的表层水，吃水深度浅，适用于湿地或小湖湾严重堆积蓝藻的处理处置；原位深井压力控藻技术适用于湖湾外围相对开阔水域且藻密度较低的富藻区蓝藻处理；藻水磁分离高效脱水技术将水华控制整个技术单元集成为一体化船上，可实现移动作业，适用于大湖湾水深较深区域或开阔水域堆积蓝藻的处理。

（三）工程示范

"十三五"期间，该成套技术在巢湖成功进行了工程示范（图53.3和图53.4）。其中在合肥派河河口配置了3套仿生式蓝藻清除设备，在西巢湖湖滨带、西坝口巢湖市自来水厂取水口、中庙、白石天河和派河口以南湖区等配置了5台藻水磁分离高效脱水设

压滤藻饼

船尾出水清澈　　　　　　　进水和出水对比

图53.3　磁捕船锚定状态下运行出水效果、压滤藻泥实况

图53.4　巢湖派河口水域原位压力控藻井运行前后对比

备，在派河口北侧至丙子河附近水域配置了1座原位深井压力控藻平台，累积处理规模达22万m³/d，蓝藻去除率达到85%以上，还湖水质总磷达到或优于地表Ⅱ类水质标准，工程运行期间西巢湖湖滨沿线未见长时间大面积的蓝藻堆积及藻源性臭味。

（四）推广与应用情况

该成套技术目前在长江中下游湖泊和云南高原湖泊进行了推广应用，如太湖配置了5台YL500型仿生除藻设备、1套藻水在线分离磁捕平台、1套原位深井压力控藻平台，累积推广规模达18.5万 m³/d以上。

此外，该成套技术中的关键技术大型仿生式水面蓝藻清除设备还在玉溪市星云湖、天津海河、洱海和滇池进行了推广应用；藻水在线分离磁捕技术在滇池进行了推广应用；原位压力控藻井技术在星云湖推广应用5套。

三、实 施 成 效

1. 对流域治理目标实现的支撑情况

该成套技术成功在长江流域如太湖、巢湖，澜沧江流域如洱海，以及珠江流域如星云湖等湖泊水域进行示范，有效清除了围聚区域聚集蓝藻，避免蓝藻在近岸堆积后来不及处理死亡腐烂造成的对周边人群的嗅觉影响，有效保障了各流域蓝藻水华暴发严重水域的水环境质量，尤其是集中式饮用水源地的水安全供给，支撑了巢湖流域"防止蓝藻规模化聚集和臭味灾害及腐臭"以及"削减近岸水华发生频次"的蓝藻水华保障目标的实现；支撑了太湖专项目标和江苏省政府对国务院提出的太湖水环境双保障目标"两个确保（即确保饮用水安全，确保不发生大面积湖泛）"目标的实现。

2. 对国家及地方重大战略和工程的支撑情况

该成套技术为国家水环境治理工程产业提供了支撑，仅在太湖、巢湖、滇池三大重点湖泊蓝藻水华机械打捞处理产业中占比就达到80%以上。该成套技术还为重点湖库蓝藻水华防控及预警相关标准提供了支撑，生态环境部组织制定的《重点湖库水华预警工作机制》针对不同湖库太湖、巢湖、滇池、洱海和丹江口水库水华防控的目标要求，制定了水华预警工作流程；中国环境科学学会组织编制的《重点湖库蓝藻水华控制技术指南》对不同水域水华保障推荐了适宜的控制技术，其中就包含该成套技术中的三个技术；机制和指南的实施推动了各地蓝藻水华应急防控工程的实施，为我国湖库蓝藻水华预警及危害控制提供了有力支撑，也为我国蓝藻水华的控制管理提供了保障。

3. 成果转化及经济社会效益情况

该成套技术实现了实际销售并在太湖、巢湖、滇池、洱海、星云湖等各流域均得到了推广应用，成果转化成果及经济效益显著。其中，大型仿生式水面蓝藻清除技术截至目前实现产值约为6000万。截至2021年3月底，藻水在线分离磁捕技术在巢湖和太湖的4套磁捕装备实现销售额合计约5000万元。原位压力控藻井技术截至目前实现产值约为19500万。该成套技术有效缓解了蓝藻聚集后来不及打捞腐烂发臭的现象，实现了水华发生水域蓝藻聚集的"日聚日清"，另外还可降低湖泊的藻源性氮磷，实现水质的脱劣任务，社会效益显著。

技 术 来 源

- 巢湖富营养化中长期治理方案和藻类水华全过程控制（2017ZX 07603005）
- 湖泊水源保护湖区物理—生态净化与水质保障技术及工程示范（2008ZX07103005）
- 湖荡湿地重建与生态修复技术及工程示范（2012ZX07101007）
- 巢湖重污染汇流湾区污染控制技术与工程示范研究（2012ZX 07103005）
- 湖泊大规模水华蓝藻去除与处理处置技术及工程示范（2009ZX07101011）
- 梅梁湾梁溪河口表层水体蓝藻颗粒物清除综合技术工程示范（2017ZX07203001）

54 物理－生物联用蓝藻水华防控成套技术

适用范围：大型富营养化湖泊重点保护的湖滨区、湖湾区，常年处于下风向的蓝藻水华大量堆积区域。

关 键 词：富营养化湖泊；湖滨区；湖湾区；蓝藻水华；围隔拦挡；湖底抽槽；机械捞藻；湿地捕获；健康生态系统构建

一、技 术 背 景

（一）国内外技术现状

湖泊蓝藻水华是全球所面临的重大水生态问题。围绕着如何有效削减蓝藻生物量、降低蓝藻水华发生频次与强度、控制蓝藻水华次生灾害，国内外发展了许多控制蓝藻水华的单项技术，有物理法、生物法和化学法。其中，物理方法主要包括围隔拦挡法、机械收集法、辐照法、超声波法、遮光法、曝气混合法等，大部分物理法适用边界条件不清晰，面对大型湖泊巨量的蓝藻处置能力不足，成本效益低。生物方法主要是通过引进能直接食用藻类或间接抑制其生长的生物，达到抑制水华暴发的目的，主要包括添加食藻生物控藻、修复水生植物抑藻以及投放微生物溶藻食藻。生物方法成本低，不存在生态风险，但见效慢，且效果不稳定；化学方法是一种高效去除藻类的方法，常常在藻类聚集暴发以后用于应急处理，主要包括投加金属离子、氧化剂、絮凝剂以及化感物质。化学法见效快、成本低，但对水生生物具有毒性，存在较大和不可预知的生态风险，无显著去除水体中氮磷营养盐的作用。

国际上针对大型湖泊蓝藻水华的控制主要通过流域水质目标管理和总量控制及综合治理手段，削减入湖营养盐负荷，从而降低蓝藻生物量，而在湖内开展蓝藻水华的防控措施主要是针对小型湖泊，采用的手段主要为生物操纵和水生植被恢复。在我国，由于人口多和经济社会长期高速发展，湖泊流域营养负荷存量增量大，蓝藻水华情势更为严重。在此形势下，为控制蓝藻水华及其危害，研发的技术措施更为多样化。国内在开展大量流域综合治理、控制外源污染的同时，研发和应用的主要控藻技术包括围隔拦挡防藻、移动机械打捞、固定平台收集、深井加压转移、改性黏土沉降等，主要应对蓝藻水华应急处置。而其他物理和生物控藻方法则应用较少，成功案例不多。化学除藻技术措施几乎被禁用。

（二）主要问题和技术难点

我国大型湖泊面临的人类活动影响压力远远高于国外湖泊，通过流域污染治理将湖泊水体营养盐水平降到低于蓝藻水华发生的阈值还需要很长时间，任重而道远。因此迫切需要在湖内采取蓝藻防控措施，降低蓝藻水华产生的生态灾害和风险。目前最为突出的问题是大湖面蓝藻在下风向敏感区域大量堆积，腐烂发臭，破坏生态健康，并造成恶劣的社会影响。大型富营养化湖泊，蓝藻生物量巨大，分布范围广，在水平和垂直空间上的迁移能力强，因技术适用范围和边界条件的限制，仅采用某单项技术无法达到预期的水华消除效果。因此迫切需要根据每项技术的边界条件，因地制宜地进行集成应用，有效削减蓝藻生物量，构建健康的生态系统。

针对敏感水域，如水源地、人类活动集中区、生态与生物资源保护区等，创建蓝藻水华防控成套技术体系主要存在以下技术问题和难点：

（1）重点防控水域面对大湖面源源不断随风聚集的大量蓝藻，虽然布置了软围隔，但由于围隔附近水域往往水较深，在风涌增减水作用下，变化频繁不稳定，软围隔墙虽然拦截了入湖面大量蓝藻，但难以做到局部水域与大水体的彻底隔离，蓝藻和营养盐进入局部湖区通道难以阻断，围隔内水域蓝藻生物量仍然较高。

（2）国内原有蓝藻打捞设备打捞效率低；有限的机械除藻设备价格昂贵，推广应用难；此外，这些打捞设备在湖上运行时，吃水深，近岸浅水区和湖滨湿地内无法实施，不能开展全方位、常态化打捞。

（3）未充分认识生物防控蓝藻的能力，包括湿地捕获削减蓝藻、鱼类与大型底栖动物食藻、水生植物抑藻等能力；如何在遵循湖沼学基本原理下，合理优化配置各生物要素，提升生物控藻效率，削减蓝藻，构建健康生态系统，是技术集成的重点。

（4）如何科学诊断所实施水体的蓝藻水华发生特征，根据各技术的应用范围和边界条件，遴选合适的关键技术，确定各项关键技术的技术参数、集成有效控藻的成套关键技术。

（5）根据蓝藻的生长规律，如何合理配置蓝藻防控设施与装备及技术措施，需要将蓝藻生物量削减到什么程度，才能切实做到消除或显著削减防控区内蓝藻水华。

（三）技术需求分析

由于人类社会经济发展活动加剧和气候变化等叠加因素，尽管治理力度不断加大，湖泊蓝藻水华依然严重。以巢湖为例，目前巢湖几乎全湖、全年均有水华发生，全湖防控要靠污染源控制、生态修复、水文调控等综合系统措施来实现，并靠巢湖生态系统自我修复能力来调控，两者缺一不可。因此，应该把大型富营养化湖泊的敏感水域作为蓝藻水华重点防控区域进行防控，这样防控区域变小，人为防控能力就相对放大，所取得的成效就会凸显。重点防控水域需要成套技术体系来防控蓝藻，包括其中适用的关键技术合理配置。

针对水源地、生态与生物资源保护区、人类活动集中区等重点防控区域，主要技术需求是没有生态风险和水质负面影响的物理和生物防控技术，包括：①拦截与阻断来自大湖面的巨量蓝藻水华技术；②处置能力较大和成本低及生态安全的机械除藻装置与设备；③提升湖泊生态系统自我降解消化蓝藻能力的关键技术；④生物食藻、抑藻，同时净化水质的生物控藻技术；⑤防止蓝藻大量堆积区底质恶化的关键技术；⑥遴选出的关键技术优化集成应用的成套技术构建模式，创建重点水域蓝藻水华防控成套技术体系。

二、技 术 介 绍

（一）技术基本组成

该成套技术针对蓝藻水华易漂浮、随适宜风力漂移特点，优化集成了围隔拦藻、湖底抽槽、机械捞藻、湿地拦截滞留与抑制降解、水生植物抑藻、水生动物控藻6项技术。

结合蓝藻预测预警结果，当水体蓝藻生物量较大（藻密度>5000×10⁴ cells/L）、天气晴好、风速较低（<3.1 m/s），防控区域处于下风向时，则需要开展防控。

第一，在防控区外围构建可隐没式充气围隔或挡藻放藻式固定围隔，防止大湖面源源不断蓝藻侵袭防控区；第二，针对围隔外大量被拦截的蓝藻沉积导致的污染严重和富含藻种的沉积物，结合湖泊底层流场扫动作用，开挖底槽去除污染底泥和藻类种源，防止该区域水环境恶化；第三，在围隔内部开展高强度机械打捞；第四，在近岸的离岸区域重建芦苇湿地，充分发挥湿地捕获滞留与抑制降解蓝藻的自然力量，削减蓝藻，减轻人为控藻压力；由于湿地生态净化能力有限，超负荷蓝藻仍然需要人为打捞削减蓝藻，因此利用可以应用于湿地中清除蓝藻的机械设备清除湿地中过剩的蓝藻；第五，湿地后侧、防控区内部水体中剩余不多的蓝藻，再利用水生植物抑藻和水生动物控藻功能，维持水生态系统清水健康状态。另外，利用改性土壤和富氧沙技术作为先锋水质改善和应急备用使用。具体原理图如图54.1。

（二）技术突破及创新性

该成套技术适用于大型富营养化湖泊湖滨区，蓝藻大量聚集区域。

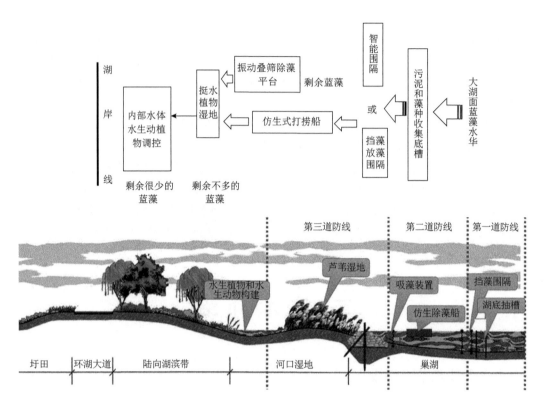

图54.1　物理 生物联用蓝藻水华防控成套技术组成图

1. 确定实施物理和生物控藻的边界条件

该成套技术在任何藻密度条件下可运用。当藻密度<5000×10^4 cells/L或叶绿素a浓度<60 μg/L时，生物防控措施有效；有水生动物时，水体溶解氧>4.0 mg/L，并配置增氧设备备用；当藻密度>5000×10^4 cells/L或叶绿素a浓度>60 μg/L时，物理防控措施更为有效。当风速小于3.1 m/s，防控区域处于下风向，当藻密度>5000×10^4 cells/L或叶绿素a浓度>60 μg/L时，开展主动积极蓝藻防控；蓝藻生物量削减需达50%以上。

2. 高效挡藻技术的突破

针对大型富营养化湖泊蓝藻在下风向大量聚集和堆积的问题，研发了高效围隔挡藻技术，能有效拦截大湖面蓝藻，减小蓝藻防控区域的水平漂移蓝藻压力。采用可隐没式充气围隔或挡藻放藻式固定围隔，设置两道拦藻围隔，挡藻效率70%～80%。挡藻放藻式固定围隔，包括Φ20～50 cm浮体和浮体上设置蓝藻铝板，高度20～30 cm，铝板上部弯曲90°～100°，形成耳型铝板；耳型铝板弯曲面面向水体迎风面；当风速3.0～4.7 m/s迎面吹时，拦挡蓝藻效率可达88%～63%，而常规围隔的拦挡效率仅为56%～18%；当风速3.2～5.1 m/s从围隔内一侧向外吹时，放出蓝藻效率平均可达46%（授权专利：CN102230317A；201721766334.5）。

3. 底槽去除污染底泥和藻种的创新技术

发明了开挖底槽去除污染底泥和藻类种源技术，达到了底泥污染物和蓝藻藻种协同去除目的。围隔外抽挖的底槽深度2.0～3.0 m，宽度4.0～20.0 m，可有效削减周边400 m范围内湖底表层高污染底泥，叶绿素平均最大削减50%以上，有机质平均最大削减30%以上，总氮、总磷平均最大削减40%以上，年收集高污染沉积物厚度1.13～1.62 m（授权专利：202010249879.9）。

4. 发明了高效蓝藻清除成套设备并确定有效抑制蓝藻生长的蓝藻削减阈值

大型仿生式除藻设备、振动斜板叠筛藻水分离脱水一体化除藻平台（湿地型）系仿照鲢鱼滤食浮游生物原理研制的大型设备，用于大规模清除聚集于水体表面的蓝藻等浮游生物，尤其适合于水源水体、景观水体的蓝藻灾害防护，蓝藻该项技术采用物理方式除藻，具有超强的富集除藻能力，高效、节能、环保，具有水源地高标准除藻的优越性能，既可用于清除水面聚积蓝藻，也适合于芦苇湿地中的堆积蓝藻，全方位削减蓝藻生物量，积极防御蓝藻灾害。仿生式除藻设备处理能力500～1000 m^3/h，作业航速0～5 km/h，能耗0.05 $kW·h/m^3$藻水。振动叠筛除藻平台吸取水表层1～10 cm的蓝藻，处置能力1560～3120 m^3/d，5个吸藻器可有效清除岸线长度100 m范围的蓝藻水华，浓缩比>60：1，脱水率≥95%，绝干泥处理量50～160 kg/h（授权专利：201911112468.9；201911112493.7）。蓝藻在低打捞强度下，生长速率显著上升，打捞组的蓝藻生长速率显著高于对照组，在营养盐充足的条件下，部分蓝藻生物量的去除，会为蓝藻后续生长带来更大的空间。打捞强度超过50%，才能显著降低蓝藻生长速率，并在10天左右维持较低生物量。

5. 芦苇湿地捕获和控藻技术

在大湖下风向通过木桩消浪保护的方式建设芦苇湿地，能有效拦截吹程几十公里的大湖面蓝藻，对堆积的蓝藻进行捕获和降解，保障近岸带无蓝藻堆积。芦苇湿地宽度>150 m，离岸距离30～100 m，拦挡、截留及降解水华蓝藻，抑制蓝藻生长，防止蓝藻进入岸边水域，拦截率可达90%以上。

6. 物理与生物联用的全过程控藻集成技术

针对大湖面下风向采用三道物理-生物联用的三道蓝藻防控防线。第一道是双层围隔，围隔外开挖底槽（宽度2～4 m）；第二道是蓝藻机械打捞；第三道是具有150 m以上宽度的芦苇湿地生物拦截防线，有效削减湖滨带蓝藻生物量。结合水生植物抑藻和水生动物控藻，本技术提出了充分发挥自然力量来实现持续全过程控藻和叠加应急防控的新方法。湿地以内近岸水域针对低浓度蓝藻（藻密度<10000×10^4 cells/L），集成改性土壤应急除藻与富氧沙水质调控技术：当改性剂为最佳剂量10 mg/L时，藻沉降效率达到86%，透明度提高100%以上；富氧沙可以在0.5 h内提升溶解氧达5 mg/L以上，同

时构建沉水植物覆盖度>60%，岸边湿生植物覆盖度5%～10%，双壳类和瓣鳃类大型底栖动物密度约100 g／m²的健康生态系统（授权专利：ZL201810399138.1）。

（三）工程示范

示范工程名称：巢湖派河河口蓝藻防控与生态修复工程。

工程位于派河入巢湖口北侧派河大桥以北、环湖大道以东、巢湖迎水侧湖滩上。工程初设概算总投资3917.87万元。工程建设设计范围包括河口区域长约1.0 km、宽度300～500 m的湿地植物修复，其中核心保护区宽度300～500 m，修复面积约830亩，外围防御区面积约为3600亩，工程示意图如图54.2。

图54.2　示范工程示意图

工程内容主要包括：①蓝藻物理防控工程：设有两道长约3.83 km的围隔作为物理拦挡蓝藻水华手段；增设3台处理能力为500 m³/h的仿生除藻船；在芦苇等水生植物带内安装2套振筛蓝藻捕获浓缩装置，加强了近岸带和湿地内部蓝藻物理清除能力；②蓝藻生物防控工程：新建芦苇等水生植物带（其中芦苇约12.9万㎡，其他挺水植物约2313 ㎡，沉水植物约2293 ㎡），芦苇湿地用于生物拦挡、消解蓝藻，水生植物通过化感作用抑制蓝藻，放置大型底栖动物摄食蓝藻；③围隔外沿湖底流场垂直方向，在湖底挖槽宽10 m、长1000 m，用以捕获污染底泥和蓝藻种源；④改性土壤和富氧材料内源污染控制，针对湿地内部水体底质改善，促进生态修复初期沉水植物生长，以及处置突发水质恶化。

环境效益：修复芦苇湿地面积约830亩，蓝藻防御区面积约为3600亩，蓝藻水华削减60%以上，水华发生频次和面积削减50%以上，内部水体蓝藻削减90%以上，水质达到地表Ⅲ～Ⅳ类，修复区内生物多样性得到显著提高。

（四）推广与应用情况

该成套技术或其中的关键技术应用于中国科学院南京地理与湖泊研究所编制的《江苏省金坛长荡湖水环境综合治理方案》中，其中"湖底抽槽水动力收集扫除与捕获内源污染物和藻种一体化技术"，基于长荡湖湖流和风浪的水动力分布情况，进行湖底局部抽槽，对长荡湖内源污染削减和生态修复提供重要的科技支撑（图54.3）。

2处污泥捕获槽开挖土方约21.87万m³

图54.3 成果推广应用情况

三、实 施 成 效

1. 对流域治理目标实现的支撑情况

物理-生物联用蓝藻水华防控成套技术构建了重点水域蓝藻的早期防控、主动防控以及应急防控等全过程防控技术体系,集成了蓝藻智慧拦截、物理与生物捕获、机械打捞、多途径移除及种源削减等成套技术。通过对湖滨带拦截污染物、维护生物多样性、净化水体、美化景观等服务功能恢复,优化了河口及邻近区域生态,恢复了湖滨带滞纳净化污染物功能,削减了湖湾藻类水华规模和频次,支撑了巢湖西半湖治理目标实现。

2. 对国家及地方重大战略和工程的支撑情况

引江济淮工程是一项以城乡供水和发展江淮经济为主,结合灌溉补水和改善巢湖及淮河水生态环境为主要任务的大型跨流域重大调水工程。对派河水质要求达到地表Ⅲ类标准,建为引水清水廊道。目前西巢湖湖区蓝藻水华多发,若蓝藻水华不能得到有效控制,将严重影响引江济淮工程运行。该技术以西巢湖作为主要研究与工程示范区域,通过研究西巢湖蓝藻水华发生特征与规律,研发或遴选蓝藻水华控制技术,构建了重点水域蓝藻水华防控成套技术,将为派河河口的水质和生态的改善及蓝藻水华的削减提供重要的科技支撑。

3. 成果转化及经济社会效益情况

湖底抽槽水动力收集扫除与捕获内源污染物和藻种一体化技术对长荡湖内源污染削减和生态修复提供重要的科技支撑。仿生式除藻装置进行了产业化,设备推广7省12地。湿地型振筛蓝藻收集浓缩装置、湿地修复控藻与水生植物抑藻技术已应用于派河口湿地建设与蓝藻防控系统工程。改性土壤藻华快速清除技术,在2020年巢湖洪水后的蓝藻防控中发挥了重要作用,保障了重点敏感水域(渡江纪念碑、长临河近岸水域）无蓝藻水华和蓝藻异味。蓝藻水华得到控制、水质和生态景观得到改善后将大大提高周围土地利用价值，促进和带动周边旅游业的发展，将产生了较大的经济效益。

4. 对流域水环境管理的支撑情况

该成套技术基于蓝藻水华发生特征，遴选合适的关键防控技术，通过技术验证及工程示范，确定了各项技术参数，以及应用范围和边界条件，形成了《蓝藻水华全过程防控技术规范》，将对我国大型水体蓝藻水华的治理发挥指导性的作用。作为巢湖蓝藻水华治理的核心技术，该技术支撑了《巢湖富营养化中长期治理方案》相关内容的制定，为巢湖流域地方政府立足综合治理、坚持生态优先、推动绿色发展，统筹解决流域陆域与水域水环境、水生态等问题，系统谋划削减城镇与农村刚性污染、治理重污染水域、防控湖区蓝藻水华、保护河湖良好水体等重点建设任务提供了科技保障。

技 术 来 源

- 巢湖富营养化中长期治理方案和藻类水华全过程控制（2017ZX07603005）

55　沉水植被面积扩增与群落优化成套技术

适用范围：沉水植被发生衰退的富营养化初期（Ⅱ~Ⅲ类水质）湖泊（比如洱海），可用于在水深6 m以内的区域开展沉水植被恢复。

关 键 词：洱海；沉水植被面积扩增；沉水植被群落优化；耐弱光；生长节律互补；生态水位调控；鱼类高效控藻

一、技术背景

（一）国内外技术现状

随着20世纪90年代湖泊稳态理论的发展和实践经验的积累，沉水植被对维持湖泊清水状态的关键作用得到深刻认识，一般认为当沉水植被覆盖度达30%以上才可稳定发挥清水效应。目前我国大部分富营养化湖泊水质得到改善，能够基本满足沉水植被的恢复边界条件，湖泊治理已经进入新的阶段。在这个阶段中，沉水植被的恢复将是一项核心工作。我国沉水植被恢复始于21世纪初，主要是从传统经验出发，在物种选择、定植方式等方面积累了一些经验，但是并没有形成科学系统的认识，所以很多经验具有局限性和不确定性。例如，虽然认识到水下弱光是限制深水区沉水植物分布的主要因素，但却少有关于沉水植物耐弱光性能的定量科学研究；虽然认识到水位波动对沉水植物生长具有影响，但缺少了沉水植物生长节律对水位响应的模型研究；虽然从经验出发选择耐污种进行恢复，但缺少了群落配置的概念，导致恢复的植被种类单一且生物量不稳定。缺少科学支撑的沉水植被恢复实践的规模也受到限制，表现在恢复成功案例主要集中在小型浅水湖泊（面积<1 km²，水深<2 m）以及大型湖泊近岸区的围挡水域内（面积>10 km²，水深<2 m），但是在大型湖泊开敞水区（水深3~6 m）鲜有沉水植被恢复成功案例。总而言之，虽然沉水植被恢复工程具有广泛需求，但相关技术研究缺乏系统性和定量分析，导致沉水植被恢复时至今日仍难有重大进展。

很多富营养化初期湖泊沉水植被存在的问题是近岸浅水区沉水植物群落简单化并且不稳定；深水区沉水植被面积难以扩张。针对这些问题，亟须研发相关沉水植被恢复成套技术。

（二）主要问题和技术难点

大型富营养化初期湖泊（如洱海）的沉水植被主要面临两方面问题：沉水植被分布的深水区（水深3~6 m）由于水下光照不足导致沉水植被大幅萎缩；浅水区（水深<2 m）因沉水植物种类单一导致植被不稳定。为此，在与洱海类似的大型湖泊中恢复沉水植被需克服两个技术难点：①深水区耐弱光沉水植物的选种技术；②浅水区稳定植被群落的物种搭配技术。

（三）技术需求分析

近50年来，我国众多湖泊的水生植被面积锐减，东部湖泊尤为严重。例如，武汉东湖水生植被覆盖率由1963年的66%下降到当前不足1%；淀山湖水植覆盖率由1987年约61%下降到了2010年的0.38%；长湖沉水植被覆盖率由1985年的57.5%下降到了2011年的1.66%。因此，恢复沉水植被是我国湖泊治理的迫切现实需求。

二、技 术 介 绍

（一）技术基本组成情况

1. 基本原理

对制约沉水植物生长与分布的湖泊环境进行诊断，基于耐弱光性和定植能力等性状筛选深水区的植物种类，基于季节生长互补性配置浅水区植物群落。在此基础上，在种子萌发期和幼苗生长期，配合沉水植物生长节律，适度调低湖泊水位以增加湖底光照，调控鱼类群落结构以提升鱼控藻效率改善水体透明度，共同促进沉水植物生长。待沉水植物生长旺盛期适度调高湖泊水位，以提升沉水植被的清水效应，技术组成如图55.1。

（1）基于沉水植物功能性状的选种技术。重点从生长节律、耐弱光、抗风浪、定植能力四个方面的功能性状对多种沉水植物进行考量。针对富营养初期大型湖泊在浅水区存在植物群落简单化和生物量季节波动大的问题，植物选配需充分考虑各物种在生长节律上的季节互补性，采用多种植物混配以增加植被生物量的季节稳定性（图55.2）。针对深水区光照弱、水深大、风浪大和底泥松软的问题，植物选配需综合考虑其叶绿素含量高、光补偿点低、茎粗壮韧性强、株型矮、叶片流线型、高根/茎比例的组合性状（图55.3）。

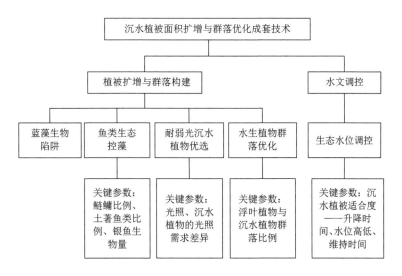

图55.1　水生植被面积扩增与群落优化成套技术组成图

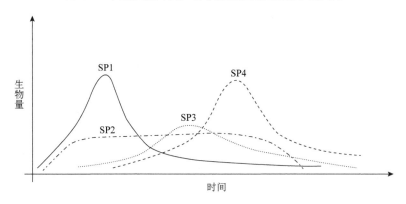

图55.2　基于植物季节生长互补性的混配群落模式

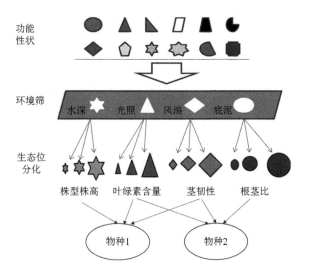

图55.3　基于植物功能性状组合的物种筛选模式

（2）基于沉水植物适合度的生态水位调控技术。依据湖泊水下地形、水体消光系数和水深的空间分布，构建全湖水下光场。在此基础上，结合深水区拟选植物的生活史特征，在其复苏生长期适度降低水位以增加湖底光照促进其幼苗生长；在浅水区拟选植物的高速生长期适度提升水位以创造更多垂向生长空间。通过上述生态水位节律调控可促进沉水植被的面积扩张和生物量提升，从而增加其净水效应，水位调控与水生植物恢复及管理匹配模式如图55.4。

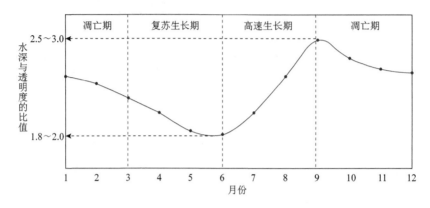

图55.4   水位调控与水生植物恢复及管理匹配模式

（3）鱼类生态控藻提升水体透明度技术。藻类快速生长可导致水下光照锐减。通过捕捞小型鱼类以提高浮游动物对小型藻群的牧食强度；通过调控鲢鳙群体年龄结构以提升其滤食大型藻群效率；两种方法配合使用可控制多尺度藻群体，从而提高水体透明度（图55.5）。此外，应减少草食性和杂食性鱼类对沉水植物的扰动和牧食。

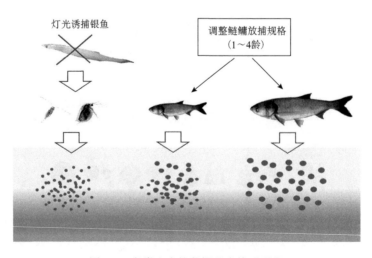

图55.5   鱼类生态控藻提升水体透明度

2. 工艺流程

该技术可促进深水区沉水植被面积和提升浅水区植被稳定性，从而提升沉水植物的净水效应，技术流程如图55.6所示。首先，开展湖泊环境调查，并对照植物功能性状进行适配，从而选定恢复区域和植物种类。其次，对恢复区进行生境改善，创造有利于植被恢复的条件，包括复苏期适度低水位、提升鱼控藻效率、局部清淤和消浪等。在此基础上，确定植被恢复方式和次序，再进行先锋植物恢复和稳定植被构建。最后，对植被进行定期监测、补种和收割管理。

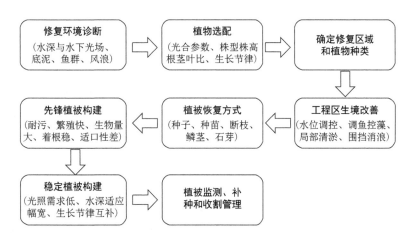

图55.6 富营养化初期湖泊中沉水植被恢复的技术流程

（二）技术突破及创新性

1. 突破了基于沉水植物功能性状的选种技术

对洱海水生植物及环境要素的广泛调查结果，获得了不同沉水植物的光照需求，结合不同株型的抗风浪能力和定植能力，筛选出多个耐弱光沉水植物品种。备选植物有苦草、轮叶黑藻、微齿眼子菜、金鱼藻、马来眼子菜和穗花狐尾藻。依据施工便利性，在不同的水深区域采用播撒繁殖体或移栽幼苗的方式进行沉水植被恢复，技术流程见图55.7。

2. 创新了基于沉水植物适合度的生态水位调控技术

创新洱海水位调控思路：①有别于以往水位调控通常注重水资源量和防洪目标，该成套技术确立了服务于沉水植物清水效应的生态水位调控思路；②有别于以往水位调控多基于经验的模糊水位调控模式，该成套技术基于沉水植物生长节律模型和湖泊生态系统模型初步建立基于沉水植被适合度的精准水位调控模式。

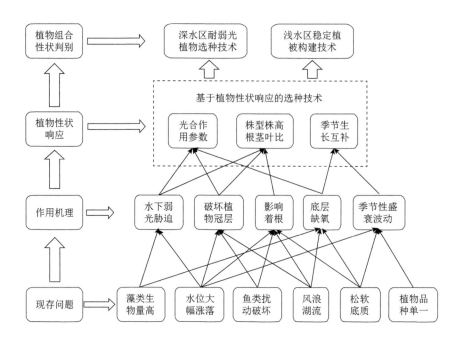

图55.7　沉水植被选种技术流程

以洱海为例（图55.8），沉水植被响应水位变化的敏感区间为1963.9～1964.9 m；全年水位调控分3阶段：1～3月水位逐步下降至中等水位1964.85 m，4～6月维持适度低水位在1964.5左右，7～9月水位上升至1965.5左右并维持至12月。

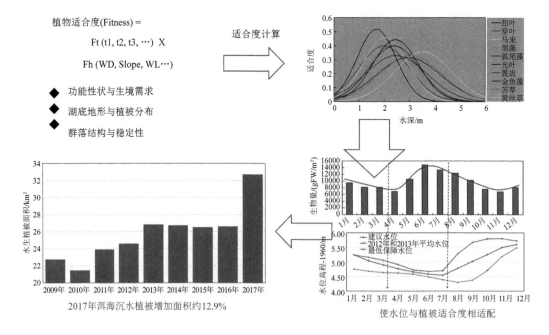

图55.8　洱海生态水位调控促进沉水植被面积扩增技术

3. 鱼类生态控藻改善水体透明度技术

依据藻类群体大小与水生动物滤食能力的匹配关系，在夜晚采用灯光诱捕控制小型鱼类（银鱼）可提高浮游动物数量，从而强化其对小型藻类群体的牧食能力；调控鲢鳙种群使其年龄（3～4龄）处于指数生长期以维持最大滤藻效率；两种调控措施配合使用以达到生态控藻改善水体透明度进而促进沉水植被发育的目的。

（三）工程示范

该成套技术在洱海红山湾10 km²水域进行工程示范（图55.9），取得良好效果。相比基础年（2012年），2018年调查结果表明，示范区内沉水植被面积扩大43.2%，水体叶绿素浓度下降50.6%，藻类生物量降低21.1%，水体透明度提高20.1%。

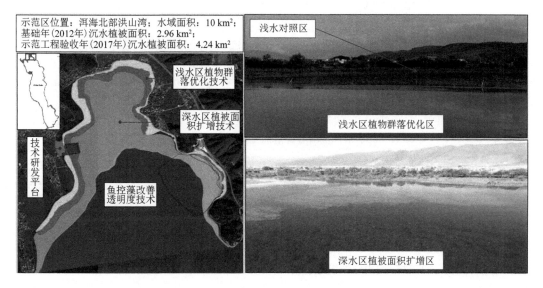

图55.9　洱海红山湾沉水植被面积扩增与群落优化技术示范区

（四）推广与应用情况

2017～2020年，该成套技术在洱海的西沙坪湾、沙村湾、洱滨村湾、向阳湾和全湖得到推广应用（图55.10），使洱海水生植被面积从2016年的约26 km²增加到2020年的约34 km²，生长季沉水植物从水体多吸收氮量约为240 t，吸收磷量约为31 t。洱海水生植被群落结构得到显著改善，近岸区的菱和水鳖显著下降，清水植物海菜花、苦草、轮叶黑藻和光叶眼子菜显著增加。

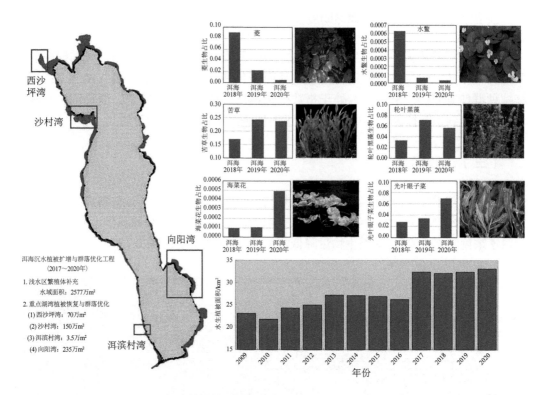

图55.10 沉水植被扩增与群落优化技术在洱海推广应用情况

三、实 施 成 效

1. 对流域治理目标实现的支撑情况

该项目示范区位于洱海洪山湾永安江入口处，永安江是洱海北部三大入湖河流之一，常年接纳永安江小流域的农田退水和村镇污水。示范区内的沉水植被恢复和水质改善可直接支撑项目的水体透明度、藻类水华控制和水生植被恢复面积的目标。

2. 对国家及地方重大战略和工程的支撑情况

洱海是典型富营养化初期湖泊，恢复洱海水生态系统对全国众多尚处于轻度至中度污染湖泊治理具有借鉴意义。本研究对践行习近平总书记"一定要保护好洱海"指示和实现习近平总书记"希望洱海水更清澈"的嘱托提供重要支撑。

3. 经济社会效益及对流域水环境管理的支撑情况

该研究在洱海推广应用，使近岸水生植被恢复和水体更加干净清澈，海菜花重现并形成稳定种群，吸引众多民众参观；支撑洱海水生植物繁育基地建设，年产水生植物种苗180万丛；引领民众关注生态文明建设，部分解决当地就业。

技 术 来 源

- 洱海湖泊生境改善关键技术与工程示范（2012ZX07105004）

56　南方城市浅水湖泊水质改善与水生植被构建成套技术

> **适用范围**：轻质载体反硝化生物滤池降氮技术适用于处理规模为5万 m³/d 的大型水体降氮工程；生态基底改良技术适用于富营养化浅水湖泊，建议使用时间为3月至6月；水生植物群落斑块镶嵌以及生态系统调控技术适用于华中、华南地区浅水湖泊的水质改善和生态修复工程。
>
> **关　键　词**：反硝化生物滤池降氮；生态引水；生态基底改良；水生植物群落斑块镶嵌；群落结构优化

一、技 术 背 景

（一）国内外技术现状

实现富营养化浅水湖泊生态修复的根本途径是建立一个健康完整的水生态系统，其核心是大型维管束植物（特别是沉水植物）的恢复。基于多稳态、营养盐浓度限制、生物操纵、生态位和中性理论等理论的湖泊生态修复技术不断在国内外实践，然而湖泊生态修复是一个长期且复杂的过程。在进行城市湖泊水生态修复时需要确定是否达到了可修复的边界条件，目前亟须针对城镇化进程中城市湖泊水生态修复保护实施量化阈值缺乏的问题开展水生态恢复工程与沉水植被恢复实施的边界条件量化研究。是否满足环境阈值需求成为沉水植物恢复成功与否的制约因素。而环境因子复杂多样，现有研究多以单一因子为主，需要考虑综合环境因素。因为适宜的综合环境因素反映沉水植物对生境条件的耐受性以及对生境资源需求，物种间耐受性和需求的差异性和相似性，又进一步决定了植物群落构建过程中物种共存和多样性维持的可能性。另外沉水植物恢复存在难以定殖、稳定化扩繁等问题，主要是生境因子如湖泊低透明度、高有机质、硬底质等导致的逆境胁迫，仍需要进一步研发对应技术。

（二）主要问题和技术难点

1. 主要问题：针对的水环境问题

目前大部分富营养化湖泊氮的浓度很高。高浓度的氮污染使得湖泊营养加重，在其他适宜条件协同下会出现藻类的异常增殖，影响水质和湖泊景观，急需进行控制技术研发和工程实施。现行大部分引水工程未形成有效水循环。并未构成完整的流场，更未形成环流。因此不同湖泊区域的供水量需要按水质要求优化，一方面依据湖容、生物和谐共生、化学元素地化循环、生态平衡等综合因素确定需水量，另一方面优化布配水体系，并建立湖内循环，形成循环流动，增强引水的均匀度，进一步改善全湖水质和景观。

草型水域生态系统的构建尤为重要。仅靠净化入湖水质已经很难实现水环境质量的进一步提高。适时跟进以沉水植物为主的草型生态系统的构建，成为进一步改善水质和湖泊生态系统的关键。如何营造适宜水生植被生长环境条件，如何在不影响湖泊水位、景观等条件下实现水下植被定植与繁育，后期群落更替与综合管理，以及初步建成的草型湖区如何稳定维持是生态修复需要解决的重点和难点问题。

2. 技术难点

（1）香灰土底泥导致水生植物恢复困难。西湖面临着"香灰土"的问题，"香灰土"底质上沉水植物的恢复技术尚缺乏成功的例子。种子萌芽和根系的发育是沉水植物恢复的关键，而底质条件对沉水植物的发芽、根系及营养获取起到至关重要的作用。如何在重富营养化城市湖泊中香灰土底质上进行生态修复、底质改造是一个科学难题。

（2）高氮负荷限制西湖水质进一步提升。"高氮水"中氮的去除技术是困扰长江下游平原地区城市水体富营养化治理的主要屏障。随着西湖的几大环境治理工程的实施，西湖的营养盐浓度，特别是磷的浓度，得到了有效削减。但是，主要由于钱塘江引水和农业面源污染问题引起的氮污染依然很严重。这是湖泊治理后期将会出现的更高级阶段的表现。高浓度的氮污染使得春季水绵大量繁殖，严重影响水质和湖泊景观，急需进行技术研发和攻关。

（3）西湖的调水模式需优化，湖中流场分配不均。在现有引水方式与运行模式下，西湖不同区域水流、水质状况差异大，如小南湖、西里湖、湖西区域等水质较好，而北里湖水质较差。因此不同湖泊区域的供水量需要按水质要求优化；并急需建立湖内循环，部分水质较好的区域湖水引入水体的高点，自流流往需要区域，形成循环流动，保证该区域段水体的景观透明效果。

（三）技术需求分析

西湖作为杭州市的历史文化标识而成为我国城市湖泊的典范。杭州西湖面临的环境问题在我国城市湖泊非常具有代表性。富营养化湖泊治理后期将面临氮污染和生态恢复等问题。这是湖泊在完成控源截污后将面临的环境主要问题。实现全湖性的生态恢复，必须恢复沉水植物。沉水植物的恢复，需要以生境条件改善为前提。就西湖而言，即面临着"香灰土"的问题，"香灰土"底质上沉水植物的恢复技术尚缺乏成功的例子。如何在重富营养化城市湖泊中香灰土底质上进行生态修复、底质改造是一个科学难题。目前也是困扰西湖进一步提升水质的最大障碍，是西湖水环境综合治理中的难点。目前对于城市湖泊"香灰土"底质上如何开展生态修复未曾涉及，而城市中小型湖泊在生态修复上的技术需求非常大，非常需要对该科学问题进行科技攻关。

治理富营养化城市湖泊的高效调水技术亟待研究。调水、换水、引水济湖等成为近年来富营养化湖泊治理中呼声很高的一种解决方案。"高氮水"中氮的去除技术是困扰长江下游平原地区城市水体富营养化治理的主要屏障。从国内外城市湖泊治理的经验看，至今尚没有十分有效的氮去除技术。对于大量调水过程中氮去除技术的复合技术更是缺乏。这方面技术的探索将有助于解决类似西湖的湿地、平原地区湖泊的富营养化问题。

二、技 术 介 绍

（一）技术基本组成

针对风景名胜区对湖泊景观需求高，而引水水质氮含量高、湖泊水生植被盖度低等特点，研发了南方城市景观湖泊水质改善与水生植被构建技术（图56.1）。包括生态

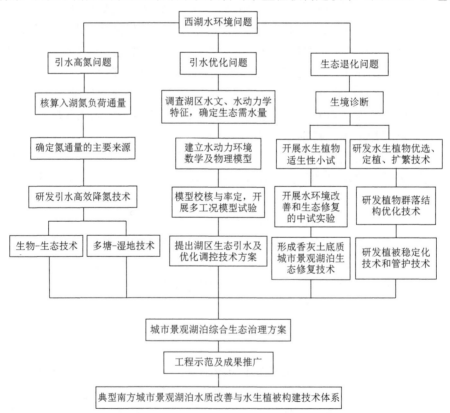

图56.1 南方城市浅水湖泊水质改善与水生植被构建成套技术组成图

引水及布水、引水高效低耗降氮、重污染香灰土质区底质改良、水生植物群落镶嵌以及生态系统调控技术，改善湖泊生态环境，提升湖泊景观。

生态引水及布水技术通过建立水力物理和数学模型，确定生态需水量和引水布水路径、布水分布，消除和缩小死水区面积，以提高该地带湖水自净能力。轻质载体反硝化生物滤池降氮技术通过使用轻质载体固定化反硝化微生物和调控碳源，能快速使出水总氮含量降至1.5 mg/L以下。重污染香灰土质区底质改良主要通过生态型黏土矿物材料对香灰土底质进行覆盖改良，有效改良基底微环境，促进沉水植物定植和生长。水生植物群落斑块镶嵌以及生态系统调控技术，筛选出多种适应西湖不同水域群落结构优化的沉水植物，根据不同沉水植物生态位确定了植物斑块镶嵌布局。重建了稳定的沉水植物复合群落，有效控制了着生藻类异常增殖。

（二）技术突破及创新性

（1）针对钱塘江引水低碳高氮的水质特征，在不同规模尺度下，分别开展生物-生态、多塘-湿地的技术研发工作，优化反应工况，形成适合于钱塘江大规模引水水质改善需求的高效降氮技术体系。

（2）针对现有西湖钱塘江引水模式下存在的湖内流场死角问题，确定生态需水量，建立水动力环境数学及物理模型，进行模型校核与率定，开展多工况模型试验，提出湖区生态引水及优化调控技术方案，并提出西湖流域在线监测与预警体系的构建方法。

（3）针对西湖西部水域水生植物生活型单一、群落稳定性差以及北里湖高含水率香灰土底质等问题，从水质、浮游生物、沉积物等方面诊断沉水植物恢复生境的限制因子，从沉水植物生物学特性、种间竞争等多因素综合分析研发出基于胁迫响应的沉水植物种类筛选与扩繁技术；根据景观需求与水生植物群落演替的自然规律研发水生植物群落结构优化及管护等系列技术。

（三）工程示范

通过工程示范，消除了示范湖区除荷花区外的死水区，显著缩短了污染物在湖泊的水力停留时间，在引水（图56.2）和生态修复共同作用下，引水规模7万 m³/d，示范区死水区面积由35%减少至13%；钱塘江引水工程规模5万 m³/d，经处理后出水总氮降至1.5 mg/L以下，去除率达到40%以上；形成以沉水植物为主，浮叶和挺水相结合的复合植物群落，示范区盖度达32.93%；水质明显改善，氮磷浓度较同期下降10%～15%，多样性指数提高67%。在西湖6.5 km² 水域范围内，以沉水植物为主的水生植物恢复面积达到1.5 km²（图56.3），水生态系统自我维持、自我修复的能力显著增强，连续7年来沉水植物群落自然更替，一年四季均有丰富多样的水下植被景观；水体清澈见底，水环境质量明显改善；生物多样性大幅度提高，曾经消失多年的多种冬候鸟再次在西湖出现。研究成果支撑了西湖综合治理工程，为我国典型南方城市景观湖泊治理提供技术借鉴。

图56.2 生态引水示意图

图56.3 沉水植物恢复示范区

（四）推广与应用情况

工程所应用的技术成果在武汉大东湖生态水网构建等国家重点项目中得到推广，形成城市独特的水体景观，打造人与自然和谐共处的滨江滨湖生态城区。此外在广东省惠州西湖生态修复工程、武汉市江汉区污染湖泊生态修复工程、武汉市江汉区菱角湖水体生态修复工程、武汉东湖生态旅游风景区景观水体生态修复工程等水环境质量改善工程中得到推广，产生了显著的社会、环境和生态效益。

应用于武汉东湖生态旅游风景区景观水体生态修复工程等水环境质量改善工程主要包括水生植被修复工程和水生动物群落结构调整，其中水生植被修复工程、水生动物群落结构调整涉及除天鹅湖外的九个子湖，包含水生植物修复示范工程26191 m^2，沉水植被修复3.2 km^2，挺水植被修复0.2 km^2，浮叶植物修复0.2 km^2。

杭州西湖水生植物的恢复及相关攻关成果，将为其他类似城市富营养化景观湖泊的治理和管理提供借鉴和经验。

三、实 施 成 效

从流域出发，在进一步控源（以氮污染控制）的基础上，优化引水调控，实施以生态修复为核心的生态工程，恢复良性健康的生态系统，实现水质的进一步改善。着重开发和集成湖泊流域污染源系统控制、优化引水调控、生态修复等关键技术，并开展景观湖泊富营养化治理与控制的综合示范。

探明城市景观湖泊调水缩短富营养化湖泊水力停留时间与降低营养负荷的一整套技术原理与应用途径；提出引水调度系统管理技术与方案，西湖流域在线监测与预警体系的构建方法；在典型研究区域进行工程示范，显著改善示范区水质改善需要的湖流流场、缩短水力停留时间、增加水体透明度。对西湖引水进行生物-生态处理，将其中的总氮含量降低40%左右，并对降氮后引水进行生态调整，降低其藻类生成潜力，提高生态安全性，为湖区内的生态修复创造良好的条件。开发出集成城市湖泊高含水率、高腐殖质的"香灰土"底质改造、水生植物修复等综合集成技术，可有效用于其他类似的城市湖泊水环境改造和生态恢复。完成西湖典型区域生态修复，构建挺水、浮叶与沉水植物复合的水生植物群落，并建立相关工程示范，示范区生物多样性明显提高，生态系统结构趋于合理，水生态开始进入良性循环状态，并与城市文化景观协调一致。

技 术 来 源
- 典型南方城市景观湖泊水质改善与水生植被构建技术（2008ZX07106002）

57 湖泊岸带及河口蓝藻水华综合防控 与清除成套技术

适用范围：频繁受蓝藻水华大规模堆积危害，但仅靠机械打捞无法彻底解决水华危害的湖湾、河口、滨岸带等重点保护的敏感水域。

关 键 词：蓝藻水华；滨岸带堆积；加压控藻；沉藻清除；控藻深井；除藻船

一、技 术 背 景

（一）国内外技术现状

在气候变化与人类活动增强的叠加影响下，全球湖库蓝藻水华都呈高发态势，我国太湖等重要湖库的蓝藻水华问题短期内难以根除。沿湖城市的滨岸带及连通河道河口区的水源地供给及休闲功能重要，是湖泊生态服务功能受蓝藻水华危害最大的区域，亟待快速、高效、低成本的表层蓝藻颗粒物清除成套技术予以保障。

20世纪90年代，我国已开发出营养盐削减抑藻、鱼控藻等食物链调控抑藻技术，但仅在污染负荷不高、蓝藻水华较轻的水体奏效。21世纪以来，面对太湖、巢湖、滇池等大型湖泊蓝藻水华规模巨大的问题，进一步开发了船载机械打捞、改性黏土絮凝沉藻、生态修复抑藻等技术，蓝藻水华清除技术从小规模探索进入大规模应用实践。"十一五"水专项中，开发的滨岸带蓝藻机械打捞清除技术进入产业化。"十二五"水专项中，又开发了半浸浆高效增氧曝气湖泛处置船。机械打捞与增氧曝气相结合，对滨岸带蓝藻水华过度堆积引发的大面积缺氧等"湖泛"灾害起到了较好的防控作用。截至2020年末，太湖建有100多个蓝藻机械打捞点，97艘蓝藻打捞船，通过打捞对水华物质"去存量"成为我国湖库蓝藻水华灾害防控的主要方式。

（二）主要问题和技术难点

第一，大规模处置蓝藻水华滨岸堆积的技术缺乏。"机械打捞-藻水分离-无害化处置"这种"去存量"蓝藻灾害控制技术的清除量无法满足蓝藻大规模暴发的控制需求。截至2020年底，无锡市富藻水打捞总能力达到4.94万t/d。按表层20 cm计算，每天能够清除蓝藻水华的面积只有0.25 km²，而水华暴发期面积时常超过500 km²。

第二，蓝藻泥出路受限。截至2020年底，无锡蓝藻泥处置能力在逐年扩容的情况下达到1650 t/d。但夏季水华期仅太湖梅梁湾水域藻颗粒赋存量就能达6万t。目前，厌氧发酵产沼气、堆肥、焚烧等藻泥无害化处置能力接近饱和，成本高昂，地方财政负担重，限制了"去存量"方式蓝藻控制工程的能力提升。

（三）技术需求分析

蓝藻水华之所以形成灾害，系其细胞团颗粒物能够漂浮于水面，具备大规模迁移和滨岸带聚积能力，才能形成局部危害；蓝藻的快速增殖，也得益于其主动上浮能力，使之获得充分的光能进行生长繁殖。在"去存量"处置技术无法满足大面积漂浮蓝藻水华生物量清除的背景下，开发既能大规模降低表层水体蓝藻颗粒存量，又能抑制其细胞增殖的增量产生，还不会产生巨大蓝藻泥处置压力的区域蓝藻水华防控与清除技术，是我国重要湖库蓝藻水华灾害控制的技术需求。

二、技 术 介 绍

（一）技术基本组成

该成套技术由隐没式智能围隔挡藻导流技术、加压控藻井表层蓝藻清除技术、加压控藻船表层蓝藻清除技术、浮动式蓝藻打捞脱水船技术、湖底表层沉藻清除技术组成（图57.1）。

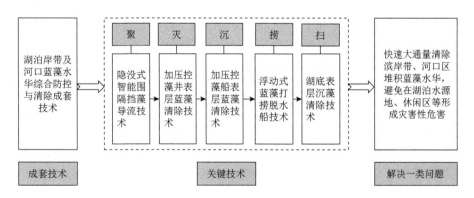

图57.1　湖泊岸带及河口蓝藻水华综合防控与清除成套技术组成图

通过在湖泊岸带及河口布设高效挡藻、聚藻的隐没式智能围隔，将表层漂浮的蓝藻水华"聚"积到大流量加压控藻井口，通过大于70 m深的加压控藻井的低能耗循环，蓝藻水华藻团大量被压"灭"，漂浮能力丧失，逐渐沉入湖底，增殖能力下降79%以上；部分仍有漂浮能力的藻团，使用增氧加压控藻船进一步压"沉"，并结合浮动式蓝藻打"捞"脱水船进行彻底表层藻团的清除。当湖底蓝藻生物体沉积量较大，具有底层缺氧风险时，启用湖底表层蓝藻有机物清除船进行"扫"除，确保沉藻区的水质安全。

（二）技术突破及创新性

1. 开发出加压控藻的原位沉藻技术，克服了蓝藻清除量受限于藻泥处置能力的技术瓶颈。打捞蓝藻的脱水能力和藻泥处置能力是目前太湖等主要蓝藻水华成灾湖泊蓝藻清除量的限制因素

在蓝藻水华控制思路上，基于蓝藻生物量本身就能够在湖体中实现自我分解循环的生态学理论基础，在蓝藻水华控制思路上，由去存量改为控增量，由异位处置改为原位处置，提出以加压控藻井、加压控藻船为核心的加压沉藻技术，突破了蓝藻水华控制受制于打捞成本、运输成本及无害化成本等行业"卡脖子"问题，并通过微动力推流、围隔聚藻、残藻打捞、沉藻清扫等技术组合，使加压沉藻控藻技术形成闭环。

2. 突破了深井加压的关键技术瓶颈，实现了大流量、低能耗、大范围表层蓝藻水华颗粒物的全面压控

通过在湖底钻取70 m以上深度的套管深井，借助套管井口的可调节涡井，精准吸取表层富藻水进入套井内管，在套井外管的推流泵拉动下，富藻水先由内管进入井底，静水压达到0.5 MPa，再从外管上流至出水口排出。以微囊藻属细胞为主的漂浮蓝藻团，在经过0.5 MPa静水压20 s以上作用后，细胞内伪空胞被压瘪，藻团内夹带气泡被压除，蓝藻细胞团失去主动上浮能力，细胞活性下降70%以上，大部分藻细胞很快沉至水底，逐步死亡分解，实现有效控制表层蓝藻颗粒物的目的。通过成套技术的组合应用，表层富藻水日处理能力低于42400 m^3/d，吨藻水处理电耗不高于0.05 kW·h；单套技术清除水域面积0.5 m^2以上；处置区表层50 cm内蓝藻颗粒物清除77%以上；加压处置后藻团中蓝藻灭活率达到79%以上。与现有技术相比，目前一个蓝藻打捞点日打捞能力不足1000 m^3，蓝藻打捞船的日打捞能力不足500 m^3，本成套技术大大增加了大水面富藻水的快速处置能力，使得区域性蓝藻水华堆积区表层富藻水全覆盖的短期处置能够实现。

（三）工程示范

依托无锡市太湖梅梁湾十八湾蓝藻离岸打捞应急处置工程、锦园藻水分离站提能升级工程等蓝藻水华治理工程，该成套技术在太湖梅梁湾的梁溪河口水域建成了面积

60978 m²的工程示范区，于2017年10月实现"深井1号"加压控藻井钻探成功安装，已持续运行1300多天，集成了智能围隔、增氧加压控藻船、浮动式蓝藻打捞脱水船、湖底沉藻清扫船等工程技术后，该工程示范的运行显著降低了蓝藻水华的滨岸带堆积及河道输出现象。第三方监测表明，工程示范区处理后，表层水体蓝藻颗粒物浓度平均下降77%，蓝藻灭活率达到79.63%，未引起水体氮、磷、有机质、溶解氧、氨氮、藻毒素等相关水质指标恶化。工程示范设计及现场效果如图57.2所示。

图57.2　太湖滨岸及河口蓝藻水华综合防控与清除技术工程示范设计及现场图

（四）推广与应用情况

该成套技术在太湖、巢湖、滇池、星云湖、洱海等我国主要蓝藻水华受灾的重要湖泊建成并开始发挥蓝藻水华控制作用。

截至2021年4月，加压控藻井成套技术已在太湖、巢湖、星云湖等建成运行11套，在建2套，立项中10套。运行的11套加压控藻井目前日处理富藻水可达440000 m³/d，是太湖现有总富藻水打捞能力的10倍多。

增氧加压控藻船已在太湖、滇池、洱海、解放山水库等重要水源地及河湖景观保障水域销售27套，富藻水总处置能力可达20000 m³/d。

在苏州、常州、无锡等地销售浮动式蓝藻打捞脱水船7艘，订购中多艘。参与了苏州金鸡湖、常州竺山湾、太湖贡湖湾等敏感水域的蓝藻水华灾害应急保障工作。应用效果如图57.3所示。

三、实　施　成　效

蓝藻水华综合防控与清除成套技术应用在太湖梅梁湾梁溪河口水域，支撑了梁溪河国控、省控水质断面的稳定达标，促进了梅梁湾水域的生态修复。2017～2020年，梅梁湾春季菹草等水草区面积逐年增加，梁溪河口的蓝藻生物量年均值逐年下降，梁溪河蠡桥、鸿桥水质断面的主要水质指标实现了稳定达标。

图57.3   加压控藻成套技术在巢湖、星云湖、太湖等水体的推广情况
（a）太湖贡湖湾控藻井；（b）太湖竺山湾控藻井；（c）无锡梁溪河控藻船；（d）巢湖控藻井；
（e）星云湖控藻井；（f）金鸡湖蓝藻脱水船

　　该成套技术的推广应用支撑了多个重要湖泊的蓝藻水华灾害控制。2020年春季太湖蓝藻水华问题异常严重，威胁沙渚水源地。无锡市应急启动贡湖湾许仙港加压控藻井，宜兴市紧急启动符渎港加压控藻井，避免了蓝藻水华灾害的进一步升级。2020年，星云湖5座压力控藻井运行后，星云湖表层蓝藻水华问题得到明显控制，水体总磷浓度下降，实现脱劣的目标。巢湖加压控藻井的运行，化解了10000 m²以上面积蓝藻水华聚积的水质危机30多次，加压控藻井均在20 h内将表层聚集的蓝藻全部处理完毕，派河口北侧沿线未发生长时间藻源性臭味。

　　本成套技术作为核心技术，助力了有关企业的科创板上市，产生了明显的经济与社会效益。2020年12月25日，该技术列入工业和信息化部、科学技术部、生态环境部联合制定的《国家鼓励发展的重大环保技术装备目录（2020年版）》。

技 术 来 源

- 梅梁湾蓝藻水华控制与藻源性有机物处置技术集成与工程示范
（2017ZX07203001）

58 湖荡湿地生态系统构建及稳定维持成套技术

适用范围：浅水藻型湖荡湖滨生态系统的构建与稳定维持以及湖体的生态
调控、食物网重塑。
关 键 词：湖荡；湖滨；湿地构建；稳定维持；湖体；生态调控

一、技 术 背 景

（一）国内外技术现状

湖荡湿地生态系统恢复主要包括生境改善和生态系统结构与功能修复。国外在湖荡湿地生态系统恢复的研究起步较早，瑞士和德国在20世纪80年代末就提出"自然型护岸"，日本在90年代初也提出"多自然型河道湖泊治理"技术，加拿大大湖地区的8个州和安大略（Ontario）省开展了对大湖及湖滨带修复实施计划，内容包含地理范围的界定、修复效益、问题原因、修复措施及具体实施等。我国科研人员在洱海、滇池、巢湖、太湖、五里湖等开展的生态恢复及重建工作，采用的技术主要物理基底的设计与恢复、理化环境的改善、生物种群的选择及群落结构的配置、生态景观建设等方面。但现有湖荡湿地生态系统恢复工程面临着生态系统脆弱、自稳性差，难以发挥长效稳定效果的问题；且大部分研究围绕着水生植被的恢复，在其他水生生物系统结构的调控和修复方面的研究相对较为薄弱。

（二）主要问题和技术难点

（1）如何在条件平稳的时期（常水位），保证湖荡湿地生态系统快速恢复到具有一定抗冲击能力的程度。

（2）如何在受到极端条件冲击后（长时间高水位、低透明度），使湖荡湿地系统具有短时间内恢复条件和能力。

（3）如何将水利调控与生态调控、生态调控中将水生植物的修复与生物操纵技术有机整合，实现湖体生态系统的修复和稳定维持。

（三）技术需求分析

太湖流域中部地势低洼，大小湖泊星罗棋布。水面面积在0.5 m²以上的湖泊共有189个，总面积3159 m²，占了流域总面积的1/6，且大部分为水深不足2 m的浅水湖荡。湖荡湿地是太湖流域生态系统的重要子系统，呈独特的生态服务功能，对流域污染物拦截和水质净化具有重要作用。它既是流域水体循环和生态系统物质平衡的重要环节，也是清水水源的主要来源。但是近几年越来越多的湖荡湿地生态系统结构受到破坏，生物多样性退化，生态功能下降，对污染物净化和拦截能力下降，严重影响了湖泊流域生态、经济的可持续发展。

二、技 术 介 绍

（一）技术基本组成

该成套技术以浅水区植被修复、湿地重建及稳定维持，湖体生态系统调控与稳定维持为重点，集成湖滨湿地水生植被诱导繁衍、水位波动下的湖滨湿地系统稳定维持、湖体生态系统调控与稳定维持等关键技术，形成湖荡湿地生态系统构建及稳定维持成套技术，使湖荡湿地呈现自然恢复态势并具有一定自我组织能力和抗逆能力，促进营养物质的平衡，使生态结构合理、稳定。技术组成如图58.1所示。

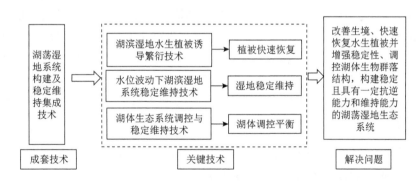

图58.1　湖荡湿地生态系统构建及稳定维持成套技术组成图

（二）技术突破及创新性

1. 形成了以"优化引种—强化定植"为核心的湖滨湿地水生植被诱导繁衍技术，实现条件平稳期湖滨湿地生态系统快速恢复和自然繁衍

根据不同水生植物生长繁殖特点和人工引种方式的差异，从一般湖荡湿地水生植物恢复的模式出发，优先建立目标恢复区面积3%～5%的水生植物物种保育区，挺水植物按照64～100丛/ m²，沉水植物和浮叶植物按照800～100 g/m²高密度种植，保障水生植被引种种源的充足；其中挺水植物优化采用籽播、整株移植两种方式引种，沉水植物和浮叶植物根据冠层型、直立型、莲座型等不同生长型分别采用顶芽或枝节扦插、营养体繁殖、整株移植等方式进行人工引种，扦插引种方式植物顶芽和枝节长度适宜20～30 cm，并保持顶芽和枝芽形态完整，扦插深度应大于5 cm防止植株上浮，扦插密度大于36丛/m²，每丛3～5株。营养体繁殖等方式进行水生植物离岸较近的水深、透明度较好的浅水区利用沉框固根技术等强化措施建立水生植物生长恢复的稳定区域；在稳定区外缘区域使用可调节水深30 cm～2 m的升降式沉床技术扩大水生植被的繁殖演替区域，伊乐藻栽种密度为150～200 g/m²，黑藻栽种密度为200～250 g/m²。通过种源保育区和强化固根稳定区、沉床扩繁区的联合作用，形成了能自然繁衍的水生植物群落，植被覆盖度提高到50%以上。

2. 形成了"水动力改善-基质稳定-快速恢复-再生种子库建设"的水位波动下的湖滨湿地系统稳定维持技术，提高生态系统的抗逆幅度及生态稳定性，实现极端条件冲击后湖滨湿地系统短时间内的恢复

采用生物竹排-软隔离消浪技术、湖滨湿地网格化阻流稳定技术等物理生物措施改善湖滨湿地水动力，增加水生生态系统的弹性水位变幅，透明度提升15～20 cm，叶绿素降低约10%～15%；采用起伏式湖滨带基底抑悬浮技术、沟渠式水体底质改良技术实现基底稳定，提高水生植物存活率60%以上；通过浮叶植物错序阻流种植、斑块化的先锋（狐尾藻和马来眼子菜）-平衡物种（苦草、黑藻、金鱼藻和微齿眼子菜）恢复序列镶嵌种植，斑块种植尺寸10～15 m为一个单元，植物种植密度80～100株/ m²，构建了具有一定水位耐性的水生植物立体群落结构，适应0.5～1.0 m的水位波动，植物存活率>80%；配以原位的快速再生的种子库构建，强化极端条件后的湿地系统恢复能力。在非极端状况下，可适应的水位变幅为1 m，植物覆盖度可长期保持50%以上；在极端水位状况下，种子库生物量可完整保存，根据极端水位持续时间和下降时间，湖滨湿地系统恢复时间在2个月到12个月时间（以植物覆盖度达到50%计算）。建设成本20元/m²，运行维护成本0.2元/ m²/年。

3. 通过水利工程调控实现的输入输出平衡与通过生物操纵实现的营养物质的内循环平衡结合起来，实现湖体生态系统的稳定维持

以区域水利工程为载体，调控进入湖荡的水文水质输入条件，实现湖荡水位维持在适宜水生动植物生长的水深范围（1.0～1.5 m），减少不利水文条件对生态修复的冲击。提出加强起点于浮游植物食物链和起点于碎屑食物链的多营养级生物操纵技术，鲢鳙放养生物量20～40 g /m³、配置比例7：3～3：1，鲴类密度约5～15 g/m²；蚌类15～25 g/m²，螺类约30～45 g/m²，重塑和完善复杂食物网结构，促进营养物质的平衡。湖体叶绿素a下降10%，水生生物各类群多样性增加20%以上。

（三）工程示范

该成套技术应用于太湖上游典型河湖相连湖荡——滆湖，建设了"滆湖浅水区

生态修复及湿地重建工程示范"和"漏湖湖体生态系统调控与稳定维持工程示范"等工程示范，湖滨湿地示范区内水质总氮、叶绿素a浓度较示范区外对照点降低30%、总磷降低15%以上，植被覆盖率从现状5%提高到50%，建设成本约15～18元/m²，运行维护成本0.2元/(m²·a)。湖体生态调控示范区叶绿素a和总磷平均削减率分别为62.0%和27.4%，Shannon多样性指数增加44.94%，物种数增加61.7%。"十二五"期间为2013年第八届中国常州花卉博览会成功召开提供了水环境保障，为湿地展区和主展馆的水域良好水质和优美生态环境做出了重要贡献。"十三五"期间大大减轻了大型水利工程实施后水位波动对湖滨湿地稳定运行的负面影响。工程示范效果如图58.2所示。

图58.2　成套技术的工程示范现场图

（四）推广与应用情况

成套技术在安徽焦岗湖湖滨带湿地建设和湖区生态修复工程、常州西太湖塔下片区近岸带水生态修复工程、山东马踏湖湖滨带水生态系统恢复构建工程中得到了应用，总修复面积约7.8 km²。安徽焦岗湖湖滨带湿地建设工程面积约0.8 km²，湖区生态修复面积约5 km²，提高了焦岗湖水生植被多样性和群落结构稳定性，水体透明度增加，生态系统趋于稳定；武进西太湖塔下片区近岸带水生态修复工程实施面积约0.84 km²，改善西太湖塔下片区水生植被生物多样性，减少了内源污染，太湖塔下片区入湖口及湖滨带湿地功能布局更为合理；山东马踏湖湖滨带水生态系统恢复构建工程规模约1.13 km²，工程运行效果良好。应用效果如图58.3所示。

图58.3　安徽焦岗湖湖滨带湿地建设工程和武进西太湖塔下片区近岸带水生态修复工程

三、实 施 成 效

　　"河湖浅水区水生植被诱导繁衍集成技术"入选江苏省科技厅发布的《江苏省水污染防治技术指导目录》、中国环境科学学会颁发的"环保科技创新实用成果"。

　　形成的《太湖流域湖荡湿地生态修复总体方案》应用于江苏省太湖办主持的太湖流域水污染控制规划、太湖流域湿地生态修复指南等规划中，在流域湖荡生态系统健康评价、生态修复工程建设、流域综合管理中发挥了重要作用。研究形成的《湖荡湿地生态修复模式》已通过专家论证并得到应用，对于湖荡湿地生态修复与稳定维持提供了和技术支撑。

　　成套技术推广应用的基础上，总结形成江苏省标准《平原河网区浅水区水生植被控制及恢复技术指南》（已开题）和《湖滨生态系统构建与稳定维持技术指南》（已通过江苏省市场监督管理局公示，处于待发布阶段）2项，实现了技术的标准化和规范化。

技 术 来 源

- 湖荡湿地重建与生态修复技术及工程示范（2012ZX07101007）
- 武南区域河湖水系综合调控与生态恢复技术集成与示范（2017ZX07202006）

59 滨湖城市湖泊草型生态系统重构成套技术

> **适用范围**：已完成控源截污、水位调控受限、水生植被退化的滨湖城市湖泊，水体年平均总氮<1.5 mg/L，总磷<0.16 mg/L，氨氮<0.40 mg/L，叶绿素a<25 μg/L。目标是将"浊水态"藻型湖泊恢复成"清水态"草型湖泊。主要解决滨湖城市湖泊水位调控受限情况下，在开敞水域实施沉水植被恢复及长效维持的技术瓶颈。
>
> **关 键 词**：城市湖泊；透明度提升；生境改善；沉水植物；高效定植；食物网重塑；群落稳定；长效管理

一、技 术 背 景

（一）国内外技术现状

近几十年来，太湖流域的滨湖城市湖泊受人类活动的强烈干扰，许多城市湖泊出现了富营养化、草型生态系统退化、蓝藻水华频发等一系列的生态环境问题，严重影响了所在城市的水环境服务功能。修复这些受损的城市湖泊，重建健康稳定的湖泊生态系统是一项十分复杂的系统工程，其核心内容是恢复"清水态"草型生态系统。在水专项立项前，我国已经进行了部分城市湖泊富营养化治理和生态修复工作，积累了湖泊环保疏浚、湖滨带生境改善、水生植物种植等一批单项技术。湖泊生态修复工作在小的封闭水体有过成功的案例，但是由于缺乏对生态系统各组分相互联系的全面认识，以及有效的后期维护，大多数生态修复工程最终没有切实发挥其应有成效。

城市湖泊往往是所在城市的景观湖泊，其主要特点是周边有闸控，因景观要求水位调控受限；此外，大湖面开敞水域由于受风浪扰动强，水体透明度低。这两个因素加大了城市湖泊沉水植被恢复的难度。因此，在外源污染得到有效控制的前提下，如何根据城市湖泊的特点，科学合理地修复这些受损的城市湖泊，需要从生态系统层面整体转换的成套技术，才能实现从"浊水态"藻型生态系统向"清水态"草型生态系统的重构。

（二）主要问题和技术难点

（1）如何在不降低水位的情况下快速提升城市湖泊水体透明度。

（2）先锋种与建群种如何选择。水生植物如何快速定植及稳定。

（3）如何科学地进行食物网调控及管理维护，使生态系统长效稳定运行。

（三）技术需求分析

城市湖泊沉水植被退化、生态系统脆弱、生态服务功能不足的现象在太湖流域及我国东部平原地区仍普遍存在。而目前绝大多数生态修复工作是在面积较小的封闭水域实施的，在开敞水域成功实施草型生态系统重构的案例仍鲜有报道。并且，有些生态修复工程由于缺少后期维护，健康的草型生态系统难以维持，其水环境甚至会再次恶化。随着经济的发展、生活水平的提高，人民群众迫切需要一个"水清岸绿"的城市湖泊环境。因此，地方政府迫切需要生境改善、水生植被重建、生态系统长效调控为一体的综合成套技术，以实现滨湖城市湖泊的"清水态"草型生态系统的重构及长效维持，还人民群众一个水清草盛、鱼翔浅底的城市湖泊。

二、技术介绍

（一）技术基本组成

该成套技术主要由3项关键技术组成（图59.1）。首先，通过基于透明度提升的城市湖泊生境改善关键技术提升水体透明度，为沉水植被恢复提供合适的光照环境。其次，光环境改善后，再利用水生植物群落重建与快速稳定关键技术，实现沉水植被的快速恢复。最后，利用健康食物网重塑与长效调控关键技术，重塑以肉食性、草食性鱼类和软体动物为主的健康食物网，实现"清水态"草型生态系统的稳态维持。

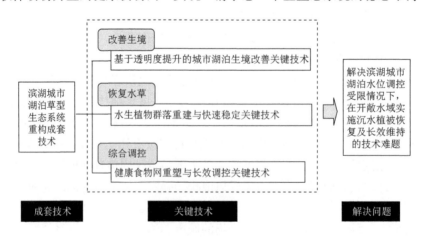

图59.1　滨湖城市湖泊草型生态系统重构成套技术组成图

（二）技术突破及创新性

该成套技术针对滨湖城市湖泊透明度低、水位调控受限等问题，研发了3项关键技术，技术环环相扣，成套技术首次在大面积开敞水域（无锡蠡湖）成功进行了工程示范，体现了"十三五"水专项大规模、大示范的核心理念，属于技术集成创新。技术突破主要体现在以下三个方面：

1. 物理生物组合透明度提升技术，解决了城市湖泊水位调控受限情况下快速提高水体透明度、改善水下光环境的技术难题

构建透水性的双层生态围隔削减风浪，使最大波高小于0.3 m；立体模块化投放100～500 kg/m² 的螺蚌（质量比为1：1，混合放养）快速提高水体透明度；同时在底泥易悬浮区放置约30%盖度的仿生纤维草抑制底泥悬浮。立体模块化螺蚌投放技术较常规方式效率提高了3～5倍。通过上述技术组合应用，在一周内使水体透明度由原来的30～50 cm提高至80～130 cm，保证种植在3 m水深内的沉水植物获得充足的光环境。传统生态修复前期要通过降低水位后种植水草，使水草能够获得足够光照。本技术在不调控水位的情况下，实现了透明度的快速改善。

2. 滨湖城市湖泊水生植物群落重建与快速稳定技术，突破了建群种筛选、群落重建和快速稳定的技术瓶颈

筛选了对环境变化抗性强的高磷内稳性沉水植物作为建群种，即在浅水区（水深<1 m）、中等水深区（水深1～2 m）和深水区（水深2～3 m）分别以草甸型密刺苦草、莲座型微齿眼子菜、直立型马来眼子菜为建群种恢复沉水植被；利用"最大多样性法+穴盘+40%起始盖度"组合技术，采用植株密度为20～45株/ m²的草坪毯法实现了沉水植被高效定植，定植效率高于传统种植方法2～3倍。水生植物恢复费用不超过30元/m²。

3. 滨湖城市湖泊生态系统长效调控技术，使食物网健康程度提升了1个等级

利用适量螺蚌（35～50 g/m³，质量比为1：1）降低水体中及沉水植物表面40%～60%的藻类；利用肉食性鱼类（5～15 g/m³）和草食性鱼类（5～10 g/m³）在食物网中的"下行效应"，控制小杂鱼及水生植物生物量；在水生植物快速生长季节，每2个月收割表层20%～30%水生植物；每2～3年清除80%以上的鱼类。本技术将肉食性鱼类（经典生物操纵）及鲢鳙鱼控藻技术（非经典生物操纵），拓展至全食物链调控，突破了草型生态系统难以长期稳态维持的技术瓶颈。

（三）工程示范

该成套技术在无锡市西蠡湖面积为1.08 km²的开敞水域实现了工程示范，通过改善水体透明度、恢复沉水植物及食物网调控等技术的实施，重构了水清草茂的"清水态"草型生态系统，工程示范取得显著成效。第三方监测数据显示，示范工程建成后

水质稳定维持在地表水环境质量标准Ⅲ类，局部区域达到Ⅱ类，水体透明度由原来的34 cm提高至80 cm以上，真光层深度与水深比值较2017年均值提高119%，沉水植物覆盖度由不足5%提升至45%以上，水体中总氮、总磷和叶绿素比未实施生态修复水域分别降低了43%、55%和84%。示范区实施效果如图59.2所示。

图59.2 蠡湖示范区实施效果

（四）推广与应用情况

成套技术在无锡市尚贤湖、荡口古镇等地得到推广应用。尚贤湖位于无锡市市政府门前，是无锡重要的城市景观湖泊，水环境治理项目总水域面积25.22万m²，涵盖湖区和湿地区。在污染削减的前提下，通过成套技术中透明度改善、沉水植物群落快速构建及长效管理技术的应用，水生植被覆盖度提高到55%以上，水体透明度提升至1.5 m以上，水质稳定在地表水Ⅲ类标准，同时也增强了尚贤河水体的自净能力（图59.3）。

图59.3　尚贤湖推广应用（生态修复前后对比图）

三、实 施 成 效

　　利用成套技术在水位调控受限的前提下，在无锡市西蠡湖北侧1.08 km²开敞水域实现了草型生态系统重构，打造水生态功能提升样板工程，成为无锡市水环境治理和对外展示的亮丽名片。水体透明度提高至80 cm以上，沉水植物覆盖度提升至45%以上，形成了水体清澈的"水下森林"，极大地提升了蠡湖景观的效果，恢复了湖泊水体的自净功能，每年固定大气中的二氧化碳约160 t。中国科技部官方网站，以及"中国环境报""江南晚报""无锡日报"等多家媒体对示范工程进行了宣传报道，扩大了国家水专项的影响，取得了良好的社会效益。

　　基于该成套技术形成了江苏省地方标准《城市湖泊水体草型生态系统重构技术指南》，为科学合理地进行城市湖泊草型生态系统重构工程设计、建设及运行维护管理工作提供指导，为太湖流域生态修复和水环境管理提供了技术支撑。

技 术 来 源

· 滨湖城市湖泊草型生态系统重构技术与工程示范（2017ZX07203004）

第六篇

流域水环境管理

60 流域水生态功能分区成套技术

适用范围：我国河流、湖泊等流域水生态系统分区。
关 键 词：水生态功能分区；分区指标；多尺度定量划分；水生态健康评价；管理考核办法

一、技 术 背 景

（一）国内外技术现状

水生态功能区是指水生态系统结构、功能具有相对一致性的空间单元。由于水生态系统在空间上具有显著的区域差异性，依据水生态区作为水生态环境监测、评价和修复的基本管理单元是国际普遍认可的方法。美国从1987年开始划分了全国的水生态区划方案，将美国大陆划分为15个一级区，50个二级区，85个三级区，791个四级区，目前在大多数州都已经划分到五级区。欧盟基于海拔、地质和集水区面积等要素划分水生态区，在此基础上进一步识别水体类型，建立了水体分区分类管理体系。以水生态分区为基础，美国和欧盟筛选水生态健康评价指标，制定水生态健康评价标准，针对性实施水生态健康管控措施。近年来，水生态健康评价指标也从单指标评价、多参数评价向水生态完整性评价转变。

我国以水功能区作为水环境管理的基本单元，与国外水生态分区技术相比，水功能区不是依据水生态系统分类划分，而是重点考虑水体使用功能将河段划分为不同的管理单元，体现水生态区域差异的分区方法在我国尚属空白。此外，功能区以水质达标考核为主，水生态健康评价工作虽有开展，但是评价指标多借鉴国外评价指标，水生态健康评价技术总体滞后。

（二）主要问题和技术难点

我国在水生态功能分区管理领域长期以来缺乏系统研究，主要技术问题和技术短板表现在：①对水生态地域格局与多尺度效应缺乏深入研究，缺乏适合我国的水生态分类方法和多尺度定量分区技术，缺乏反映我国水生态区域本底特征及差异的技术方案。②功能区水生态健康评价长期采用欧美指标和标准，但由于我国水生生物物种组成和空间格局变化跨度较大，直接借鉴国外评价指标和标准难以科学评价我国流域水生态健康状况。③尚未建立适合水生态功能区的目标体系，缺乏水生态承载力调控方法，缺少水生态功能区目标保障的政策和平台。

（三）技术需求分析

近年来，党中央和国家领导人高度重视水生态健康保护修复工作，"十四五"期间，国家流域水生态环境保护规划增加了水生态指标的考核要求，我国正逐步步入水生态健康管理新阶段。技术需求主要有以下三个方面：一是突破我国水生态功能区多尺度定量划分技术，提出我国水生态功能分区方案，弥补水功能区对水生态区域差异考虑不足的问题，指导全国水生态监测评价、保护目标制定等工作。二是构建我国本土化的水生态健康评价方法，解决国外指标和标准难以直接应用于我国流域、流域评价标准"一刀切"的问题。三是研发水生态保护目标可达性分析技术，制定功能区目标保障的调控技术方法和管理考核办法，支撑水生态功能分区管理。

二、技 术 介 绍

（一）技术基本组成

基于水生态区域差异管理的需求，该成套技术建立了"分区—评价—目标保障"为主线的水生态功能分区技术体系，突破了流域水生态功能区多尺度定量划分、水生态健康本土化指标开发与综合评价、水生态功能区目标保障调控技术3项关键技术。技术逻辑如图60.1所示。

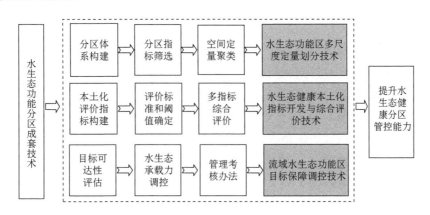

图60.1　流域水生态功能分区成套技术组成图

1. 流域水生态功能区多尺度定量分区技术

以水生态格局、尺度效应以及水陆耦合分析作为分区基本理论，建立涵盖国家级-流域级-区域级的流域水生态功能多尺度分区体系。基于水陆耦合关系分析筛选不同分区尺度生境要素作为分区指标，以"分区指标筛选-分区定量聚类-分区结果校验"为技术链条，基于空间定向插值、二阶空间聚类、河流生境分类、水生态功能评价等技术，形成以水文地貌、水生境和水生物类群等核心指标的水生态功能区多尺度定量划分技术。

2. 水生态健康本土化指标开发与综合评价技术

该技术以"本土评价指标确定-评价标准确定-综合评价"为技术链条，依据对环境压力具有敏感响应的原则，建立不同类型水生生物指数的压力梯度响应模型，建立我国水生态健康评价多类群指标体系，涵盖鱼类、大型底栖动物、藻类、水体理化和营养状态等指标17项。针对强干扰流域、弱干扰流域等需求，分别根据参照点位定量化筛选、压力响应模型法等技术方法确定指标阈值，在对指标进行归一化处理和指标赋权的基础上进行综合计算，构建能够全面反映水生态健康状况的综合评价指数。

3. 流域水生态功能区目标保障调控技术

该技术以水生态功能区目标体系构建、可达性评价、调控保障为核心，包括水生态保护目标构建、水生态承载力调控、水生态功能区管理考核办法等核心内容。以功能区主导功能对水生态健康的要求和水生态健康现状为依据，制定涵盖水质、水生生物、生态流量、空间管控的功能区管理目标体系，采用遗传算法等智能优化方法确定水生态保护目标，构建水生态承载力模拟模型和优化调控方法，制定水生态功能区管理考核办法，构建水生态功能分区管理平台，保障功能区水生态保护目标的实现。

（二）技术突破及创新性

针对流域水生态区域差异规律与分区尺度辨别的科学难题，基于太湖、辽河、赣江等10个重点流域水生态长期观测数据，系统研究了流域水生态系统的空间异质性、尺度特征及与复合环境因素的耦合关系，创新提出了我国地理级-流域级-区域级的8级分区体系。该体系识别了"气候-景观-水文地貌-微生境-水生物"的尺度嵌套关系，揭示了多尺度生境要素对水生态的作用机制，填补了国内在这一领域的研究空白。与美国、欧盟等分区体系相比，我国分区体系具有尺度等级清晰、主导因子明确的特点，相关成果得到国际专家认可。

针对国际水生态功能区多以专家经验判读划定为主，存在主观性、不可重复性和难以校验的问题。水专项建立了一整套包含逐级判别指标筛选、二阶空间聚类划分、生物交叉验证等流程化定量划分方法。选取各级尺度的生境要素33个代表性指标和水生态要素代表性指标，逐步耦合计算水生态要素与生境要素的相关性，识别对水生态空间差异具有主导因素的关键性指标进行空间定量聚类，实现分区在全国范围内的标准化划分，技术授权发明专利6项。

针对我国水生态健康评价缺乏本土化指标和方法的问题，自主发展更加客观、准确的我国本土耐污值计算方法，提出了BI、FBI、BMWP等11项国外生物指标的本土计算参数，自主开发了我国河流特色生物评价指标5项，形成涵盖藻类、底栖动物与鱼类多类群的水生态健康评价本土指标体系。突破了参照条件确定、健康指数计算模型等关键评价技术，建立多要素指标的水生态健康评价规范方法，编制《水生态健康监测与评价技术指南》（国家标准委立项，20201655-T-469）。该技术经专家鉴定达到国际领先水平，应用于"水十条"河流生态安全评估以及水专项十个流域健康评价工作。

提出了以"功能分类-保护等级划分-管理目标可达性评估-水生态承载力调控-制定管理考核要求"为主线的水生态功能区目标保障调控技术路线。创新构建了水生态保护目标可达性智能优化模型，实现了水质、水量、栖息地、水生生物4类目标的协同优化。以功能区目标保障为核心，研发了水生态承载力系统数值模拟技术，创新构建了水生态承载力调控模型系统（HECCERS），可实现海量情景方案自主设置、自动生成和优化模拟分析，实现了社会经济、土地利用、水文调节、生态修复等多要素协同调控。

（三）技术示范

1. 全国水生态功能分区方案

按照"示范流域划定-自下而上成果归纳-自上而下体系-全国划定"总体思路，完成了11个重点流域1~4级分区方案。将分区技术推广到全国其他流域，全国划分为6个一级区、33个二级区、107个三级区、364个四级区、1454个五级区。该方案揭示了我国水生态系统区域差异及特征，应用于"十四五"水生态环境监测试点的网络构建。

2. 全国重点流域水生态健康评价

水专项提供了一套规范的水生态健康评价技术方法，直接应用于辽河、松花江、海河、淮河、东江、黑河、太湖、巢湖、滇池和洱海十个重点流域，指导完成共计2024个样点的水生态健康评价工作，系统展示全国水生态健康的整体状况。结果表明我国重点流域水生态健康整体处于一般等级，海河健康状态最为堪忧，大型底栖动物群落整体退化严重；出版《中国重点流域水生态系统健康评价》，支撑重点流域"十四五"规划中水生态评价及目标制定工作。

3. 太湖流域水生态功能分区管理示范

以江苏省太湖流域作为典型案例，划定了49个水生态功能分区，构建了涵盖生态环境管控、空间管控、物种保护三大类分类管理目标，制定颁布了《江苏省太湖流域水生态功能区划（试行）》（苏环办〔2016〕48号），制定了水生态功能区考核办法，实现了水生态监测评价的业务化，推动了将水生态目标逐步纳入太湖流域地方政府目标责任书考核体系。进一步在常州开展了水生态功能分区管理技术应用示范，构建了常州市水生态健康管控数字化管理平台，如图60.2所示。提出了水生态功能区承载力调控方案，实现了水生态功能分区管理关键技术的业务化应用。

图60.2　常州市水生态环境分区与健康管控数字化管理平台

（四）推广与应用情况

重点流域水生态功能分区方案获得专家高度认可，认为在全国范围具有推广性，在生态环境部水环境管理司主持编制的《全国流域水生态分区管理体系研究》中得到采纳应用，支撑了"十三五"控制单元的划定和全国水环境监测网络布设。水生态健康评价技术方法在"水十条"东江滦河生态安全评估和重点流域"十四五"规划水生态评价及目标制定等工作中得到推广应用，推动了我国水生态健康管理工作的开展。

三、实 施 成 效

经过水专项十余年研发，成套技术就绪度由立项之初3级提升到7级，立项/发布9项技术指南，其中《江河生态环境安全调查与评估技术指南》和《东江、滦河生态环境保护方案编制指南》由生态环境部印发，指导"水十条"河流生态安全评估工作，从技术层面推动我国水环境管理创新，为我国实施以水生态健康为目标的分区管理提供了技术储备。

基于水专项的研究成果，江苏省明确规定将功能区水生态保护目标纳入地方政府环境目标考核体系，率先在我国实现了水生态功能区管控体系的落地。《辽宁省辽河流域水污染防治条例》修订中被采纳，要求"流域水生态保护，应当采取划定水生态功能区"，落实了水生态功能分区管控理念。全国水生态功能分区方案在"十四五"水生态监测试点网络布设中得到采纳应用，以水生态功能分区作为水生态参照点位、受损点位及考核点位布设的重要依据，初步建立了我国水生态健康分区管理网络体系。

技 术 来 源

- 流域水生态功能评价与分区技术（2008ZX07526001）
- 重点流域水生态功能一级二级分区（2008ZX07526002）
- 流域水生态保护目标制定技术研究（2012ZX07501001）
- 重点流域水生态功能一级二级分区（2012ZX07501002）
- 流域水生态功能分区管理技术集成（2017ZX07301001）

61 流域水环境质量基准制定成套技术

适用范围：全国流域地表水环境。
关 键 词：水环境质量基准；水质基准制定校验；基准推导本土参数；水
生生物水质基准；营养物基准；水生态学基准；人体健康水质
基准；沉积物基准；基准向标准转化

一、技 术 背 景

（一）国内外技术现状

水环境质量基准是水质标准制修订的科学依据，根据保护或管理对象的不同，水质基准一般包括保护水生生物基准、营养物基准、水生态学基准、人体健康水质基准、沉积物基准等。水质基准和水质标准共同组成了水环境质量管理的尺度和抓手。

国际上较早开展水生态环境基准研究的是美国，从20世纪60年代开始，陆续发布了水环境优先控制污染物的国家水质基准，也提出了多种水质基准制定的技术指南文件，建立了较为完善的水质基准技术体系，其他一些发达国家主要以美国的水质基准/标准体系为参考，陆续建立了自己国家的水质基准或标准。针对不同类别的水质基准，发达国家建立了不同的基准制定方法，如制定水生生物水质基准的物种敏感度分布法及相关的毒性百分数排序法、制定沉积物质量基准的相平衡分配法、基于健康风险评估的人体健康水质基准推导方法、基于压力-响应模型的营养物基准制定方法等。

国内水质基准研究开始于20世纪80年代，最初是对国外水质基准资料的翻译和介绍，逐渐开展了关于水生生物水质基准的一些零散研究。我国现行水环境标准主要是参照美国、欧盟、前苏联等发达国家和地区的水质基准值和标准值来确定。国内水质基准研究相对滞后，主要缺乏各类水环境污染物的本土水生生物毒理学、污染生态学及相关水环境健康效应的有效基准数据，水生态生物区系资料也不完整，尚未建立适合于我国环境保护的水环境质量基准技术方法。自"十一五"以来，依托水专项较系统地开展了水质基准制定方法技术体系研究，从无到有，实现零的突破，逐步集成构建了我国特色的流域水环境质量基准制定的技术方法体系。

（二）主要问题和技术难点

环境基准的研制水平是一个国家环境领域科技水平和创新能力的重要体现，现行的水环境标准对促进我国流域水环境管理科学水平提供了较大的技术支持。但相对于发达国家先进的水质基准技术体系能力，我国水环境质量标准管理还存在明显差距。主要存在于制定水环境基准所需的代表我国流域水生态及污染特性的本土参数指标缺乏、本土生物毒性数据有效性的获取较少，以及本土受试生物名单确立、流域基准优控污染物筛选、水环境基准定值与校验方法、涉及的关键参数本土化技术、基准向标准转化方法等方面存在技术弱项。由于不同地区水环境中水生生物、水化学-物理特征等自然生态系统要素具有明显的生态地域性差异，其他国家的水环境质量基准或标准不一定能反映我国水生生物与水功能保护的要求，所以完全参照或采用其他国家的水质基准或标准值来制定我国的水环境保护标准，不仅降低我国水质标准制定的科学性，而且还可能导致环境质量的"欠保护"或"过保护"风险。

现阶段亟须开展适用于我国流域特征的水环境质量基准技术方法研究，主要技术难点表现在：①我国流域水环境主要涉及的河流、湖库、河口等典型水体类型的区域特征明显，重点流域经济发展进程不一，流域水环境中污染物来源复杂多种，如何进行流域基准优先控制污染物筛选并建立水质基准的制定校验方法是一项亟须解决的问题；②我国地域水生态条件多样，不同流域水体的生态区系特征和水质状况差异较大，如何在重点流域筛选、驯养及测试代表性本土生物，并用于水质基准的制定校验也是需要突破的技术难点；③适用于衔接我国现有水质标准的水质基准向标准转化的技术参考甚少，如何在考虑国家、流域的经济技术及社会环境等发展需求的情况下，研制符合流域水质目标管理要求的基准向标准转化方法又是一项需突破的难点问题。

（三）技术需求分析

针对我国现行地表水环境标准制/修订的迫切需求，围绕流域水环境质量管理目标，现阶段水质基准制定技术研究的主要内容，包括构建保护水生生物水质基准、水生态基准、沉积物水质基准、人体健康水质基准等技术体系，建立水质基准制定相关的基准推导定值、阈值校验及向标准转化的技术方法，开展流域水生态调查与风险分析，确定优先开展水质基准研究的水环境污染物名单；建立水质基准本土受试生物筛选及驯养测试技术方法，积累本土生物毒性数据及研发基准推导关键参数，构建水质基准试验平台技术，探究发展适合我国流域水环境特征的水质基准制定技术方法，促进水质基准在水环境标准体系中的实践应用。

二、技术介绍

（一）技术基本组成

基于水环境风险评估方法及环境安全阈值等研究成果，针对不同保护对象，结合流域特征污染物在水环境不同介质间的平衡关系和水生态系统的功能级别保护要求，分析水环境基准体系要素的关联性，探索水质基准阈值制定、校验及向标准转化的原理方法，发展完善基于本土水环境基准为依据的水环境质量标准技术体系。流域水环境基准制定方法成套技术流程如图61.1所示，现阶段主要研发的流域水质基准制定技术主要分六类，包括：水生生物基准制定技术、水生态学基准制定技术、沉积物基准制定技术、人体健康水质基准制定技术、水质基准向标准转化技术等。

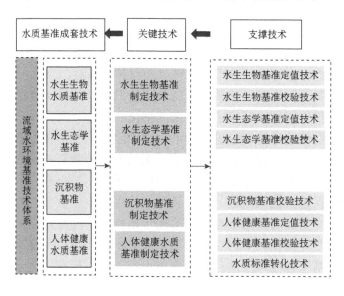

图61.1 流域水环境基准制定方法成套技术组成图

集成构建的流域地表水质量基准方法成套技术如水生生物基准指标、沉积物基准指标、水生态学基准指标、人体健康基准本土参数指标及基准制定相关本土生物驯养测试、基准优控污染物筛选等成果，针对不同水体保护对象，基于特征污染物在流域水环境不同介质间平衡关系和生态系统的功能级别要求，分析水环境基准体系要素的关联性，探索水质基准值转化为相应水质标准值的原理方法，发展构建基于水质基准为科学依据的水环境质量标准。

1. 水生生物水质基准制定技术

该技术基于污染物对水生生物的毒性数据分析，利用SSD法制定保护淡水/河口水生生物的水质基准，然后根据区域水质和物种分布状况对国家层面基准进行校验，评估对地方流域水环境的适用性。从污染物的检出率、检出浓度、理化特性、生态毒性、健康毒性等全方位评估污染物环境风险，通过分类赋分对污染物的水环境风险进行排序，筛选出本土基准受试生物、重点流域水环境基准优控污染物。采用"3门6科"水生物基准制定的最少毒性数据需求推导基准阈值，识别区域差异性物种对水质基准影响。根据我国区域水体污染实际状况，增加原水预处理环节，提高了水效应比技术的稳定性；提出生物效应法或本地物种法矫正区域生物分布差异的影响，采用代表性区域物种开展毒性测试后重新计算基准值，评估国家层面水质基准在地方流域水环境管理中的适用性。

2. 水生态学基准制定技术

采用流域水生态参照区（点）选择的技术，选择合适的水环境自然生态参照状态，筛选出河流、湖库、河口等的水生态学基准指标参数，采用频数发布法或压力-响应模型关系，提出本土物种测试研究与流域区域水生态调查相结合的水生态学基准指标限值。应用实验与文献数据，校验实际流域河流、湖库及河口区的浮游生物多样性、氨氮、总氮、总磷、溶解氧等流域水生态学基准指标建议值；采用基于生态毒理学、污染调查及生态完整性模型的水生态学基准制定技术，结合水生态微-中宇宙模拟实验等基准校验技术，开展流域水生态学基准制定的应用。

3. 沉积物基准制定校验技术

针对不同理化特性的污染物，利用相平衡分配法或底栖生物SSD法，基于污染物在水环境中的平衡分配原理或对底栖生物的毒性分析，制定保护底栖生物的底泥沉积物基准阈值。以生物效应法、相平衡分配法、评价因子法为备选方法的沉积物质量基准制订技术，以保护95%以上底栖物种为基本要求，建立包括毒性数据分布检验、累计概率计算、模型拟合与评价、沉积物质量基准外推等步骤的沉积物质量基准制定技术。当数据满足要求时，优先采用物种敏感度分布法推导基准值，可采用生物效应法、相平衡分配法、评价因子法等备选方法推导基准值。

4. 人体健康水质基准制定技术

利用区域人群的暴露参数，如体重、饮水量等，针对致癌和非致癌污染物，基于健康风险分析建立保护人体健康的饮用水源地基准。水环境条件具有一定的地域性，且生活习惯和饮水饮食结构与其他国家也不同，需要采用我国特征参数来推导人体健康水质基准。采用流域/区域参数，对已制定的国家水平人体健康水质基准开展实际流域适用性校验。可依据保护功能目标需求，通过流域或区域水环境现场调研，获得实际流域人群的人均体重、饮水量、鱼类摄入量等参数数据的第90%分位数，进行基准阈值推导校验。

5. 水质基准向标准转化技术

该技术利用风险和成本效益分析方法，考虑经济、社会、管理、技术等可行性，将水质基准转化为具有法律约束力的水质标准。基于污染物水质基准阈值，根据我国流域分区管理需求与风险控制原理，将保护水生生物、水生态学、沉积物基准转化为适用不同水体功能需求的分级水质标准，通过污染负荷核算和污染物削减等经济技术可行性分析，确定受控污染物的标准建议值。

（二）技术突破及创新性

创新了本土流域水环境基准制定方法，开拓性构建提出了我国流域水环境质量基准制定成套技术，涵盖流域地表水系统的河流、湖库及河口等主要水体类型，包括了保护水生生物基准、水生态学基准、沉积物基准、人体健康水质基准等五类水环境质量基准的制定校验及转化标准等系列成套技术，促进了我国水环境基准技术实现从无到有的跨越式发展，填补了我国在流域水环境质量基准方法学领域的空白。

系统解析了淡水水生生物物种敏感度区域性差异特征，建立基准受试生物筛选方法，创新提出了我国水环境基准推导最少本土物种数据需求原则"三门六科""本土基准受试生物筛选""流域水环境基准优控污染物筛选""基准阈值生物效应比"等关键技术，建立了"流域-敏感物种-高毒污染物"的响应关系链条，提出我国水质基准本土受试生物名单，形成了适合我国国情的水生生物基准制定技术。突破人体健康基准制定关键本土参数确定技术，形成了适合我国国情的人体健康水质基准制定校验技术。提出了基于物种敏感度分布的沉积物基准制定方法，提升了水环境沉积物质量基准定值技术水平。

（三）推广与应用情况

目前已发布相关水质基准标准7项，包括参加发布3项行业标准指南，主持发布4项团体标准指南。2017年发布了《淡水水生生物基准制定技术指南》（HJ 831—2017）、《湖泊营养物基准制订技术指南》（HJ 838—2017）及《人体健康水质基准制定技术指南（HJ 837—2017）》，规范了淡水水生生物水质基准、水源地人体健康水质基准和湖泊营养物基准制定工作，为健全水环境基准标准规范体系提供有力支撑。其中《淡水水生生物基准制定技术指南》（HJ 831—2017）规定了基准本土受试生物筛选的原则及方法，提供了中国本土敏感淡水水生生物推荐名录，用于科学制定我国淡水水生生物基准；该指南为水环境标准的制修订，环境质量评价、环境风险评估、应急事故管理及环境损害鉴定评估提供重要依据和参考。

氨氮是地表水质量标准的基本项目，也是国家生态环境保护规划中流域水环境污染减排总量控制的约束性指标之一，其基准值的确定具有重要意义。对我国氨氮淡水水质基准进行了研究，构建了符合我国水环境特征的氨氮水质基准函数模型，制定了144项氨氮国家基准值（生态环境部公告2020年第24号），充分考虑了我国不同流域区域的差异化特征，为流域精细化管理提供支持，支撑我国地表水环境质量标准修订。如分析表明我国氨氮水质基准值随水体温度和pH值升高而降低，在pH值为7.0、水温为20℃水质条件下我国氨氮水质基准值为1.54 mg/L；极端水质条件下，如pH值为6.5、水温为0℃和pH值为9.0、水温为30℃条件下，我国氨氮水质基准值相差超过数十倍。针对高温和高pH值会导致氨氮生态风险增加的特点，利用构建的我国氨氮水质基准模型，在气温较高的夏秋两季，对我国主要流域145个国控断面的氨氮生态风险进行了评估。

三、实 施 成 效

构建提出了我国流域水环境基准方法体系，实现了我国水环境基准研究的技术跨越。项目成果推动了我国《国家环境基准管理办法（试行）》的出台，为《中华人民共和国环境保护法》修订版中加入"国家鼓励开展环境基准研究"相关条款（第十五条）提供了支持，为我国水质基准研发和标准制/修订奠定了坚实的基础。

基于研究成果形成了水环境基准研发试验平台技术，实现了本土10种淡水水生生物和5种底栖生物的驯养与测试，确定了5项人体健康水质基准的本土关键参数，全面支持我国首批国家水质基准的研制和发布。推动发布了我国首批国家水质基准（《淡水水生生物水质基准 镉（2020年版）》《淡水水生生物水质基准 氨氮（2020年版）》《淡水水生生物水质基准 苯酚（2020年版）》《湖泊营养物基准 中东部湖区（总磷、总氮、叶绿素a）（2020年版）》）；出版了《中国水环境质量基准绿皮书》（中英文版），填补了国内相关领域空白，促进《水污染防治行动计划》制定中加入相关条款（第四条第十二款："开展有机物和重金属等水环境基准……等研究"）提供了支持，为我国水质基准研发和标准制/修订奠定了基础。研究提出我国本土水质基准阈值5大类35项，其中水生生物18项，人体健康5项，水生态学基准4项，沉积物质量基准7项，提出了水生生物水质标准建议值7项，其中发布水质基准4项，有力支持了水十条的实施。

技 术 来 源

- 流域水环境基准标准制定方法技术集成（2017ZX07301002）
- 重点流域优控污染物水环境质量基准研究（2012ZX07501003）
- 流域水环境质量基准与标准技术研究（2008ZX07526003）

62 湖泊营养物基准制定成套技术

适用范围：全国湖泊。
关 键 词：水环境质量基准；水质基准制定校验；营养物基准

一、技 术 背 景

（一）国内外技术现状

湖泊营养物基准指对湖泊产生的生态效应（藻类生长）不危及其水体功能或用途的营养物浓度，是对湖泊富营养化进行评估、预防、控制和管理的科学基础。美国是最早开展营养物基准研究的国家，1998年发布了区域营养物基准国家战略，建立了群体分布法、参照湖泊法、机理模型法和压力-响应模型法等营养物基准制定技术方法，形成了湖泊、河流、河口海岸和湿地的营养物基准技术指南，并依据技术指南制定了14个湖泊一级生态区的营养物基准值。欧洲2000年颁布的《水框架导则》（Water Framework Directive，WFD）提出了采用营养物基准对地表水生态状态进行评价的相关要求，并在参考美国营养物基准制定技术的基础上，于2007年开始陆续制定欧洲湖泊生态区营养物基准值。我国湖泊营养物基准研究始于2008年，经过十多年的系统研究，在参考美国湖泊营养物基准制定技术方法的基础上，根据我国生态区特征建立了湖泊营养物基准制定技术方法。

（二）主要问题和技术难点

湖泊营养物基准制定是一个国际性科技难题，涉及大量关键理论技术瓶颈问题，科学识别其水生态演变过程并制定保障水生态健康的营养物基准阈值是一个从空间尺度差异性解析、时间尺度水生态演替量化、营养物基准阈值确定到管理应用的全链条过程，是一个系统的理论技术体系，涉及营养物效应的区域差异性、水生态演变过程、生态效应、区域健康阈值确定以及管理应用等方面的综合研究。

（三）技术需求分析

我国湖泊数量众多、区域差异性显著、复合污染严重，湖泊富营养化以及蓝藻水华大面积暴发，生态系统结构和功能发生了显著变化，其营养物效应区域差异、水生态演变及生态效应是水环境领域的核心科学问题，在此基础上建立的基准阈值是国家进行湖泊污染控制和管理的重大科技需求。湖泊生态效应时空差异评估与营养物基准制定急需攻克一批适合我国湖泊特征的营养物基准制定系列新技术，在标准修订和管理中进行推广应用，支撑我国湖泊的分区管理和保护。

二、技术介绍

（一）技术基本组成

针对湖泊生态效应区域差异定量解析、水生态演变精准识别及营养物基准制定的国家重大需求和关键瓶颈问题，以全国不同区域不同类型湖泊为研究对象，从"空间-时间"多尺度，"营养物效应-水生态演变-营养物阈值"多层次，宏观效应和微观机制相结合，揭示我国湖泊营养物效应的区域差异和水生态历史演变过程及生态效应的内在机理和机制，发展湖泊水生态演变识别、营养物基准制定等模型与方法，从空间尺度量化了湖泊营养物效应的区域差异，并构建湖泊营养物生态分区；从时间尺度上剖析了近百年我国湖泊水生态演变过程；构建保护水生态健康的区域湖泊营养物基准阈值（图62.1）；并将技术系统应用到国家湖泊环境保护，建立"规律揭示-关键技术突破-管理应用"的营养物基准技术体系，形成指南和规范，进行推广应用。

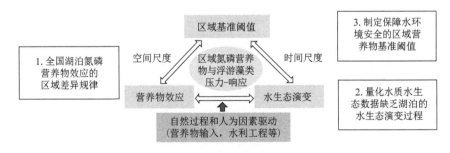

图62.1　湖泊营养物基准制定成套技术组成图

（二）技术突破及创新性

1. 攻克了湖泊营养物效应区域差异定量化关键技术，发展和完善了定性和定量相结合的湖泊营养物生态分区技术方法

针对我国湖泊营养物效应区域差异显著，缺乏体现区域差异的湖泊营养物生态分区的

问题，攻克了我国湖泊营养物效应区域差异定量化关键技术，首次揭示了我国不同区域湖泊浮游藻类氮磷利用效率（叶绿素a/总磷、叶绿素a/总氮）存在明显的区域差异性。在此基础上，创新地采用贝叶斯信息准则筛选影响藻类利用效率的主要驱动因子，发现年均气温和地理位置信息（经度、纬度和海拔）是影响藻类营养物利用效率的主要驱动变量。建立了全国气温、海拔等对藻类氮磷利用效率的量化影响模型，从全国尺度量化了气温、海拔等对湖泊浮游藻类氮磷利用效率的影响，为湖泊氮磷进行分区控制提供了量化依据。

基于湖泊营养物效应区域差异定量化识别结果，根据影响湖泊营养物效应的区域要素以及影响因素在时空尺度上的相互作用关系，识别出了湖泊营养物生态分区的关键要素作为分区的指标。基于主成分分析、聚类分析、判别分析和空间自相关等方法，发展和完善了定性和定量相结合的湖泊营养物生态分区技术方法，首次划分了我国湖泊营养物一级生态分区，为我国湖泊实现分区制定基准标准和分区湖泊管理提供了重要支撑。

2. 创新构建了基于沉积物藻类色素和DNA的湖泊水生态演变精准识别技术，从时间尺度量化了无历史水生态数据或少水生态数据湖泊近百年水生态演变过程

针对我国湖泊富营养化严重、自然营养水平及水生态演变过程不清，缺乏湖泊近百年水生态演变的量化手段，构建了基于硅藻、藻类色素、古基因组等多指标耦合的湖泊水生态演变精准识别技术。通过采用不同藻类产生不同的色素分子在沉积物中沉积记录，建立了沉积物中藻类色素分子系统分离、精确分析技术，构建了色素分子保存条件指数。

进一步利用高通量DNA测序结合传统的古湖沼分析方法，研究了近百年来云贵高原、长江中下游地区等地区湖泊藻类群落对营养富集和气候变暖的响应，揭示了营养盐和气候变暖驱动藻类群落随时间变化的规律。创新地发现了在水体总磷超过了临界值之后，藻类群落的更替明显在向一个新的稳定状态进行，藻类的关键类群的物种相互作用、生态位发生了显著变化，首次定量揭示了气候变暖对不同营养状态湖泊的藻类群落演替的影响，揭示了湖泊水生态演变的驱动机制，解决了湖泊水生态演变过程精准识别及驱动因子量化的关键技术难题。

3. 攻克了以分类回归树模型和非参数拐点分析为核心的湖泊营养物基准制定关键技术，形成了适合我国国情的湖泊营养物基准制定技术体系

针对我国湖泊流域扰动强度大，监测数据稀缺，建立了分类回归树模型、拐点分析法和贝叶斯层次回归模型等压力-响应模型系统集成技术，攻克了受人类干扰湖泊营养物基准制定关键技术。综合考虑营养物基准对应的藻类群落应该以清水性藻类硅藻为优势种，同时对应的湖泊陆域应该是健康的生态系统，创新地建立了基于硅藻响应和陆域生态系统健康的营养物基准验证技术方法。

自主突破并系统集成了以压力-响应模型法为主，结合浮游藻类、陆域健康状态与营养物响应的湖泊营养物基准制定的技术体系，构建了湖泊营养物基准制定模型系统。制定了我国不同分区湖泊营养物基准阈值，并采用浮游藻类响应、陆域生态系统健康评估等方法，结合不同区域湖泊水生态历史演替过程，对确定的营养物基准阈值

进行综合分析和验证，最终制定了我国不同分区湖泊营养物基准阈值，形成了7个湖区的营养物基准技术文件。

（三）推广与应用情况

湖泊营养物基准制定成套技术转化为《湖泊营养物基准制定技术指南》（HJ 838—2017），指导我国不同区域湖泊营养物基准的制定，发布了《湖泊营养物基准-中东部湖区》（生态环境部2020年77号）。基于技术系统制定的全国不同分区湖泊营养物基准阈值正支撑我国地表水环境质量标准中营养物指标的制修订，部分成果纳入《湖（库）富营养化防治技术政策》（原环保部2017第51号公告），为我国开启区域湖泊差异化管理和湖泊富营养化精准管理提供重要支撑。

三、实 施 成 效

1. 成套技术成果应用到国家相关行动计划、政策、规划等，促进了我国基准制定的"应用基础–关键技术–管理应用"的链条创新，推动了湖泊基准研究成果的应用

成套技术有关我国湖泊营养物效应差异成果应用到国家《水质较好湖泊生态环境保护总体规划》（2013—2020），根据自然地理区域特征和湖泊环境整治的区域特色，分别提出各湖区的湖泊生态环境保护策略，分区指导湖泊生态环境保护工作。成套技术有关我国湖泊总体污染特征、水生态演变过程等成果有效支撑了《水污染防治行动计划》中"……汇入富营养化湖库的河流应实施总氮排放控制""……加强良好水体保护……"等的规定。

2. 成套技术成果在全国20多个地方环境保护政策、生态环境保护方案和规划中得到应用，为我国湖泊水环境保护和水质改善提供了技术支撑

湖泊营养物效应区域差异、水生态演变和营养物基准制定成套技术成果已成为我国湖泊综合防治规划和实施的重要技术支撑。同时，系列技术体系已在我国20余个湖库基线调查与评估、保护规划和综合治理规划工作中得到应用，为相关指南制定提供理论和技术支持。例如，为山口湖、长潭水库、赢湖等湖泊的生态保护方案编制提供了重要的理论技术支持，编制了20余个湖库保护和综合治理方案和规划，还支持了20余个湖泊的生态环境保护基线调查与评估。

技 术 来 源

• 东部浅水湖泊营养物基准标准及太湖达标应用研究（2012ZX07101002）

63 流域水污染物允许排放负荷精准核算与许可限值核定成套技术

适用范围：河流、湖库和河网流域水污染物允许排放负荷核算与许可排放量限值核定。

关 键 词：水质目标；污染负荷核算；断面通量；动态水环境容量；总量分配；排污许可限值；控制单元

一、技 术 背 景

（一）国内外技术现状

排污许可管理是水环境管理的一项重要制度，世界各国都把排污许可管理作为约束污染源向水环境排放污染物、实现水质达标的重要管理手段。排污许可限值是排污许可证的关键和核心所在。国外排污许可限值确定方法分为基于技术的排污许可限值和基于水质的排污许可限值确定方法两类。两种方法的适用条件根据水体水质受损情况和技术可行性而定，但其最终目标是维持或改善水环境质量，确保达标水体新增污染源后环境质量不超标，不达标地区污染物排放总量不增加，水质得到改善，为此美国设计了总量控制技术体系（TMDL）进行排污的负荷分配及排污许可审核。欧盟基于水质的排污许可限值不强调基于数学模型的计算过程，主要是根据水质标准采用稀释系数计算方法反演确定。

我国自20世纪80年代中期开始施行水污染物排污许可制度以来，在污染物减排和总量控制中发挥了一定作用，但其核心管理地位和促进水环境质量改善作用并未完全凸显。目前排污许可限值确定主要是采取简单以行业排放标准、环评报告、国家分配的目标总量等为依据的核定方式，基于污染源差异化和基于水质的排污许可限值核定技术支撑不足。

（二）主要问题和技术难点

该成套技术存在的主要问题包括：

（1）水污染排放负荷核算单纯使用污染源调查和估算方法（尤其是非点源），总量数据真实性和准确性存在不足。

（2）水环境问题涉及的污染因子众多，采用较单一的设计水文条件（如不论污染物的特征如何均采用十年最枯月流量作为设计流量）不能满足日益复杂的环境问题分析和目标管理的需要。

（3）污染负荷分配研究多集中在区域间的污染物分配，进一步将污染物分配到各个排污企业的研究较少，对公平与效率因素不能同时兼顾。

（4）现行的许可限值核定方法，未考虑企业污水排放波动影响，未遵循流域或控制单元容量总量控制要求，很难发挥排污许可证在水环境改善方面的积极作用。

（三）技术需求分析

如何保障水质目标有效实施？要求采取以环境质量倒逼污染排放的水环境容量总量控制，实施基于水质的控制单元排污许可证管理机制。虽然我国自20世纪80年代中期开始实施排污许可证制度，但排污许可证制度实施的效果并不理想。尤其是目前的排污许可证没有严格遵循容量总量管理的思路。企业排污限值核定的关键在于科学合理地将水环境污染物总量计算结果转化为对企业排放限值。这一转化过程同时涉及企业及行业间的公平性和未来发展的公平性问题，具有较高的复杂性和技术难度。因此，基于流域污染物容量总量分配，提出排污单位排污许可限值确定方法，成为我国当前排污许可管理制度实施过程中需要迫切解决的技术需求。有必要在水污染排放负荷的精准核算、水环境容量计算方法的规范化、容量总量分配的可操作性、许可排放限值的可实施性等方面进一步开展深入研究，突破流域水污染负荷精准估算、设计水文条件确定、水环境容量模拟与污染物总量分配、基于水质的排污许可限值确定等关键技术瓶颈。

二、技 术 介 绍

（一）技术基本组成

流域水污染物允许排放负荷精准核算与许可限值核定成套技术主要包括水污染排放总量核算与断面通量校核、水环境容量计算约束条件确定、水环境容量总量动态模拟与优化分配和基于水质的固定源许可排放限值核定等四项关键技术。技术逻辑和核心技术组成如图63.1所示。

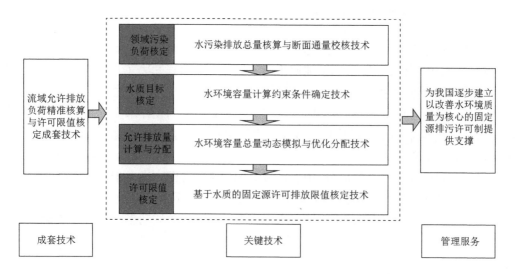

图63.1 流域水污染物允许排放负荷精准核算与许可限值核定成套技术组成图

1. 水污染排放总量核算与断面通量校核技术

改进和集成现有城市、农业、农村生活与散养畜禽等非点源负荷核算方法；建立断面污染通量监测系统，选择适宜通量计算方法核算主要控制断面污染物通量；开展流域各控制单元污染排放负荷总量与断面污染物通量平衡分析，核定流域水污染排放负荷总量。

2. 水环境容量计算约束条件确定技术

建立河流、湖库不同类型水体水环境容量计算约束系统，明确功能区水质达标空间约束、排污口混合区限制约束、不同污染物及保护目标设计水文条件约束、安全余量等水质目标约束要求，以各方面最严格约束的组合作为对流域及区域最大允许纳污量的限制。

3. 水环境容量总量动态模拟与多层次优化分配技术

针对河流、河网和湖库不同水体及不同特征污染物，选择或研发适宜的水质模型，计算长系列水文条件下污染负荷与水质响应关系；选择非线性优化模型，确立水环境容量计算水质目标约束条件，建立基于"模拟-优化"耦合模型的动态水环境容量核算方法；划分"流域-控制单元-污染源"多层次结构，兼顾总量负荷分配公平和效率原则，建立满足区域差异需求、容量总量利用率最大、最小投资条件下最大总量负荷削减的流域-控制单元分配方法，以及考虑污染源位置、削减潜力和经济成本的控制单元-污染源分配方法。

4. 基于水质的固定源许可排放限值核定技术

立足于控制单元，通过分析企业或行业排放波动特征，建立日排放量限值向年排放量限值转换系数方法；根据控制单元总量分配确定的排污许可企业的日允许排放量确定年许可排放量限值。与环评批复量及各行业排放标准确定的排放量比较，从严确定排污许可企业的年许可排放量限值。

（二）技术突破及创新性

1. 非点源污染负荷估算更加精准

突破了多尺度非点源污染负荷估算方法转换、区域排放总量核算与断面污染通量实时校核关键技术，实现了水体污染物通量变化和流域污染负荷变化的动态关联，解决了单纯使用污染源估算方法（尤其是非点源）核算流域水污染负荷总量数据真实性和准确性不足的问题。

2. 水环境容量实现逐日动态核算

建立了针对局部河网-湖/库的污染贡献率模型，精准反映了污染源排放负荷对河网区水质断面的响应关系，实现了长系列水文条件下满足水质目标的各控制单元和单一排污口的逐日动态水环境容量核算。

3. 总量分配可操作性和实用性增强

构建了双层次容量总量分配技术框架，流域-控制单元总量分配有效解决了总量分配的整体协调性问题（水质目标协调、区域协调等），控制单元-污染源分配通过考虑排污差异、技术经济等实现了总量分配结果的可操作性。

4. 许可限值核定方法系统成套，提出了基于水质的水污染物排污许可限值核定4种技术模式，考虑更为全面，在实际工作中也更容易推广

基于水质的排污许可限值将增加实行许可限值所带来的环境效益，关注流域的整体目标，考虑了流域环境，上下游影响和所有污染源等多种因素，将为达到流域整体目标提供更多潜在的途径，最终为管理决策提供更有效的限值许可方案。

（三）技术示范

1. 太湖流域（江苏）构建基于容量总量控制的排污许可证管理示范

在太湖流域（江苏）选择具有代表性的无锡市区、宜兴市和武进区为示范区，在调查重点水污染源的基础上，通过控制单元划分、概化控制单元排污口、分析控制单

元内污染源和断面水质的响应关系，采用动态层次分析法、绩效型分配法等方法，确定了最大允许排放量分配原则，制定了太湖流域（江苏）重点污染源主要污染物最大允许排放量分配方案。结果表明，研究示范区化学需氧量、氨氮、总氮和总磷等污染物排放量分别削减了9398吨、1223吨、3535吨和328吨。从三市环境统计中化学需氧量年排放量超过1吨的企业名单中，共筛选出1024家（其中示范区476个）重点污染源作为主要水污染物初始许可量分配对象，制定了1024个重点污染源主要水污染物最大允许排放量分配方案。结合重点行业污染控制技术评估结果，在满足控制单元环境容量的前提下，考虑公平合理的原则，对各重点排污单位的初始排污许可量进行分配，最终发放排污许可证476套，如图63.2所示。

图63.2 江苏省太湖流域排污许可证动态管理系统

2. 太湖流域（浙江）构建基于容量总量控制的排污许可证管理示范

建立集气象、产汇流和污染物迁移转化于一体的杭嘉湖区域水环境数学模型，考虑控制断面及功能区水质达标的双重要求，计算得到了杭嘉湖各行政区及控制单位的水环境容量值。在水生态功能四级分区、控制单元划分结果的基础上，核定各控制单元水质目标，核算其污染负荷情况，将水环境容量分配至点源和非点源，结合点源排放口和纳管信息，基于现状原则、合规守法原则、达标排放原则、敏感目标水质达标原则，得到了各行政区278家直排企业、59家污水处理厂以及1718家纳管企业最大允许排污量，基于杭嘉湖区域现有工业、生活、农业的污染控制水平，得出了杭嘉湖区域在规划年满足污染物总量达标控制要求的各类污染源控制指标，如图63.3所示。并与浙江省推行的一证式排污许可管理体系相结合，实现从区域整体总量出发、贯穿企业建立注销全程的管理模式，在4个示范区最终发放排污许可证258套。

市	区县	控制单元编号	COD(t/a)	氨氮(t/a)	总磷(t/a)	总氮(t/a)
湖州市	长兴	2001	2830	295	59	652
	长兴	2002	4642	551	111	1221
	安吉	2003	4980	575	116	1274
	安吉	2004	2739	215	42	487
	湖州	2007	3953	442	89	979
	湖州	2008	3540	294	59	659
	湖州	2009	11498	1304	262	2890
	湖州	2010	6106	703	141	1558
	德清	2011	4641	494	99	1094
	德清	2012	13313	1591	320	3525
	湖州汇总		59331	6576	1320	14588
嘉兴市	嘉善	2201	2050	205	55	494
	嘉善	2202	12527	1252	336	3019
	平湖	2203	1682	168	45	405
	平湖	2204	1134	114	31	273
	海盐	2205	1612	161	43	389
	海盐	2206	1084	108	29	261
	海宁					605
	海宁					852
	海宁					588
	海宁	2210	510	51	14	123
	桐乡	2301	2786	278	75	671
	桐乡	2302	2426	243	65	585
	嘉兴	2303	7388	738	198	1781
	嘉兴	2304	1988	199	53	479
	嘉兴	2305S	640	64	17	154
	嘉兴	2305	952	95	26	230
	嘉兴	2306	2665	266	71	642
	湖州汇总		47928	4790	1285	11551
杭州市	杭州	2307	10732	1571	316	4227
	余杭	2308	7263	1066	214	2867
	余杭	2309	12837	1825	368	4909
	临安	2401	8471	1149	231	3092
	临安	2402	814	99	20	266
	余杭	2403	6711	957	192	1713
	余杭	2404	5281	628	126	1691
	杭州汇总		52109	7295	1467	
	区域合计		159368	18661	4072	45765

控制单元水环境容量

行政区	类别	项目	现状年 2011年	近期规划年 2020年	远期规划年 2030年
杭州市	工业	削减率	-	70%	80%
		中水回用率	36%	43%	82%
	城镇生活	中水回用率	0%	10%	20%
		污水接管率	0%	92%	98%
	农村生活	分散污水处理率	9%	40%	55%
		集中污水处理接管率	20%	30%	40%
	畜禽养殖	粪便综合处理率	54%	59%	62%
		养殖量削减率	-	40%	60%
	农田种植	削减率	-	35%	45%
	径流	削减率	-	10%	30%
嘉兴市	工业	削减率	-	72%	87%
		中水回用率	13%	21%	30%
	城镇生活	中水回用率	0%	10%	20%
		接管率	0%	90%	95%
	农村生活	分散污水处理率	9%	34%	52%
		集中污水处理接管率	17%	43%	55%
	畜禽养殖	粪便综合处理率	61%	66%	69%
		养殖量削减率	-	47%	66%
	农田种植				45%
	径流				30%
湖州市	工业				80%
		中水回用率	14%	23%	30%
	城镇生活	中水回用率	0%	10%	20%
		接管率	0%	90%	95%
	农村生活	分散污水处理率	7%	35%	50%
		集中污水处理接管率	15%	25%	35%
	畜禽养殖	粪便综合处理率	58%	63%	66%
		养殖量削减率	-	40%	60%
	农田种植	削减率	-	35%	45%
	径流	削减率	-	10%	30%

各类污染源削减指标

图63.3　浙江省太湖流域排污许可证动态管理系统

（四）推广与应用情况

1. 规划方案编制方面的应用

该成果应用于辽河流域（辽宁省）、太湖流域（江苏省）、赣江流域（江西省）控制单元水环境质量管理工作和固定源排污许可管理工作；支撑了常州滆湖-竺山湾、南昌市赣江下游、营口市大辽河、铁岭市柴河水库、鞍山市南沙河控制单元水质目标管理技术方案编制、广西南流江不达标水体的达标方案编制、常州市和铁岭市基于水质的排污许可管理方案编制，以及铁岭市"三线一单"方案的编制，为上述地区"十二五"水污染防治规划任务落实、"十三五"期间"水十条"任务的实施提供了技术支撑，对推进当地的水环境管理、实现控制单元水质达标起到了积极作用。

2. 系统平台建设方面的应用

针对流域水质改善和信息化管理的要求，"十一五"以来在太湖流域、辽河流域开发了服务于污染物总量控制与排污许可的智能化管理平台，构建了包括容量核算、技术评估、限值制定、排污许可、配套政策、管理制度等的流域水污染物排放许可综合管理体系，形成了可分配、可核定、可监管、可评估的固定源排污许可管理系统。

江苏省太湖流域排污许可证动态管理系统：集成太湖流域（江苏）控制单元划

分、污染源核定、初始排污许可量分配等主要成果，结合江苏省排污许可证发放和管理工作基础，建立了江苏省太湖流域排污许可证动态管理系统。江苏省太湖流域排污许可证动态管理系统分为企业申请模块、环保部门审批模块和宏观管理模块。整个系统主要包括排污许可证的申领（新办、换证、年审、销证）、审批、查询、汇总统计等单元，可以满足排污许可证的日常管理需求，有利于规范企业的排污行为，增强环境执法监督的法律保障。

浙江太湖流域重点水污染排放企业智能总量排放控制系统：结合自动站为输入驱动核算容量、一证式许可证固化排放总量、刷卡排污控制企业排放，将现有管理手段收集串联，形成了系统先进、协调一致的水污染物排放许可监管技术体系，通过企业污水排放口安装的在线监测仪器和流量计获取污水排放口监测数据，计算得到化学需氧量、氨氮等污染物排放量或污水的累计流量，并与控制系统上"允许排放量"进行比较，当接近限值时能够提前报警，超过则自动关闭阀门，通过刷卡排污体系精确控制污染物排放时间和总量的自动监控能力。

三、实　施　成　效

（一）技术成果转化情况

依托该成套技术研发形成《控制单元水质目标选择规范》《控制单元非点源污染负荷核定技术导则》《流域水环境容量适用模型选择技术规范》《流域水环境容量计算设计条件与参数选取选择技术规范》《流域纳污总量分配技术导则》《不同时间周期许可排放限值转换》等9项技术规范，其中5项通过中国环境科学学会团体标准立项，进入报批阶段，可为我国逐步建立以改善水环境质量为核心的固定源排污许可制提供支撑。

（二）对流域水环境管理的支撑情况

该成套技术支撑太湖、辽河出台排污许可管理办法9项，用于指导开展排污许可证发放工作，如图63.4所示。太湖流域发布了《江苏省排污许可证发放管理办法（试行）》《江苏省主要污染物排污权核定试行办法》《无锡市基于容量总量的水污染物排放许可实施绩效评估办法（试行）》《无锡市基于容量总量的水污染物排放许可实施考核办法（试行）》《常州市武进区基于容量总量的水污染物排放许可实施绩效评估办法（试行）》《常州市武进区基于容量总量的水污染物排放许可实施考核办法（试行）》6项管理办法；辽河流域颁布了《辽宁省排污许可证管理暂行办法》、《沈阳市水污染物排放许可证管理办法》和《铁岭市水污染物排放许可证管理办法》（铁市环发〔2013〕69号）3项管理办法。

图63.4　太湖流域（江苏）排污许可管理系统和许可证发放管理办法

技 术 来 源

- 控制单元水质目标管理技术研究（2009ZX07526005）
- 控制单元水生态承载力与污染物总量控制技术研究与示范（2013ZX07501005）
- 太湖流域（江苏）控制单元水质目标管理与水污染排放许可证实施课题（2012ZX07506002）
- 太湖流域（浙江片区）水环境管理技术集成及综合示范课题（2012ZX07506006）
- 辽河流域主要污染物排放控制与管理体系建设示范（2012ZX07505002）
- 流域控制单元水质目标管理技术集成（2017ZX07301003）

64 水污染防治可行技术评估成套技术

适用范围：所有纳入排污许可系统管理的行业（工业、农业、服务业）、面源污染和城镇污染等污染防治可行技术指南的制修订。

关　键　词：污染防治可行技术；最佳可行技术；排污许可；智能筛选；生命周期评价；虚拟评估；物理验证

一、技 术 背 景

（一）国内外技术现状

欧美发达国家不断强化了最佳可行技术（Best Available Technology, BAT）在环境管理尤其排污许可证管理中的作用和地位，基于行业数据及可行技术来制定排放标准，支撑企业排污许可量的规定，达到改善水生态环境质量的管控目标。截至目前，欧盟发布了氯碱、钢铁、有色金属、制革、水泥等35个行业最佳可行技术参考文件。美国发布了采煤、制药和有色金属等58个行业或设施的技术文件。

在水专项立项之初，我国对于环境技术的管理侧重于污染治理技术的筛选与对实用技术的推广，对于污染防治技术则限于强调开发，并未形成污染防治最佳可行技术的系统化管理。水专项对污染防治可行技术开始了系统研究，"十一五"期间重点解决了评估方法的基础性问题，完成了可行技术评估框架、方法学研究与五大重污染行业水污染防治技术评估验证工作；"十二五"期间重点突破了评估技术的推广和示范研究，在辽河、太湖流域重点工业园区等开展了污染防治技术评估验证示范与管理制度研究；"十三五"期间重点解决与排污许可和排放限值的衔接融合问题，开展重点行业最佳可行技术评估、验证与集成工作。在2017年排污许可制实施之前，已发布最佳可行技术指南28项。2018年出台了《污染防治可行技术指南编制导则》，在其指导下陆续发布了火电、造纸、制糖等8个重点行业污染防治可行技术指南，并制修订纺织、制药、冶金等行业指南。

（二）主要问题和技术难点

与欧美类似，在新的排污许可制实施之前，污染防治可行技术的筛选、评估与验证。主要问题和技术难点包括：①污染防治可行技术备选技术筛选过于依赖专家经验且更新周期过长，技术难点是如何快速实现技术筛选；②污染防治可行技术评估过于局限于单一环节或评价维度的问题，技术难点是如何将生命周期评价方法有效纳入技术评估过程；③污染防治可行技术组合的确定难以找到实例支撑的问题，技术难点是如何构建虚拟组合并进行有效性评估；④新的环境技术难以快速验证，技术难点是如何采用远程智能技术实现快速验证。

（三）技术需求分析

规模庞大且行业类别齐全的工业造就了我国"世界工厂"的地位，企业数量多达4100万家，仅规模以上工业企业就高达36.8万。《排污许可管理条例》的推出要求所有的企业都需要合法排污，一方面给企业带来了节水减排和转型升级的持续压力，另一方面排污许可本身的发放和落实也是难题。污染防治可行技术指南作为技术管理手段，需要对其进行有效支撑，需要我国污染防治可行技术体系做到行业全覆盖、周期快迭代和真正有效促进技术创新。

二、技术介绍

（一）技术基本组成

基于水质目标管理和排污许可制管理需求，历经"十一五"顶层设计、"十二五"重点突破和"十三五"集成支撑，本成套技术确立了"筛选—评估—验证—集成"为主线的重点行业污染防治可行技术管理体系，突破了基于排污许可系统的BAT智能筛选技术、重点行业模块化生命周期评价技术、基于多元数据提取与智能匹配的BAT虚拟评估技术、基于远程传输与智能处理系统的BAT物理验证技术共4项关键技术。技术逻辑如图64.1所示。

1. 基于排污许可系统的BAT智能筛选技术

依托企业填报的排污许可数据，通过数据有效性判断、文本数据处理、数值数据处理等方法，形成了目标行业备选数据库，并通过智能算法实现企业的污染技术链条匹配，筛选评估出目标行业可行技术及先进可行技术。

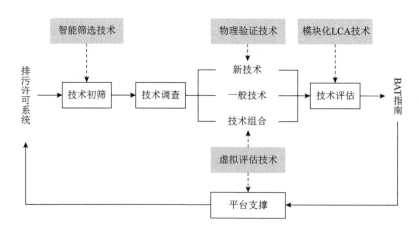

图64.1 水污染防治可行技术评估成套技术组成图

2. 重点行业模块化生命周期评价技术

技术评价是建立在工艺过程评价的基础上。首先对行业多样化的过程进行模块化，识别出整个生产流程中环境影响较大的热点模块或过程单元；然后对筛选出的可行技术进行生命周期评价。同时，研发了模块化数据封装方法，将生命周期评价所需的数据封装在模块内。最后，基于生命周期评价结果，利用技术经济评价方法和评价指标体系对筛选出的可行技术进行优选排序。

3. 基于多元数据提取与智能匹配的BAT虚拟评估技术

虚拟评估关键技术包括数据体系构建、模型算法开发和云服务平台搭建。数据体系包括典型行业关键技术库、最佳可行技术库和污染防治管理方法集。模型算法包括典型行业水污染物减排模型、数据有效性验证算法、标准化技术评估算法和行业多目标优化算法；云服务平台包括基于多维数据底层封装技术和算法云服务技术，提供多行业排污许可评估以及多行业虚拟最佳可行技术评估服务。

4. 基于远程传输与智能处理系统的BAT物理验证技术

物理验证关键技术包括环境技术验证评估体系构建、验证评估平台建设和远程智能验证系统开发。结合行业污染减排全生命周期特点，构建了适用的验证技术指标清单和评价方法，从环境效果、工艺运行和维护管理三个方面实现污染防治新技术的验证评价。

（二）技术突破及创新性

该成套技术打通了面向一般技术的生命周期评价、面向新技术的物理验证、面向技术组合的虚拟评估、到业务化应用支撑排污许可的技术创新链条，更好地实现了污染防治可行技术体系的闭环管理和快速迭代,从而有效支撑了排污许可制实施和工业生态化进程。主要创新体现在如下四个方面。

1. 实现了污染防治可行技术体系与排污许可系统的协同与快速迭代

基于排污许可系统所提供的技术信息快速筛选出最佳可行技术备选清单,解决了技术样本不充分、数据成本过高和流程冗长等问题,有力支持了重点行业污染防治可行技术的制修订。以造纸行业为例,排污许可系统共涵盖3173家企业,上报了21709条生产线,最终筛选出了备选技术114条。备选技术覆盖度大大提高,筛选速度比专家筛选至少提升了10倍。

2. 突破了重点行业生命周期评价技术

采用模块化方法,将重点行业的生产过程划分成具有相对独立性、通用性和可替换的模块,并将各技术的生命周期环境影响封装在各个模块内,避免了工艺或技术评价的过度碎片化,有效地降低一手数据的获取成本,从而提升计算效率。以纺织行业的水足迹测算为例,水足迹模块化单元的建立有利于清晰梳理产品水足迹核算结构,简化了核算方法,从而更快更好地对不同工段工艺间的水足迹特点进行比较和污染成因分析。

3. 解决了BAT技术链条中技术组合评估问题

通过开发基于多维数据底层封装技术和算法云服务技术,实现多源数据因需调用,针对不同用户实现场景赋权。与传统技术相比,智能匹配技术可在5分钟内处理120000余条多源异构数据,生成5000余条典型行业污染防治可行技术数据字段,效率大幅提升。所开发的高维多目标优化等算法能够快速迭代求解,从而实现数据的快速运算和在线服务。平台对外支持1500个线程同时服务,支持数据传输速度范围为约45MH/s~450GH/s,可满足平台云服务需要。

4. 解决了BAT技术链条中新技术验证问题

基于远程传输与智能处理系统的可行技术物理验证技术,可以同时实现5个工艺运行指标的远距离传输,建立数据传输过程的安全保障系统和数据分级审核、处理输出系统,无线传输速率不低于1 Mbps,故障率不大于5%,实现可行技术验证的科学化和智能化。

(三)推广与应用情况

该成套技术成功应用于造纸工业污染防治可行技术指南制修订及其对排污许可的支撑。基于排污许可系统中3173家造纸企业信息数据,利用智能筛选技术从上报的21709条生产线中筛选出114条备选技术,包含指南所列出的25项技术组合;利用虚拟评估技术,自动生成了包括70余项技术和500余项技术参数的BAT技术数据库和方法体系，构建了534余家虚拟企业。与传统技术相比，该技术可在5分钟内并行迭代处理120000余条多源异构数据，生成5000余条典型行业污染防治可行技术数据字段，大幅提升了技术评估效率；例如虚拟评估与物理验证技术，开发并上线了融合平台，可评估企业类型增加35%，评估深度大幅度加深，实现了整体平台持续优化。

该成套技术支撑了纺织、制药、农药、氮肥、调味品和发酵制品、电镀、啤酒和禽畜养殖等行业的污染防治技术指南制修订，其中纺织、制革、调味品和发酵制品、制药、电镀和农药已经通过技术审查，其他都在顺利推进过程中，共推荐300项左右的污染防治可行技术。

三、实施成效

该技术支撑出台了《污染防治可行技术指南编制导则》（HJ 2300—2018），指导了排污许可制实施以来焦化、制糖、纺织等十余项重点行业防治可行技术指南，成为《排污许可管理条例》的重要技术组成，使我国成为继欧盟之后第二个系统建立了最佳可行技术体系的国家。

该技术支撑了我国排污许可制的环境管理改革，为《固定污染源排污许可分类管理名录》排污单位排污许可管理类别修订提供了技术支撑，为《排污许可管理条例》中污染防治可行技术的采用、污染防治可行技术指南制修订、排污许可执法检查等内容提供了强有力的技术支撑。

该技术支撑了我国重点行业节水减排和流域/区域污染控制。污染防治可行技术指南所筛选出的200余项技术其污染防治技术水平大多处于国际先进水平，推动了行业实现污染减排。

技 术 来 源

- 重点行业最佳可行技术评估验证与集成课题（2017ZX07301004）

---

65 水环境突发风险识别与应急处置成套技术

适用范围：人为因素导致的突发水环境污染事件风险防控。
关　键　词：水环境；突发性风险；风险识别；风险评估；风险预警；风险管控；损害评估；应急处置

一、技 术 背 景

（一）国内外技术现状

水环境突发污染事故是国际上长期面临的环境管理难题，水环境突发风险防控是国家环保工作的重大科技需求。欧美等发达国家开展相关研究工作较早，20世纪80年代开始欧盟和美国分别通过系列《塞维索指令》和《应急计划与社区知情权法案》加强对企业突发风险的分级管控，通过明确危险化学品临界值进行分级管控，欧盟发布《塞维索指令Ⅲ》最新更新到48种（类）化学品的临界量，美国发布《化学品事故防范法规/风险管理计划综合指南》针对77种有毒物质与63种易燃物质控制清单与临界量标准对企业进行三级分级管理；对突发环境事件后的损害评估方面，美国和欧盟已建立了一套基本完备的生态环境损害评估程序，在生态环境损害的计算上美国和欧盟有所差别，美国主要基于补偿性原则而不带惩罚色彩，而欧盟在将环境违法的严重程度与其造成的环境损害的数额进行关联。

我国水环境突发风险防控工作起步较晚，2000年开始通过《重大危险源辨识》指导企业风险分级，列出危险化学品的临界量并不断更新，2005年后因松花江苯污染和太湖蓝藻等突发环境事件引起重视，随后出台《中华人民共和国突发事件应对法》加强推进突发风险防控工作，在"十一五"国家水专项和国家863研究课题的支持下推动了相关支撑技术的研究进展，基于污染物性质和发生事故概率进行识别分级，加强事前、事中与事后加强全过程后防控处置支撑技术研发，陆续发布企业和行政区域突发环境事件风险评估相关技术指南，危险化学品的临界量已更新至85种；环境损害鉴定评估方面借鉴发达国家经验并结合中国实际探索起步并取得积极进展，专项技术导则尚不完整，还没有形成一套成熟的损害评估量化方法。

（二）主要问题和技术难点

水专项启动之初，我国在水环境突发性风险防控方面正在引起重视并加强完善相关的法规制度，但大部分支撑技术研究处于起步阶段，水环境突发风险管控研究很少，具体问题与技术难点包括：①突发风险识别的影响因素复杂，风险源、敏感点及管理措施难以准确定量，缺乏对企业和行政区域的突发风险定量分级技术，流域/区域突发风险底数不清；②快速准确模拟扩散过程存在较大难度，亟须建立流域/区域突发性水环境风险预测的模型库、参数库和风险自动评估/预警的软件库，突破资料缺乏地区河道污染物快速预警技术；③常规水处理技术在应急处置中的适用性较差，受限于事件处置的紧迫性、复杂性等特点，在应急状况下往往存在"水土不服"的情况，突发污染事故应急处置技术储备不足；④水生态环境损害的价值评估难度很大，评估的不确定性因素很多，损害评估方面涉及地表水/沉积物生态环境损害评估方面的专项技术指南缺失。

（三）技术需求分析

我国对水环境突发风险识别与应急管理的技术需求主要有以下三个方面：①事件发生前，如何对水环境风险源进行分类识别与分级、如何进行风险评估与预测，从而对突发性水污染事件进行有效预防？②事件发生后，如何快速模拟、快速预警、快速处理，以减少损失、消除风险？③事件应急结束后，如何评估损害、环境修复、损害赔偿，以更加有效地预防事件发生？

二、技 术 介 绍

（一）技术基本组成

突发性环境风险识别与应急管理成套技术包括风险识别、评估、预警、管控和损害鉴定5项核心技术组成，结合事前、事中与事后防控处置：通过风险识别技术对高风险企业/区域进行识别分级，支撑事故前监管防范；通过风险评估、预警与管控技术评估危害风险、模拟污染物运移和实施针对性的应急处置，支撑事故中预警及应急处置；通过损害评估技术确认环境损害的责任主体并量化环境损害，支撑事故后行政处罚与损害赔偿。技术逻辑如图65.1所示。

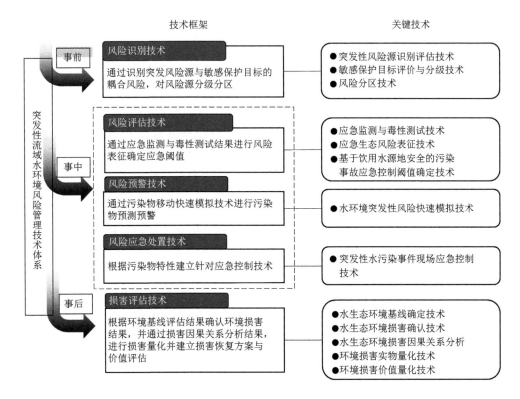

图65.1　突发性环境风险识别与应急处置成套技术组成图

1. 水环境突发性风险识别技术

基于污染物性质和发生事故概率进行识别分级，对储存危险化学品可能发生污染事故的企业/区域进行分级评估，综合考虑风险源、敏感保护目标及环境管理措施等因素。

2. 水环境突发性风险评估技术

针对突发污染事故危害评估的应急评估技术，通过应急监测与毒性测试技术，确定针对生态风险与饮用水源地人群健康的应急控制阈值，为突发污染事故定级及应急处置提供科学依据。

3. 水环境突发性风险预警技术

以水环境突发风险快速模拟技术为核心，对污染团的迁移运移进行快速模拟，为精准应急处置提供决策依据。

4. 水环境突发风险应急处置技术

针对六大类120种污染物的应急处置技术，为危险化学品污染事故应急处置提供技术支持技术支撑。

5. 水环境突发性污染事件损害评估技术

针对突发污染事故发生后的生态环境损害评估和受损环境修复，为突发事件定级、行政处罚与损害赔偿提供依据。

（二）技术突破及创新性

针对流域突发风险难以准确定量识别分级、污染物迁移以及扩散过程难以准确定量模拟、常规水处理技术在应急处置中的适用性较差、水生态环境损害的价值评估难度大等问题，从风险识别评估、应急管控等关键技术环节形成了一系列支撑单项技术，并形成技术体系。主要创新表现在以下方面。

1. 在突发性环境风险识别方面，建立了事件发生前基于风险源和敏感受体"双目标"的风险源识别、定量分级与风险分区技术

基于"风险源产生–风险源控制–受体暴露"全过程剖析，研发了结合风险源特征和敏感受体双目标的风险源识别、定量分级及风险分区系列方法，综合考虑风险物质数量、风险物质毒性、风险源事故发生概率、敏感保护目标的特性4类要素，与传统技术相比，技术考虑风险源及敏感受体双目标，在矩阵法的基础上增加综合评分法对企业风险定量分级。

2. 在突发性水环境风险评估预警方面，建立了基于生理特征、基于个体行为的生物预警技术及预警系统

研发了污染物应急监测、应急安全阈值计算和风险表征的评估方法，构建了多维度的水动力与水质耦合的突发性风险预测模型库、参数库和软件库的流域突发性水污染事件水环境影响快速模拟技术，依托智能云平台，实现重点区域精细化预警和资料缺乏地区快速预警功能，直观获取事件影响范围、时间和敏感目标受影响程度；在重点区域能实现2h内预测水体20米精度内未来两天水环境变化趋势、在资料缺乏地区能实现河道过程的快速建模，1分钟内完成污染物时空分布与变化的预测。

3. 在突发性水环境风险应急管控方面，研发了针对重金属和有机污染物类的快速高效分类应急处理技术

针对镉、铊、钼等重金属类污染物的特点，研发了以混凝沉淀、化学沉淀等物化法为核心的重属类污染事件应急处理技术，针对化工废水等有机物污染事件，研发了以"物化+生化"组合的有机污染类应急处理技术，建立了120种典型污染物的应急处理方法。解决部分常规水处理技术在应急处置中适用性较差、在应急状况下"水土不服"的技术难题。

4. 在突发性污染事故水环境损害评估方面，建立地表水和沉积物水生态环境损害鉴定评估技术并发布技术指南

针对水生态环境基线数据缺乏、生态系统服务功能影响因素多、生态系统服务功能损害量化缺少成熟技术方法等难题，提出流域水环境损害鉴定评估的总体技术框架，明确了简化评估和详细评估的评估程序与关键问题，突破了水生态环境基线确定、损害实物和价值量化等关键技术环节，建立地表水和沉积物水生态环境损害鉴定评估技术，发布3项技术指南规范，填补了地表水和沉积物生态环境损害评估单项技术指南缺失的空白。

（三）工程示范

水环境突发性风险识别与应急管控技术在三峡库区开展示范应用，针对三峡库区突发风险防控的突出问题，构建以"风险源识别—风险快速模拟—应急风险评估—应急控制"为主体的流域水环境突发性风险应急预警技术体系，建立了多功能的三峡库区水环境风险评估与预警信息平台，形成了"平战结合"的顶层设计思路和"五个一"（一个体系、一张网、一张图、一张表、一个流程）的总体设计思想，实时地对三峡库区水环境状况进行监控，快速、准确地开展水环境风险的评估和预警，全面支撑三峡库区水环境风险管理科技需求。平台于2010年开始业务化运行，对三峡库区水环境状况进行实时监控，快速、准确地开展水环境风险的评估和预警，直接支撑了决策部门（国务院三峡办、重庆市政府等）应急管理和日常管理，在突发水污染事件应急演练、涪江锰污染事故等多个突发事件中得到验证和应用，完成了三峡库区事故型水环境污染风险源和敏感保护目标详细调查与辨识，并进行分级分区。突发性水环境风险预测的实践中，可直观展现污染团运移、扩散过程，得到污染团浓度范围实时动态统计结果，辅助突发水环境事件应急处置，累计避免和减少直接、间接经济损失超过1亿元，支撑了三峡流域水环境突发风险的防控。

（四）推广与应用情况

推广应用体现在支撑地方水环境突发性风险预警及应急演练等方面。

1. 应急演练及突发事件应急方面应用

依托三峡库区水环境风险评估与预警信息平台及关键技术，成功支持了环境保护部与重庆市政府组织的2010年三峡库区次生突发水环境事件联合应急演练，全面提升了三峡库区水环境风险防范和应急处置能力。在2011年新安江苯酚污染、2012年山西长治苯胺泄漏等10余起水污染事件中应用，实现水环境污染事件影响的早期预警和科学处置。

2. 规划方案方面应用

风险源识别系统、风险模拟系统等成果在《重点流域水污染防治规划（2011—

2015年）》《全国城市饮用水源地环境保护规划（2008—2020年）》《三峡后续工作总体规划》等规划方案编制和实施中得到应用，支撑了三峡水库及其上游流域规划编制任务，包括库区水环境问题与形势分析、规划目标制定、控制单元划分及风险防范单元筛选、水污染防治方案制定及效果分析等。

三、实 施 成 效

水环境突发性风险管控成套技术的实施成效体现在支撑地方突发风险防控及国家重大突发污染事件应急处置等方面。

建立水环境突发性风险防控技术体系，立项发布6项技术指南，13项关键技术入选《水污染防治先进技术汇编（水专项第一批）》和《水专项支撑长江生态环境保护修复推荐技术手册》，为流域/区域水环境突发风险防控提供了技术支持，例如《生态环境损害鉴定评估技术指南地表水与沉积物》等3项水生态环境损害评估技术指南，解决了水环境损害评估单项技术指南缺失的难题。

在近十年的127起突发事件应急处置中发挥重要支撑作用，研发的针对重金属和有机污染物类的快速高效分类应急处理技术、生态环境损害鉴定评估技术在2012年广西龙江镉污染事故、2015年甘肃陇南锑污染事故、2020年黑龙江伊春鹿鸣钼矿库污染事故等突发性水污染事件应急处置工作中成功应用，保障了水环境污染事故的应急妥善处置、损害鉴定评估及事故后评估，中国环境科学研究院、生态环境部华南环境科学研究所和环境规划院的相关专家参与了技术的组织实施。例如，技术应用于2020年黑龙江伊春"3·28"鹿鸣矿业尾矿库泄漏事件应急，实现钼的去除率达99%，保障了呼兰河入松花江70 km前全线达标；技术应用于2019年江苏响水"3·21"特大爆炸事件应急，实现主要污染去除率化学需氧量达91%、氨氮达90%，苯胺类重污染河水处理达标。

技 术 来 源

- 流域水环境质量风险评估技术研究（2009ZX07207002）
- 流域水环境预警技术研究与三峡库区示范（2009ZX07528003）
- 流域水生态风险评估与预警技术体系（2012ZX07503003）
- 城镇化水源集水区域水污染系统控制技术集成与综合示范（2012ZX07206003）
- 三峡库区及上游流域水环境风险评估与预警技术研究与示范（2013ZX07503001）
- 流域水环境风险管理技术集成（2017ZX07301005）

66 水环境累积性风险评估与预警防控成套技术

适用范围：行业污水排放导致的水环境中污染物累积风险。
关　键　词：水环境；累积性风险；风险识别；风险评估；风险预警；风险
　　　　　　管控；重点行业；特征污染物；优控污染物

一、技　术　背　景

（一）国内外技术现状

　　海量化学污染物污染是环境管理的重大难题，水环境累积性风险防控是国家环保工作的重大科技需求。欧美等发达国家20世纪70年代以来率先开展了大量工作，美国和欧盟最初分别通过《清洁水法》和《水污染控制指令》明确相关要求，水环境风险评估美国从20世纪80年代健康风险评估、生态风险评估向区域生态风险评估转变，由简单的定性评估转向定量评估，欧盟的风险评估主要从化学品的综合管控出发，综合考虑生态环境及人体健康，各国相继建立以"四步法"为主的生态风险评估框架和指南，水环境风险表征从最初的商值法至1999年前后发展到概率法；与水环境风险管理衔接最为紧密的是风险污染物识别技术，美国主要提出毒性鉴别评价技术并制定相关标准，通过生物毒性筛查、毒性表征和毒性鉴别，识别分析具体污染物，确定了包含129种污染物的优先污染物名单，欧盟提出效应导向分析方法逐渐成为一种有效的非目标致毒污染物筛选工具，虽然没发布标准但形成较为成熟的方法，确定了33种优先污染物和其他8种有害物质以及一些潜在优先物质和有害物质。

　　我国2000年以前大部分水环境风险防控的工作围绕环境影响评价开展，除了20世纪80年代末组织筛选确定水中68种优先控制污染物"黑名单"外，大部分研究工作都是2005年以后重点开展，发布了涉及地表水环境和地下水环境影响评价的专项技术指南，新修订的《中华人民共和国水污染防治法》明确要求通过公布有毒有害水污染物名录实行风险管理，随后生态环境部发布包括10种污染物的第一批有毒有害水污染物名录。在水专项的支持下相关支撑技术研究取得较大进展，建立了水生态风险评估技术框架，研发了毒性鉴别评价与效应导向分析结合的风险污染物识别、复合污染风险评估等技术方法，在同步筛查目标和非目标污染物、原位暴露与效应综合评估等方面取得重要突破，并在重点流域开展了技术应用。

（二）主要问题和技术难点

水专项启动之初，我国在水环境累积性风险防控方面主要围绕建设项目环境影响评价开展工作，水环境累积性风险评估与预警防控的研究很少，规范化的支撑技术不足，具体问题与技术难点包括：①水环境污染物种类繁多，针对单个/单类污染物的传统评估方法不能反映污染物之间复合效应；②风险污染物识别关注的目标化合物不一定是主要致毒物质，未结合生物有效性，毒性终点选取对机理性考虑不够；③化学监测预警较准确，但指标有限且成本高，生物监测预警中标志物难以准确反映污染物对生物体的针对性胁迫；④特征/优控污染物筛选技术主要针对水环境，缺乏从行业全过程角度对问题进行研究。

（三）技术需求分析

水环境累积性风险防控的技术需求主要有以下三个方面：①在流域层面，摸清流域风险底数是风险防控的基础，如何识别流域风险区域与风险污染物？如何评估复合污染风险？②在风险源层面，如何评估识别风险源？如何筛选考虑行业生产全过程的重点行业特征/优控污染清单？如何实现在线生物监测预警？③在风险管控层面，如何结合不同功能区对风险源进行差别化管理？如何实现流域与行业协同管控？

二、技 术 介 绍

（一）技术基本组成

累积性环境风险评估与管理成套技术基于暴露与效应关系评估分级，结合可接受风险水平提前预警防控，包括水环境风险识别、评估、预警和管控4项核心技术：通过突破以毒性为导向的风险污染物识别技术、建立水环境复合污染风险评估技术，支撑流域风险区域与风险污染物的识别；通过建立流域水质安全预警技术、重点行业特征/优控污染物筛选技术、生物预警技术，支撑对风险源提前预警防范；通过建立工业/农业分级管理技术、流域与重点行业协同管控技术，支撑对流域累积风险的分级协同管控。技术逻辑如图66.1所示。

1. 水环境累积性风险识别技术

风险识别技术的核心是筛选水环境风险污染物或优先控制污染物，通过毒性鉴别评价和优先控制污染物筛选等技术，为累积风险防控提供重点管控的目标污染物指标及清单支持。

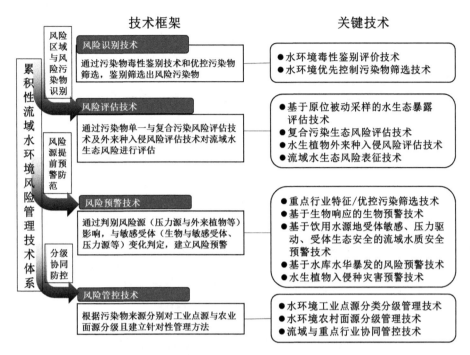

图66.1　累积性环境风险评估与预警防控成套技术示意图

2. 水环境累积性风险评估技术

风险评估技术主要以暴露与效应分析为核心，定量方法包括商值法和概率法两大类，研发了基于原位被动采样的流域生态风险评估技术，建立了复合污染生态风险评估技术框架，并突破了仿生萃取与被动加标等单项技术环节，支撑流域区域风险分级分区及风险污染物识别。

3. 水环境累积性风险预警技术

建立了基于清洁生产全过程理念的重点行业特征/优控污染物筛选等单项技术，突破基于生物生理特征以及个体行为的生物预警技术，建立了水质安全在线生物预警系统，支撑流域水质监控预警。

4. 水环境累积性风险管控技术

建立针对工业点源的分类分级管理技术和针对农业面源的分级管理技术，建立重点行业风险源与敏感点对应关系矩阵为核心的风险防控数据库，实现分类分级差别化管理以及流域与重点行业的协同管控。

（二）技术突破及创新性

针对水环境累积性风险污染物识别技术对非目标污染物、生物有效性等结合不够,单一污染物风险评估不能反映污染物之间复合效应、生物监测预警中标志物针对性不足、流域与行业风险管控脱节等问题,从风险污染物识别、复合污染风险评估、生物预警、行业特征/优控污染物筛选等关键技术环节取得突破,并形成技术体系。主要创新表现在以下方面。

1. 研发了基于生物有效性的毒性鉴别(TIE)与效应导向分析(EDA)相结合的污染物识别技术

发挥TIE技术以活体生物的综合效应指标为核心的目标污染物分类识别优势,结合EDA以细胞体外特异性效应指标为核心的有机污染物非目标致毒污染物识别优势,在逐级分离、筛选、验证、识别过程中准确识别主要致毒污染物,突破了仿生萃取与被动加标等关键技术环节。与传统技术相比,解决了高风险目标污染物与非目标污染物同步识别的难题,传统耗竭式提取方法会导致致毒物贡献率估算严重高估,甚至达到极不合理的2000%,结合生物可利用性致毒物贡献率达到50%~100%的合理范围,显著降低评估的不确定性;小体系高通量的孔板活体生物毒性测试方法,样品测试体积降低30倍左右,以适应复杂有机污染物组分体系的生物测试。

2. 首次建立了复合污染风险评估技术框架并研制自主知识产权的支撑装备

目前美国和欧盟都还没有发布水环境复合污染风险评估技术规范,水专项在"十二五"研究工作的基础上建立以多证据权重法、毒性鉴别与效应导向分析、多层级风险评估为核心的复合污染风险评估技术,技术框架结合我国的实际,在评估思路和与环境管理衔接理念方面具有创新性。结合多毒性终点(包括生物存活率、18种行为指标、9种生物酶活性指标,一共28种效应终点)以获得流域环境中毒害污染物对受试生物不同层级的毒性效应,研发了基于原位被动采样-生物暴露联用评估技术及装备,实现了暴露/效应数据的原位获取,使用证据权重法对化学分析、生物毒性测试的结果进行综合评估,以更加全面、系统地评价复合污染对生物体的毒害效应与流域的生态风险。立项相应的技术指南,支撑流域高风险区域/污染物筛查。

3. 建立了基于生理特征、基于个体行为的生物预警技术及预警系统

研发了基于生物生理特征以及个体行为的预警方法,利用本土生物在线系统监测三峡水库水环境质量取得预测预警准确度高于95%的效果,利用本土生物标志物基因对浑河示范区的水环境生态风险预警,根据受试生物回避行为变化差异,建立了水质安全在线生物预警系统(BEWs),实现了我国具有自主知识产权的在线生物毒性监测预警系统的产业化。

4. 建立了结合功能区差别化管控要求的流域与重点行业协同管控技术

建立了基于清洁生产全过程的重点行业特征/优控污染物筛选、风险分级管控技术,建立污染源(企业污水)与受体(水环境)的响应关系,整合流域风险污染物清

单与行业特征/优控污染物清单，以"以水定岸、水陆统筹"为风险防控原则，结合不同功能区要求实施差别化的流域产业结构调整与准入管控。技术增量体现在从行业全过程角度对问题筛选行业特征/优控污染物，结合流域与重点行业协同管控。

（三）工程示范

太湖流域（常州）应用：研发的关键技术在太湖流域开展系统应用，形成了流域与重点行业协同管控的技术模式。在流域风险评估层面，基于38条河流2425个目标污染物数据，筛选了水体和沉积物种中12种重点管控有毒有害污染物清单，明确了水环境风险重点管控区域；在重点行业风险管控层面，共筛查出印刷电路板等3个重点行业的432种特征污染物和82种优控污染物清单，完成了常州市57家重点企业的评估分级，构建了重点行业水环境风险防控数据库，并对接到常州市环境监测中心站网络平台，已向常州市生态环境局提交《常州市突发水环境事件应急预案》《常州市重点行业水环境风险管理方案》《关于科学精准防控常州市水环境有毒有害污染物生态风险的政策建议》等4份研究报告及3份政策建议，为常州市流域与行业水环境风险协同管控提供了技术支持，如图66.2所示。

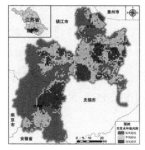

图66.2　太湖流域（常州）水环境风险管理技术应用

（四）推广与应用情况

推广应用主要体现在支撑地方水环境保护工作方面，产出的系列专利、设备和技术规范在生态环境部和地方水环境管理工作与规划中得到推广应用，向地方编制提交的管理方案，支撑了地方水环境风险防控工作，在太湖流域形成了以"流域复合污染风险评估-重点行业风险管控-风险防控数据库支撑"为核心的累积风险防控技术模式，在东江流域以维护饮用水源水质安全为目标，形成了一套"优控污染物识别管控-生物毒性监测-风险预警-风险管控"的实时风险管理系统。《流域水污染源点源风险管理手册》《农村生活污水和农村散养畜禽污水风险管理手册》《流域水环境风险评估与管理技术手册》《污染源排水生态风险评价技术规范》等技术手册和规范在太湖、辽河、松花江、东江、珠江等流域风险防控中也得到推广应用，研发的风险预警技术体系模块，服务于江苏省"1831"平台太湖流域水生态风险评估预警系统中实现推广业务应用；研发的部分原位被动采样技术装备已经实现产业化销售，生物毒性在线水质监测系统已在北京、上海、广州、深圳等40余个不同水源地投入使用，参加了2019年5月9日在成都和2019年7月25日在长沙举办的"打好长江保护修复攻坚战——生态环境科技成果推介活动"，助力打好重点流域污染防治攻坚战。

三、实施成效

实施成效主要体现在形成规范性技术文件，支撑国家政策法规的制修订、国家重大战略/工程等环境管理工作：

（1）建立了累积性水环境风险防控技术体系，编制立项/发布水环境复合污染风险评估、激素类污染物风险评估等水环境管理急需的技术指南7项，14项关键技术入选《水污染防治先进技术汇编（水专项第一批）》和《水专项支撑长江生态环境保护修复推荐技术手册》，为推进流域水环境风险管理工作提供科技支撑。

（2）关键技术应用支持了第二批《有毒有害水污染名录》编制，支撑了国家行业/产业发展/区域/战略环评规划/环评工作增加风险评估预警研究，推动化学品环境风险防控、重点流域水生态环保规划、损害鉴定评估等重点工作；针对累积性风险防控存在的突出问题提交《水专项关于统筹推进水环境风险管理的政策建议》《构建"水陆统筹、以水定陆"的长江流域源管理体系》等6份政策建议获生态环境部领导批示，基于技术应用的累积性风险防控经验与理念已在重点流域"十四五"生态环保规划中应用，"水陆统筹、以水定陆"等水环境风险防控理念已先后在长江和黄河流域入河排污口整治工作中得以体现，支撑了国家环保政策制定及法律法规的立法，助推国家水环境管理的战略转型。

技 术 来 源

- 流域水污染源风险管理技术研究（2009ZX07528001）
- 东江流域排水与水体生物毒性监控体系研究与应用示范（2008ZX07211007）
- 东江优控污染物动态控制管理技术体系研究与应用示范（2008ZX07211008）
- 松花江水污染生态风险评估关键技术研究（2009ZX07207002）
- 流域水质安全评估与预警管理技术研究（2012ZX07503002）
- 流域水生态风险评估与预警技术体系（2012ZX07503003）
- 流域水环境风险管理技术集成（2017ZX07301005）

67 典型流域水质水量联合调度成套技术

适用范围：北方大尺度寒区流域、多闸坝平原河流、大型输水工程、大坝
大库型流域。

关 键 词：河网拓扑结构；仿真模拟；多维调度；水华

一、技术背景

（一）国内外技术现状

　　水质水量调度已经成为国内外水资源、水环境和水生态"三水"综合管理的重要
技术方法。欧美发达国家水生态问题较为突出，水量调度多针对水生态保护目标开
展，如以鲑鱼、鲟鱼等洄游和产卵需求为导向的生态流量调度，同时期开发了较多的
二维和三维的水动力学模拟商业模型，如EFDC、Mike系列和Hec-Ras等商业软件。
相对于国外，我国的河湖水生态问题以水污染问题为主，水质水量调度研究主要关注
水质达标和水质改善。松花江水污染事件大大提升了管理部门对水质水量调度重要
性的认识，"十一五"以来相关的主要技术研发主要针对水质目标管理的需求，但
由于我国南北气候差异巨大，相关技术在应用于特殊类型水体的水质水量调度时还
存在重要的技术瓶颈。同时，我国水生态状况退化趋势得到初步遏制，水生态环境
开始逐步改善，面向水生态环境质量提升为目标的水量调度技术方法还处于初步探
索阶段。

（二）主要问题和技术难点

　　我国水质水量联合调度主要存在下列问题：①"十一五"前，以水质为约束目
标进行水量概化分配调控研究为主，水量和水质的模拟存在机理层面的分离，对水
质-水量的耦合过程研发不足，缺乏有效技术手段识别水量和污染负荷双重平衡系统
和天然水循环系统之间的动态作用关系，现有技术方法难以对水量和污染负荷双重

平衡关系进行交互式分析；②水质水量调控的相关研究主要集中于水文条件变化幅度小和调控参数较少的区域，对于我国北方寒冷地区、高坝大库、输水工程等类型特殊、调控参数较多的流域相关技术难以适用，在特殊类型的区域和流域中（如冬季结冰的寒区、多闸坝山区和平原流域、大型输水工程），水质水量调控技术的应用存在重大技术瓶颈；③水量水质调控研究多针对单一闸坝，侧重水动力学模拟，忽视了流域整体性，在多闸坝联合调度和调控的成熟技术和手段上存在较大瓶颈；④针对国内外数量庞大的生态流量核算方法，缺乏有效的生态流量管控技术。

（三）技术需求分析

水质水量联合调度是改善流域水质状况的重要技术方法，近年来开始关注水生态状况改善。我国南北水资源禀赋、水生态本底异质巨大，水质水量调度应立足于流域全局，解决水量水质双重平衡关系的理论与技术难点，从技术层面解决特殊类型流域水质水量联合调度的技术瓶颈，从技术层面在水质水量基础上兼顾生态成效。总体来看，我国水质水量调度研究依然不成体系，类型特殊的流域的水质水量调度技术缺乏针对性研究，对水生态问题关注总体不足，流域层面的水质水量水生态耦合关系仍需要大量研究。

二、技术介绍

（一）技术基本组成

"十一五"和"十二五"以来，水质水量联合调度先后围绕水质达标和水生态管控分阶段目标，提出了不同类型河流的水质水量调控技术以及生态流量管控技术，逐步突破了东北寒区水质水量调度技术、多闸坝水质水量水生态调度技术、大型输水工程水质水量调控技术、大坝大库型水质水量调控技术、河流生态流量分类分级核定技术等关键技术，形成了水质水量联合调度整装成套技术，涵盖两大核心技术、四大关键技术和20项支撑技术（如图67.1所示）。这些关键技术先后选择松花江流域、淮河流域、三峡工程、南水北调工程等重点流域和典型工程开展应用示范取得了重大成效，为推动流域水质水量调度和生态流量管理提供技术支撑和应用实践经验。

（1）东北寒区水质水量调度技术包括寒区大尺度流域水质水量耦合技术，寒区河流水质水动力学模拟技术，基于水功能区的流域水质水量总量控制技术，本技术适用于北方寒区大尺度流域。

（2）多闸坝水质水量水生态调度技术包括水生态健康评估与调控阈值确定技术，多闸坝河流水质-水量-水生态耦合模拟技术，生态需水保障评价指标体系和闸坝可调能

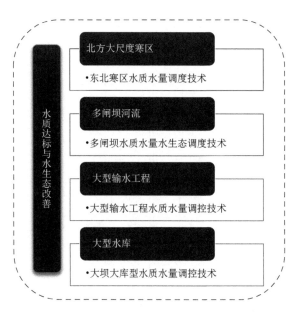

图67.1 典型流域水质水量联合调度成套技术组成图

力评价技术，该技术适用于多闸坝重污染平原河流。

（3）大型输水工程水质水量调控技术包括河库渠水质水量耦合模拟技术、污染源风险评估及水质安全诊断技术、水污染事件水质水量快速预测及追踪溯源技术、水质水量多目标调度及应急调控技术应急调控、水污染事件预警及应急处置技术、水质水量联合调控自动化运行系统开发，该技术适用于大型输水工程。

（4）大坝大库型水质水量调控技术包括复杂水流条件下支流水华的预测预报技术，三峡水库及下游水环境对水库群调度的响应模型及解算方法，水库群传统效益与水环境效益的协调方法，该技术适用于大坝大库型流域。

（二）技术突破及创新性

1. 突破了北方大尺度寒区水动力学模拟技术，解决了北方寒区流域水质水量调控

寒区大尺度流域水质水量耦合模拟技术。针对松花江流域地处寒冷地区、流域面积大、人类活动强、污染来源复杂等特点，创新性地构建了冻土水热耦合模拟、动态参数分区、水功能区设计流量有效模拟、基于流域二元水循环模型的污染迁移转化模拟等技术，形成了适合寒冷地区的大尺度流域分布式二元水质水量耦合模拟模型，对水循环及污染物迁移转化的全过程进行了详细描述，有力支撑了流域水质水量总量控制研究与方案分析，如图67.2所示。该技术适用于北方寒区大尺度流域，在松花江流域全面应用，使松花江流域化学需氧量总量降低10%，水功能区达标率提高到85%，提高7个百分点。

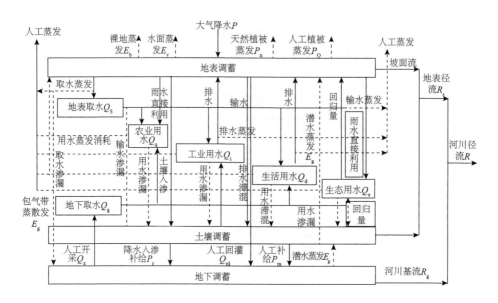

图67.2 分布式二元水质水量耦合模拟模型基本构架示意图

2. 突破了多闸坝重污染河流水质水量水生态多维调控关键技术，推进了污染团下泄事件综合治理

针对闸坝调控下流域水文及伴随的水质和生态变化过程难以识别的问题，发展了基于分布式水系统理论的多闸坝河流水质-水量-水生态耦合模拟技术体系，实现了闸坝调控与产流过程、河网水动力学及其联系的水质、水生态过程的模拟预测，提升了水质-水量快速预警和闸坝群联合调度方案评估的技术保障能力，如图67.3所示；针对流域生态用水的水量来源评价及闸坝可调控性判定问题，提出一套生态需水保障评价指标体系和闸坝可调能力评价技术，实现了流域可调水资源时空分布的快速评估，提高了水质-水量-水生态联合调度的水源保障能力。该技术适用于多闸坝重污染平原河流，在淮河流域全面应用，使联合调度中河流水污染团下泄事件发生概率下降50%，使防污调度中削峰率提高30%以上，决策效率提高50%以上，将流域生态用水保证率从平均50%提高到超过75%。

3. 突破了大型输水工程长距离、大流量、地表水和地下水水力联系频繁和水质目标高的技术瓶颈，提出了大型输水工程水质水量调控关键技术，解决了大型输水工程水质水量保障问题

大型输水工程水质水量调控关键技术针对复杂边界的河库渠水质水量耦合难题，提出闸泵群控制下水量水质模拟技术。构建了能够处理复杂内边界的一维非恒定流数值仿真模型，并在此基础上完成了与非恒定流具有"相容性"的恒定非均匀流计算模型，并基于水动力学模拟，建立了基于均衡域的水质离散模型。提出湖泊二维水动力

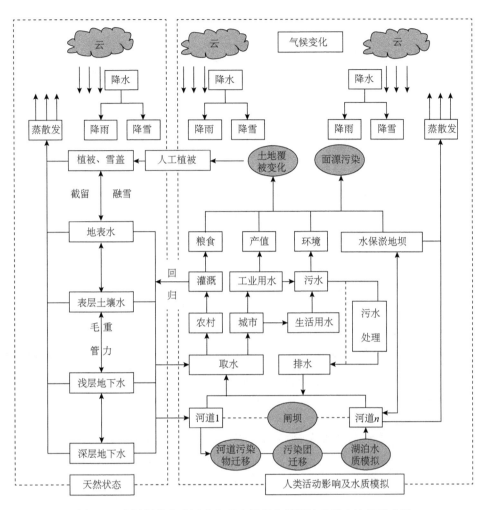

图67.3　多闸坝分布式河流水质水量耦合模拟技术基本构架示意图

水质数值模拟技术。构建了湖泊二维水动力水质模拟模型，并应用到典型湖泊中，水动力（流场、水位）和水质（化学需氧量、氨氮）模拟结果表明，精度较高。提出水库三维水动力水质数值模拟技术，如图67.4所示。基于中线水源区各支流的各个水期的流量与对应水位的实测调查，形成输水工程水源地主要支流及其对应坝区水位的水文数据矩阵，基于典型水库的水下地形数据，建立了典型水库三维水动力水质模型，通过对库区不同位置的水位、水质监测数据检验，证明模型模拟精度较高，可以满足水污染应急调控的需求。该技术适用于大型输水工程，在南水北调工程全面应用，指导了南水北调输水工程水量的常规和应急调度。

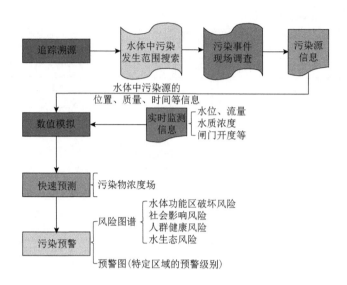

图67.4 水污染事件水质水量快速预测及追踪溯源技术流程

4. 突破了复杂水流条件下的支流水华的预测预报瓶颈，提出了大坝大库型水质水量调控关键技术，解决了大型水库水华控制、水环境安全保障、下游生态环境改善问题

大坝大库型水质水量调控关键技术针对水库群联合调度综合效益难以保障的问题，突破了水库群调度理论与方法，提出了基于水环境改善、支流水华暴发预警，干流刺激鱼类产卵、满足水库群、上下游、多目标要求的超大型水库群联合调度技术方法，建立了三峡梯级水库群"联、动、和、协"的"生态环境调度"技术体系和调度运行的"群联合、慎治理、小调和、大协作、勤调度、重效益"的管理技术体系。该技术适用于大坝大库型流域，在三峡工程中全面应用，通过"三峡—向家坝—溪洛渡"梯级水库群"生态环境调度"，基本做到库区支流水华控制、库区水环境安全保障、水库下游生态环境和长江口压咸环境改善，系统解决了三峡水库出现但尚未很好解决的支流库湾水体富营养化和水华问题和四大家鱼产卵繁殖保障问题，如图67.5所示。

图67.5 香溪河叶绿素浓度降低效果及调度前后照片对比

（三）工程示范

技术示范工程所用工艺多样，下文仅以淮河流域为例介绍。

淮河流域水质-水量-水生态联合调度关键技术研究与示范应用本技术成果作为核心技术之一开发的淮河流域水质-水量-水生态联合调度系统已开发完成并安装在淮河流域水资源保护局，如图67.6所示。

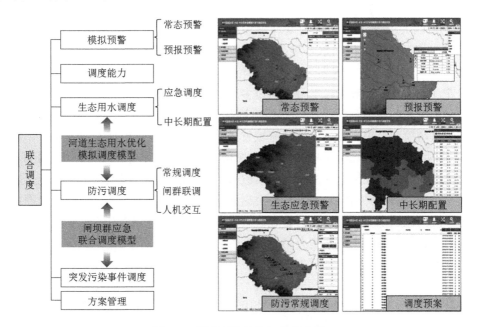

图67.6 调度系统结构与平台示范

针对多闸坝河流污染源头具有时空复杂性问题，基于流域水质-水量-水生态联合调度技术，结合计算机网络和虚拟现实技术，能够让决策者突破时空的限制，在网络虚拟环境中对各种可行的调度预案进行群体决策，按照总量控制原则、同比例丰增枯减原则、服从防洪调度原则、保障生态基流原则、兼顾上下游左右岸原则、安全性原则等六大原则，对各种预案作出科学的评估和分析，选择出满意的调度方案付诸实施。满足水质水量联合调度的常规决策、紧急决策和规划决策的需求。基于该技术研发的流域水质-水量-水生态联合调度系统在淮河流域水资源保护局实现了业务化运行，该系统自2017年10月在淮河流域水资源保护局运行以来，结合业务管理，开展了水质-水量-水生态联合调度，包括2018年2月27日对颍上闸逐步加大下泄流量并控制在130 m³/s以内的调度；2018年6月22日对槐店闸逐步加大下泄流量并控制在350 m³/s以内的调度；2018年7月27日针对蚌埠（吴家渡）断面和小柳巷断面流量小于生态流量的实时调度；2018年10月31日至11月5日针对蚌埠（吴家渡）断面小于生态流量的实时调度等，系统在业务管理中发挥了有效的作用。使淮河流域联合调度中河流水污染团下泄事件发生概率下降50%，使防污调度中削峰率提高30%以上，将流域生态用水保证率从平均50%提高到超过75%。该技术成果在我国水污染治理及生态调度等方面具有重要的应用前景，并已经在安徽、山东境内的平原流域水量-水质调度、水量-水质-水生态调度、应急调度、调度结果评估等业务中得到了广泛的应用。申请国家发明专利7项，获得计算机软件著作权13项，出版专著2部，发表论文36篇，获得2017年国家自然科学奖二等奖、2017年国际水利与环境工程学会（IAHR）A. T. 伊本奖、2014年大禹水利科技进步奖二等奖。综合评价技术就绪度为8级。

（四）推广与应用情况

开发了四大流域水质水量调度和生态流量业务化管理系统平台，支撑了重大工程、流域水资源高效利用、水环境改善。建成了松花江、淮河两大流域的水质水量联合调控平台，为流域重大规划、水污染防治、水环境改善、水资源综合管理提供了支撑。松花江水质水量联合调控平台，通过多层次模型设置有效表征和量化流域水资源配置与水污染控制的网络系统复杂性和不确定性，基于多过程经济优化分析的污染控制措施优选方法与模型，提出了《松花江流域省界缓冲区水质监测断面布设方案》，优化布设369个水功能区监测断面、43个国控监测断面、51个饮用水源地监测断面、100个重要湖库监测断面，规划控制断面32个，基本覆盖了松花江一、二级河流，水功能区监测断面覆盖率由现状51.3%提高到87.5%，为松花江流域水环境改善和水资源综合管理提供决策参考。淮河流域水质水量水生态管理决策平台的研究成果在水利部批复的《淮河流域生态流量（水位）试点工作实施方案》《安徽省淮河流域沙颍河生态流量控制试点实施方案》以及《山东省小清河泗河生态流量试点方案》中得到了推广应用，为淮河流域科学确定生态流量、开展生态调度试点提供了科技支撑。打造了大型水利工程的水质水量调度平台，支撑了重大工程水资源高效利用、水环境改善。在三峡工程中，针对三峡水库群联合调度改善三峡上下游水环境的实施问题，构建落户于三峡梯级调度通信中心的水库群多目标联合调度决策支持系统及可视化平台，开展了"溪洛渡—向家坝—三峡"等水库群联合多目标优化调度和业务化运行，打造出三峡流域水体污染治理重器。在南水北调工程中研发完成了"南水北调中线一期工程水质水量联合调控自动化运行系统平台""南水北调东线一期工程江苏段水质水量联合调控自动化运行系统平台"两个平台，并分别安装在中线调度大厅和东线江苏段水源有限责任公司数据中心，用于支撑东线一期工程江苏段试运行阶段的应急水质水量联合调控业务、中线水源区水污染应急调控业务、中线干线的常规及应急水质水量联合调控业务，并已经在中线水源区水污染应急调控、中线干线的常规及应急水质水量联合调控业务中得到了广泛应用。

三、实 施 成 效

1. 为国家实施最严格水资源管理、东北粮食基地建设提供支撑

在松花江、淮河、南水北调工程、三峡工程均开展了研究工作，支撑了重点流域和重点工程的水环境日常管理和应急管理。松花江流域提出的流域水质水量的总量控制指标，可以为流域未来发展情景下的水量和污染负荷调控决策提供技术方法和数据

支撑，应用于《松花江流域综合规划》和《松花江流域"十二五"水污染防治规划》，为全面实施最严格水资源管理制度，落实水功能区限制纳污红线管理奠定基础。淮河流域水质水量调度直接服务于《水污染防治行动计划》中淮河流域水量调度试点工作，为实现国家《淮河生态经济带发展规划》绿色发展目标提供科学支撑，为新时期治淮事业保驾护航。南水北调水质水量研究成果协助国务院南水北调工程建设委员会办公室编制了一系列南水北调工程的通水指南、方案、计划，为南水北调东、中线一期工程试通水及通水工作的顺利完成提供了有力的技术支撑。三峡水库水环境演化与安全问题诊断研究成果在《三峡后续工作规划》中得到应用，为《重庆市"十二五"生态建设与环境保护规划》提供重要支撑。三峡水库水质水量调度技术研究取得的水库群多目标优化联合调度关键技术，补充完善了国家水污染控制与治理技术体系，技术成果转化将为我国七大流域已建和拟建水库群开展大型水库群联合调度起着重大科技支撑作用。

2. 建成四大调度平台，支撑了三大流域、两大工程的水质水量水生态管理

建成了松花江、淮河两大流域的水质水量联合调控平台，为流域重大规划、水污染防治、水环境改善、水资源综合管理提供了支撑。松花江水质水量联合调控平台，使松花江流域化学需氧量总量降低10%，水功能区达标率提高到85%。淮河流域水质水量水生态管理决策平台使联合调度中河流水污染团下泄事件发生概率下降50%，使防污调度中削峰率提高30%以上，决策效率提高50%以上，将流域生态用水保证率从平均50%提高到超过75%，并在协调颍上闸、槐店闸的除险加固、排涝防洪与保障水质和生态需水之间矛盾的控泄调度，以及蚌埠断面应对生态需水不足的应急水量调度中发挥了重要作用。三峡梯级调度通信中心的水库群多目标联合调度决策支持系统及可视化平台，有效控制了水库富营养化尤其是支流水华问题，有效改善和保障了三峡水库饮用水源地水质安全，进而维持了水库水生态环境平衡，保障生态系统良性发展。"南水北调中线一期工程水质水量联合调控自动化运行系统平台""南水北调东线一期工程江苏段水质水量联合调控自动化运行系统平台"两个平台，并分别安装在中线调度大厅和东线江苏段水源有限责任公司数据中心，用于支撑东线一期工程江苏段试运行阶段的应急水质水量联合调控业务、中线水源区水污染应急调控业务、中线干线的常规及应急水质水量联合调控业务，实时指导常规水量调度与突发水污染事件的应急调控。

技 术 来 源

- 松花江流域水质水量联合调控技术及示范（2008ZX07207006）
- 淮河-沙颍河水质水量联合调度改善水质关键技术研究与示范（2009ZX07210006）
- 基于三峡水库及下游水环境改善的水库群联合调度关键技术研究与示范（2014ZX07104005）
- 南水北调工程水质安全保障关键技术研究与示范项目（2012ZX07205）

68 水环境遥感监测成套技术

> **适用范围**：流域水环境监管。
> **关 键 词**：水环境；蓝藻水华；黑臭水体；遥感监测；高分影像；空间分布

一、技术背景

（一）国内外技术现状

随着全世界各国政府和公众对水环境问题的日益关注，水环境遥感监测技术得到迅猛发展。在理论上正从定性发展到半定量、定量，从分散发展到集成；在技术上已由可见光发展到红外、微波，从单一波段发展到多波段、多极化、多角度，并正在向业务化方向发展。在国际上，针对水环境的遥感监测也已经引起各国政府的关注和重视，均投入大量资金用于研究水质的遥感监测。

与国外的水环境卫星遥感监测技术相比，我国水环境遥感监测应用技术发展总体相对滞后。我国流域水体环境差异显著，特别像太湖、巢湖、滇池等富营养化湖泊，水体环境状况复杂，造成流域水体生物光学特征复杂多变，国际上所构建的一些水质参数反演模型，并不适用于我国流域内的水体。同时由于城市水体相对较小，水体光学特征更为复杂，传统水色遥感技术难以直接应用于城市水环境。尤其是目前国内外利用遥感技术识别城市黑臭水体的技术仍处于起步阶段。我国发射的高分卫星搭载有高空间、高时间分辨率的传感器，为城市水环境的遥感监测提供了新的契机。

（二）主要问题和技术难点

（1）不同流域水体生物光学特征差异显著，我国流域水体具有光学特征复杂、时空变化大的特点，因此急需构建一个适用于不同流域水体的、具有较高反演精度并且稳定的流域水环境参数定量反演普适性模型。

（2）高空间分辨率卫星一般光谱分辨相对较低，且水体本身是一个暗物体，如何构建一个基于高分卫星且对水体色度变化敏感的黑臭水体识别和分级的光学指标是一重大挑战。

（3）缺乏针对湖泊水华、内陆水环境遥感监测应用的专业软件平台，距离形成一套天-地一体化的水环境监测系统还有较大的距离。

（三）技术需求分析

（1）以点位为基础的环境监测网络，已经远不能满足不断发展的全方位把握全国环境质量大范围的业务化环境保护工作的需求。

（2）我国的水环境遥感监测和应用工作滞后，水环境遥感技术业务化应用的范围与领域还急需进一步拓展，所能提供的遥感信息远不能满足水环境保护工作的要求，距离形成一套天地一体化的水环境监测系统仍有一段距离。

因此，急需加强具有业务化运行能力的水环境遥感监测运行服务系统的攻关，形成具有运行能力的水环境遥感监测技术体系和应用系统。

二、技 术 介 绍

（一）技术基本组成

该成套技术主要由流域大型水体遥感定量监测技术和流域城市水环境遥感监测技术组成，如图68.1所示，其中流域大型水体遥感定量监测技术主要包括蓝藻水华遥感监测技术和流域水色参数遥感定量技术，流域城市水环境遥感监测技术主要指城市黑臭水体遥感识别技术。

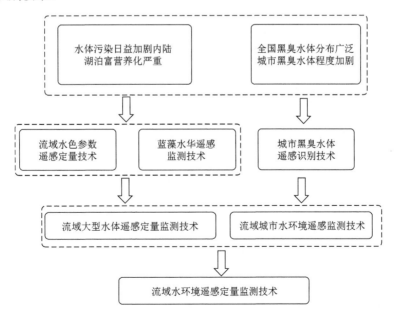

图68.1　水环境遥感监测成套技术组成图

针对我国流域水体复杂光学特征、时空变化较大的特点，成功构建了适用于我国流域水环境的水质参数反演模型（悬浮物、叶绿素a、透明度、富营养化指数等遥感估算模型）和城市黑臭水体遥感识别模型，在模型构建过程中充分考虑水体生物光学特征时空变异特征，采用了生物光学分类反演技术，极大提高了模型的适用性和精度，并研发了面向流域水体水质遥感监测的多尺度、多数据源的流域大型水体水环境遥感监测关键技术体系和业务化系统，有力提高了我国流域水环境的监测能力。

1. 流域水色参数遥感定量技术

在分析我国流域水环境的生物光学特征基础上，发展了适用于国产卫星的叶绿素a四波段反演模型和生物光学反演模型，以及基于近红外的双波段悬浮物浓度生物光学反演模型；构建了水体透明度遥感估算方法，提供了新的监测指标和决策信息。

2. 蓝藻水华遥感监测技术

蓝藻水华遥感监测技术核心利用水体反射光谱对大型内陆水体蓝藻水华暴发区域进行自动识别，反映蓝藻水华的时空差异性和变化规律。基于传统的NDVI均值法、FAI指数、水华风险频率指数法等，构建了衡量区域内蓝藻暴发程度的方法，可以实现在特定时空区域内蓝藻水华的暴发频率与生物累积状态的监测。在此基础上，构建了基于环境一号卫星数据快速专供机制和国产环境一号星与国外MODIS卫星双重数据支撑下的蓝藻水华遥感监测业务化方法，能够详细分析蓝藻发生形态，提高蓝藻监测精度，提升蓝藻预警监测能力。

3. 城市黑臭水体遥感识别技术

以城市黑臭水体为研究对象，揭示了城市黑臭水体的生物光学特征，结合高分遥感数据波段特征，构建了9种城市黑臭水体遥感识别模型（色度模型法、饱和度模型、单波段模型、DBWI模型、SBWI模型、NDBWI模型、随机森林算法、深度学习算法、生物光学模型算法），解决了从宏观上获取城市黑臭水体空间分布的问题，为城市黑臭水体治理提供快速、实时的监测手段及方向。

（二）技术突破及创新性

1. 提出适用于我国不同流域的水色光学参数遥感反演普适性模型

基于我国流域水环境生物光学特征，创新性地提出了基于水体光学特征分类的遥感反演技术，利用大量野外实验实测数据验证模型的适用性，结果表明先分类后建模的方法显著提高了内陆水体水质参数反演的精度，相比于传统的波段比值、基线法、三波段、四波段等叶绿素浓度反演模型，分类反演技术的误差可减少20%以上，对于低叶绿素浓度水体如三峡库区，其叶绿素浓度估算误差可降低25%以上。相比于随机森林，BP神经网络等机器学习算法，构建的分类反演总磷的模型误差可减少25%以上。

该方法解决了我国流域水质遥感定量宏观监测模型的普适性问题，发展了分层聚类、归一化吸收谷、遥感反射率形态对比等一系列适用于不同参数遥感监测的分类反演技术方法，丰富了水环境监测技术体系。

2. 创新性提出天地一体化的湖泊水华遥感监测技术

基于水华的光谱特征，构建了适用于我国国产卫星的大型水体水华遥感提取方法，水华提取精度在80%以上。针对遥感和地面监测数据，构建了基于国产卫星遥感数据和环保部门监测数据的蓝藻水华监测模型以及水华程度变化评价指标，其能发挥遥感监测手段宏观、动态监测水华变化的优点，又可通过地面监测方法，弥补遥感监测数据获取无法保证的不足，能够更加全面客观、准确地描述水华发生情况；同时在此基础上，开创了基于国产环境一号卫星的蓝藻水华、富营养化评价的天地一体化流域水环境遥感监测业务化运行模式，并能进行水华相关产品管理与发布，为我国内陆富营养化湖泊蓝藻预警及监测提供了新的监测指标和决策信息。

3. 提出了适用于高分数据的城市黑臭水体遥感识别新模型

利用长时间序列水环境地面监测结果，结合高分遥感数据源，根据颜色光学基本理论和水体辐射传输理论，通过分析城市黑臭水体和正常水体的光学特征差异，创新性地构建了9种城市黑臭水体遥感识别模型，识别精度达到60%以上，形成了以城市黑臭水体遥感识别技术为核心的流域城市水环境遥感监测技术，有效支撑了示范城市黑臭水体的识别，为城市黑臭水体治理提供快速、实时的监测手段及方向，提升对城市水环境监管能力，为实现全国全面清除黑臭水体提供技术支撑。

（三）工程示范

1. 太湖蓝藻水华遥感监测示范

示范工程位于江苏省太湖流域，由江苏省环境监测中心应用"流域大型水体遥感定量监测技术"，形成太湖蓝藻遥感数据实时接收及自动解译能力（如图68.2所示），自2011年以来已连续运行10年，在每年太湖安全应急度夏的蓝藻监测预警工作期间（4～10月）利用该项技术每天开展两次不间断蓝藻水华动态监测（近5年来按照管理部门要求已经全年每日开展），形成了从卫星遥感数据过境实时接收、处理、蓝藻解译、水质遥感监测等全流程的"一键式"自动化处理能力，30分钟内自动完成从遥感数据接收到蓝藻遥感监测日报生成，能够及时掌握蓝藻面积、暴发规模、分布区域等情况，每年解译各类卫星遥感影像达500余幅，编写太湖蓝藻遥感监测报告214期，接收和处理相关数据近1太字节（TB），是水专项持续业务化运行时间长、为环境管理服务成效突出的遥感监测技术应用成果，为江苏省委省政府、江苏省生态环境厅等上级领导（业务管理）部门及中国环境监测总站等技术单位提供了有力的技术支持，已经很好地服务于太湖综合治理、湖泛预警和应急防控等。

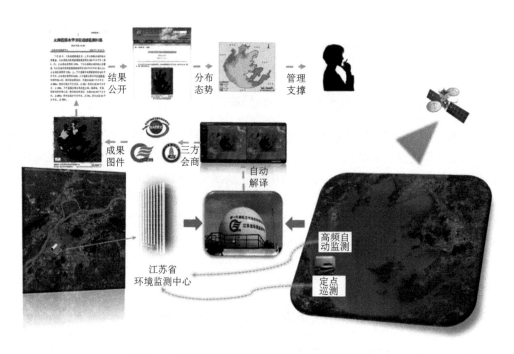

图68.2　流域大型水体遥感定量监测技术示范流程

2. 天空地一体化的无锡市黑臭水体遥感监测示范

工程位于江苏省无锡市建成区范围，将"天"（卫星航天遥感技术）、"空"（无人机航空遥感技术）、"地"（现场监测和实验室分析技术）相结合，及时发现示范区部分河道黑臭和"散乱污"现象，编制并报送监测专报，如图68.3所示。报告受当地政府高度重视，有部分河流已治理消除黑臭。遥感监测结果显示，在水专项多年科技攻关和地方部门共同努力下，黑臭水体数量逐渐减少，部分河段正在或者已经恢复

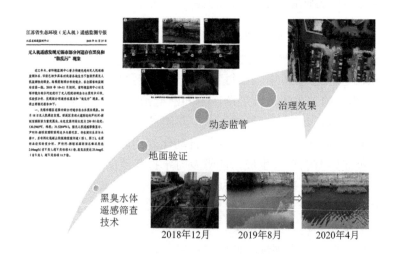

图68.3　江苏省无锡市芦村河动态监管

"碧水"，健康河流的模式初步呈现。2017年遥感监测到的无锡市30条轻度及重度黑臭河流，至2019年26条消除黑臭，3条正在清淤整治。

（四）推广与应用情况

1. 蓝藻水华遥感监测技术

技术已在巢湖、滇池、阳澄湖、洪泽湖等多个湖泊进行应用与推广，在此基础上形成《水华遥感与地面监测评价技术规范》（HJ 1098—2020），为我国各流域重点湖库蓝藻水华监测预警工作提供有力技术支持。蓝藻水华遥感监测技术也由省级层面逐步向无锡、苏州、常州、宜兴等地市级层面延伸应用，目前无锡、常州均具备独立开展遥感卫星数据接收和蓝藻水华监测预警的业务化能力。

2. 城市黑臭水体遥感识别技术

形成《城市黑臭水体遥感监管技术规范》《城市水体水色遥感分级技术指南》《面向城市面源污染监测的典型城市下垫面遥感提取技术指南》《面向黑臭水体监管的城市建成区遥感提取技术指南》等4项技术规范，目前均已由中国环境科学学会正式发布并在全国推广应用。同时，构建城市黑臭水体遥感识别业务化体系，解决了地面核查黑臭水体费时费力的难题，首次将"天"（卫星航天遥感技术）"空"（无人机航空遥感技术）"地"（地面实测数据）相结合，突破了传统"点"源监测在黑臭水体筛查方面的短板，研发了具有业务化运行能力的城市水环境遥感监管平台。相关成果为《水污染防治行动计划》、城市黑臭水体整治专项行动的落实及相关督查管理工作提供了有力技术支撑，助力地面黑臭水体现场督查工作更加"有的放矢"。

此外，2021年第一季度，江苏省环境监测中心尝试将黑臭水体遥感识别技术拓展到县级城市，对太湖流域开展全覆盖水色异常排查，监测结果为省太湖安全度夏应急防控前线指挥部提供有力支撑。

在2019年的督查行动中，借助项目研发的城市水环境监管平台，利用高分辨率遥感影像，对重点检查的城市进行黑臭水体的遥感筛查，为督查组能够快速、准确地找到黑臭水体位置提供全面帮助。筛查结果经核实后纳入全国黑臭水体整治清单，实行拉条挂账、逐个销号式监管。到目前为止，在黑臭水体日常监管过程中，利用高分辨率卫星影像，对全国14个省份，40余个城市进行疑似黑臭水体遥感筛查工作，累计筛查面积近13000 km^2，共筛查获得黑臭水体193条，总长度达260km，上报生态环境部。

三、实 施 成 效

1. 形成可业务化运行的核心技术

水环境遥感监测成套技术由流域大型水体遥感定量监测技术和流域城市水环境遥

感监测技术组成，其中蓝藻水华遥感监测技术已在江苏省环境监测中心运行十年，形成了较为成熟的天地一体化监测技术流程，促进完善太湖流域水环境应急管理机制，初步形成国家-省-市三级联动体系，为太湖流域水环境质量现状及变化趋势给予及时、准确、客观评价，确保了江苏省委、省政府"两个确保"重要目标的顺利实现，2012年获江苏省环境保护科学技术奖。城市黑臭水体遥感识别技术为2018年、2019年的黑臭水体专项督查行动中提供了信息支撑，为黑臭水体整治及相关督查工作提供精准的位置信息，满足当前黑臭水体治理高强度、快节奏、精准治污的工作要求。编制的《城市黑臭水体遥感监管技术规范》《面向黑臭水体监管的城市建成区遥感提取技术指南》《城市水体水色遥感分级技术指南》《面向城市面源的典型城市下垫面遥感提取技术标准》《无人机的黑臭水体监测飞行及信息处理技术规范》将为地方水环境监管提供技术依据。

2. 提升我国水生态环境监管能力

水环境遥感监测成套技术突破传统湖泊富营养化和城市黑臭水体监测模式，探索"天-空-地"监测体系在水环境管理中的应用路径，有力促进遥感技术、地理信息系统技术和计算机网络技术在水生态环境保护领域中的应用，研发了具有业务化运行能力的城市水环境遥感监管平台，为湖泊蓝藻水华、城市黑臭水体监测提供时效性高、经济性强、适用范围广的技术保障，促进了水环境监测方式的变革和环境信息处理手段的更新，精准助力城市水环境监管。

3. 产生丰厚的社会、经济、环境效益

技术在全国多个湖泊、城市中广泛应用，遥感监测结果显示，2017年遥感监测到的无锡市30条轻度及重度黑臭河流，截至2019年，26条消除黑臭、3条正在清淤整治；2017年扬州黑臭河流清单中的河流数共计24条，截至2020年二季度，扬州市建成区内黑臭河流数量降至8条，建成区河流整体水质状况得到一定的改善。技术的实施有效支撑我国全面消除建成区黑臭水体的目标，为人民生活和健康提供水环境预警保障，促进政府开展城市水环境改善和水生态系统恢复。

技 术 来 源

- 国家水环境遥感技术体系研究与示范（2009ZX07527006）
- 城市水环境遥感监管及定量评估关键技术研究（2017ZX07302003）

69 流域水生态环境监测成套技术

适用范围：我国河流、湖泊的业务化监测及研究性调查与监测。

关 键 词：水生态；在线监测；水生生物；监测网络；智能审核

一、技术背景

（一）国内外技术现状

水生态环境监测是各级政府履行对辖区环境质量负责法定责任的基础性工作，是环保行政主管部门履行统一监督管理职责的重要手段。欧美发达国家最早构建了符合自身特色的监测网络和技术，包括涵盖水化学、水生生物和生境要素的监测技术。其中，20世纪70年代开始，美国、英国、日本、荷兰等国家就在河流、湖库等地表水水体开展自动监测，但因发达国家重污染行业产业转向发展中国家，其水体污染较轻，因此美国及欧盟监测网络主要用于评价，监测手段依然以手工为主。20世纪80年代开始，国外水资源政策开始强调生态保护，重视流域水环境的生态质量，美国、欧盟、澳大利亚、南非等发达国家先后开展了河流水生生物监测与评价研究计划，通过对水体中水生生物的调查或对水生生物的直接检测来评价水体的生物学质量。我国水环境质量自动监测网自2000年起陆续在松花江、辽河、海河等重点断面布设了300个水质自动监测站，水质自动监测指标主要有常规五参数、高锰酸盐指数、氨氮、总磷、总氮、化学需氧量等，初步形成了涉及全国31个省、自治区、直辖市主要水体重点断面的水质自动监测网络，并在水质评价、水质预警方面逐步表现出其实时反映水质变化的优点。在水生生物监测方面，在水专项立项之初，主要是科研院所等开展研究性的调查，尚未形成能够指导业务化开展的技术方法和规范。

（二）主要问题和技术难点

1. 国家地表水自动监测站点位布设未与国家监测断面有效衔接

立项前国家地表水水质自动监测站考核断面覆盖率仅为11%，建设目的仅从水质预警角度考虑，没有与国家考核网形成有效衔接。并且，大部分水站选址与监测断面距离较远，无法保证与手工监测水质的一致性。

2. 尚未构建"水站建设—安装—验收—运行—质控—数据审核—质量评价"全链条的技术标准体系

立项前仪器品牌众多，系统集成度不高，且通信协议尚未统一，监测数据平台功能单一，整个体系难以支持智能化质控体系的实施和运行；缺乏完善的质控措施，数据可靠性难以保障；尚未建立自动监测数据审核体系，未参与地表水水质评价、考核与排名，也无法实现水质预警，无法对水环境管理形成有效支撑，公众服务程度较弱。

3. 水生态环境监测要素不够全

原有监测要素仅包括水质理化监测指标，且数量有限，难以涵盖所有胁迫因子，对水生态、水环境质量的反映具有局限性，开展水生生物业务化监测的技术方法还处于空白，无法指导业务工作。

（三）技术需求分析

为支撑"水十条"目标的顺利实现，满足水质自动监测数据用于水质评价、考核、排名工作的技术需求，需要重点解决地表水水质自动监测网络布设、站房与采水系统建设、安装验收、数据采集与传输、运行质控、数据有效性评价及数据审核入库等缺乏技术体系支撑的问题，构建一套适用于流域水环境预警、评价及考核的技术体系，支撑深入打好水污染防治攻坚战。

二、技 术 介 绍

（一）技术基本组成

水生态环境监测成套技术包括地表水水质自动监测站建设技术、地表水水质自动监测技术和水生生物监测技术，其技术链条关系如图69.1所示。

1. 水质自动监测站建设技术

明确针对不同水文、不同水质类别、不同环境条件下的站位选址原则；通过对2016年2050个国考断面数据与评价结果进行分析，确定了"9+N"的自动监测指标配置原则；将站房类型丰富为固定站、简易站、小型站浮船站、水上固定平台等5种类型，解决了国界、湖心等断面，高寒地区、城市建成区等不同环境下的站房建设问题；创新了栈桥式、浮筒式、悬臂式、浮桥式和拉索式等5种采水设施类型，明确了建设的技

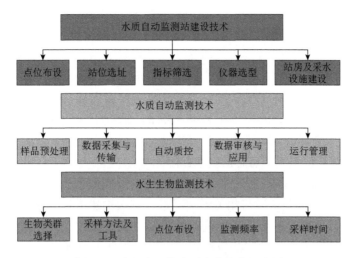

图69.1 水生态环境监测成套技术组成图

术要求，有效提升了水站建设质量，解决了影响水站长期稳定运行的问题。该技术为全国地表水水质自动站建设提供了规范性指导。

2. 水质自动监测技术

针对不同时空水体的水文水环境特点，提出"一站一策"的水站预处理设计技术路线，实现了自动监测预处理系统的动态调整，为自动监测与手工监测结果可比奠定了技术基础；建立了贯穿水站运行全程序的日质控、周核查、月质控等多级质控措施，以及仪器关键参数上传、远程控制等多维度的质控体系。建立了监测数据在线溯源和远程反控机制，首次统一了地表水环境质量自动监测仪器和系统通信协议，保证各种水质自动监测仪器设备、传输网络和主管部门之间的连通。基于多元统计分析方法，建立了自动预判、智能审核及人工审核相结合的多级审核机制，制定了地表水自动监测数据审核技术要求。

3. 水生生物监测技术

结合我国流域水环境特点和水生生物群落结构的时空变化规律，分别针对河流和湖库的水生态环境质量监测的各项技术环节提出相应细则，包括监测目的、监测内容、分级监测、监测方法及类群的选择、点位布设、监测频率和时间的确定、采样方法的选择、野外采样、实验室分析及资料汇总等。在此基础之上，形成了《河流水生态环境质量监测技术指南（试行）》和《湖库水生态环境质量监测技术指南（试行）》，填补了我国在水生态监测技术方法学研究方面的缺失和不足。

（二）技术突破及创新性

（1）针对自动监测与手工监测采样方法不一致等技术瓶颈问题，自主研发了点位布设、站位选址、指标筛选、仪器选型、站房及采水设施建设等关键技术，解决了样品代表性差、自动监测与手工监测样品不可比的问题，形成了国家水质自动监测体系建设技术规范，为全国地表水水质自动站建设提供规范性指导。

（2）针对自动监测与手工监测预处理方式不一致、分析方法存在差异等技术瓶颈问题，提出了"一站一策"的样品预处理技术对策。首次提出了不同类型和水质类别水站的安装程序，有效提高了仪器设备及系统集成的稳定性，降低了偶然误差；优化了试运行和验收监测程序，明确了相关技术要求，形成了《地表水自动监测站安装验收技术规范》和《地表水自动监测站系统建设与运行技术要求》，为我国地表水环境质量自动监测网络建设提供了有力的技术保障。

（3）针对自动监测质控缺乏体系性设计等技术瓶颈问题，研究了不同类型仪器短期/长期漂移和系统误差来源与相关影响因素，首次构建了贯穿水站运行全程序的日质控、周核查、月质控等多级质控措施，以及仪器关键参数上传、远程控制等多维度质控体系，形成了地表水自动监测质控技术要求。形成了《地表水水质自动监测站运行维护技术要求（试行）》等标准，出版了《地表水自动监测系统建设与运行技术要求》和《地表水自动监测系统实用技术手册》等相关著作，并已在全国范围内进行业务化应用。

（4）针对当前水环境监测数据采集缺乏统一仪器和系统传输协议、无法实现多维度远程智能质控等问题，首次统一了地表水环境质量自动监测仪器和系统通信协议，确保各种水质自动监测仪器设备、传输网络和主管部门之间的连通，形成了《地表水自动监测仪器通信协议技术要求》（试行）和《地表水自动监测系统通信协议技术要求》（试行）。

（5）针对河流和湖库的水生态环境质量监测的各项技术环节提出相应细则，形成了《河流水生态环境质量监测技术指南（试行）》和《湖库水生态环境质量监测技术指南（试行）》，填补了我国在水生态监测技术方法学研究方面的缺失和不足。

（三）技术示范与应用情况

应用流域水生态环境监测成套技术，建成了由1794个站点组成的国家地表水境质量自动监测网络，覆盖全国31个省（自治区、直辖市）的324个地市，全国七大流域、浙闽片河流、西北诸河和西南诸河等共921条河流的1625断面，以及太湖、滇池、巢湖等103个（座）重点湖库的169个点位，监测指标为常规五参数、高锰酸盐指数、氨氮、总磷及总氮共9项指标；湖库类型水站另外增测叶绿素a和藻密度共11项指标，监测频次为每4 h一次（必要时可加密）。常规五参数每月-周质控合格率在95%以上，高锰酸盐指数、氨氮、总磷、总氮每月-日质控合格率在90%以上。实现了自动监测结果与手工监测结果可比，监测数据已用于国家水环境质量评价考核，在国家和地方污染排查、精准治污、风险防控等方面发挥了重要作用。针对水生生物监测技术，2014年中国环境监测总站印发了《河流水生态环境质量监测技术指南（试行）》《湖库水生态环境质量监测技术指南（试行）》2项技术文件进行试用，并在松花江流域、辽河流域和太湖流域开展集水生态环境评价、遥感监测、质量管理以及信息化表达为一体的综合应用示范，为进一步在全国重点流域开展业务化监测提供有效示范作用。

三、实 施 成 效

国家地表水环境质量自动监测网络成为目前国际上幅员最辽阔、规模最大、功能最完备的地表水环境质量自动监测网络，每月累计产生水质监测数据760万余条，质控数据和运行日志950万余条，可及时预警水环境风险，监测数据用于国家水环境质量评价考核。水生生物监测技术经示范应用，已纳入国家《"十四五"生态环境监测规划》为"十四五"期间在全国七大流域、三大片区重点断面开展水生生物监测和生物完整性评价奠定基础，为摸清家底，保护水生态提供了重要的支撑。水生态环境监测成套技术促进了我国水生态环境监测逐步由手动监测向自动为主、手工为辅的转变，推动了水化学指标监测向涵盖水化学、水生生物以及生境的全要素监测转变。

技 术 来 源

- 流域水环境监测网络示范工程（2009ZX07527008）
- 流域水生态环境质量监测与评价研究（2013ZX07502001）
- 国家水环境监测智能化管理综合平台构建技术与业务化运行示范（2014ZX07502002）
- 国家水环境监测监控及业务化平台运行技术研究（2017ZX07302002）

70 流域复杂水环境动态预测与智能预警成套技术

适用范围：复杂流域水体。
关 键 词：水质预测；非点源预测评估；突发事故预测评估；突发事故预测预警；水华预测预警；水环境模拟；水环境精细化管理

一、技 术 背 景

（一）国内外技术现状

流域水环境预测与预警是提高国家防灾减灾能力的重要内容，也是确保水环境安全的前提与基础，长期以来受到国内外政府、生态环境部门的广泛关注。20世纪70年代以来，随着遥感技术的发展，美国等发达国家结合叶绿素等遥感数据及溶解氧等实测数据形成富营养化相关指标估算方法，得到蓝藻水华暴发的时空规律，为潜在有毒水华事件提供预警。莱茵河保护委员会（ICPR）于1986年建立了统一的监测预警体系（WAP Rhine），通过连续生物监测和水质实时在线监测及预警模型计算，对短期和突发性的环境污染事故进行预警，并通过建立在沿岸各国信息互通平台"国际警报方案"从7个警报中心发布警报。当前，欧美发达国家已实现对洪水预报、环境灾害和环境污染事故等较为准确的预测与预警。水专项设立之初，与国外相比我国水环境系统的预测与预警能力较为薄弱，尚未建立覆盖主要流域的预测与预警体系；全国重点流域均缺乏业务化平台布设；预警技术还多依赖于国外商业软件，国产预警模型、软件技术成熟度低，可移植性差；缺少多部门多渠道获取数据的综合分析工具和水环境问题快速识别与智能预警工具，水环境管理存在滞后性和被动性。以智能化的技术手段实现流域水环境动态预测与智能预警成为解决以上不足的重要发展方向。

（二）主要问题和技术难点

（1）传统的离散监测数据分析已经难以满足当前水环境系统预测与预警需求。流域水环境要素参数众多、指标多样、尺度层次跨度大、过程衔接复杂，缺乏有效的水环境数据分析管理技术。

（2）预测与预警技术手段落后，以经验预测及监测报警为主。我国大多数省市水环境质量预测能力建设尚处于起步阶段，主要依靠历史监测数据开展水质经验预测；针对复杂水环境系统的水质预警模型架构多样、层级复杂，亟待研发多指标、全过程、跨尺度、立体的多维模型耦合技术。

（3）缺乏具有整体性、专业性和协调性的流域预测与预警业务化平台。我国多个流域均面临水体富营养化、水华暴发、入河（湖库）污染物累积等环境问题，亟待构建集成业务管理功能模块的流域多源水环境智慧化管理平台，实现流域水环境实时监测预警。

（三）技术需求分析

（1）需高效汇集、整合并分析多类型涉水环境数据，攻关水污染特征精准识别、污染来源追溯和水质变化驱动因子辨析等瓶颈技术。实现流域水环境动态预测，支撑24 h无间断业务化运行。

（2）需紧扣重大环境问题，研发适用于我国流域水环境的湖泛监控及预测预警、水环境风险精准模拟预测预警、流域入库污染物通量监控预警等创新性技术，研发流域水环境多源耦合模拟技术，实现流域综合模拟与智能预警。

（3）需研发流域水环境预警平台系统，形成具有信息查询、风险评估、实时监控、趋势预测、应急处置和警情发布等功能为一体的流域水环境预警业务平台，实现流域水环境管理的现代化、智能化及精准化。

二、技 术 介 绍

（一）技术基本组成

为适应我国水环境管理的从"单要素主导管理"向"多要素系统管理"转变、由被动应急向主动预警转变的发展趋势，该成套技术从流域陆水一体化集合模拟、基于人工智能的水环境污染识别及预测、智能平台构建及流域多要素预警等技术环节着手，遵循"需求导向-技术突破-平台构建-应用提升"的总体思路提出了流域治理路线与整体解决方案，实现实时监测-动态预测-智能预警的全链条一体化技术模式，助力我国流域水环境管理的智慧化精准化（图70.1）。

1. 基于人工智能的水环境污染识别及水质预测技术

对水质指标进行交叉相关计算，将水质指标间的相关图谱作为输入基础数据，利用长短时记忆网络对点源污染的周期性变化进行学习，建立点源与水质指标间的多维映射关系，进一步采用深度信念网络对水质信息进行学习比对，实现点源污染扩散风险的智能识别。

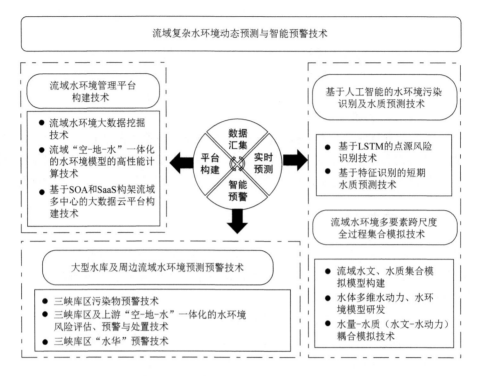

图70.1 流域复杂水环境动态预测与智能预警成套技术组成图

2. 流域水环境多要素跨尺度全过程集合模拟技术

以流域水系统环境演变为解析对象，嵌套耦合多种陆域水文、水质模型及水动力模型，形成流域水系统环境模拟的核心模块框架，建立模型数据转化接口标准，达成耦合模拟中的嵌套、调用等功能及不同模型间数据的快速传输，从而实现从流域到水体的动态模拟，为流域水环境管理大数据平台的评估决策与业务化管理提供支撑。

3. 大型水库及周边流域水环境预测预警技术

研发陆水统筹的水量-水质-水生态"三水"融合模型，剖析了各模型之间的耦合机制与界面物质能量交换机理，形成空-地-水一体化的全流域的环境模型体系。耦合流域分布式水文面源污染模型与河流水系水质模型，对三峡库区污染物入库通量进行计算。实现对库区污染物及水华的预测预警。

4. 业务化平台性能提升与功能集成技术

研发了融合数据采集、分布式存储、分布式计算与分析、模型集成、业务系统集成及平台架构等技术的流域市环境平台构建技术。集成"空-地-水"一体化模型及其高效能计算方法，构建包含数据中心、计算中心、控制中心和业务中心的流域水环境风险评估与预警智能云平台，实现流域水环境智能化、精细化管理、评估与决策。

（二）技术突破及创新性

（1）研发了适用于大尺度流域的双重深度学习模型算法（RNN-LSTM），破解了水质预测分析中多元环境要素数据的融合难题，提取并有效融合了地理空间、环境特征、社会水平等全要素特征图谱，实现点源污染智能识别和短期水质预测，模型总体准确性在0.85以上。

（2）研发了适用于多尺度流域的随水动力场和污染浓度梯度动态变化的自适应网格划分方法，提出了"一维河网-二维河道-二维湖库"的嵌套耦合方式，河湖多维动力模型计算效率提升300%以上。耦合陆域水文-河道水动力-水质-水生态多种模型，形成流域水系统多模集合系统，实现了从流域到水体的"量-质-态"的全面模拟。

（3）研发了适用于大型水库的"空-地-水"一体化模型体系，建立了多个陆-水边界面的多元降尺度算法，实现了模型的独立与无缝耦合模拟。突破了深水体水温空间差异性的计算瓶颈，形成了三峡库区多级预警体系，实现了库区的水质预报、突发事故、水华风险的精细化评估与预警、水库生态调度优化评估等业务。实现了5分钟内快速模拟预测评估突发水污染事故后未来两天的演进过程。

（4）研发了融合物联感知、在线监测、遥感监控、模型模拟与智能分析功能的"五位一体"综合管理平台，并突破了应用组件对象模块化技术，标准化输出数据挖掘结果，相关技术在三峡等示范区形成了污染物通量、水环境累积风险、监测预警、运行调度等功能的24 h无间断业务化运行。

（三）工程示范

1. 三峡库区综合业务化平台

建立了三峡库区污染物入库通量监控预警平台、三峡库区重庆辖区水环境累积性风险评估与预警业务化运行平台、库区湖北辖区水环境监测预警业务化运行平台、三峡水库运行调度安全评估与监控预警业务化运行平台等4套综合平台，实现了污染物通量、水环境累积风险、监测预警、运行调度等功能的业务化运行。完成了三峡库区660 km河道的全三维水质水生态的构建，模拟指标包含化学需氧量、氨氮、总氮、总磷和叶绿素等28项，平台可以实时对接流域物联网生态环境监控数据，每天24点准时预报未来三天示范流域内水质水生态状况，水质预报功能可模拟预测未来3天、7天和15天水质过程，预测精度超过90%。使三峡库区具备了在陆地任意乡镇级别，水体任意20米精度网格范围内，2 h内预测的未来两天的水环境变化趋势、5分钟内模拟预测水体内突发事故未来两天内的演进过程的能力。具备了自动评估流域内水环境风险、精准识别偷排事件、预测富营养化现象、追溯风险来源的能力，实现了对三峡库区6万km²以上流域范围水质安全的实时、动态和高精度监控，为保障三峡库区的水环境安全提供了技术和风险分析装备支撑，极大地提升了环保、水利等业务部门的风险防控和决策能力。

2. 国家流域水环境管理大数据平台

平台于2019年3月在生态环境部信息中心部署试运行，现已平稳运行超过两年，保证率达95%以上。平台集成耦合流域水质综合评价、水环境承载力评估、流域生态补偿、水质目标绩效考核、流域生态补偿、污染物通量分析和规划环评等6个业务功能模块，实现了现状水质评价、水污染形势诊断、水质变化趋势预测、达标考核预判、生态补偿核算等在线管理功能，大力支撑了部业务司开展地级及以上城市国家地表水考核断面水环境质量排名工作和全国市县开展的水环境承载力评价工作。利用全国1903个国控自动站等数据，可实时预测全国范围内国控水质断面未来7天氨氮、总磷等主要参数状况，实现了全国水环境的实时、动态预测分析。于2019年3月在生态环境部信息中心部署试运行，现已平稳运行超过两年，保证率达95%以上。平台利用山东省5个主要流域的141个国/省控水质监测站和1601个点源排污口的水质监测数据，构建的智能系统实现了对影响未来4个月水质变化的主要点源的识别和预测流域未来7天水质状况，模型总体准确性在0.85以上，解决水环境管理潜在风险管控难的问题。相关技术支撑山东省《流域农业面源污染负荷估算技术导则》立项和甘肃省《水环境承载能力评价技术指南（试行）》（甘环水体发〔2020〕4号）的印发。

（四）推广与应用情况

成套技术形成了流域水环境风险评估与预警成套集成装置产品，在四川、重庆、湖北和昆明等省市的12个业务部门进行了推广，实现了产品的按需部署和应用。平台产品推广应用到四川省环境监测总站、四川省成都市环保局、眉山市环保局、自贡市环保局等业务部门，支撑了污染物入库通量监控预警和生态补偿核算与评估；平台产品推广应用到重庆市环境科学研究院、重庆市环境监测中心、重庆市环境科学研究院、重庆市环境应急与事故调查中心、重庆市万州区环境监测站和重庆市云阳县环境监测站等业务部门，支撑了其水华风险和突发水污染事故风险的评估和应急业务；平台产品推广应用到湖北省环境监测中心站、湖北省环境应急与信访办公室等业务部门，支撑了其水环境信息监控、突发事故应急管理业务；平台产品推广应用到长江水利委员会水文局、长江委三峡水文局长江上游水环境监测中心、长江委三峡水文局三峡清漂监理部等部门，支撑了其流域漂浮物处置和水库调度管理业务；平台产品推广应用到昆明清水海饮用水源地的水环境风险管控，促进了"清水海水库水质管理模型系统"在昆明自来水集团有限公司的落实，支撑了当地饮用水安全的实时监控、动态预测和预警。

三、实 施 成 效

成套技术提升了我国流域水环境预测预警技术能力。编制了《国家级流域空间信息表达的可视化符号规范》《流域水环境管理大数据平台数据资源目录》《流域水环境管理大数据平台业务接口规范》《流域水环境管理大数据资源管理办法》和《流域水环境管理大数据存储与交换规范》等指南规范，填补了我国大数据标准在数据交换共享、可视化、系统集成等方面的部分行业应用空白。

有力支撑了长江大保护国家重大战略。成果在三峡库区业务化平台的部署和运行，促进了"平台连续无故障运行600 h以上、风险评估的模型计算精度达到了90%"目标的实现，使三峡库区在全国范围内率先实现了水环境风险的实时、在线和业务化评估与预警。能实时进行水华的预测预报，准确预知水华发生的位置、时间、程度和范围，并提前向相关部门提出预警，将库区以往对水华的被动应对，转变成了主动预测和积极处置。

技 术 来 源

- 太湖"湖泛"与水华灾害应急处置技术研究及工程示范（2012ZX07101010）
- 太湖流域跨界水环境综合管理平台建设与业务化运行课题（2012ZX07506007）
- 三峡库区及上游流域水环境风险评估与预警技术研究与示范课题（2013ZX07503001）
- 国家流域水环境管理大数据平台关键技术研究（2017ZX07302004）

71　流域水质目标管理经济政策制定

与评估成套技术

适用范围：流域生态补偿、水污染物排污权有偿使用和交易、畜禽养殖污染补贴、水资源保护价格定价。

关 键 词：流域生态补偿；水污染物排污权有偿使用；畜禽养殖污染治理；成本核算；税费；水价

一、技 术 背 景

（一）国内外技术现状

国际上，流域水质目标管理更加注重运用以市场为基础的经济手段，形成了多种有利于水质保护的经济政策手段，包括价格、税收、财政、信贷、收费、保险等。美国、日本等国家结合流域水质管理需求采用不同的经济手段，主要集中在水环境外部性核算与定价技术、水质改善的成本投入与效益分析技术、水生态环境保护责任与利益分摊技术等。在生态补偿标准核定技术方面，国外流域生态补偿政策一般与流域综合管理紧密结合，补偿标准主要依靠谈判协商，没有统一的补偿标准核算方法。在水资源环境定价技术方面，美国应用服务成本以及用户承受能力定价技术，英国按投入与产出方法实施定价。在水环境税费率核定技术方面，德国采取污染治理成本法，针对废水量和其中所含的固体物、易氧化物以及废水毒性征收；法国根据污染治理成本法，以实际排污量和相应税率级次征收。在金融政策方面，美国采取污染治理成本法测算投融资需求，联邦和州级政府共同建立水污染控制基金，为农村污水处理设施建设提供贷款与补助。在补贴技术方面，日本主要核算和弥补畜禽养殖污染治理设施建设环节的成本，以畜禽养殖污染处理设施建设费的形式给予养殖户高额补贴。

我国相继建立了水价、生态补偿、排污权交易、环境保护税等经济政策，在水污染治理中发挥了积极作用，但是多数政策还不健全或处于试点探索阶段，特别是随着我国水污染防治思路从总量减排为主调整到水质全面改善为主这一工作主线之后，经济政策没有适应新的水环境管理形势，在水质目标管理中的作用弱化，经济政策措施与水质目标管理之没有建立量化关系。水价政策主要关注生产用水价格，以及水资源的稀缺性价值，促进水资源的节约、合理利用和优化配置。环境保护税费政策制定主要基于污染治理边际成本法以及污染当量法。补贴政策主要考虑生产性损失，对新增环境成本代价的激励水平不足。流域生态补偿政策主要采用基于水质水量的财政转移支付资金分配法，该方法没有解决水生态服务价值测量问题，针对农业源水污染防控的经济政策供给严重不足。

（二）主要问题和技术难点

经济政策与流域水质目标管理缺乏技术量化关系，科学化、精细化水平不足对流域水质管理的地区、行业与部门管控差异性需求难以响应。

（1）水资源价格政策方面，侧重生产成本核算以及价格变动对生产成本和消费水平的影响，定价技术不能完全真实地反映长期环境治理和环境损害成本。城市再生水定价技术缺失，再生水与常规水源价格尚未形成合理的比价关系。

（2）水环境税费政策方面，没有考虑地区间经济水平、水环境资源稀缺性和环境效益的差异，采用行业环境平均治理成本法制定税或费率，导致征收标准较低，与治污成本尚有一定差距，政策调节功能不力，缺乏动态调整机制。

（3）排污权有偿使用方法主要基于等比例削减法等，技术方法缺乏对水环境资源容量、企业承受能力等因素的考虑。

（4）跨省界流域生态补偿的利益相关方及其权责关系不明晰，流域生态补偿标准基本围绕水质水量确定，缺少对水生态因素的考虑，缺乏基于水生态服务价值的核算补偿技术。

（5）缺乏针对分散式和小规模畜禽养殖业的水污染防控经济激励政策，畜禽养殖补贴标准测算等技术缺乏。

（三）技术需求分析

经济政策可通过市场化手段，有效调动各利益相关方共同构建多元化水环境治理格局，是实现水质目标管理和巩固水质改善成效的重要手段。但我国水环境管理主要以行政管控为主，水环境经济政策发展滞后，需要进一步结合水质目标管理需要，从流域以及工业源、生活源和农业源入手，突破经济政策制定关键技术，包括建立统筹水质、水量、水生态的跨界综合性流域生态补偿标准核定技术、建立水污染物排污权有偿使用与分配技术，完善水价定价方法，建立畜禽养殖污水处理补贴标准技术等，加快形成可复制、易推广的技术模式，配套的系列标准、技术规范和指南，提升我国水质目标管理的系统化、科学化、法治化、精细化和信息化水平。

二、技术介绍

（一）技术基本组成

成套技术由流域和工业源、生活源、农业源等分类型源控重点经济政策关键技术组成（图71.1），为流域水环境质量目标管理经济政策制定与评估提供技术支撑。

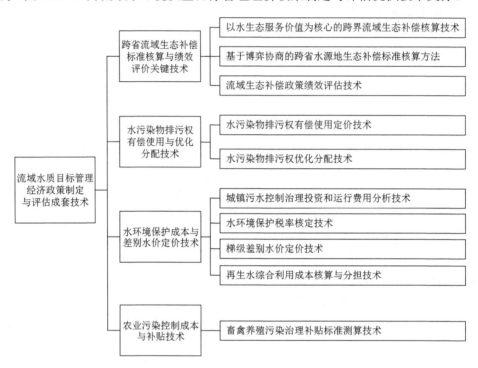

图71.1　流域水质目标管理经济政策制定与评估成套技术组成图

1. 跨省流域生态补偿标准核算与绩效评价关键技术

理清跨省界流域上下游水生态环境权责关系，建立以水生态服务价值为核心的跨省界流域生态补偿标准技术。运用鲁宾斯坦恩-斯塔尔讨价还价模型，构建基于博弈协商的跨省水源地生态补偿标准核算技术。建立基于层次分析法和模糊综合评价法耦合的政策绩效评估模型，构建跨省流域生态补偿政策绩效评估技术。

2. 水污染物排污权有偿使用与优化分配技术

建立基于DEA的初始排污权优化分配模型，构建区域-点源水污染排放指标有偿分配技术。建立企业污染减排行为决策模型和管理者排污权有偿使用价格决策模型，实现水污染排放指标有偿使用动态均衡定价。

3. 水环境保护成本与差别水价定价技术

提出城镇污水治理投资和运行费用函数建模技术，建立分工艺和区域的城镇污水处理厂投资和运行费用函数。基于双重差分法等确定区域环境保护税费税率差异化系数和地区税率调整系数，建立水环境保护税率核定技术。运用归一化方法融合多维度水价影响因素，构建差异性梯级差别水价定价技术。运用供水边际成本法，构建再生水补贴标准技术。

4. 农业污染控制成本与补贴关键技术

采用基于不同地区农业水污染控制的技术经济分析方法，建立农业污染控制费用效益分析技术。采用基于不同规模畜禽养殖污染控制的成本收益分析方法，构建畜禽养殖水污染治理的补贴标准测算技术。

（二）技术突破及创新性

整体上解决了流域水质目标管理长期以来缺乏经济政策技术支撑的难题，打通了流域水质管理从各类型污染源调节到流域水质达标的重点经济政策关键技术通道。

（1）突破了现阶段跨界流域生态补偿仅关注水质补偿、忽视水生态系统服务补偿的局限性，建立基于流域水生态服务价值核算的补偿标准。建立了基于博弈论的补偿标准确定技术，推进补偿标准由"单一量化"向"多方协商博弈"转变。建立跨省水源地保护生态补偿标准制定动态机制。

（2）首创基于生产函数的动态水污染物排污权定价模型，实现定量测算有偿使用最优价格。首次建立基于企业环境绩效评估的排污权有偿分配技术，实现水环境容量资源的优化配置。

（3）突破城镇污水污染控制治理投资和运行费用函数建模技术，建立城镇污水控制投资和运行费用函数。突破水环境保护税率核定技术，建立不同区域不同水污染物环境税征收优化税额标准。构建具有区域与行业差异性的工业源梯级差别化水价定价技术，实现水资源定价技术在单维节水政策目标上的突破。首次构建再生水综合利用成本测算技术以及再生水综合利用成本在不同用水户之间的公平责任分担方法，促进形成再生水利用动力机制。

（4）突破畜禽养殖场水污染治理补贴政策制定缺乏技术支撑的困境，建立了综合考虑不同规模养殖场、不同处理技术工艺情景的畜禽养殖污染成本与效益分析方法，构建了畜禽养殖废水精细化的补贴测算标准技术。

（三）推广与应用情况

自"十一五"以来，国家水专项环境经济政策相关课题在流域生态补偿、水资源价格、水环境保护税、排污权交易等政策实现了多项技术创新与突破，有效支撑国家，以及江苏、广东等20多个省份的水环境质量管理工作，形成了《关于报送〈关于完善南水北调中线水源区生态环境补偿机制的建议方案〉的函》《统筹制定跨界水质和水量的补偿标准，建立以水环境质量改善为导向的重点流域跨省断面水质生态补偿和财政激励机制》等政策建议，和《水专项关于深化水环境资源价格机制改革推进长江流域高质量发展的政策建议》《切实推进环境经济政策实施提高水环境管理"生产力"和环境政策效能》等政策专报总计约33份，支撑国家出台《国务院办公厅关于进一步推进排污权有偿使用和交易试点工作的指导意见》《关于全面推进资源税改革的通知》等相关政策文件44份，支撑安徽省、福建省、河南省等地方出台《安徽省人民政府办公厅关于印发安徽省主要污染物总量减排奖励办法的通知》《福建省人民政府关于加快推进乡镇生活污水处理设施建设的实施意见》《河北省水资源费征收使用管理办法》等相关政策文件193项；形成《流域生态补偿与污染赔偿标准核定技术指南》（建议稿）、《水污染控制技术费用效果与费用效益评价指南》（建议稿）、《水污染物排放权有偿使用技术指南（全国）》（建议稿）等相关技术标准、规范、指南22项。

三、实施成效

支撑国家生态文明制度体系建设。丰富完善了国家生态文明制度，推进构建与健全现代化流域生态治理体系与治理能力。一是推进生态环境保护立法进程。跨省流域生态补偿标准核算与绩效评价关键技术有力支撑了《生态保护补偿条例》立法工作；污水处理费、生态补偿等政策为《水污染防治法》修订工作提供重要决策参考。跨省流域生态补偿标准核算与绩效评价关键技术、水污染物排污权有偿使用与优化分配技术和水环境保护成本与差别水价定价技术，对《水污染防治行动计划》具体措施的编写，提供了工作重点和具体措施手段。二是支撑国家水环境管理战略规划工作。在《重点流域水污染防治规划（2011—2015年）》等国家生态环境保护规划中得到全面应用。三是支撑国家水环境资源税费制度建设，水环境保护税率核定技术有力支撑了《环境保护税法》《中华人民共和国环境保护税法实施细则》政策文件的出台，在巢湖流域、太湖流域和海河流域的5个省市开展了试点示范，有效推动了地方水污染防治税费政策试点工作。为环境保护税全面开征奠定了技术基础。四是支撑国家水自然资源有偿使用制度建设。水环境资源定价技术为水资源费征收、资源税改革等自然资源有偿使用制度提供了价格核算技术，有力支撑了《国务院办公厅关于推进农业水价综合改革的意见》《关于全面推进资源税改革的通知》《国家发展改革委关于创新和完善促进绿色发展价格机制的意见》等国家政策的出台。五是支撑国家水生态环境损害赔偿制度建设。支撑编制发布《生态环境损害鉴定评估技术指南　环境要素　第2部分：地表水和沉积物》（GB/T 39792.2—2020）等地表水/沉积物损害评估系列技术指南，推进开展损害评估在突发水环境污染事件应急处置中的应用，推动水生态环境损害鉴定评估制度建设。

全方位支撑国家流域生态补偿试点与实践。有力支撑了《关于确定首批开展生态环境补偿试点地区的通知》《国务院办公厅关于健全生态保护补偿机制的意见》《关于加快建立流域上下游横向生态保护补偿机制的指导意见》《关于建立健全长江经济带生态补偿与保护长效机制的指导意见》《关于印发〈生态综合补偿试点方案〉的通知》等6份国家政策文件出台。成果为新安江、汀江—韩江、九洲江等6个重点流域试点补偿机制建设提供了技术支撑，推进建立了我国跨省流域生态补偿模式与机制，为生态环境部、财政部、国家发改委等相关部门推进跨省界流域生态补偿工作全面提供了技术支撑。

全面支撑排污权有偿使用和交易试点工作。水污染物排污权有偿使用与优化分配技术有力支撑了《国务院办公厅关于进一步推进排污权有偿使用和交易试点工作的指导意见》（国办发〔2014〕38号）、《关于印发〈国家排污权有偿使用和交易试点地区政策实施情况阶段性评估技术指南〉的通知》（环办总量发〔2016〕5号）、《主要污染物排污权核定暂行办法》（征求意见稿）文件的出台，在我国28个省（区、市）的排污权有偿使用和交易试点工作中得到应用，指导与规范了江苏、重庆等地方的排污权有偿使用试点工作。

技 术 来 源

- 流域水环境管理经济政策创新与系统集成（2018ZX07301007）

72 京津冀区域一体化水环境管理成套技术

适用范围：京津冀区域水生态环境保护规划编制、水生态功能分区方案编制、流域水污染物排放标准制定等。

关 键 词：区域一体化；水环境管理；水生态功能分区；水环境承载力；排放标准；排污许可

一、技 术 背 景

（一）国内外技术现状

区域一体化水环境管理在国外已有实践。欧盟就通过水框架指令，围绕水生态健康保护，以流域特征为基础，在区域尺度制定统一规则，对各成员国实施水环境、水资源、水生态综合管理。

我国区域一体化水环境管理处于起步阶段。近年来，京津冀在区域横向生态补偿、跨界生态补水等方面开展了一些实践，但以局部地区为主，难以带动区域水环境质量整体提升。各地环保目标不明、权责不清、规则不一、协调不足，地区间协同保护环境的利益分配不均衡，产生内耗，更是削弱了保护成效，亟须强化区域一体化管理，化解内部矛盾，提高整体环保效率。

（二）主要问题和技术难点

（1）要解决管理目标由单一水质管理向"三水"统筹管理转变的目标指标制定及责任落实问题，确保一体化管理总体目标一致、分解实施主体落地。

（2）要解决自然禀赋不足背景下，基于目标约束的地区间资源配置和社会经济发展优化难题，促进在一体化管理中实现区域协同。

（3）要解决区域排污管控不均衡问题，基于流域水质改善需求制定排放管控统一规则，提升一体化管理的一致性、规范性。

（三）技术需求分析

构建水系特征与行政边界耦合的水生态四级分区管理体系及"三水"统筹的水生态环境目标管理体系，"三水"目标落到四级分区，由四级分区对应的行政区落实。

制定区域统一的水环境承载力评判方法，建立水环境承载力与社会经济发展、水生态环境状况变化的动态响应关系，通过水环境承载力评估，指导制定调控措施。

建立基于流域水环境质量改善需求的污染物排放限值制定技术，指导区域内各地按照统一要求，制定地方流域排放标准，促进精准治污。

二、技 术 介 绍

（一）技术基本组成

该成套技术主要为京津冀区域一体化水环境管理目标如何定、谁来实现目标、如何实现目标提供技术支撑，包含5项技术。"三水"统筹分区管理及目标指标确定技术，提供空间管控基础，落实行政区责任，提出保护目标，是该成套技术中的关键技术。污染源清单构建技术，将污染源数据与分区体系嵌套，为实现基于保护目标的污染源动态管控提供数据基础，为一般技术。水环境承载力动态评估与优化调控技术、基于水质目标的流域排放限值制定技术分别从社会经济发展调控、资源优化配置和污染排放精细化管理角度，为实现保护目标提供实施路径，为关键技术。跨界水质-水量耦合生态补偿核算技术通过政策激励为实现保护目标提供进一步保障，为一般技术。技术组成如图72.1所示。

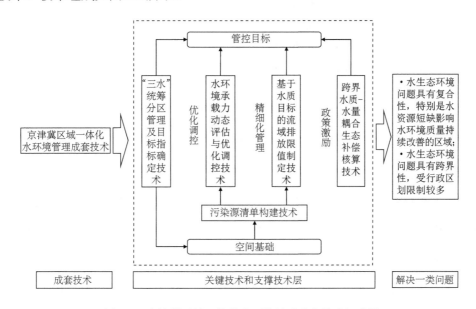

图72.1 京津冀区域一体化水环境管理成套技术组成图

（二）技术突破及创新性

1. 针对一体化管理责任不落地、目标不清晰问题，研发生态功能分区与行政区耦合的水环境管理分区技术，构建了"三水"目标指标体系

利用GIS空间关联技术，将京津冀现有113个流域管控单元细化到261个，实现控制单元与水功能区融合衔接，形成兼顾水体功能和行政区完整性的分区管理体系。构建包含水质管理、水生态管理、物种保护在内的"三水"统筹管理目标指标体系，除提出2025年水质保护目标外，还提出"恢复'有水'河流数量""重现土著鱼类"等目标。

2. 针对区域协同发展发力不足，缺乏科学指引问题，提出基于水环境承载力动态评估的一体化管理政策制定思路，提升区域调控系统性

通过数理统计、模型优化、权重优选，建立"水资源、水环境、水生态和土地生态服务功能"多维度水环境承载力评估指标之间的量化关系，将27个常见评估指标缩减到6、4、2个，在满足评估普适性、代表性要求下，削弱评估数据获取约束，实现区域内横向评估管理。提出基于多目标的水环境承载力减压、增容调控技术，实现对不同社会经济发展规模和结构、不同水资源配置条件的水环境承载力动态分析，指导一体化管理决策制定。

3. 制定基于水质的流域水污染物排放限值制定技术方法，填补流域水污染物排放标准制定空白

在充分衔接现有行业排放标准与综合排放标准基础上，将入河排污口监管融入排放管控体系，提出基于"污染源-入河排污口-排入水体"全链条监管的排放管控技术方法，解决了地方在编制流域标准过程中缺乏技术指导和规范、技术力量不足等问题。提出多层识别及多级优化排放限值制定技术，实现水质达标约束下的排污优化分配。

（三）工程示范

为《海河流域水生态环境保护"十四五"规划》（以下简称"规划"）提供支撑。研究划定的261个控制单元是"规划"最终确定187个汇水单元的重要依据。研究提出的水系特征目标指标、生态功能供给目标指标为规划提出恢复有水河流和土著鱼类目标提供支撑。向生态环境部提交专报《"十四五"京津冀地区水生态环境保护建议》《关于"十四五"水环境分区体系构建的建议》，获部领导批示。

为国家规范水环境承载力评估，地方应用水环境承载力评估制定保护措施提供依据。支撑生态环境部制定《水环境承载力评价方法（试行）》，在《关于开展水环境承载力评价工作的通知》（环办水体函〔2020〕538号）中印发。指导北京、河北等

地开展水环境承载力评价。提出白洋淀水环境承载力预警指标体系、阈值和监测预警机制，支撑《白洋淀（大清河）流域生态环境保护规划（2020—2035年）》编制和印发。提出"三水"统筹的永定河上游水质目标管理政策建议，支撑《张家口市水生态环境保护"十四五"规划》编制及永定河上游湿地建设等工作。

规范了基于水质的污染排放限值确定规程，完善了京津冀区域流域型排放标准体系。发布《流域水污染物排放标准制订技术导则》（HJ 945.3—2020），提出稀释倍数法、污染物综合削减系数法等技术方法，为各地制定基于流域水质改善目标的污染物排放标准提供了指导，为构建基于水质的排污许可证"2.0"版提供技术支撑。发布的大清河、子牙河、黑龙港及运东流域水污染物排放标准等，促进河北省构建流域型排放标准体系。编制《白洋淀流域控制单元优先控制污染物排放限制修订稿》《白洋淀基于流域水质目标的排污许可管理改进意见》，纳入保定市"三线一单"。

（四）推广与应用情况

水环境承载力评估技术支撑内蒙古、甘肃、江苏等地开展水环境承载力评价，应用于昆明滇池流域，支撑昆明建立水环境约束下的优化调控框架体系，提出昆明市产业发展的指导目录和承载力超载调控措施。

以入河排污口为抓手，基于水质目标的排放标准和排污许可制定相关研究成果，从"水陆统筹"角度提出涉水污染源管控思路，支撑了生态环境部入河入海排污口监督管理工作及顶层设计，指导了浙江湖州、江苏苏州、福建南平等地在"十四五"期间构建基于水质的入河排污口监督管理体系。

三、实 施 成 效

该成套技术促进京津冀区域不断完善水生态环境空间管控体系、源管理体系、责任落实体系三套管理体系。促进区域187个水生态功能分区的细化管理，推动区域"三水"统筹目标制定和工作开展，促进区域内流域排放标准和基于水质的排污许可"2.0"版本的制定和实施，支撑区域上万个排污口和90个水功能区纳入污染源全链条管理，促进区域内"三线一单"编制完善和产业准入宏观调控，推动区域责任落实，缓解区域内流域上下游、经济发达和落后地区、开发区和保护区之间的协同发展矛盾。预计"十四五"期间可推动实现区域地表水优良比例提升至64%，26个水体达到生态水量要求，区域化学需氧量、氨氮减排15万吨和0.4万吨以上。

技 术 来 源

• 京津冀地区水环境保护战略及其管理政策研究（2018ZX07111001）

73 京津冀地下水污染精准识别

与风险防治成套技术

适用范围：华北平原区浅层地下水环境调查、污染识别与评价、在线监测
　　　　　　预警、风险分级防治。
关 键 词：京津冀；地下水污染；污染源识别；优控污染物；风险区划；
　　　　　　监测预警；分级防治

一、技 术 背 景

（一）国内外技术现状

近30年来，国内外在地下水污染防治技术与管理方面开展了大量研究工作，欧美国家已经基本实现了地下水风险管控、分级治理的技术体系，而我国地下水治理工作刚刚起步，可应用、可推广的技术相对较少，与国外相比仍有不小的差距。围绕京津冀地下水的监管与治理的重大科技需求，研发了精准识别-监控预警-分级防治成套技术，支撑《地下水污染防治实施方案》的落地实施，指导地下水污染防治"十四五"规划编制，成功解决了中央督办的雄安新区唐河污水库地下水治理项目。

（二）主要问题和技术难点

在污染源识别方面，京津冀地区区域地下水污染状况、成因和形成机制不明确，区域地下水污染主控因子、重点风险源和优控污染物不清楚。

在地下水的监测预警方面，如何突破地下水含水层有效封隔的低扰动分层采样，解决低检出限的重金属和有机物在线监测设备还依赖于国外进口的被动局面，建立起适用于京津冀水文地质特征的立体多维度监测预警体系，是亟须解决的主要技术问题与难点。

在污染风险防治方面，现有治理模式及方法一刀切，尚未形成基于风险管控科学、精准的地下水防治体系，特别是长期困扰京津冀地区的低渗透型、隐蔽型、复合污染类场地修复的瓶颈性问题亟待突破。

（三）技术需求分析

京津冀地区地下水环境问题相对突出，但我国地下水污染防治工作起步较晚，国外的可借鉴可复制的治理经验模式较少，亟须在区域地下水的问题解析、在线实时监测与预警及地下水污染治理等方面开展技术攻关，建立精准识别—监控预警—分级防治的成套技术，为京津冀地下水污染防治提出系统解决方案。

二、技 术 介 绍

（一）技术基本组成

针对京津冀地下水污染底数不清、机制不明、缺少适宜于京津冀平原区的地下水防治技术等问题，开发了精准识别-监控预警-分级防治的成套技术，主要包括京津冀地下水污染精准识别与评价技术、地下水污染自动监测技术和京津冀地下水污染分级防治技术等三项关键技术，具体技术流程如图73.1所示。

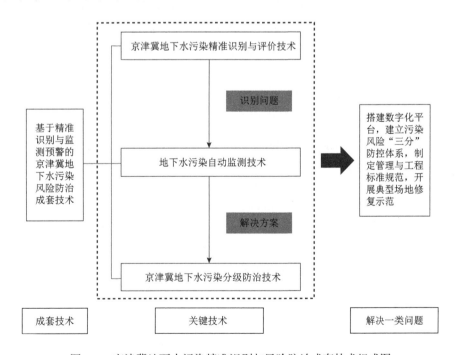

图73.1　京津冀地下水污染精准识别与风险防治成套技术组成图

（二）技术突破及创新性

1. 突破了地下水污染精准识别技术，明确了京津冀地下水污染治理的优先区域，构建了地下水优控污染物清单

利用地统计学分析污染物特性、空间分布特征及其变异规律，建立了地下水污染插值分区方法和单点影响范围分区的耦合方法，基于多水平、动态化、长周期的序列监测，精准识别了以重金属和有机物为主要污染物的人为污染区域，和以"三氮"为主要污染物的天然劣质区域，污染范围的刻画准确度提升30%，从区域尺度上首次明确了京津冀地下水污染治理的优先区域；针对京津冀六大类地下水污染源，采用地下水污染源风险贡献率评价法，构建了含有生物转化性、致癌性等22个代表性因子的优控污染物评价指标体系，首次形成了含铬、镉、苯等42种污染物的京津冀地下水优控污染物清单，为京津冀地下水科学治污、精准治污提供了关键技术支撑。

2. 自主研发了地下水分层采样、重金属和有机物指标自动监测的集成设备及立体多维度预警体系，实现了区域地下水精细化管控，提升了我国地下水监管水平

在监测技术方面，自主研发了井下封隔材料，关键阻水参数与国外同类产品相当，成本下降80%，有望替代国外进口。研发了单相螺杆泵和变频控制方法，采样频率可达30 min/次，由每年几十次增加至600次，解决了传统高频采样扰动大、流量不稳定、采样和洗井流量冲突的难点，成功实现了真值水样的准确判定和地下水污染物远程物联网遥测的自动化；在监控预警方面，创新集成了地下水污染层次结构模型、地下水水质中长期、短临期预测技术方法，构建了立体多维度预警体系，实现了平原区松散岩类孔隙水分层分类分级的快速准确预测，克服了传统时间序列预测模型准确率低的技术缺陷，准确度高达到80%以上。

3. 构建了京津冀地下水污染"高治-中控-低防"的分级防治技术体系，实现了地下水精准治理与靶向修复

创新研发了华北平原地区多层孔隙含水层的区域尺度地下水污染风险评估方法，首次绘制了京津冀地下水风险等级图，构建了"高治-中控-低防"分级分类的集成技术。重点突破了高风险区的低渗透性含水层增溶增流强化修复技术，显著提升污染物溶解溶度2个数量级，开发了中风险区的重金属污染调理阻控及强化修复技术，实现了中度污染土壤重金属浸出值满足《地下水质量标准》（GB/T 14848—2017）Ⅲ类标准要求，建立了低风险区的京津冀地下水监管指标优控技术，将风险防控监测指标从300余项优化至100项以内。制订了《石油化工企业场地地下水污染防治技术指南》等5项地下水污染防治技术指南，填补了我国在该领域的标准规范空白。

（三）工程示范

1. 京津冀地区地下水污染数字化监控平台示范

在北京市地质矿产勘查开发院建设了京津冀地区地下水污染数字化监控平台，开发了基于"云服务"的移动式终端产品，通过190次、12580组的人工数据校验，大幅提升了平台业务化运行的稳定性。完成了3份地下水质预警报告，预测值准确率达80%以上，同时示范技术在北京市和台州市得以推广应用。

2. 唐河污水库及雄安新区地下水污染防控技术研究及工程示范

唐河污水库位于白洋淀，是中央督办的重污染场地，区域土壤地下水污染成分复杂、污染程度严重，对周边环境存在潜在威胁。对土壤-地下水中非生物与生物多要素开展了系统的分析，获得了五大类371种指标，近5万个监测数据，在此基础上，利用适用于华北平原地区多层孔隙含水层的区域尺度地下水污染风险评估技术，识别出唐河污水库高、中、低三个风险区域。指导了在高风险区8000余吨危险废物清运，30960 m³高浓度污染水治理和重度污染土壤的清运工作；在中风险区研发的中污染土壤重金属污染调理阻控及强化修复技术与重金属+有机物污染土壤污染快速削减-深度净化-高效定化技术，技术支持了80余万立方中度污染土壤治理；在低风险区，建立了唐河污水库风险防控体系，大幅提升了管理效率。项目实施后，唐河污水库水土环境得到明显改善，中度土壤的重金属浸出值满足《地下水质量标准》（GB/T 14848—2017）Ⅲ类标准，区域地下水水质状况持续改善。

（四）推广与应用情况

在天津市西青区化学试剂一厂地块作为修复场地，构建了反应试剂注入-抽出-处理-回用一体化的增溶增流强化技术体系，提高非水相流体污染物在地下水中的溶解能力和流动性。处理多种污染物溶出浓度一般可达初始浓度的2～4倍，最高可达13.3倍。

在北京市延庆区小张家口生活垃圾卫生填埋扩容填埋场场区为应用场地，采用偶极子法和双电极法分别对主、次防渗膜进行完整性检测，现场检测电压为500～700 V，检测电信号为0.01～50 mA时，主、次渗层防渗膜共检测到7处和4处漏洞，修补后经复检后未发现渗漏电势异常。

针对密怀顺水源地低风险区，系统地提出了典型回补区地下水污染风险防控技术。新建21眼监测井，形成了101眼地下水监测井组成的立体监测网络，结合布设的5个地表水监测断面，形成了回补水-地下水联合监测体系。工程运行期间回补地下水1.7亿m³，地下水水质满足《地下水质量标准》（GB/T 14848—2017）Ⅲ类标准，确保了水源地供水安全。

三、实　施　成　效

1. 支撑《地下水污染防治实施方案》的落地实施，指导地下水污染防治"十四五"规划编制

成套技术支撑了南水北调水对饮用水源地的安全回补，建立了地下水污染监测预警平台，并编制了5项地下水污染防治技术指南，识别了京津冀区域地下水优控污染物并提出了地下水污染的三分防治体系，同时开展了典型污染场地防治示范。技术成果得到生态环境部土壤司高度认可，为系统谋划"十四五"规划编制提供了重要的科学依据。

2. 技术支撑了中央督办的唐河污水库一期、二期治理工程，相关专报获国家领导人批示

研究的"高治-中控-低防"创新集成技术全面支撑了唐河污水库一期、二期的治理工程，唐河污水库水土环境得到明显改善，大幅降低了对周边生态环境的风险。形成的《雄安新区纳污坑塘周边水土污染问题和修复治理报告》有力支撑了生态环境部党组交办的任务，获得了综合司的高度评价。对唐河污水库水土环境进行持续监测，相关专报获国家领导批示。

技　术　来　源

- 京津冀地下水污染特征识别与系统防治研究（2018ZX07109001）
- 唐河污水库及雄安新区地下水污染防控技术研究及工程示范（2018ZX07110005）
- 地下水污染监测预警与数字化技术平台研究（2018ZX07109002）
- 典型回补区地下水污染风险防控关键技术研究与工程示范（2018ZX07109004）

74 河网水动力－水质联控联调成套技术

适用范围：水网密布、闸泵众多、入河污染负荷高、开敞式、范围大有水动力–水质多目标需求的平原河网区域。

关 键 词：平原河网；水动力–水质调控；调控阈值；水动力–水质–水生态精细化数学模型；增阻减阻调控工程；智能互馈；联控联调

一、技 术 背 景

（一）国内外技术现状

太湖流域人口密集、城镇化率高，水环境自然禀赋差，地势低平、河网密布（河网密度约6.7 km/km²）、水动力弱。随着该区域社会经济高速发展，入河污染负荷持续增强；城市河道被挤占、河网分割，水系畅通性差；水体富营养化日趋严重，河网生态系统不断退化。城市河网水环境承载能力不足成为制约太湖流域平原河网城市经济社会可持续发展和宜居环境的瓶颈之一。

水动力调控是改善平原城市河网水环境的重要技术方法。通过水利工程布控与调度，提高平原城市河道水体流速，改变河道水流状态，增加河网水环境容量，增强水体自净能力，提升水环境承载能力。近年来，太湖流域多个城市实施了水动力调控工程实践，在河道水动力和水环境提升方面取得一定成效。国内外关于水动力调控技术研究主要集中在利用外部水源、缓解区域水资源短缺、维持河道基流、改善水质的工程应用方面，但水动力与水质指标响应机理不明，缺乏可供借鉴的理论、技术与经验，无法指导确定保障河道水质提升为目标的合理水动力条件，且大多城市水动力调控技术基本停留在传统的闸泵工程人工调度，"十一五""十二五"期间调控目标一般为水动力单一指标、调控范围一般为城市的单条河流、河段或局部小区域。

（二）主要问题和技术难点

1. 面向水动力-水质多目标的平原城市河网调控阈值定量确定方法缺乏

近年来，水动力调控在平原河网区水污染控制中发挥了重要的作用，但由于调控标准不明，目前的调控方式仍然比较粗放，造成河网水量分配不均衡，水资源利用率不高，部分中小河道水环境未达到预期的改善效果。

2. 支撑实现平原城市河网水动力-水质精准化调控的技术手段缺乏

平原城市河网水系复杂、闸泵众多，人工调度统筹兼顾难度大。在调控手段方面，大多通过闸门和泵站实现，闸门的启用也无法避免地出现底泥悬浮，易引起水质恶化；平原城市水利工程调度主要依赖人工操作，调控目标单一，调控精度低、响应时间慢。

（三）技术需求分析

太湖流域平原城市水利工程众多，水系被闸泵分割现象严重，依靠现有闸泵引动力驱动的水动力调控范围有限，导致水量分配不均衡，与需求不匹配，水环境品质不能长期、有效改善，并且，以现有的人工调度模式无法达到高效精准调控水动力的目标，不利于河道水生态系统修复，严重制约水环境系统治理方案的实施。因此，开发基于水动力-水质双指标调控的科学精准调度技术，是太湖流域平原河网城市河道水环境提升的迫切技术需求。

二、技术介绍

（一）技术基本组成

成套技术由城市河网水动力-水质指标调控阈值确定技术、以模型为核心的河网水动力-水质调度技术、河网水系流动性调控关键技术和闸泵堰群智能联合调度技术组成。通过城市河网水动力-水质指标调控阈值确定技术确定了水动力优化调控标准；采用以模型为核心的河网水动力-水质调度技术，制定了不同调度情景以水动力-水质调控阈值为目标的优化调度方案集；发明了免底泥扰动和基于增阻减阻措施的河网水系流动性调控关键技术，为水动力-水质联合优化调控提供了手段；闸泵堰群智能联合调度技术，实现了复杂水网区闸、泵、堰工程群的精准化、智能化联合调控。技术组成如图74.1所示。

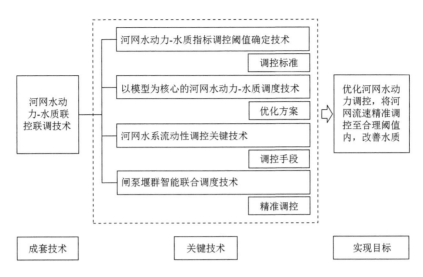

图74.1　河网水动力-水质联控联调成套技术组成图

（二）技术突破及创新性

1. 创新了太湖流域平原城市河网水动力调控标准确定方法，明确了面向水环境改善的水动力调控阈值

河网水动力-水质指标调控阈值确定技术创新了流速阈值上限和下限的确定方法。采用底泥异位试验方法，利用室内自制圆筒反应器装置，通过设置不同的扰动强度，模拟研究了不同扰动条件下底泥对上覆水水质的影响，阐明了水动力驱动条件下太湖流域平原城市河网水体总氮、总磷、氨氮、溶解氧和浊度等主要水质指标变化的敏感性。基于泥水界面的临底流速与等效切应力，提出了以抑制河道底泥快速释放为准则的水动力调控上限阈值确定方法，明确了若底泥颗粒粒径为0.013～0.028 mm，总磷和总氮浓度分别为646.09～1594.96 mg/kg和1230.41～2768.94 mg/kg，水动力调控上限阈值为0.13～0.15 m/s；首次采用最小水环境容量理论，考虑河道沿程点源污染、面源污染、直接入河的粉尘污染、底泥污染物释放、河道水体自净、水生植物吸收等多种影响河道水质的因素，建立了保障城市水环境改善的水动力调控下限阈值计算公式[式（74.1）]。本成果开创了面向平原地区河网水质和生境条件改善的水动力调控标准确定的先河，对于实现平原河网地区水力精准化、合理化调控具有重要的指导意义。

$$u_{小} = \frac{10^3(\sum C_{点}q_{点} - \sum C_s q_{点}) + 10^3(C_{面} - C_s)q_{面} - \frac{1}{2} \cdot \frac{10^3}{86400}KC_s(h_1+h_2)LB - f_{植} + f_{沉} + \frac{1}{86400}r_s BL}{10^3(C_s - C_{上})Bh_1} \quad (74.1)$$

式中，$u_{小}$为水动力（河道流速）调控下限阈值（m/s）；$C_{上}$为河道上游来水的水质浓度（mg/L）；$q_点$和$C_点$分别为入河点源污染的流量（m³/s）和污染物浓度（mg/L）；$q_面$和$C_面$分别为入河面源污染的流量（m³/s）和污染物浓度（mg/L）；$f_沉$为大气干湿沉降物所含污染物的质量函数；r_s为底泥污染物的释放速率[mg/(m²·d)]；L为河道长度（m）；B为河宽（m）；h_1和h_2分别为河道上下游断面的水深（m）；C_s为河道出口断面的目标水质浓度（mg/L）；K为污染物降解系数（d⁻¹）；$f_植$为水生植物吸收的污染物的质量函数，与光照、温度、植物种类、种植密度以及水深等因素有关。

2. 优化了河网水文–水动力–水质数学模型多目标高精度构模方法，突破了复杂平原河网区数学模型业务化应用误差大的瓶颈

基于高数字化率、高分辨率的水雨工情资料，构建城市河网全覆盖、高精度的水动力–水质–水生态耦合模型。通过大量的水雨工情数据实测、全局高频率同步实测的水动力–水质原型观测数据对模型率定验证，河道断面与水利工程实测率100%（实测断面每50～100 m河长一个），调度工况反演率100%，水动力水质原观数据每条河道均有覆盖（水位、流速平均每2 km河长一个实测点位，水位观测频率5 min/次、流量、水质2 h/次，原观试验连续观测时长100 h/次以上）。同时采用模型库网络自适应生成、模型事件动态化模拟、模型逻辑与工程调度精细化模拟等方法对模型自率定、感知与模型共同动态驱动、实时优化。构建的精细化模型能够准确模拟平原河网区水动力、水质和水生态特性，与传统模型相比，其精细化程度和精度显著提高，模拟参数在水位、流量、流速等水力学参数基础上，增加了溶解氧、氨氮、总磷、叶绿素a、透明度等水质水生态参数。依托该模拟技术，形成平原河网区日常调度和应急调度等不同类型方案，实现城区河网补水频率、配水线路优化、动态调控、汊道分流比的精准计算和科学确定。模拟精度平均相对误差小于5%（流量、流速）、绝对误差小于5 cm（水位），形成的多种类型的调度方案可指导业务化运行，精准支撑了平原河网全局优化调控。

3. 发明了平原河网全局与局部节点动力优化调控手段，实现了全局河网人工重构水位差，支撑了水动力–水质精准调控

平原河网全局与局部节点动力优化调控手段包括翻板门和子母门两种适应于平原城市免底泥扰动的水动力调控技术，以及基于河道整治措施的水动力优化调控技术。

翻板门是一种上部绕底轴转动的薄壁堰和下部为宽顶堰相结合的新型水工建筑物，能够精细构造水位差、同时统筹兼顾了城市防洪排涝、通航、景观等功能，为全局水动力水质调控提供了工程手段。采用物理模型试验、数值模拟等方法，模拟出闸门开度、过流流量、上下游水位差之间的相关关系曲线。考虑上下游流态影响，划分成直立雍水、溢流复氧、卧倒通航等不同运行模式，提出了不同运行模式过流能力计算公式。根据实际流量需求，可通过调控翻板闸门的开启角度，控制过流流量，形成上下游水位差，调控河道水动力。翻板门技术在平原河网区动力重构水位差可超过20 cm。

子母门技术适用于城市内河用于进出水或调控分流配比的关键闸站节点，新建或对原有城区平板闸门进行改造，在传统平板闸门（母门）上开启小闸门（子门），实现其调控时表流过水、底泥免扰动。提出了确定子门过流规模的方法，通过分析水流流态、流量、闸门上下游水位差等水力参数，建立不同宽度下的子闸门开度、过流流量、上下游水位差相关关系曲线。

基于河道整治措施的水动力优化调控技术提出了河道清淤、拓宽或束窄、增减河床阻力等增阻减阻措施。利用构建的河网水动力-水质精细化模型，将各措施实施后河段的平均流速变化率（ξ，%）为研究变量，模拟ξ与河道整治措施的相关关系，为本技术的实际应用提供依据。

4. 集成了多目标-实时监测-精准模拟-智能互馈的联控联调技术，实现了复杂河网地区水文-水动力-水质多目标精准联合调控

集成以水动力-水质指标调控阈值为标准，以数学模型为核心，以预报信息与实测数据为驱动，以工程远程控制为手段，以水动力调控与水环境提升为目标的城市河网智能互馈联控联调技术。

依据调控阈值、调控方案、城区内不同片区需水量、水势本底情况布控水位、水质、工程远控等物联感知体系，水位物联终端精度控制于±1 cm以内、采集频率5分钟以内、工程远控响应时间5分钟以内。基于物联网平台和模型云平台，研发了物联网终端与数学模型智能互馈技术，将水位、水质、雨量等物联感知实时数据、闸泵工控与数学模型动态反馈、实时优化，实现调度方案滚动计算、预报预测、智能推送。

实现物联感知系统代替传统的人工观测，智能化精准调度代替现有的人工调度，解决了复杂水系连通工程群系统综合调控技术难题。其闸泵堰工程群智能联合调度响应时间由人工响应20分钟以上降低至5分钟以内、调控精度优化至厘米级；水动力、水质指标预见期由不足1天提高至3天。

（三）工程示范

本技术成果在苏州古城区应用，明确了苏州古城区河网水动力调控阈值（下限阈值0.03～0.04 m/s，上限阈值0.13～0.15 m/s），制定了日常调度和突发污染应急调度等多种情景下的优化调度方案，建成了翻板门及子母门等多种调控工程，开发了苏州市城区活水联控联调系统平台，形成了覆盖苏州古城区14.2 km²范围内32条河道、总河长超34 km的河网水动力优化与活水调控技术工程示范。工程示范运行后，合理分配了苏州市清水水源，提高了水资源利用率，实现物联感知系统代替人工观测，智能化精准调度代替人工调度，水位调控精度误差由原先10 cm以上降低至5 cm以内，水动力调度响应时间由人工操作调度的20 min以上优化至智能化调度的5 min以内，古城区90%以上的河道流速优化至0.04～0.15 m/s，超60%河道流速达到0.1m/s以上，对于平江河等生态河道，调控至适宜种植养护流速，提升了苏州河网水环境品质，支撑了苏州市生态文明建设，同时，提升了苏州市城区水利综合调度决策能力，完善了苏州水利信息化建设。工程示范效果如图74.2和图74.3所示。

（1）娄门堰（翻板门）　　　（2）阊门堰（翻板门）

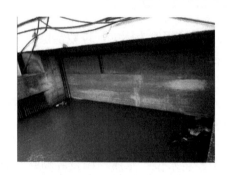

（3）齐门泵站闸门（子母门）

图74.2　河网水动力-水质联控联调技术应用工程实景图

图74.3　苏州市城区活水联控联调系统

（四）推广与应用情况

该项技术适用于平原河网地区城市，目前已在中国国际进口博览会区域、常州市主城区成功推广应用，实现了城区内河网水动力的优化调控和精准调控，提升了城区河网水环境质量。其中，中国国际进口博览会区域（12 km²）通过河网水动力-水质联控联调，小涞港流速调控至合理流速阈值0.06～0.12 m/s，水体透明度达到1.5米以上，溶解氧、氨氮、化学需氧量等水质指标均达到地表水Ⅲ～Ⅳ类标准。示范效果如图74.4和图74.5所示。

图74.4　中国国际进口博览会水环境提升成效

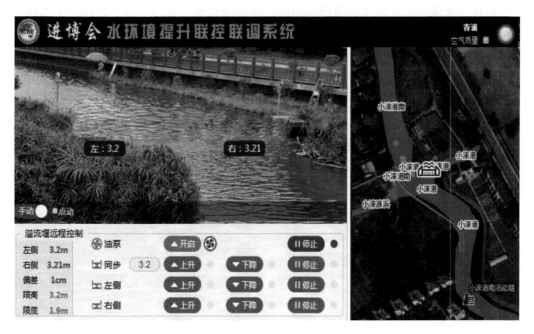

图74.5　中国国际进口博览会水环境提升联控联调系统

三、实 施 成 效

该技术主要针对太湖流域平原河网水系复杂、水动力弱、工程众多、调度粗放、水环境品质差等问题，对水环境智能化、精准化调度提供调控标准和技术支撑，提高了水资源利用效率，增强了城市水环境智慧化管理水平，保障了平原城市水环境质量持续稳定提升。

该技术发明专利3项，包括"一种平原河网地区河道水量建模调控方法"（ZL201710131699.9），"一种用于预测河道水体透明度的原位清水置换方法"（ZL201710304996.9），"一种面向平原城市河网水环境改善的水动力调控阈值确定方法"（ZL202010402856.7）；实用新型专利1项，"一种用于预测水体透明度的原位清水置换装置"（ZL201720481257.2）；软件著作权2项，"城市防洪排涝与畅流活水联控联调系统"（V1.0，2018SR1091474），"城市河网智慧管理平台—城区防洪排涝与水环境提升联控联调集控管理系统V1.0"（2019SR0603457）。技术成果支撑了第一届至第三届中国国际进口博览会区域的水环境提升，从Ⅴ类、劣Ⅴ类滞流水体改善至水质Ⅲ～Ⅳ、透明度1 m以上、流态宜人的清洁水体；支撑确定了苏州清水工程的清水规模：主城区150万 m^2/d、古城区30 m^2/d、平江历史街区5 m^2/d；支撑了高藻期苏州水源保障工程引水规模（西塘河20 m^3/s）和河道调控阈值的确定（西塘河约0.05～0.1 m/s）；支撑了"智水苏州"信息化平台苏州城区活水联控联调平台建设等。

该技术支撑的"平原城市河网动力调控水环境提升技术"入选《2020年度水利先进实用技术重点推广指导目录》，为太湖流域水环境治理与水生态安全保障提供了重要技术支持。

技 术 来 源

· 河网水动力优化与活水工程调控技术研究与示范（2017ZX07205003）

75 工业污染源－污水管网－污水集中处理设施综合管理成套技术

适用范围：地下水位高、溢流污染问题突出、城市污水中工业废水占比高的平原河网地区城市污水管网系统的提质增效和综合管理。

关 键 词：工业污染源；污水管网；城市污水处理厂；平原河网；溢流污染；外来水量；人工神经网络模型；网厂协同调度；预警溯源；智慧排水

一、技 术 背 景

（一）国内外技术现状

太湖流域平原河网地区经济发展迅速、城镇化进程较快，城市污水水量逐年增加且其中工业废水占比较高。城市污水管网系统溢流污染进入河湖，增加了入湖的氮磷等污染负荷，同时雨水、地下水进入污水管网，导致城市污水处理设施进水浓度偏低，处理效率不稳定。城市污水管网系统大多设计年代久远、设备陈旧、技术水平落后，缺乏有效的统一调度和管理措施，大大降低了污水管网和污水处理厂的综合效能。目前国内外在提高污水收集处理系统运行效能方面开展了系列研究，主要包括非开挖污水管道修复、污水管道渗漏诊断、雨污合流诊断等方面。国内在"十五"至"十二五"期间，在雨污管网建设、改造和运行调控以及溢流污染削减等单项技术方面积累了一些经验。但是，缺乏综合考虑上游污染源控制、管网科学调度和下游污水处理厂维稳等多方面的技术手段和解决方案，因此，开展工业污染源、污水管网、污水集中处理设施的综合调控与提质增效研究具有必要性和紧迫性。

（二）主要问题和技术难点

该成套技术针对的主要问题为：

（1）由于雨污混接、重力流管段雨水入流等原因，导致污水管网系统中外来水量占比较高，雨天污水管网溢流污染风险较高。

（2）城市污水中工业废水占比普遍较高，工业生产周期性和季节性的因素，导致污水处理厂进水水质水量的波动较大，增加了污水处理厂稳定达标运行的难度。

该成套技术的技术难点是：

（1）如何实现对污水管网内工业污染源异常排放的快速预警与溯源？

（2）如何协同调控污水源-网-厂来减少溢流污染并提高污水收集处理系统的运行效能？

（三）技术需求分析

将工业污染源、污水管网、污水处理厂作为协同运行单元考虑，形成综合管理成套化解决方案，提高污水系统的截污效能和污水处理厂的稳定运行率，对于源头削减污染总量和提高区域水环境质量具有重要意义。该成套技术针对的技术需求主要包括：

（1）工业污染源异常排放溯源预警技术；

（2）污水管网-污水处理厂的耦合水质水量模拟技术；

（3）工业污染源、污水管网、污水处理厂的协同调控技术。

二、技 术 介 绍

（一）技术基本组成

该成套技术包括"基于污水管网节点监测的工业废水冲击在线监控预警技术"和"污染源-污水管网-污水处理厂实时调度与协同控制技术"2项关键技术，同时也集成了污水管网外来水量诊断、工业污染源基础信息数据分析等相关技术。从上游工业污染排放溯源预警，到中游污水管网协同调度，再到下游污水处理厂的保障稳定运行，将物联网在线实时传感监测与人工神经网络数学模型预警诊断有机融合，形成了工业污染源-污水管网-污水集中处理设施综合管理成套技术。技术基本组成如图75.1所示。

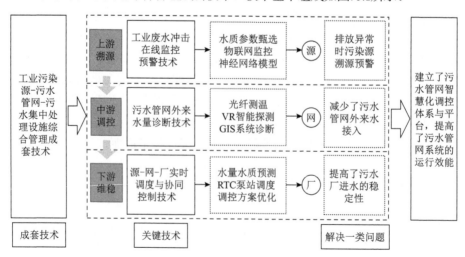

图75.1 工业污染源-污水管网-污水集中处理设施综合管理成套技术组成图

（二）技术突破及创新性

1. 突破了基于污水管网节点监测的工业污染异常排放预警溯源技术

基于在管网节点中布设在线的快速监测传感器（电导率、酸碱度和氧化还原电位等）实现对工业污染源排放的在线监控，结合长短期记忆网络（LSTM）模型，通过输入门选择添加候选细胞信息，通过忘记门Sigmoid单元来处理数据更新细胞信息，通过输出门Sigmoid层得到判断条件确定模型输出，利用Softmax将预警正常和异常的结果映射到（0，1）区间内进行最终输出，从而突破了污水管网水质异常时工业污染排放的快速溯源定位和对下游污水处理厂冲击影响实时预警的技术瓶颈，实现了在20秒内对工业污染源排放的溯源预警，准确度达到92.5%以上。输出门函数如图75.2所示。

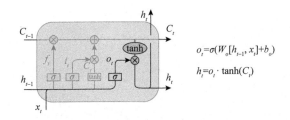

$$o_t = \sigma(W_o[h_{t-1}, x_t] + b_o)$$
$$h_t = o_t \cdot \tanh(C_t)$$

图75.2　工业污染异常排放预警溯源LSTM模型输出门函数

2. 突破了污染源-污水管网-污水处理厂实时调度与协同控制技术

基于工业污染源-污水管网-污水处理厂数学模型，应用RTC控制模块来模拟各级泵站的调度规则，利用耦合污染负荷的管网对流扩散模块实现关键节点水动力水质模拟，结合水量水质实时监测预判与管网数学模型调度方案库构建，实现了针对不同工况（日常、节假日、汛期、应急和计划性检修等）的多目标（工业废水排放溯源、外来水量削减、上下游泵站启闭和流量调节等）污水源-网-厂的优化调度，突破了污水源-网-厂的实时预测、自动校正和反馈控制调度技术瓶颈，提高了污水管网调度的科学性和精准性，实现污水处理厂进水水量水质变化预测准确度达80%以上（进水水量预测准确度为98.9%、进水化学需氧量预测准确度为81.6%，进水氨氮预测准确度为87.3%）。

3. 集成创新了工业污染源-污水管网-污水集中处理设施综合管理成套技术

通过集成工业废水冲击在线监控预警、源-网-厂实时调度与协同控制、污水管网外来水量诊断、工业污染源基础信息数据分析等相关技术，将物联网数据在线实时传感监测与数学模型优化调度有机融合，实现从上游工业污染排放溯源预警，到中游污水管网协同调度，再到下游污水处理厂的保障稳定运行，提高了城市污水输送系统的截污效能和污水集中处理设施进水的稳定性，实现污水处理厂稳定运行率提高10%以上，为区域水环境质量改善提供了技术支撑。

（三）工程示范

基于该成套技术开展了"嘉兴市工业污染源-污水管网-污水集中处理设施综合调控与监管平台"（图75.3）工程示范。该平台主要用于指导嘉兴市联合污水处理有限公司收集污水的输送调度，污水收集服务面积1860 km²，服务人口250万人，设计输送能力60万m³/d，输送管线137.4 km，输送泵站17座。目前该平台已业务化运行，提高了嘉兴市联合污水处理厂进水的稳定性，保障了污水处理厂的稳定高效低耗运行，2019年嘉兴市联合污水处理厂进水化学需氧量集中度为0.20，进水氨氮集中度为0.22，进水水量集中度为0.08，相较于2015年分别提高16.7%、29.0%和20.0%。有效减少了污水管网系统的溢流污染，2019年削减溢流量53.2万m²，化学需氧量年削减量3.6 t，总氮年削减量2.6 t，总磷年削减量0.5 t。

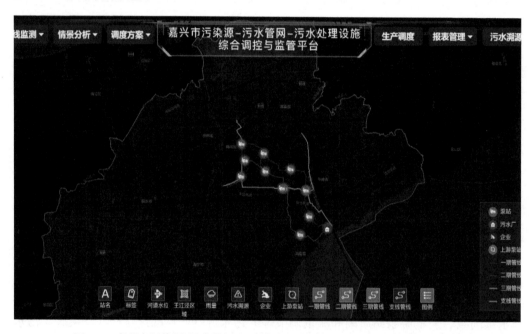

图75.3 嘉兴市污染源-污水管网-污水集中处理设施综合调控与监管平台界面

（四）推广与应用情况

该成套技术直接推广应用于嘉兴市市域污水管网智慧体系"嘉兴市污水管网智慧平台"（图75.4），涵盖嘉兴市污水处理厂15座，污水处理能力158万m³/d，污水处理厂外排能力173万m³/d，市政污水管道6869 km，污水泵站173座，有力支撑嘉兴市"一张网规划、一盘棋建设、一体化运维、一平台监管"的市域污水系统建设管理新思路，有效解决了污水管网运维管理中存在的标准不统一、多头管理、数据分散等问题，嘉兴市污水源-网-厂协同调度系统的建成及高效运行，成为嘉兴市控污治污的有力武器，为嘉兴市的水环境质量持续改善提供了技术保障。

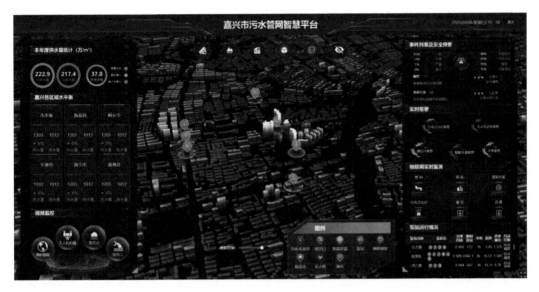

图75.4　嘉兴市污水管网智慧平台界面

三、实 施 成 效

通过该成套技术在"嘉兴市工业污染源-污水管网-污水集中处理设施综合调控与监管平台"工程示范的应用，降低了污水管网系统的吨水输送能耗和成本，2019年吨水输送电耗0.2184 kW·h/m³，吨水输送成本0.1462元/m³，相对于2015年分别降低了8.8%和22.3%。

依托该成套技术，编制了《嘉兴市污染源-污水管网-污水处理设施联合调控技术准则》和《嘉兴市工业废水纳管限值》，被当地政府管理部门采纳，为当地水环境质量的改善提供了技术指导和管理支撑。该成套技术从污染物源头减排管控和提高污水收集处理系统运行效能等角度，为流域水环境管理提供技术支撑。

技 术 来 源

- 区域水环境质量改善综合调控系统与平台建设（2017ZX07206001）

第七篇

饮用水安全保障

76 水源地水生植被优化管理成套技术

适用范围：大型湖泊水源地水生植被调控管理。
关 键 词：水源地；水生植物收割调控；植物体营养盐；二次污染控制；
波浪和水深；水生植物多样性

一、技 术 背 景

（一）国内外技术现状

水生植物调控主要通过对水生植物生境进行不同程度的改造或干扰，利用影响水生植物生长的因素作为调控措施抑制先锋种的生长与扩散，促进后来种的生长与繁殖，改善群落结构。项目开展之初，国内外调控技术按不同类型可划分为以下几个方面：利用水生植物对水位波动的耐受性差异，通过水位人工调控实现对植物群落的改变；利用草食性鱼类对水生植物的牧食压力，通过投放鱼类实现对植被群落结构的调控；利用不同植被物种对收割时间、强度、频次的响应差异，通过人工收割实现目标物种的控制及机会物种的扩增；利用除草剂进行水生植物的应急管控；利用沉水植物对光照的捕获能力差异，通过扰动底泥或水下遮光物等手段来减弱沉水植物获得光照的强度，进而对水生植物进行调控。

（二）主要问题和技术难点

上述技术在大型湖泊水生植被调控管理应用中有很大的局限性，相关技术参数有待进一步明确，主要体现在以下三个方面：①大型湖泊水生植被调控范围大，采取各种生物、化学手段具有造成生态系统崩溃的风险，难以操作和实现；②大型湖泊具有重要的防洪、供水功能，通过极端水位调控具有较大的操作难度，难以满足植物生物量在生长周期内迅速增加的应急要求；③对目标水生植物及其残体进行直接收割、打捞适合湖泊实际环境及管理要求，但具体的收割调控措施与水生植物生活史及环境因子密切相关，收割对水生植物生长的影响也因植物种类、损伤季节及强度而有所不同，有关参数尚不明确。明确水生植物响应关键环境因子的特征，以及水生植物群落和水质对收割调控的响应特点，是开展水生植被调控管理的重点，也是技术难点。

（三）技术需求分析

太湖流域湖泊水源地数量众多，为流域经济社会发展提供了必要的水资源。太湖日取水规模超过1万吨的自来水厂和自备水源共13个，滆湖、阳澄湖、长荡湖也建设有不同规模的集中式饮用水源地。近年来，流域湖泊生态环境问题在多方治理调控下得到了明显的改善，但部分水源地依然存在植被退化、生态系统结构失衡、水质不能全面达到Ⅲ类水标准的问题，威胁到水源地的供水品质和供水安全。针对大型湖泊水源地污染特征及水动力、水生态特点，研发水源地水生植被优化管理成套技术，将为管理部门开展湖泊水源地生态修复与调控管理提供重要的科技支撑。

二、技 术 介 绍

（一）技术基本组成

水源地水生植被优化管理成套技术适用于大型湖泊水源地水生植被调控管理，由植被受控因子识别技术、水生植物调控优化技术和水生植物收割管理技术组成（图76.1），目标在于提高水源地水生植物生物多样性指数，降低二次污染，提升水质净化能力。通过水生植物受控因子识别技术，明确水生植物响应波浪和水深等关键因子的特征及参数阈值；利用水生植物调控优化技术构建水下消浪潜滩，为敞水区及湖滨带植被恢复营造多样化的生境条件，基于植被物种对受控因子响应特点进行物种优化配置，促进植被群落恢复；利用水生植物收割管理技术，通过水生植物收割管理和残体资源化处置，达到氮磷营养盐移除和改善水源地水质的目标。

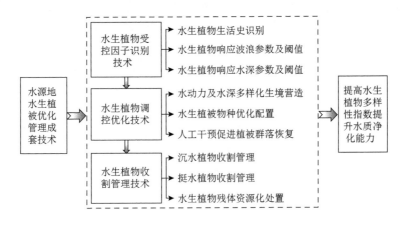

图76.1　水源地水生植被优化管理成套技术

（二）技术突破及创新性

针对湖泊水源地外部开阔湖体植被缺失与近岸带植被密度过高并存的问题，创新性地集成了植被受控因子识别技术、水生植物调控优化技术和水生植物收割管理技术，从"水生植物限制因子识别-生境改善与植被恢复-群落结构调控优化-植被残体资源化处理"角度，为水源地水生植被优化管理提供了解决方案，填补了太湖水源地水生植物管理技术的空白并得到了推广应用。

1. 明确了不同水生植物响应波浪和水深的特点及阈值，为水源地水生植物受控因子识别及群落调控提供了关键参数

波浪和水深是水源地开阔湖区水生植被分布的重要影响因素，利用技术研发的测定水生植物浮力、根系锚固力、水流拖曳力、流速承受阈值等一系列新装置和方法，发展了水生植物受控因子识别技术，获取了水生植物响应波浪和水深的参数阈值。太湖有效波高＞0.32 m将对水生植物分布产生明显的抑制，其作用强度在不同物种间有较大的差异，且机械抗性随植物生长周期发生变化，决定了关键生长期不同物种对波浪胁迫的适应性。以机械抗性和个体生物量比值作为波浪抗性系数，系数越大植株体对波浪的耐受性越高。太湖常见植被物种波浪抗性系数由强到弱依次为马来眼子菜1.14＞苦草0.78＞穗花狐尾藻0.5＞菹草0.29＞微齿眼子菜0.25＞轮叶黑藻0.22＞金鱼藻0.17。太湖水生植物受限湖底高程为0.59 m，苦草、轮叶黑藻在不同季节对水深变化比较敏感，随水深增加将明显减少；对水深变化次敏感的是穗花狐尾藻，其在不同季节均与水深负相关；水深增加对苦草、穗花狐尾藻和菹草生长繁殖的影响大于波浪对其影响。不同物种对波浪和水深响应的差异性及其阈值为水生植物群落调控提供了关键参数。

2. 提出了有利于提高水生植物生物量累积和营养盐移除效率的收割调控策略，促进群落结构优化的同时减少了二次污染

在识别水生植物受控因子阈值基础上，利用提升湖滨带基底稳定性、加强湖滨带水生植物保育、促进水源地污染流泥促沉降等新装置和新方法，促进了水生植物的恢复与扩增，进一步提出了基于植物体营养盐动态变化确定太湖水生植物收割时间的新方法，形成了太湖水生植物收割管理方案并得到推广应用。穗花狐尾藻经75%收割将有效延长其生长期，改变了植物生物量在水体上层过度集中，衰亡期生物量损失率下降37.5%。菹草40%强度的收割有利于延长其生命周期，推迟了菹草的上浮时间。中等偏高强度的菹草收割使菹草和金鱼藻均处在较高的生物量水平。当近岸水深小于0.9 m时，伊乐藻收割利于其生物量积累。芦苇年内连续多次收割会造成减产，10月下旬至11月上旬期间进行1次收割，留茬高度10～15 cm，可在促进芦苇生物量形成时减少残体二次污染。水生植物收割管理技术投资成本约1.8元/m³，技术示范区化学需氧量、氨氮、总氮、总磷分别较对照区下降7.1%、14.5%、8.6%和15.5%，水质得到有效提升。

（三）工程示范

成套技术在苏州胥口湾湖滨生态岸带维护管理工程示范中得到了工程实证。示范区位于寺前水源地东侧湖滨带，沿湖堤长度2559.9 m，面积33261.8 m²。验证结果显示，水下潜滩最大波高削减率61.3%，底泥最大促淤厚度0.21 m，水体透明度提升24.4%，为水生植被生长创造适宜的物理生境条件。工程示范提高了水生植被多样性指数，优化了植被群落结构，第三方监测结果显示，示范区水生植物多样性指数较示范区建成前增加10.35%以上。

（四）推广与应用情况

太湖寺前水源地是国家"水十条"的考核断面，也是苏州市、吴中区"水十条"的重要考核断面。寺前水源地是苏州重要的集中式饮用水源地，供水工业园区水厂和吴中区水厂，取水规模28万t/d，供应人口155万，确保寺前水源地高品质供水是苏州的重大民生工程。吴中区太湖水污染防治办公室利用水源地水生植被调控优化技术，2018~2020年期间，在胥口湾陆续开展了水生植被维管调控及应急管理，在水源保护区水生植被优化和应对植被二次污染方面取得了良好的效果，为保障胥口湾水源地高品质供水起到了重要的支撑作用。

三、实 施 成 效

成套技术在治太工作中发挥了重要的科技支撑作用。"十三五"期间，技术成果支撑吴中区太湖综合治理工程累计收割湖滨带水生植物4.5万吨。2020年4个季度水质监测数据显示，吴中区太湖东部湖区化学需氧量、总氮、总磷均达到Ⅲ类水标准，其中总氮和总磷较2015年分别下降16.8%和37.2%，有效改善了湖区水质。技术成果在太湖流域湖泊治理中也发挥了重要的科技支撑作用，基于水生植物受控因子识别技术与水生植物调控优化技术成果编制了长荡湖生态修复方案，目前已完成生境改善工程土方量90.9×10⁴m³，构筑完成水下潜滩长度7.75 km。

技 术 来 源

• 胥口湾水源地水生态健康提升与水质保障技术及工程示范（2017ZX0720502）

---

77 城市多水源调度与水质调控成套技术

> **适用范围**: 具备两个以上水源或备用水源的城市供水系统,水源之间日常调度或常用水源与备用水源之间应急调度及水质调控;应用于长距离调水工程,且有调蓄水库的城市供水系统水源调度和水质调控;适用于河口感潮河段取水的调蓄水库避咸调度。注意事项:需建立来水水质、水文、雨情的监测系统,流域水动力模型和污染物迁移模型,多水源之间包括管道、设备、构筑物模型。
>
> **关 键 词**: 多水源;联合调度;水质调控;供水安全

一、技 术 背 景

(一)国内外技术现状

"十一五"初期,我国部分水源地建设了溶解氧、氨氮、pH、电导率等水质监测系统,但监测指标较少且基本限于取水口附近,国内水质预警技术应用少,没有通过流域机制协调、数据共享等构建的水质预警技术系统。调蓄水库起到避污蓄清、避咸蓄淡等作用,但国内调蓄水库的藻嗅生态协同控制技术尚在研究中。原水调度主要是在传统水量和水质检测数据基础上,依靠经验进行调度,而原水系统水量模型的建立主要停留在研究形成不同工况下最小风险调度方案方面,与实现多水源之间的科学调度和应急补给目标仍有差距。

(二)主要问题和技术难点

我国城市水源安全保障主要存在以下问题:①水源地突发污染时有发生,然而由于缺乏来水监测预警,取水安全风险较大。②调蓄水库藻嗅爆发影响正常供水。③多水源之间科学的优化调度缺乏,整体风险应对能力不足。

技术难点主要有:①冬季咸潮入侵、突发性污染、污染排放等事件,加大了取水口水质监测预警的难度,需要明确监测预警的指标和阈值,形成上下游联动方案。②调蓄水源水库夏季高温期藻嗅问题频发，需解决水力调控与生态协同技术难题。③多水源之间进行科学联动难度较大，需要建立原水系统水力模型，形成多水源科学调配方案，提升整体风险应对能力。

（三）技术需求分析

河口水源易受咸潮入侵影响、平原河网水源易受区域污染排放影响，迫切需要对上游来水水质进行监测预警，并通过流域联动调度，保障水源地的取水安全。对调蓄水库藻类、嗅味进行有效防控与削减，是我国水源普遍存在的技术需求。多水源以及长距离调水工程的建设运行，需要通过建立精细化数学模型进行水量调配；同时在线监测技术的提升，为模型的建立提供了大量的基础数据，进一步提高了准确性和实用性。

二、技　术　介　绍

（一）技术基本组成

城市多水源调度与水质调控成套技术由基于监测预警的调蓄水库水质保障关键技术、水源水库水力调控与生态协同水质保障支撑技术和城市多水源水量水质联合调配关键技术构成，技术组成如图77.1所示。

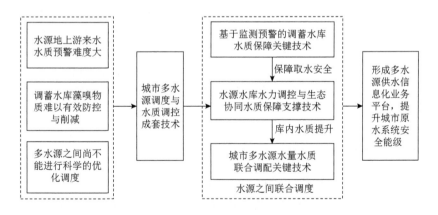

图77.1　多水源调度与水质调控成套技术组成图

1. 基于监测预警的调蓄水库水质保障关键技术

建立水源地上下游实验室、移动快速以及在线监测三级水质监测体系，整合多部门的监测和污染风险源数据，覆盖藻类、嗅味以及化品、油类以及重金属等160多项监测指标，识别水源地水质水量风险。根据历史数据分析，明确了水源地污染特征指标，平原河网取水主要预警指标为重金属如锑、氨氮和耗氧量，预警值分别大于等于5 μg/L、0.5 mg/L、5.0 mg/L；咸潮影响取水主要预警指标为氯离子，预警值大于等于150 mg/L。构建污染物迁移模型模拟污染物在不同工况下的迁移、降解、浓度变化过程，并与水动力模型进行耦合，预报作业时间最短可缩短至3 h。应用污染物迁移模型，制定上下游联动调度策略与技术方案，确保取水口水质能够在48 h内恢复正常，或依据调度实施效果决定是否启用备用水源。

2. 城市多水源水量水质联合调配关键技术

针对原水系统重力流与压力流相结合输送方式、沿途水厂多级串联等水力模型建立和水力平衡计算中的技术难点，采用Infoworks WS供水模型软件，基于连续性方程、压降方程和能量方程，重点模拟原水系统中水量和压力变化情况，采用达西公式计算水头损失、柯尔勃洛克-魏特公式计算综合阻力系数。建立城市原水系统模型所用数据主要涵盖原水厂调压池结构尺寸、标高和运行水位；原水增压泵站所有机泵扬程、流量参数；原水输水系统管（渠）管径、断面规模、关键阀门；水厂进水构筑物结构尺寸、进水流量、水位标高等四部分。其中，水源和受水水厂作为模型的边界条件，分别由水库水位、进厂原水量的实测数据来定义。建立了多水源原水输水系统典型工况，分别建立高峰日、低峰日和平均日的精细化模型，90%以上关键节点平均误差小于5%，最终形成7类水质水量风险调度方案。

3. 水源水库水力调控与生态协同水质保障支撑技术

应用闸门联合调度及控制水库运行水位调控运行，控制平均水力停留时间不超过15日，并根据藻类空间分布特征确定藻类易积聚区域及关键点位，并布设滤藻网和拦藻浮坝，拦截效果与水库藻类垂向浓度有关，拦截去除率在30%～50%。在水库出水增加预氧化和吸附技术措施，以叶绿素a为20 μg/L作为预氯化启动条件，投加氯量0.5～1.2 mg/L；以2-MIB浓度30 ng/L作为粉末活性炭投加启动条件，投加量5～20 mg/L。

（二）技术突破及创新性

该技术创新类型属于集成创新和应用提升，技术增量如下：

针对原水输水管线中沿程损失系数变化剧烈、水力平衡技术难度大、关键节点多、参数复杂等技术难点，建立了原水输水管线精细化模型，时间步长为10 min。形成突发性水污染事故、冬季咸潮入侵、夏季水源水库藻类生长以及主干输水管渠爆管、枢纽泵站运行故障等7类水质水量风险调度方案，提升了原水系统整体风险应对能力。

针对平原河网水源易受区域工业、农业、面源污染排放影响，以及河口水源冬季咸潮入侵、水源突发性水污染等水源地取水安全问题，确定不同取水风险的监测指标和预警值，建立了流域层面的跨区域跨部门水源地水质水量监测预警系统，并形成联动调度方案，突发污染物迁移模型预报作业时间最短可缩短至3 h，有效提升水源地水质安全保障能力。

（三）工程示范

"十二五"期间建成上海多水源调度系统与可视化平台示范工程，涵盖青草沙、陈行、黄浦江上游松浦大桥三大原水系统。对化学需氧量、pH、叶绿素、总磷、氨氮、水温、浊度、溶解氧、电导率、蓝绿藻、氯化物浓度等指标实时监控。在长江口沿线、陈行水库、青草沙水库内放置64个盐度监测点，实时监控长江口及两座水库内氯化物浓度变化，采取调度手段发挥两大水库"避咸蓄淡"功能。按照"量质兼顾、优化调度"原则，建立了松浦大桥、青草沙、陈行三大原水系统精细化模型，制定了上海多水源原水系统综合调控方案，应急状态总调配水量达到700万m³/d。示范工程建成后，开展了多水源原水系统的运行监控和数据采集监测，科学指导了青草沙原水和陈行原水系在咸潮期间的水量切换调度，实现了上海陆域三大原水系统由单水源调度模式向多水源调度模式的转变，初步实现了由经验调度向科学调度的转化。长江口咸潮监测预警系统、上海多水源调度系统与可视化平台示范工程展示效果如图77.2和图77.3所示。

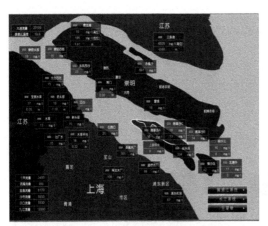
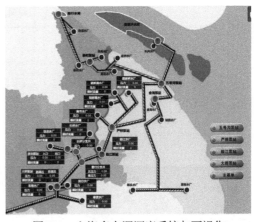

图77.2　长江口咸潮监测预警系统图　　图77.3　上海多水源调度系统与可视化平台示范工程

（四）推广与应用情况

1. 工程化应用与业务化运行

在"十二五"上海多水源调度系统基础上，"十三五"期间，新建金泽水库原水智能调度系统，接入金泽水源水质水量监测与预警业务化平台，形成上海市多水源供水信息化业务平台，覆盖了青草沙水库、陈行水库、黄浦江金泽水库三大原水系统，可调配水量扩展至超过1000万m³/d，实现了跨流域（长江、太湖）、跨地域（上海、江苏、浙江）、跨部门（水务集团、区县公司）的业务数据互联互通，实现了一体化的业务运行。

针对金泽水源地取水安全，集成在线监测、实验室检测、移动监测、实时视频监测等多级监测手段，整合水源地区域内上海市水务局、上海城投原水有限公司、太湖流域管理局、江苏吴江环保局等水质水量监测数据与污染风险源数据，建成跨区域、跨部门的金泽水源水质水量监测与预警业务化平台。上下游沿线布置了21个监测点位实时监测160多项指标，形成取水口常规水质超标联合调度方案集和取水口突发污染联合调度方案集（石油类、化学品、重金属等），通过上下游联动调度方案，有效提升金泽水源地水质安全保障能力。平台模块、预测模型及展示效果如图77.4至图77.6所示。

图77.4　金泽水源水质水量监测与预警业务化平台

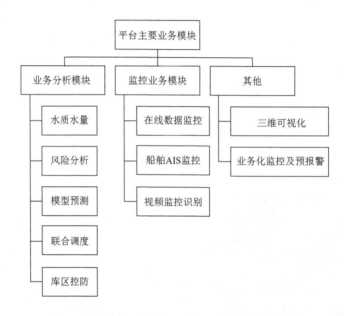

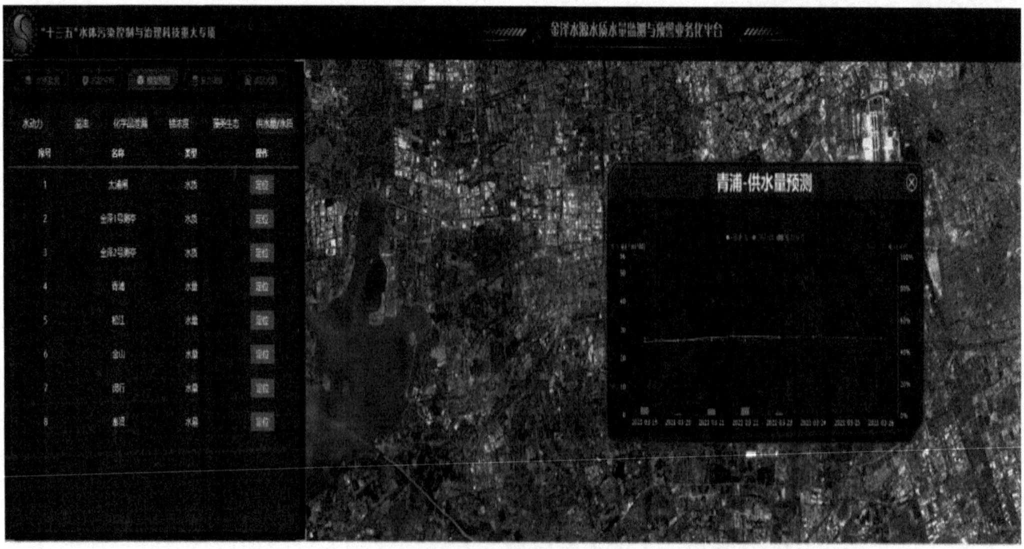

图77.5　数据驱动的供水量/水质预测模型

图77.6　上海多水源供水信息化业务平台

2. 标准化情况

形成了《黄浦江上游金泽原水输配系统运行调度技术导则》《长江陈行原水系统应急投加粉末活性炭技术规程》《长江陈行原水系统预加氯技术规程》《金泽原水系统应急投加粉末活性炭技术规程》《金泽原水系统预加氯技术规程》等5项行业主管部门指导性文件或企业技术规程，进一步形成团体标准《金泽水库原水预处理技术导则》（TSWSTA 0001—2020），为原水预处理提供依据、指导和规范。

三、实 施 成 效

通过多水源调度，有效控制了调蓄水库出库水中的藻嗅浓度。2017～2020年，上海三大水库出库水藻类数目大多小于每毫升10^6个细胞，2-MIB平均值9.8 ng/L。青草沙水库出库水氯离子平均21.7 mg/L，有效避免了咸潮入侵对供水水质的影响。上海市多水源供水信息化业务平台，实现可调配原水水量1000万m^3/d，实现了上海陆域原水系统多水源科学调度，指导了青草沙、陈行、金泽原水系统在冬季咸潮和夏季供水高峰期间的原水切换调度，提升了上海水源地的风险应对和供水保障能力，也为上海陆域原水系统进一步规划拓展奠定了坚实基础，保障了上海2400万人供水安全。

技 术 来 源

- 太湖流域上海饮用水安全保障技术集成与示范（2012ZX07403002）
- 太浦河金泽水源地水质安全保障综合示范（2017ZX07207）
- 河口浅池型特大江心水库的水质维持与改善技术集成与示范（2008ZX07421001005）

78 低温高氨氮原水协同净化成套技术

适用范围：受氨氮和有机物污染河网水源的饮用水处理，在水源前建设生态湿地改善水源水质，且水厂采用湿地出水和河网水双水源供水的城市。湿地进水氨氮和有机物浓度分别在1.2～2.5 mg/L和6.0～8.0 mg/L以下，水厂进水氨氮和有机物浓度分别在0.5～2.0 mg/L和5.0～7.5 mg/L以下。且绝大部分时间的水源水温维持在10℃以上，只在冬季低温期会出现10℃以下。

关 键 词：污染水源；氨氮；有机物；水源湿地；水处理组合工艺

一、技 术 背 景

（一）国内外技术现状

氨氮的去除方法主要有空气吹脱法、离子交换法、折点加氯和生物处理方法等。但空气吹脱法一般适用于高浓度氨氮废水的处理。离子交换法虽具有较高的去除率，但存在再生液或浓水等二次污染问题。折点加氯法由于氯投加量的加大易产生"三致"物质。生物处理法去除氨氮相对来说经济有效，是饮用水处理中常采用的方法。

针对水源水中氨氮污染问题，目前主要采用在常规工艺前增设生物处理单元解决，可有效去除水体中的氨氮，减轻后续工艺负荷。但生物处理方法一个最大的问题是受温度的影响较大，温度降低时，微生物的活性降低，氨氮去除效率下降，在这过程中也发现如果原水浊度较高，易出现生物接触氧化池积泥、填料堵塞等现象，从而导致处理效率下降，出现冬季低温条件下出水氨氮无法稳定达标的问题。

（二）主要问题和技术难点

由于工农业的快速发展和城市人口集中，城市污水处理能力相对不足，水源水质受到不同程度的污染，平原河网地区更是由于水体自净能力较弱，地表水水源呈现出典型的氨氮和有机物污染的特点。而常规处理工艺无法有效地去除氨氮，在常规工艺前增设生物处理单元，可在绝大部分时间内保障水厂出水氨氮达标。但是其受水温的影响较大，随着水温的下降，微生物活性降低，生物处理去除氨氮的效率下降；而另一方面，随着温度的下降，河网水源水中的氨氮浓度反而升高，在冬季低温期时达到最高，且在秋冬交际温度下降时，其水源水中氨氮浓度会出现突然升高的现象。原水氨氮浓度的突升使得本身随温度下降而降低的微生物活性更是雪上加霜，根本来不及适应水温水质的突变，水处理工艺无法承受该冲击负荷，从而导致冬季低温条件下饮用水水厂的出水氨氮无法稳定达标。如何通过技术的研发，提高冬季低温条件下氨氮的去除效率，实现冬季低温期高氨氮原水的水厂出水氨氮的全面达标，是目前的技术难点和瓶颈。

（三）技术需求分析

针对水源受高氨氮和高有机物污染的特点，在常规工艺的基础上增设生物预处理工艺和臭氧-生物活性炭深度处理工艺，可基本实现水厂出水水质达标，但水源水中氨氮的季节性变化的特点，尤其是冬季低温期水源水中氨氮达到峰值，水厂现有工艺无法有效应对低温高氨氮的双重冲击，导致冬季低温条件下水厂出水氨氮无法稳定达标，对人们身体健康构成很大的威胁。

因此，一方面需进一步完善污染水源的生物-生态修复技术，一定程度上减轻水厂的处理负荷。另一方面，在现有工艺的基础上如何通过各工艺单元的优化组合，挖掘各处理单元的潜力，提高对氨氮多级屏障作用，强化低温期生物除氨氮技术，最终实现冬季出水氨氮超标的问题，并解决现有预处理工艺中存在的预处理池沉积、填料堵塞、水生生物滋生等问题。利用水源水质改善和水处理工艺的优化以及两者的协同作用，开发低温高氨氮原水的高效饮用水处理成套技术，在我国拥有巨大技术需求和应用市场。

二、技 术 介 绍

（一）技术基本组成

作为“从源头到龙头”多级屏障建设技术序列中的水源保护、水厂净化等关键环节，低温高氨氮原水协同净化成套技术包括受污染水源人工湿地强化净化技术、多载体组合生物除氨氮强化技术等关键技术，技术组成如图78.1所示。

在揭示湿地对污染物去除机理的基础上，提出了生物接触氧化、吸附与水力调控耦合作用的水源湿地对氨氮的强化去除技术，通过植物床-沟壕系统结构形态优化改进，水力调控优化，物理介质强化等技术应用，充分发挥水陆交错带边缘的过滤净化

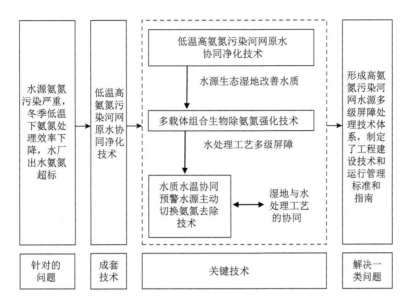

图78.1　低温高氨氮原水协同净化成套技术组成图

效应，提高氨氮去除能力，改善水源水质，减轻水厂工作负荷。提出了生物处理置于常规处理工艺后的两级过滤和臭氧生物活性炭新型组合工艺，实现了多载体组合强化生物除氨氮技术，达到去除氨氮的多级屏障目的，且相对来说受温度的影响较小。针对水温突降而氨氮浓度突升现象，在探明冬季低温期生物除氨氮机理基础上，提出了水温水质协同预警水源主动切换氨氮去除技术，实现湿地和水处理工艺的协同净化，强化低温条件生物功能，提高抗低温氨氮冲击负荷能力，实现氨氮的高效去除。解决了一直困扰着的冬季氨氮出水不能稳定达标的难题。

（二）技术突破及创新性

该技术创新类型属于集成创新，技术增量如下：

针对水源水高氨氮和冬季低温期湿地对氨氮去除率较低的问题，研究发现水陆交错带厌氧-好氧环境交替频繁、生物活性高的特点，提出了生物接触氧化、吸附与水力调控耦合作用的湿地去除氨氮强化技术。通过构建大面积水陆交错带湿地以及在运行中周期性调节水位等方式，强化水陆交错带水质净化功能。使湿地出水主要水质指标得到改善的同时，发挥湿地系统的调蓄作用，为预防水源污染突发事件提供了应急条件和保障基础，提高了城市供水的可靠性。

首次提出了生物预处理单元置于常规工艺后的两级过滤和臭氧生物活性炭结合的全新集成工艺，研发了多载体生物除氨氮技术，并首次提出了水温水质协同预警水源主动切换技术，通过水源的主动切换，强化培养硝化细菌，提高生物处理抗低温氨氮冲击负荷能力，提高低温期对氨氮的去除效能。

该成套技术集成创新在于有效耦合了受污染水源人工湿地强化净化技术和多载体组合生物除氨氮强化技术，从水源生态湿地改善水质和多级屏障强化水处理工艺两方面强化低温高氨氮条件下氨氮的去除，并在此基础上充分发挥湿地与水处理工艺的协同作用，确保低温条件下氨氮的高效去除，保障了出水氨氮达标。

（三）工程示范

该成套技术在保障嘉兴饮用水水厂出水稳定达标中得到了示范验证，在嘉兴建成了贯泾港水源生态湿地净化工程、贯泾港水厂二期工程。

贯泾港水源生态湿地净化工程占地2207.3亩，构建了水源生态湿地强化净化技术：①植物床-沟壕系统结构形态优化改进，增加水陆交错带有效接触面的面积，充分发挥水陆交错带边缘的过滤净化效应，提高氨氮去除能力；②与水质净化功能耦合的水力调控优化技术，通过调控水泵和闸门的联合调度，实现对湿地水位升降，水量分配和水力停留时间的水力调控，提高湿地水质净化功能；③物理介质强化技术，引入方解石、砾石、沸石等物理介质，并通过局部强化曝气，分步进水等手段进一步强化水陆交错带的边缘过滤效应，实现物理介质的强化，从而提高对氨氮的去除效率。

贯泾港水厂二期工程设计处理水量15万m³/d，采用了"折板絮凝池—平流沉淀池—生物滤池—臭氧生物活性炭—砂滤池—次氯酸钠消毒"工艺流程，创新性将生物处理工艺置于混凝沉淀工艺之后，避免了生物预处理工艺存在的积泥、滋生微型动物等问题，形成了生物滤池、生物活性炭池、砂滤池等多种载体的生物处理单元组合，实现低温期微生物量的叠加，从而提高对氨氮的去除率。

同时实施水温水质预警水源主动切换技术：在每年秋冬交替季节，即水温发生10℃以上的突降，与之同时氨氮浓度突升幅度达0.5 mg/L以上时，将氨氮浓度较低的湿地出水水源切换到氨氮浓度较高的河网水源，强化培养低温期氨氧化细菌适应较高浓度的氨氮原水，提高生物处理工艺抗低温氨氮冲击负荷能力，提高低温期对氨氮的去除效能。

2016年4月至2017年3月各处理单元出水水质检测数据分析（图78.2）表明，不同温度下各处理单元对氨氮的去除贡献率表现出较大的不同。常温期湿地发挥的作用较大，对氨氮的平均去除量为0.61 mg/L，贡献率可达50%。而低温期（12月至次年2月）湿地对氨氮的平均去除量为0.24 mg/L，贡献率下降到25%以下，但生物滤池发挥的作用增强，对去除氨氮的贡献率达50%以上，从而仍然能够保证出水氨氮达标。对于污染河网水体，氨氮和有机物的去除需要通过湿地净化和饮用水处理工艺的协同净化等多级屏障作用才能保障水厂出水氨氮全面达标。

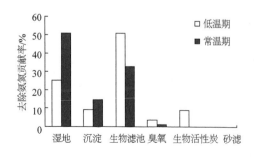 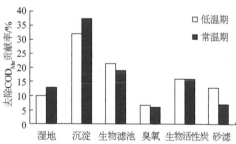

图78.2　从湿地到水厂各处理工艺阶段对氨氮和化学需氧量的去除贡献率

（四）推广与应用情况

成果除应用于上述示范工程外，在杭州、海宁、桐乡、湖州、舟山等城市推广应用，为浙江省开展的"五水共治"提供强有力的技术支撑。

形成了《水源净化湿地系统技术指南》《城市水源人工湿地设计导则》《城市水源人工湿地运行维护技术导则》，提高了城市水源湿地建设和运行维护水平，为水源湿地净化技术在给水领域更广泛的工程应用提供有力依据和指导。

形成了《生活饮用水净水厂用煤质活性炭》（CJ/T 345—2010）、《生活饮用水净水厂用煤质活性炭选用指南》、《生活饮用水净化用臭氧系统设备选用指南》、《污染河网水源饮用水厂处理技术和工艺运行管理指南》，规范了污染河网水源饮用水厂的处理技术、工艺运行和管理等相关内容，在饮用水深度处理领域的应用具有重要价值，对保障水厂出水安全性和稳定性具有重要指导意义。

三、实施成效

水源净化生态湿地不仅可改善水源水质，同时可改善生态环境、提升生物多样性等生态服务功能，有效促进了生态和人居环境的持续改善，拥有很好的社会经济环境效益。水源净化生态湿地具备水质提升改善、环境改善、生物多样性提升等多方面生态服务功能。

形成了"水源湿地+生物预处理+强化常规处理+臭氧活性炭深度处理+紫外-氯联合消毒"全新的饮用水处理模式（供水嘉兴模式）。嘉兴市水源水质从2008年的Ⅴ类和劣Ⅴ类为主到目前的Ⅲ类水体为主，湿地出水氨氮指标达到Ⅲ类水体的保证率为95%以上；通过湿地和水厂对氨氮和有机物的协同净化技术的应用，解决了一直困扰的冬季低温期氨氮无法稳定达标的难题，保障水厂出水稳定达标的同时，出水水质得到很大的提升：浊度、化学需氧量、氨氮分别从2005年的0.14 NTU、2.4 mg/L、0.23 mg/L下降到2020年的0.04 NTU、1.43 mg/L、0.02 mg/L。为城乡一体化供水安全保障、社会的和谐发展奠定了基础，社会环境效益明显。

技 术 来 源

• 浙江太湖河网地区饮用水安全保障技术集成与示范（2012ZX07403003）

79 饮用水嗅味识别与控制成套技术

> **适用范围**：水源嗅味调控可应用于发生藻源嗅味问题的水库运行管理。水
> 厂嗅味去除技术可应用于季节性嗅味的应急处理以及水厂高效
> 去除，还可用于高效活性炭的筛选或开发。
>
> **关 键 词**：饮用水；嗅味；嗅味物质；嗅味识别；产嗅藻；嗅味控制

一、技 术 背 景

（一）国内外技术现状

从嗅味评价来看，目前我国相关方法标准因缺乏可靠的质控体系，存在人为因素
影响大、无法定性等问题，难以满足水质管理需求。欧美一些水厂采用嗅觉层次分析
法，可对嗅味进行定性和半定量评价。对于嗅味物质的识别，感官气相色谱是目前国
际上普遍采用的一种手段，但该方法主要用于食品、香料等行业高浓度风味物质的鉴
定，对于饮用水中的应用有待于进一步确认。

藻类是2-甲基异莰醇和土臭素等土霉味物质的主要来源，国际上从20世纪70年代就
开展了大量研究，成功识别出多种产嗅藻，然而我国水源中的主要产嗅藻及特性尚待
于进一步明确。有采用硫酸铜杀藻、水下供氧、混合破坏水体分层等的方法来进行藻
类控制，但总体效果一般，或对湖库生态系统具有较大危害。进一步探讨从水源上降
低嗅味发生的策略或技术，对于减轻后续水厂工艺处理的压力具有重要意义。

对于饮用水中嗅味的去除，臭氧、活性炭、高锰酸钾甚至氯气氧化等均能不同程度去
除一些致嗅物质。但不同致嗅物质其最佳的去除技术不同。针对水中嗅味物质复杂多变的
特点，确定适用的嗅味控制技术及其应用条件，是有效解决饮用水嗅味问题的重要基础。

（二）主要问题和技术难点

嗅味是饮用水最为关注的水质指标之一。致嗅物质嗅阈值极低导致嗅味溯因

困难，行业整体应对能力严重不足。为有效解决饮用水嗅味问题，需突破如下技术难点：

（1）嗅味物质难以识别，需要建立并完善嗅味表征识别技术。

（2）湖库水源藻类增殖是主要嗅味来源之一，目前的源头控制技术均难以适用，需突破源头控制产嗅藻、削减嗅味的技术瓶颈。

（3）水厂是去除嗅味物质的关键保障，嗅味物质复杂多样，需开发高效的嗅味去除技术和系统化解决方案。

（三）技术需求分析

（1）嗅味物质识别技术的需求，确定嗅味物质是有效解决嗅味问题的基础和关键。

（2）从源头采取措施抑制产嗅藻的生长，对于削减嗅味问题的产生具有重要意义，需要探索新的技术思路。

（3）嗅味物质复杂多样，需要针对不同嗅味物质的特征，开发高效处理技术或方案。

二、技 术 介 绍

（一）技术基本组成

该成套技术包括嗅味表征方法和嗅味控制两个关键部分。其中，识别技术涵盖嗅觉层次分析法等，用于嗅味表征和嗅味物质的识别；嗅味控制主要通过水源调控和水厂去除技术的结合，实现嗅味的有效控制。主要构成如图79.1所示。

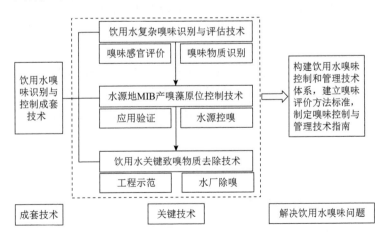

图79.1　饮用水嗅味识别与控制成套技术组成图

（1）饮用水嗅味表征方法。涵盖以嗅觉层次分析法、感官闻测与全二维气相色谱-高分辨质谱分析同步的嗅味物质识别技术、100种嗅味物质的多组分同时定量分析方法，实现复杂水质条件下关键致嗅物的鉴定。

嗅觉层次分析法：通过嗅味特征测试、嗅味敏感性测试、嗅味特征描述、人员规范化培训等手段，对水中嗅味类型和强度特征进行科学描述，实现饮用水嗅味的定性、半定量评价。

基于感官闻测与色谱分析同步的嗅味物质识别技术。将嗅觉层次分析-感官气相色谱与全二维气相色谱-高分辨质谱相耦合，推断可能存在的致嗅物质，并基于嗅味活性值与嗅味重组验证，实现水中关键嗅味物质的识别鉴定。

多组分嗅味物质同时定量分析技术。通过液液萃取对水中嗅味物质进行浓缩，利用GC/MS/MS进行定量，实现水中100种特征嗅味物质的同时定量分析，并嵌入嗅味特征以及物质质谱信息，形成嗅味物质分析数据信息库。

（2）水下光照调节的湖库产嗅藻控制技术。针对丝状产嗅藻具有喜好在水体亚表层生长的特点，基于调节水下光照对产嗅藻进行原位控制。实施时，可结合主要产嗅藻特征以及水库特点，通过水位或浊度的调节等进行原位调控，实现源头上的调光抑藻控嗅。

（3）基于物质特征的嗅味去除技术。对饮用水土霉味、腥臭味/化学味等典型嗅味问题，以氧化为核心进行硫醚类物质去除、以活性炭为核心进行土霉味去除、以氧化与吸附耦合进行复杂嗅味物质的去除。对于活性炭吸附，基于微孔孔容进行高效活性炭的筛选或制备，并基于动力学模型对粉末活性炭投量进行快速测算。

（二）技术突破及创新性

本技术创新类型属于原始创新和集成创新：

（1）可实现嗅味表征—物质识别—定量分析—嗅味追因的嗅味问题全过程解析，填补了我国饮用水嗅味物质识别方法学的空白，有效解决复杂水质条件下嗅味物质识别的难题。属于集成创新技术。

（2）水源地MIB产嗅藻原位控制技术。结合水库的优化运行对产嗅藻进行原位控制，是一种绿色、根本性的方法，为水库型水源嗅味控制提供了一种新的思路。属于原始创新。

（3）基于物质特征的嗅味去除技术。形成了不同工艺条件下应对典型嗅味问题的技术方案，建立以微孔孔容为指标的高效活性炭筛选方法，突破了以碘值、亚甲基蓝值进行活性炭筛选且嗅味去除技术适应性不强的问题。属于集成创新。

（三）工程示范

1. 嗅味表征方法通过技术培训等方式进行应用验证

在上海、北京、深圳等40多个城市培训技术人员1000余名；应用于全国重点流域/区域55城市209座水厂嗅味调查，揭示我国饮用水土霉味和腥臭味污染的普遍性，确认硫醚类为主要腥臭味物质，为水质标准修订提供重要数据基础。

2. 产嗅藻控制技术在北京密云和上海青草沙水库应用验证

确定密云水库中浮丝藻是主要产嗅藻，结合库型及流场分布等特点，通过原位实验与模拟计算出安全水位为146.3 m。以南水北调补水密云水库为契机，从135米抬升至安全水位以上，浮丝藻密度和2-甲基异莰醇浓度较低，验证了调控策略的效果。

确定青草沙水库产嗅藻为假鱼腥藻，针对水库进水浊度较高的特点，在嗅味高风险的春夏季通过加大水库引排流量，维持库内较高浊度水平、增加水体消光系数，有效抑制了产嗅藻生长。2020年进水流量提升49%，土霉味降低81%，有效控制了嗅味问题。

3. 水厂嗅味去除技术在上海新车墩和深圳长流陂水厂等进行示范

上海新车墩水厂采用金泽水库原水，工程设计规模16万 m^3/d。确认主要嗅味类型为腐败味/腥臭味及土霉味，识别确定2-甲基异莰醇、二甲基二硫醚等14种关键致嗅物。采用了以预臭氧-臭氧活性炭为核心的深度处理工艺，预臭氧（0.5～1.0 mg/L）与主臭氧（0.5～1.0 mg/L）同时投加的方式运行。该工程于2018年3月开始运行，原水有明显腐败、土霉味和化学味（强度6～8级），出厂水嗅味完全消除，相关嗅味物质检出均低于嗅阈值。相关技术进一步推广应用到以金泽水库为水源的其他上海郊区水厂。

深圳长流陂水厂设计规模35万 m^3/d，采用基于适配孔容的高效活性炭筛选技术，对2-甲基异莰醇季节性土霉味控制技术进行了示范。未采用项目技术前，粉末活性炭投量平均40 mg/L，对活性炭筛选和投量优化后，粉末活性炭平均投量降低为15～20 mg/L，每年节约除嗅成本约1000万元。嗅味控制工程应用示范如图79.2所示。

图79.2　嗅味控制工程应用示范：上海新车墩水厂（左）和深圳长流陂水厂（右）

（四）推广与应用情况

项目成果以标准、规范、软件和示范工程的形式进行了转化和应用，直接支持了上海、深圳、济南、呼和浩特、珠海等城市嗅味问题的解决，为有效解决我国饮用水的嗅味问题、推动供水行业技术进步做出关键科技支撑。

（1）多层级嗅味表征方法应用于多项方法标准的制修订，在供水行业得到推广应用。嗅觉层次分析法在山东省、上海、珠海等20多个城市进行了业务化应用，致嗅物质质谱数据库实现商业转化。表征方法纳入《生活饮用水标准检验方法》（GB 5750）、《城镇供水水质标准检验方法》（CJ/T 141—2018）以及山东省和上海市地方（团体）标准等。

（2）全国性调查数据支撑了《生活饮用水卫生标准》（GB 5749）中嗅味指标的修订，其中二甲基二硫和二甲基三硫作为附录指标首次列入。

（3）为多座水源水库优化运行提供技术支持，技术服务于上海青草沙、珠海凤凰山等7座水库的优化运行，总供水规模近900万m^3/d，服务人口近3000万。

（4）应用于10项大型供水工程的嗅味控制，包括上海（4座）、山东济南（4座）、深圳长流陂水厂和呼和浩特金河水厂，总供水规模达280万m^3/d。

（5）纳入《饮用水嗅味控制与管理技术指南》（完成评审），山东省《水库型水源给水厂工艺改造技术导则》（DB37/T 2677—2015）、上海市《原水系统应急投加粉末活性炭技术规程》（沪供水监〔2018〕93号）等。

三、实 施 成 效

嗅味表征方法成果以行业标准、软件等方式得以固化，并在供水行业推广应用；产嗅藻调控技术已经为7座水库水源的优化运行提供技术服务；嗅味去除技术应用于上海等地10座水厂的嗅味控制工程，总规模超280万m^3/d，为水厂工艺改造优化提供科学支撑。相关技术有效支撑了北京、上海、深圳、珠海以及济南等地饮用水嗅味问题的解决。成果的推广应用将全面提升我国供水行业嗅味管理与控制技术水平，提升消费者对饮用水安全的信心，产生重要的社会效益。

技 术 来 源

- 饮用水特征嗅味物质识别与控制技术研究与示范（2015ZX07406001）
- 太湖流域上海饮用水安全保障技术集成与示范（2012ZX07403002）
- 微污染江河原水高效净化关键技术与示范（2008ZX07421004）
- 水质监测关键技术及标准化研究与示范（2008ZX07420001）

80 臭氧活性炭深度处理次生风险控制成套技术

> **适用范围**：微型动物风险防控技术适用于我国华南地区、黄河下游、长江下游等地区的以河流湖库型水源为原水的臭氧活性炭水厂；溴酸盐副产物控制技术适用于我国沿海城市、太湖流域、黄河流域等地区，采用高溴水源（含溴离子100μg/L以上）为原水的臭氧活性炭水厂。
>
> **关 键 词**：饮用水；深度处理；次生风险；溴酸盐副产物；微型动物风险

一、技 术 背 景

（一）国内外技术现状

水专项实施前，微型动物风险主要靠投加药剂灭活。但是，药剂灭活需要较高的CT值，一方面会影响连续生产、难以保障供水，另一方面也会对水处理设施的运行造成不利影响，还可能会带来副产物的次生风险。因此，现有的微型动物控制措施仍然存在诸多的局限性。

针对饮用水中溴酸盐副产物风险的问题，国内外学者提出了三种控制方法：前体物控制、生成控制和末端控制。前体物控制方法主要是通过离子交换或者反渗透等膜技术去除溴离子，成本较高，不适合在大规模市政供水系统中采用；末端控制主要有活性炭吸附、膜技术、铁还原技术等，这类技术存在工艺流程长、成本较高、出水色度增高等问题，较难在实际工程中应用。

（二）主要问题和技术难点

随着以臭氧活性炭技术为代表的深度处理技术日益广泛的应用，各地在运行管理过程中出现了较多次生风险问题，限制了该工艺的推广应用。在我国以湖库型水源为代表的南方地区，水源污染及水体富营养化导致以红虫、剑水蚤为主的无脊椎微型动物带来的生物穿透成为当地臭氧活性炭水厂潜在的安全风险；对于水源受咸潮影响的沿海城市，或受到其他溴离子污染的地区，原水中溴离子含量较高，在臭氧化过程中产生致癌性溴酸盐是臭氧活性炭水厂需要解决的重要问题。

微型动物风险防控面临的主要技术难点在于：①南方地区湿热气候条件下，微型动物的繁殖是活性炭池生态系统中食物链形成的必然过程，无法根本地避免；②在保障连续生产、不损伤活性炭孔隙结构的前提下，如何通过运行管理手段，平衡活性炭池的生物降解功能和微型动物过度繁殖。

溴酸盐副产物风险控制面临的主要技术难点在于：①我国淡水资源匮乏，在部分地区含溴离子浓度较高的水源也被作为饮用水水源，导致溴酸盐问题难以从源头避免；②由于溴酸盐不能产生沉淀或降解，且去除溴离子的工艺因成本原因很难大规模应用，因此很难经济高效地控制水厂溴酸盐问题。

（三）技术需求分析

由于臭氧和活性炭的技术特性，其在应用过程中相较于常规处理工艺更易产生微型动物泄漏和溴酸盐超标的次生风险，使人们对臭氧活性炭工艺的应用条件提出了质疑。在微型动物生长繁殖旺盛期，或原水溴离子浓度突然升高的情况下，臭氧活性炭水厂甚至会选择停止臭氧投加，削弱了该工艺应有的水质保障作用。因此，臭氧活性炭工艺的次生风险问题一直是限制其推广应用的最大阻碍，迫切需要提高该工艺的生物安全性和化学安全性。

二、技 术 介 绍

（一）技术基本组成

结合上述技术背景，国内臭氧活性炭技术应用主要受限于微型动物泄漏风险和臭氧氧化溴酸盐副产物的生成等问题，单一的关键技术不能完全解决臭氧活性炭工艺在应用过程中的次生风险问题。通过总结凝练水专项实施以来针对臭氧活性炭次生风险控制研究成果，形成臭氧活性炭深度处理次生风险控制成套技术。臭氧活性炭深度处理次生风险控制成套技术包括微型动物风险防控技术、溴酸盐副产物控制技术两大关键技术，此外还包括臭氧投加优化技术、上向流-活性炭池前置技术等支撑技术，共同组成成套技术，技术组成如图80.1所示。

（二）技术突破及创新性

（1）微型动物风险防控技术在国内首次对臭氧活性炭工艺中微型动物生长、繁殖和迁移规律进行系统研究，在此基础上首创了微型动物风险监测预警、交替预氧化灭活、高效絮凝沉淀去除技术、微型动物冲击式杀灭等一系列微型动物控制技术，并通过技术集成建立了全流程多级屏障微型动物预防与控制技术，取得了较好的理论与技术突破。该技术将水厂出厂水中微型动物密度基本维持在小于2个/100L的水平，成本增

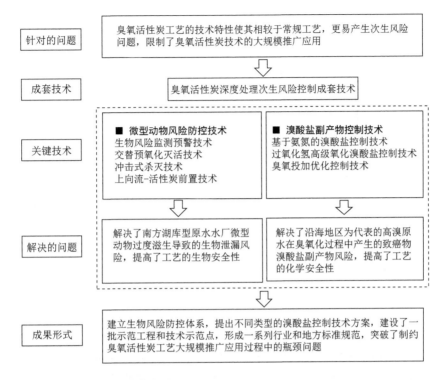

图80.1 臭氧活性炭深度处理次生风险控制成套技术组成图

加仅为0.19元/m³，极大地提高了臭氧活性炭水厂的生物安全性。

（2）溴酸盐副产物控制技术阐明了不同水源水质条件下溴酸盐的生成机理和影响因素，因地制宜地提出了不同溴酸盐控制技术。针对高氨氮高有机物的太湖原水，提出基于氨氮的溴酸盐抑制技术，当氨氮浓度为0.2 mg/L时，对溴酸盐的抑制率最优；针对高藻高嗅味的引黄水库型原水，提出过氧化氢高级氧化控制溴酸盐技术，并在过氧化氢与臭氧投加比为1∶1（摩尔比）时达到最佳抑制效果。该技术针对性和可操作性强，易于在现有工艺中实现，有稳定可靠的运行效果，出厂水溴酸盐浓度小于5 μg/L，有效地控制了溴酸盐生成的风险，提高了工艺的化学安全性。

（3）臭氧活性炭深度处理次生风险控制成套技术破解了臭氧活性炭深度处理次生风险控制技术难题，实现了对微型动物泄漏和溴酸盐超标的防控，提高臭氧活性炭深度处理工艺的生物与化学安全性，拓宽了臭氧活性炭工艺的应用边界条件。基于该成套技术的示范应用与实践经验总结，编制了行业设计标准和运行规程，指导了臭氧活性炭工艺在次生风险控制方面的规范化运行及标准化管理。

（三）工程示范

1. 深圳红木山水厂

红木山水厂二期总占地面积3.74万m²，总投资4.15亿元，在红木山水厂一期15万m³/d常规水处理工艺的基础上新建15万 m³/d 常规水处理工艺和30万 m³/d 深度处理工艺设施，于2020年4月投产。水厂采用"预臭氧—混凝沉淀—上向流臭氧活性炭滤池—砂滤—次氯酸钠消毒"处理工艺，是粤港澳大湾区首座采用前置上向流臭氧活性炭深度处理工艺的水厂。

针对粤港澳大湾区普遍存在的微型动物风险防控问题，红木山水厂应用了上向流-活性炭池前置技术，从设计角度降低生物泄漏的风险。其主要特点有：

（1）活性炭处于微膨胀状态，膨胀率达到30%～50%，保证活性炭悬浮状态充分接触水体，微生物分布较均匀，微型动物难以在活性炭层中附着生长。

（2）水流向上，有效降低了炭池中剑水蚤等微型动物滋生风险。

（3）砂滤池后置，能防止微型动物穿透泄漏，大大降低了生物泄漏风险，保证了出水的稳定。

红木山水厂应用该技术大幅提升了出厂水质及其稳定性。针对水厂的连续监测显示，未发现微型动物泄漏问题，出厂水水质优于国家《生活饮用水卫生标准》（GB 5749—2006）。

2. 吴江第二水厂

吴江第二水厂总规模30万 m³/d，以东太湖为水源，水质呈现富营养化趋势，原水溴化物浓度0.1～0.2 mg/L，具有很高的溴酸盐生成潜力，存在溴酸盐控制等技术需求。水专项实施以来，吴江第二水厂应用了基于氨氮的溴酸盐抑制技术，水厂中设置了硫酸铵投加系统，设备投入140万元。当原水溴离子浓度较高，采用臭氧活性炭进行深度处理时，通过投加0.2～0.3 mg/L 的硫酸铵可以有效地控制出厂水中的溴酸盐浓度。水厂在加铵运行期间，对出厂水进行跟踪监测，结果显示水质全部合格。出水溴酸盐浓度小于5 μg/L，去除率为40%～60%，解决了东太湖水源微污染和溴酸盐超标问题，全面提升吴江饮用水水质。

（四）推广与应用情况

臭氧活性炭次生风险控制成套技术针对生物安全问题，总结形成微型动物防控技术，建设了广州南州水厂、东莞第二水厂等示范工程，并在粤港澳大湾区、南水北调受水区等地区进行了技术示范和规模化应用，总处理规模在300万 m³/d 以上；针对致癌性溴酸盐风险，提出基于加氨的溴酸盐抑制技术和过氧化氢高级氧化控制溴酸盐技术等不同溴酸盐控制技术，建成吴江第二水厂（30万 m³/d）、济南鹊华水厂（20万 m³/d）等示范工程，在我国太湖流域、黄河流域进行了推广应用，规模超过1000万 m³/d。

水专项期间，根据臭氧活性炭深度处理工艺的主要研究成果和工程应用经验，总结编制形成《生活饮用水净水厂用煤质活性炭》（CJ/T 345—2010）、《江苏省城镇供水厂臭氧-生物活性炭工艺运行管理指南》和《江苏省城镇供水厂生物活性炭失效判别标准和更换导则》（苏建城〔2016〕493号）等一系列行业和地方标准规范，为臭氧活性炭工艺的设计运行和工程应用提供了依据和指导。专项成果中微型动物风险防控技术被列入《室外给水设计标准》（GB 50013—2018）、《城镇供水设施建设与改造技术指南》，为优化颗粒活性炭吸附工艺和应对生物风险提供了指导，受到供水行业的高度认可。

三、实 施 成 效

臭氧活性炭深度处理次生风险控制技术突破了制约臭氧活性炭工艺大规模推广应用过程中的瓶颈问题，基本消除了广大群众反映强烈的饮用水中生物泄漏导致的感官问题和致癌溴酸盐超标的水质问题，提高了臭氧活性炭工艺的生物与化学安全性，有效保障了臭氧活性炭工艺在太湖流域、南水北调受水区、粤港澳大湾区等地区的大规模示范和推广应用。2007年我国臭氧-活性炭深度处理工艺规模仅为800万m³/d左右，随后各地臭氧活性炭水厂工程迅速普及，在太湖流域、南水北调受水区、珠江流域等地区进行了技术示范和规模化应用，建设了包括深圳笔架山水厂、吴江第二水厂、济南鹊华水厂等一系列水专项示范工程。"十三五"以来，臭氧活性炭深度处理次生风险控制技术在江苏相城水厂、深圳红木山水厂等新建水厂均进行了推广应用，有效保障了这些水厂的生产运行。截至2020年，我国臭氧活性炭水厂总数已达到130座以上，总制水规模已经达到5000万m³/d以上。臭氧活性炭水厂规模和数量增长情况如图80.2所示。

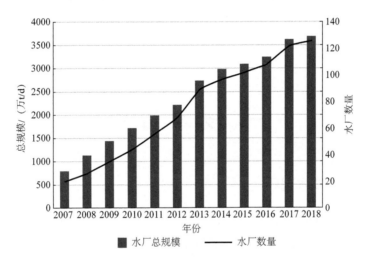

图80.2 水专项实施以来臭氧活性炭水厂规模和数量增长情况

技 术 来 源

- 南方湿热地区深度处理工艺关键技术与系统化（2009ZX07423003）
- 高嗅味、高溴离子引黄水库水臭氧-生物活性炭处理技术优化与示范（2008ZX07422004）
- 江苏太湖水源饮用安全保障技术集成与综合示范（2012ZX07403001）
- 微污染江河原水高效净化关键技术与示范（2008ZX07421004）
- 城镇供水系统运行管理关键技术评估及标准化（2017ZX07501002）

81 水源切换管网"黄水"识别与控制成套技术

适用范围：对于管网稳定性非常强的独立管网区域，如地表水厂供水区域，可以一次性切换水源；对于管垢稳定性比较差的区域，可以采用本地水和切换水源混合并逐步提高切换水源比例同时调节管网余氯的方式，最终完全切换为新水源。

关 键 词：水源切换；黄水；敏感区识别

一、技 术 背 景

（一）国内外技术现状

水源切换过程管网"黄水"发生最初认为与管网进水的化学稳定性有关。城镇供水行业应用最多的水质化学稳定性判别指数是基于碳酸钙沉淀溶解平衡而建立的判别指数，包括：Langelier饱和指数、Rynar稳定指数和碳酸钙沉淀势等。这些指数主要与pH和碱度等水质指标有关。另一类评价指数是基于其他水质参数的指数，如Larson指数和腐蚀指数等。

后来大家认识到对于铸铁管网来说，管网发生"黄水"主要涉及管网铁稳定性问题。铁稳定性问题主要包括管网腐蚀、管垢形成、铁释放现象等多个复杂问题。铁的腐蚀和释放是一个既相互联系又相互区别的过程。如果腐蚀产物经过慢速的氧化过程可以形成对金属基体有良好保护作用的氧化层，就能够限制金属基体的进一步腐蚀。如果水质条件不利于形成保护层，铁基体的腐蚀就会引起大量铁组分释放，从而导致"黄水"现象。

（二）主要问题和技术难点

长距离调水已成为众多城市解决水资源短缺问题的重要方式。然而，水源切换后，在出厂水完全达标的情况下，管网输送过程水质严重下降甚至出现"黄水"的情况却经常发生。2008年10月，北京市调入河北省黄壁庄水库应急水源后，部分区域龙头水出现持续较长时间的"黄水"现象。南水北调工程使得我国很多城市形成多水源供水格局。很多城市存在水处理工艺适配性差的问题，在水源切换过程中难免造成金属管网发生"黄水"问题。因此，结合我国各城市实际情况，明确水源切换过程中管网容易发生"黄水"的敏感区域并提出控制措施是水专项需要解决的重要技术难点。

（三）技术需求分析

我国现役管网中无防腐内衬的灰口铸铁管和钢管（包括镀锌钢管）还占有相当大的比例，其管龄大都在20年以上，这种管网在面临南水北调大规模水源切换时发生"黄水"的风险较大。短期内完全更换这类管材也不可能。因此，明确水源切换条件下管网"黄水"发生的机制，形成水源切换过程"黄水"敏感区识别技术并对相关区域提出防控措施，保障管网水质安全是面临的迫切技术需求。

二、技 术 介 绍

（一）技术基本组成

水源切换管网"黄水"识别与控制技术主要来源于国家"水专项""十一五"、"十二五"和"十三五"南水北调京津、河南和山东等受水区饮用水安全保障技术研究与示范相关课题。水源切换管网"黄水"识别与控制技术主要包括管网水质敏感区识别技术和水源切换过程调度调配技术两个关键技术。管网水质敏感区识别技术主要涉及管垢组成分析、管网进水水质差异性分析和水源切换后铁腐蚀产物释放分析。水源切换过程调度调配技术主要涉及多水源调配比例、置换周期和水厂运行调控等。

传统观点认为管网进水拉森指数维持在0.5以下可以有效降低管网进水的腐蚀性，减少水源切换"黄水"发生概率。水专项研究成果表明，管垢稳定性差异是判别水源切换时能否发生大规模管网"黄水"的关键。水源切换时不易发生"黄水"的管道其管垢表面存在以Fe_3O_4为主的致密腐蚀层，而生物膜中铁还原菌和硝酸盐还原菌为优势菌属时有利于Fe_3O_4的生成。如果管网进水硝酸盐氮（NO_3^--N）浓度低于3 mg/L，长期运行条件下管网生物膜中铁还原菌和硝酸盐还原菌的呼吸代谢过程可以诱导Fe_3O_4生成，从而加速管垢稳定。在此基础上结合铁离子释放量识别"黄水"敏感区，该方法即为以拉森指数和硝酸盐氮浓度为主要指标的管网黄水敏感区识别方法。在对水源切换"黄水"敏感区进行识别的基础上，通过水源切换过程管道允许的铁的最大释放量计算铁的稳定指数，从而确定多水源调配比例，分析置换周期，最终通过管网水质监测，调控水厂运行参数，降低浊度提高余氯，从而控制"黄水"发生，此即为多水源切换过程调度调配技术。水源切换管网"黄水"识别与控制成套技术组成如图81.1所示。

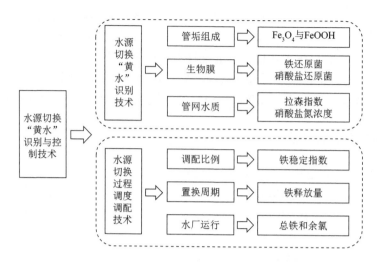

图81.1   水源切换管网"黄水"识别与控制成套技术组成图

（二）技术突破及创新性

本技术创新类型属于集成创新，技术增量如下：

（1）水源切换管网敏感区识别主要是基于管垢稳定性，如果Fe_3O_4与α-FeOOH的含量比值（M/G）>1，管网为稳定区域，水源切换时无发生黄水风险；0.3<M/G<1，管垢稳定性较差，存在一定风险；M/G<0.1，管垢不稳定，发生黄水风险高。

（2）管网供水区域NO_3^--N小于3 mg/L，则管网中占优势的硝酸盐还原菌和铁还原菌容易引发铁的氧化还原循环，使得腐蚀产物中形成大量Fe_3O_4，管垢稳定；供水区域NO_3^--N浓度高于7 mg/L，管垢稳定性差，存在黄水风险。另外，管网水中相对较高浓度的余氯和溶解氧对管垢的稳定性具有促进作用。因此，引入硝酸盐、溶解氧和余氯修订传统拉森指数，提出了具有普适性的水源切换管网"黄水"预测指数，以此形成了基于水质参数的供水管道管垢稳定性评价技术用于"黄水"预测。

（3）探究出厂水水质指标对管网水质稳定性的影响规律，发现溶解氧、余氯、总碱度、硫酸根、硝酸盐和pH值等是影响管网铁释放的重要参数，由此构建了以出厂水水质控制为核心的水厂-管网协同控制技术，并在此基础上形成了包括多水源分区调度调配、基于水厂消毒与管网末梢余氯控制的管网水质稳定性综合控制技术。

（三）工程示范

2008年北京奥运会前期，北京通过调用河北黄壁庄水库水增加北京供水，但是由于水质发生变化导致北京供水区域发生了大面积"黄水"。针对北京及其他地方发生的水源切换引发"黄水"的问题，水专项研究成果表明，管垢稳定性是导致水源切换"黄水"发生的重要因素。另外，如果管网进水NO_3^--N浓度小于3 mg/L，长期运行条件下管网中铁还原菌和硝酸盐还原菌的呼吸代谢过程引发铁的氧化还原循环过程，加速管垢稳定。该技术突破用管垢作为黄水的判定依据，提出了基于拉森指数和硝酸盐氮浓度的"黄水"敏感区评价方法，同时结合管网水溶解氧、余氯等指标，从合理性、敏感性、准确性等方面对水源切换管网"黄水"敏感区的判断技术都有了明显的提升，对保障京津受水区管网水质具有很高的价值。

为防止南水北调水源切换过程中出现大面积管网黄水问题，保障管网水质安全，北京市供水主管部门将课题成果"水源切换管网黄水敏感区识别方法和水质稳定性控制技术"在北京市的供水管网进行了示范应用，划定了北京市城区供水管网黄水敏感区域，在此基础上制定了管网黄水控制的综合技术方案：在管网稳定性强的独立管网区域，如地表水厂（包括近几年实施过水源切换的水厂）供水区域一次性切换南水北调水；在管网稳定性差的区域水源切换采用本地水和南水北调水混合并逐步提高南水北调水源比例的方式（初期外调水源比例不超过30%，逐月提高比例，最后至100%南水北调水源）；对管网黄水敏感区制定了完备的水质监测、管网冲洗、供水调度等应急控制策略。

研究过程中在北京第三水厂、第八水厂、第九水厂和郭公庄水厂进行了北京市多水源供水条件下的大型复杂管网体系水质安全保障控制技术示范，涉及800万供水人口的工程示范，有效保障了南水北调水源切换期间北京的供水安全。

（四）推广与应用情况

水源切换管网"黄水"识别与控制技术在北京、济南和郑州等地得到了推广应用，技术就绪度达到8级，有效保障了南水北调水源切换过程中管网水质安全。

水源切换管网黄水敏感区识别方法和管网水质控制技术，避免了北京市水源频繁切换可能导致的黄水现象，实现从水源到管网的全流程水质安全保障，涵盖800万人口的管网示范区水质全面达标，取得了巨大的社会效益，同时编制《南水北调中线受水区城市供水系统安全保障管理体系》（建议稿）。

山东济南城市供水一体化综合信息管理系统建立了覆盖城区的100个压力、流量、水质等指标的监测网络，实现了压力、水力及余氯等3个指标的动态模拟计算分析和辅助决策，管网运行能耗降低5%，该技术成功应用于济南市供水管网智能化管理平台建设，同时编制了《南水北调山东受水区城市供水管网水质保障技术指南》。

河南郑州在多水源供水系统水质水量联合调配和调度实践技术研发过程中开发了郑州市多水源供水调度决策支持系统，为南水北调典型城市供水调度提供了辅助优化决策工具和技术支持，同时形成了《南水北调河南受水区典型城市供水系统水源切换及应对技术指南》。

三、实　施　成　效

2014年底，南水北调中线工程全线贯通，丹江口水库水途经1276 km渠道输送进京。水源切换时，由于水质化学特征的差异容易导致供水系统出现"黄水"。水专项针对南水北调水源可能导致的"黄水"问题组织了专题研究，揭示了供水管网"黄水"发生机理，结合管网水拉森指数、碱度、溶解氧、余氯、硝酸盐氮等指标提出了管网"黄水"预测指数，据此绘制出水源切换后供水管网"黄水"风险分布图，形成"黄水"控制的综合技术方案。成果应用于北京市主要供水区域，成功避免了大面积"黄水"的发生，有效保障了南水进京后的首都供水安全。同时该成果成功应用于山东济南和河南郑州等城市水源切换过程管网水质安全保障，取得了重大的经济效益。

技 术 来 源

- 南方大型输配水管网诊断改造优化与水质稳定技术集成与示范（2009ZX07423004）
- 南水北调受水区饮用水安全保障共性技术研究与示范（2009ZX07424003）
- 南水北调河南受水区饮用水安全保障技术研究与示范（2012ZX07404004）
- 南水北调山东受水区饮用水安全保障技术研究与综合示范（2012ZX07404003）
- 南水北调京津受水区供水安全保障技术研究与示范（2012ZX07404002）

82 供水管网漏损识别与控制成套技术

适用范围：供售水数据、管网基础信息、管网运行监测数据、管网运维数据较为完善的城镇供水管网。但在数据不够完善的城镇供水管网，也可根据数据情况，应用成套技术中的部分内容。其中，管网漏损解析技术适用于供售水数据、管网运维数据比较完整的管网；管网漏损识别技术与管网漏损控制技术适用于管网基础信息准确、管网运维数据完整、实施了分区计量的管网。管网漏损解析技术可应用于整个管网，也可应用于管网中的某个区域；管网漏损识别技术与管网漏损控制技术主要应用于管网中的独立计量区。应用注意事项：在不同的管网中应用时，方法的参数或有所不同，需要根据管网特征来率定相关方法的参数。

关 键 词：供水管网；漏损识别；漏损控制；水量平衡分析；分区计量

一、技 术 背 景

（一）国内外技术现状

管网漏损主要通过漏损解析、漏失监测、管网优化更新及压力调控等方面进行管控。在漏损解析方面，主要采用国际水协会开发的水量平衡分析方法，但由于我国供水管网的管理模式及数据统计方式与国外差异较大，近年来在我国的应用效果不佳。在漏失监测方面，主要采用听音法与水力监测法两大类。听音法应用广，但由于声音信号受外界干扰较大，总体效率不高。水力监测法通过甄别正常状态与漏失状态下的水力信息，来识别管网漏失状态。随着监测技术的发展，该方法应用越来越多。在管网优化更新方面，主要基于漏失预测，以管道服役期内的总成本最低为优化目标，优化管道更新年限。在压力调控方面，主要开展了压力控制策略优化、压力控制设备研发及应用等研究。

（二）主要问题和技术难点

供水管网漏损是全球供水行业长期面临的普遍问题。技术开发前，我国供水管网平均综合漏损率为18%左右，距离国际先进水平（如新加坡的5%）及"水十条"的要求（2020年公共供水管网漏损率不超过10%）具有较大差距。供水管网漏损的主要技术难点包括：一是管网漏损解析难，管网漏损构成复杂，水量计量体系不够完善，难以对管网漏损进行准确定量解析。二是管网漏损识别定位难，管网漏损识别定位仍以传统的听音检漏法为主，有大量的漏损不能及时监测出来。三是管网漏损控制措施优化难，缺乏对漏损控制措施效果的预测，漏损控制方案不够优化，漏损控制效率较低。

（三）技术需求分析

尽管已经建立了管网漏损控制指导性框架，但实际控制效果更多依赖于能否针对特定管网制定出适用性的漏损识别与控制方法。而在管网运行管理中，存在管材构成复杂、部分管道老化严重、管网拓扑结构复杂、运行监控能力不足等因素，导致难以高效控制管网漏损。同时，管网漏损是一个系统性问题，单一技术难有效解决，因此，我国迫切需要建立一套适合我国供水管网特征与管理特点的管网漏损识别与控制成套技术，提升管网漏损控制能力。

二、技 术 介 绍

（一）技术基本组成

针对管网漏损控制难题，在管网水量平衡分析、基于分区计量的漏损监测，以及管网压力优化调控等方面开展研究、示范，经总结凝练，形成供水管网漏损识别与控制成套技术，隶属于饮用水安全保障多级屏障建设技术中的供水管网水质水量保障部分。

该成套技术包括管网漏损解析、管网漏损识别、管网漏损控制等方面的技术内容。针对我国供水管网运行与管理特征，对国际水协水量平衡方法进行了修正，建立了适用于我国供水管网的漏损定量解析方法，指导管网漏损的针对性控制。针对管网计量体系不够完善的情况，提出了管网分区计量管理的模式与技术路线，并形成了技术指南，指导我国供水单位开展管网漏损的空间分布分析。基于管网历史破损数据建立管网破损规律模型，识别管网高破损概率管线，支持了管网漏损的高效监测与控制。通过管网分区实时监测水量水压数据，进行管网分区漏损评价与水量异常预警，提高了管网漏损预警-识别-定位的效率。通过漏损控制措施的成本效益分析，建立了漏损优化控制策略，提高了漏损控制的有效性。

除了上述关键技术之外，供水管网漏损识别与控制成套技术还包括数据采集-传输-存储技术、数学建模技术、管网维护技术等多个支撑技术。供水管网漏损识别与控制成套技术组成如图82.1所示。

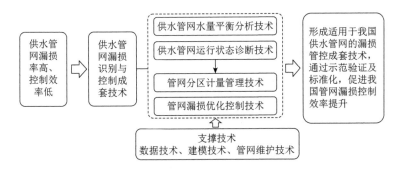

图82.1　供水管网漏损识别与控制成套技术组成图

（二）技术突破及创新性

本技术的创新体现为集成创新与单项技术应用提升。

集成创新：在水专项之前，管网漏损控制的主要思路为管网探漏与管网改造，但随着管网计量体系的不断完善与信息技术的快速发展，在水专项的支持下，形成了完整的管网漏损管控技术体系，涵盖了水量平衡分析方法、漏损高效监测技术、分区计量技术、压力控制技术等多个方面，与水专项前的技术结合，形成了管网漏损控制的集成技术。

单项技术应用提升：针对我国供水管网特征，对多个单项技术进行了适用性方法的开发，相对水专项之前，产生了明显的技术增量，提升了应用效果，具体包括以下方面：

（1）建立了适合我国供水管网特征的水量平衡分析方法。针对我国供水管网与国外供水管网运行和管理上的差异，改进了国际水协提出的水量平衡分析方法，明确了管网漏损的各个构成，为我国供水管网的漏损分析提供了基本依据。该方法是首次在我国提出，已被编入《城镇供水管网漏损控制及评定标准》（CJJ 92—2016）。

（2）开发了管网漏损高效识别方法。针对复杂管网漏损监测难的问题，建立了管线和独立计量分区（DMA）尺度上的管网漏损多级评价方法，优化了监测方案，提高了监测效率；将DMA流量监测数据与听音法检漏数据相结合，开发了基于DMA流量异常诊断与漏水噪声监听的管网漏损高效预警、监测方法，提高了漏损监测能力。

（3）构建了基于DMA的最低可达夜间流量评价方法，明确了其主要影响因素包括管材、管长、管径、管龄、户数、压力等，实现了DMA可控漏损水量的预测，并基于成本效益分析，优化了管网漏损控制策略。

（三）工程示范

水专项研发的供水管网漏损识别与控制成套技术在全国多个供水管网开展了示范验证。下面给出了在北京和苏州的示范应用情况。

北京示范应用：北京市区供水管网DN75毫米以上管道总长约9000 km，管网呈复杂环状结构，管材多样，管网漏损监测、控制难度较大。针对这一问题，通过应用研发的管网水量平衡分析方法，厘清了市区管网漏损水量的要素构成，提高了漏损控制的针对性和有效性。基于管网历史破损数据，建立了管网破损预测模型，识别了高破损风险管线，确定了漏水噪声记录仪的重点监测区和轮换监测区，提高了漏点检出率。制定了市区管网分区计量整体规划方案，自2012年起，开始实施DMA试点建设，截至2020年底，累计建成DMA 900余个，通过管网漏损快速预警，提高了漏点发现效率，单位管长最小夜间流量由13.08 m^3/(h·km)下降至3.46 m^3(h·km)，区域漏损水平显著下降。自2012年起，开始应用分级分区压力优化调控技术，制定了"分区调度-区域控压-小区控压"三级压力控制的技术方案，在满足用水需求的前提下，水厂平均出厂压力下降约4.5 m，实现了控漏与节能的双重目标。通过上述项目成果的综合示范应用，极大地促进了北京市供水管网的漏损管控水平，实现市区漏损率从2011年到2020年由14.18%下降至9.93%，实现了年节水约2500万 m^3 的效果。伴随着上述技术成果的工程应用，水量平衡分析、DMA漏损评估预警等内容均已实现业务化运行。

苏州示范应用：苏州吴江华衍水务有限公司松陵片区供水管网节水体系示范区，位于江苏省苏州市吴江经济开发区，运河以东、方尖港以北、苏嘉杭高速以西、吴淞河以南区域，供水服务面积约17.6 km^2，DN 75mm以上供水管线长度约150 km，区域内用户约2.4万户。在该示范区内，示范了管网分区计量技术，以最小化管网平均压力、最小化节点平均水龄、最小化分区改造费用和最大化分区数量为目标，实现了多目标优化分区方法。同时示范了基于供水管网水力模型与监测数据耦合驱动的漏损识别技术，基于模型校核原理，综合考虑节点漏损风险、节点流量等因素，结合测压点实际监测数据，以最小化测压点的压力模拟值与实测值的差异为目标，利用遗传算法优化节点漏失水量的空间分布，实现了管网漏损区域识别。通过上述示范内容，示范区管网漏损率由2017年的21.6%降低到了2020年的3.92%。

（四）推广与应用情况

供水管网漏损识别与控制成套技术首先在水专项应用示范地进行了工程化应用，并已形成了漏损分析-监测-控制模式，取得了显著的漏损控制效果。此外，技术在深圳、济南、东莞、德州等地进行推广应用，通过漏损评估、漏损高效监测、漏损优化控制等技术的应用，实现了漏损率在原有基础上降低20%以上的效果。

在技术标准化方面，供水管网漏损识别与控制成套技术有力支撑了国家行业标准《城镇供水管网漏损控制及评定标准》（CJJ 92—2016）的修订、住建部《城镇供水管网分区计量管理工作指南-供水管网漏损管控体系构建（试行）》的编制，为国内供水单位开展漏损控制提供了科学的、标准化的依据。

三、实 施 成 效

供水管网漏损识别与控制成套技术重点解决管网漏损解析、管网漏损高效识别与优化控制问题，通过技术的实施，供水单位可以明确漏损水量的构成与空间分布，从而制定针对性的监测与控制措施；可以缩短漏损发现周期，从而减少漏损水量；可以优化漏损控制措施，从而提高漏损控制效率与经济性。

近十余年来，我国供水管网漏损控制工作越来越受到重视，随着研发、示范与标准化，供水管网漏损识别与控制成套技术逐步在全国范围内进行推广应用，直接促进了国内供水行业漏损控制技术的进步。

技 术 来 源

- 城市供水管网水质安全保障与运行调控技术（2012ZX07408002）
- 多水源格局下水源-水厂-管网联动机制及优化调控技术（2017ZX07108002）
- 苏州市饮用水安全保障技术集成与综合应用示范（2017ZX07201001）
- 城镇供水系统运行管理关键技术评估及标准化（2017ZX07501002）

83 全流程供水水质监测预警成套技术

> **适用范围**：水质监测标准化技术可广泛适用于生活饮用水及其水源水（地表水、地下水）各类污染物的检测与筛查，可实现实验室检测、在线监测、移动监测的精确化、规范化和标准化；水质监测预警与平台构建等技术适用于城市供水全流程管理中水质信息多源监测采集、水质预警管理以及以水质为核心的水质监管平台构建工作，可应用于各级政府、城市供水企业对供水从源头到龙头的生产过程的水质质量管理和城市供水水质监测体系的建设和决策。
>
> **关 键 词**：饮用水；水质检测；水质预警；全流程

一、技 术 背 景

（一）国内外技术现状

水质检测方面，国外越来越多高灵敏度的测试方法用于水质问题的识别诊断，涌现了一大批专用于水质分析的专用技术。我国对水体痕量特征污染物的水质监测技术仍不成熟，尤其针对一些有毒有害特征污染物和复合污染水体的监测能力比较弱，还不能满足我国复杂水体的监测需要。同时，发达国家在水质监测分析方法上已经形成系列化，如美国EPA500系列、600系列等。我国发布了《生活饮用水标准检验方法》（GB/T 5750—2006），但涉及的检测方法、检测指标有限，标准中一些指标限值偏高、修订周期偏长。

水质预警方面，美国2002年开始专门研究应急检测技术，建成三级应急和预警系统，建立《饮用水源污染威胁和事故的应急反应编制导则》，为各地水务部门制定水源地突发污染事件的应急预案提供指导。我国在城市供水水质预警体系方面的研究，多侧重于水源水，一些城市建立了水源水在线监测预警系统，如深圳、武汉等。总体上，水质预警信息化建设滞后，缺乏供水水质监管业务化平台构建方面的研究。

（二）主要问题和技术难点

我国城市供水安全保障形势依然严峻，准确识别水质污染，提升水质突发污染响应能力，是水质安全保障的迫切需求。目前，我国水质监测预警技术存在以下问题与技术难点：水环境中污染物多以微量、痕量存在，我国现有检/监测技术存在水质精准性低、操作烦琐、效率低下等问题，检/监测方法标准化体系建设滞后；水质监测预警手段单一、响应速度慢、管理复杂、水质信息分散、数据异构等，供水监管平台建设标准化水平不高，从监测布点、数据采集传输、数据库建设、数据分析应用等均存在较大问题。

（三）技术需求分析

饮用水水质监测预警建设的主要技术需求是：①补充、改进和发展实验室检测行业标准，实现在线监测、移动及应急监测方法的标准化，形成"从源头到龙头"的供水系统全流程标准化监测方法体系；②将物联网、大数据等新技术与水质管理结合，开展多维度预警技术研究，研发构建饮用水水质监测预警平台，以满足供水水质管理的业务需求，提出国家、省、市三级城市供水水质监测预警系统的集成和技术平台建设技术方案。

二、技 术 介 绍

（一）技术基本组成

该技术属多级协同管理技术序列，主要由全流程供水水质监测标准化技术、供水水质监管业务化平台构建技术等2项关键技术，以及实验室检测技术、在线监测技术、移动应急监测技术、监管平台设计技术、数据质量控制技术、多源异构数据库构建、多元异构数据传输技术等7项支撑技术构成。

水专项实施三个五年以来，经过关键技术攻关和标准化工作，在"源头到龙头"供水系统监测标准体系建设、水质信息平台结构功能设计、数据质量控制、多源异构数据融合存储、平台数据安全及运行维护管理等多个方面实现了突破，建立了涵盖实验室检测、在线监测和移动检测的从"源头到龙头"全流程供水水质监测标准化技术体系，形成了供水水质监管业务化平台构建技术，技术支撑了城市供水水质监测预警技术的发展，提升了水质多级协同管理水平。全流程供水水质监测预警成套技术组成如图83.1所示。

（二）技术突破及创新性

该技术创新类型属于应用提升，技术增量如下：

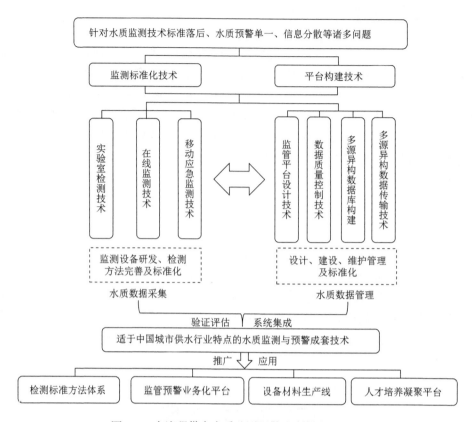

图83.1 全流程供水水质监测预警成套技术组成图

（1）建立了从"源头到龙头"供水系统全流程标准化监测技术体系，涵盖实验室检测、在线监测和移动监测，填补了在线监测标准的空白，对现行标准中部分指标的检测方法进行了补充或完善。通过监测/检测技术的优化与改进，实现了生活饮用水及其水源水中300余种痕量污染物的定性定量筛查鉴定，方法检出限降低了1～3个数量级，降低了检测的假阳性概率，显著提高了检测自动化水平，最大限度上降低了检测过程中有机试剂的使用量。

（2）研发在线监测、实验室检测及应急监测数据采集传输技术，通过技术集成形成了监管平台设计、多源异构水质数据采集传输、数据质量保证、数据安全、大数据应用、平台运维管理等平台构建技术体系，并形成了系列标准，为城市供水水质信息系统建设提供了技术支撑，对于有效解决"信息孤岛"问题，提高供水管理水平具有重要作用。

（三）工程示范

应用实例1：利用本技术中的水质检/监测技术，对南水北调东线山东受水区通水后不同类型水源水质进行评估。通过检测调研发现：水源中嗅味类型主要为土霉味和鱼腥味，主要致嗅物质为土臭素和二甲基异莰醇；引黄水源地三卤甲烷前体物总量在

0.96～1.90 mg/L，其中东营辛安水库、耿井水库、潍坊白浪河水库、济南鹊山水库三卤甲烷前体物含量较高；在调研范围内检出了不同浓度水平的全氟化合物、农兽药残留、环境激素等新兴污染物，存在污染风险。调研成果为水源水质改善和应急调控、水厂净化处理、管网安全输配提供了技术支撑。

应用实例2：城市供水水质监管平台在国家层面以及山东、河北、江苏等省市实现了业务化运行，大幅提升了城市饮用水安全保障的全过程监管能力，在供水系统安全的监管评估、重大饮用水安全事故的预警、事故发生后的应急调度等方面发挥了重要服务作用。其中，国家城市供水全过程监管平台已用于全国8个应急供水基地的日常运行管理和应急调度工作，支持了2020年7月湖北省恩施应急供水救援工作；山东、河北、江苏等省、市级水质监管业务化平台，支撑了当地实现水质预警功能业务化运行、供水水质督察业务的开展及供水规范化考核实施等。从而进一步强化了供水监管手段，促进了供水行业安全保障服务提升，为全面提高我国城市供水全过程的综合监管能力提供了技术支撑。

山东省省市两级水质监管业务化平台效果如图83.2所示。

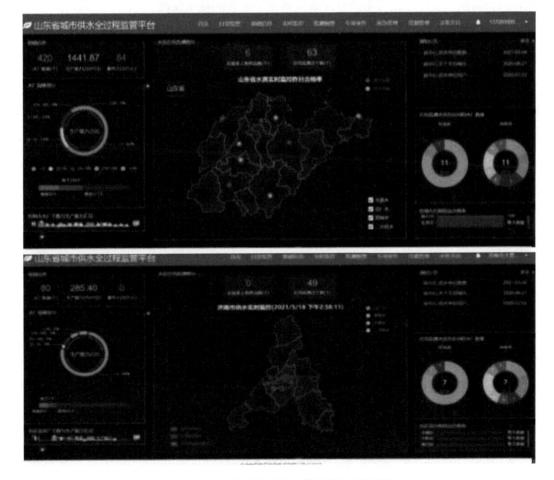

图83.2　山东省省市两级水质监管业务化平台

（四）推广与应用情况

通过全流程检/监测技术方法、水质监测预警及监管业务化平台构建技术的研究，建立了一套完整的水质检/监测（数据获取）、水质预警（数据应用）、水质信息化管理（平台支撑）的技术链条，形成相关国家、行业、地方和团体标准30余部，在全国各类监测机构、科研院所、供水企业等得到推广应用。编制的《城镇供水水质标准检验方法》（CJ/T 141—2018）等标准拓展了检测指标、提高了检测灵敏度；《城镇给水水质监测预警技术指南》（T/CECS 20010—2021）等标准，规范了供水全流程水质预警技术要求；《城镇供水信息系统安全规范》（T/YH 7003—2020）、《城镇供水系统基础信息数据库建设规范》（T/YH 7004—2020）等标准，规范了监管业务化平台信息安全、数据库建设和数据采集传输技术要求；《城市供水信息系统基础信息加工处理技术指南》（T/CECS 20002—2020）、《城市供水系统监管平台结构设计及运行维护技术指南》（T/CECS 20003—2020）等标准，规范了平台从建设到运行维护技术要求。研究成果为提高水质监测能力、水质预警能力及信息化水平发挥了重要示范作用，对保障供水安全、提升水质管理效能提供了重要的技术保障。

三、实 施 成 效

该技术在全国范围内得到推广应用，基本实现了"从水源到龙头"供水过程的"全天候、无间断"水质监测和预警。水质检/监测技术标准有效指导了检/监测技术的规范操作，提高了检/监测的效率和精准度，拓宽了检/监测手段与方式。在"2015年兰州自来水异味事件"等多起供水企业不明污染事件的应对中发挥了积极作用，及时判明了污染问题及来源，为供水部门提供了水质信息，为后续污染控制与去除提供了技术服务与重要依据。

供水水质监管业务化平台在山东省、河北省、江苏省等全国多个省市进行了推广应用，对提高水质监测能力、水质预警能力及信息化水平发挥了重要示范作用。山东省级平台接入9城市62个在线监测站点，实现供水全流程关键指标预警功能业务化运行；河北省城市供水全过程监管平台支撑了河北省供水水质督察和供水规范化考核自查业务的开展，实现了南水北调原水水质信息的对接和共享；江苏省城乡统筹供水监管平台实现了140余家供水厂与国家平台的基本信息同步，对接在线监测点131个。

通过技术的推广与实施，显著提升了我国城市供水行业水质监测管理的标准化水平，进一步强化了供水监管手段，促进了供水行业安全保障服务提升，为全面提高我国城市供水全过程的综合监管能力提供了技术支撑。

技 术 来 源

- 水质监测关键技术及标准化研究与示范（2008ZX07420001）
- 饮用水全流程水质监测技术及标准化研究（2014ZX07402001）
- 引黄供水地区水质风险评估技术研究与应用（2008ZX07422001）
- 饮用水特征嗅味物质识别与控制技术研究与示范（2015ZX07406001）
- 水质安全评价及预警关键技术研发与应用示范（2008ZX07420004）
- 饮用水安全区域联动应急技术研究与示范（2008ZX07421006）
- 珠江下游地区水源调控及水质保障技术研究与示范（2009ZX07423001）
- 城市供水全过程监管平台整合及业务化运行示范（2017ZX07502003）
- 城市供水全过程监管技术系统评估及标准化（2018ZX07502002）
- 三级水质监控网络构建关键技术研究与示范（2008ZX07420002）
- 水质信息管理系统及可视化平台关键技术研发与示范（2008ZX07420003）
- 水质监测材料设备研发与国产化（2009ZX07420008）
- 城镇供水系统关键材料设备评估验证及标准化（2017ZX07501003）等

84 供水应急与救援成套技术

适用范围：保障在水源水质发生突变以及举办重大活动的情况下的供水安全。

关 键 词：应急供水；应急预案；应急净化处理；应急救援

一、技 术 背 景

（一）国内外技术现状

欧美等发达国家对饮用水安全十分重视，已经建立了一整套完善的水源地保护法律法规，并且开展经常的水源水质监测工作，减少了发生突发性环境污染事故影响水源地和供水系统的可能性。同时，对于现有水厂加大了工艺改造的力度，"预处理工艺＋常规工艺＋深度处理工艺"已经成为发达国家主流的水处理工艺，形成了保障供水安全的多级屏障，此外发达国家将重污染产业转移至发展中国家，上述种种举措均降低了发达国家环境污染事故发生的概率，近年来发达国家污染事故罕有发生。其应急处理工作多通过调度、组织管理实现，并没有形成系统完整的突发污染物处理技术与工艺参数。在WHO发布的《饮用水水质准则》中，对于少量超标的污染物笼统地提出了推荐的处理技术，如强化常规工艺、活性炭吸附工艺、生物处理工艺等，但并未提供应急处理工艺参数和实施方式。水专项实施以前，由于缺乏可供借鉴的技术和经验，导致我国供水行业在一开始面对水源突发污染事故时处于较为被动的局面，其中缺乏相应的应急净水技术储备是最大的问题所在。

（二）主要问题和技术难点

我国在城市化、工业化的进程中，由于长期以来工业布局的不合理，如在某些地区过于集中，"滨水而城，因水兴工"，对饮用水源积累了重大风险，近年来水源突发污染事故频发，严重威胁城市供水安全，水专项实施前，我国城市供水行业在应急供水与救援主要存在以下问题：①自来水厂缺乏相应的应急处理技术与工艺。②地方政府与供水企业缺少行之有效的应急预案。③缺少可快速反应的应急救援保障能力。

技术难点主要在于：

（1）突发事件及污染物具有不确定性，需要确定不同污染物有效的应急处理技术和准确的工艺参数，且不同于饮用水常规工艺与深度处理工艺，应急处理技术需要满足：处理效果显著，不引入二次污染，出水水质全面满足饮用水水质标准；能与现有水厂常规处理工艺相结合；便于建设，能够快速实施，易于操作；费用成本适宜，技术经济合理等要求。

（2）在突发性水源污染事件中，缩短应急救援工作开展的时间可极大地降低突发事件造成的经济损失与影响。虽然我国大多数城市、自来水公司都制订了应急预案，但这些预案尚不规范，大部分停留在组织管理机制的层面上，缺少有效的应急处理技术和规范的应急供水系统规划。

（3）供水安全关乎整个城市的正常运转，多水源供水的城市在突发水源污染事件时，在应急救援工作开展的同时尚可通过水源调度等方式维持城市的正常用水，但单一水源供水的城市在发生水源突发污染事件时不得不面临全程断水的风险，如何在应急救援工作中，满足人民群众的基本用水需求也是本成套技术的难点所在。

（三）技术需求分析

城市供水安全是保障城市安全、居民生活稳定的关键环节之一。在面对水源突发环境污染，城市供水部门如果不能妥善处置，将造成极大的经济损失，严重的甚至会引发重大的社会事件。因此，应对突发环境事件、保障供水安全是供水行业的职责所在，是保障和改善民生的重大任务，是保障城市安全的最迫切、最直接的任务。为提高城市供水的安全性，亟须进行应对水源污染事故的城市供水应急能力的建设，提高全国城市供水安全保障水平。

二、技 术 介 绍

（一）技术基本组成

城市供水应急救援技术主要包括3项关键性技术：城市供水应急预案制定技术、城市供水应急净化处理技术、城市应急供水救援技术；2项支撑技术：应对水源突发性污染的原水水质风险识别技术、应急供水规划与设计技术。技术链条图如图84.1所示，该成套技术以原水水质风险识别、应急供水规划设计技术为支撑，通过完善应急预案，明确各类污染物的应急处理工艺与参数，建立应急供水救援基地，全方位地提升我国供水行业面对突发水源水质污染事件时的应急供水能力。

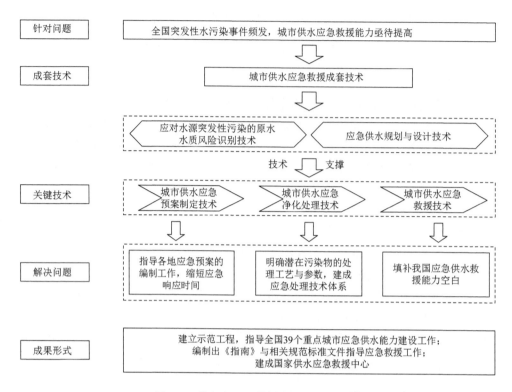

图84.1　供水应急与救援成套技术组成图

（二）技术突破及创新性

（1）城市供水应急预案制定技术通过对我国及国外发达国家的典型城市供水应急预案进行调研并针对预案中存在的问题进行梳理，编制出《城市供水突发事件应急预案编制指南》，有效地指导了地方政府、供水企业开展供水突发事件应急预案的编制，缩短供水单位在发生紧急事件的响应时间。

（2）针对我国供水行业在面对水源突发污染缺乏相应处理技术只能停水的被动局面，应急净化处理技术建立了囊括172种有毒有害污染物的处理技术并取得了相关工艺参数，基本覆盖供水行业中饮用水相关标准中涉及的主要环境污染物，形成了应急净化处理体系。

（3）应急供水救援技术通过在全国建立八大供水应急救援中心，在面对重大自然灾害以及环境污染事故所造成的城市停水等特情，能够迅速进行调度决策并实施救援，保障人民群众的基本生活用水。

（三）工程示范

以无锡市为例，该成套技术可为城市供水提供"应急供水规划-应急净化处理-应急供水管理-应急供水救援"全方位的保障。

1. 应急供水规划设计

针对现有城市供水片内供水水源单一、水厂缺乏应付突发水质污染的应急处理措施、区域供水干管环网度不够和供水片间联络程度有限的现状，为实现"原水互补，清水联通"的区域应急联合供水系统，以供水GIS、SCADA和水力水质模型为工具，研究了苏锡常城市间协同供水系统优化布局，研究突发事故情况下城市间供水联合调度技术，建立区域联网供水与应急调度决策支持平台，形成具有城市连绵区特色的协同供水与联合调度技术。无锡市区域联网安全供水工程措施如下：①西南部自常州武进区运村增压站经潘家、雪堰至马山水厂已建DN500联络管。②北部锡澄水厂建成40万m³/d。③部自青阳增压站至锡澄水厂新建DN1200联络管，长5.3 km。④东南部新建DN1400联络管，与苏州管网连通，长9.5 km。⑤东北部自江阴管网经祝塘、长泾增压站至安镇增压站新建DN1200联络管，长25.6 km。⑥东北部自张家港管网至长泾增压站新建DN1200联络管，长14.0 km。⑦改造安镇增压站至规模10万m³/d，新建10万m³/d长泾增压站。

2. 应急净化处理技术

2007年5月28日，太湖暴发严重蓝藻污染，造成无锡全城自来水水质恶化，自来水带有严重臭味，无锡市市民生活用水和饮用水严重短缺，影响200万人口的正常生产生活，产生严重恶劣社会影响。通过采用"高锰酸钾-粉末活性炭"联用的应急净化处理技术，在取水口处投加高锰酸钾以氧化输水过程中可氧化的致臭物质和污染物；在净水厂絮凝池前投加粉末活性炭用于吸附水中可吸附的其他臭味物质与污染物，并分解可能残余的高锰酸钾。为避免产生氯化消毒副产物停止预氯化，高锰酸钾与粉末活性炭的投加量根据水源水质情况和运行工况进行调整。于6月1日下午起，水厂出水已基本无臭味，6月2日，自来水嗅味问题基本解决，可满足生活用水要求。在此之后，在无锡市南泉水源厂添加应急处理系统，规模115万m³/d，极大地提高了无锡水司应对水源突发污染事件的能力，有效解决了太湖水源突发污染和水质恶化带来的供水安全问题。

3. 城市供水应急预案制定技术

无锡市自来水总公司对照《城市供水突发事件应急预案编制指南》的框架要求和说明，对公司原有的应急预案进行了编制修订。通过总结"南泉原水枯水期应急处置""锡澄水厂出厂管抢修"等应急事件，分析应急处置的主要流程，各应急机构的工作职责、协调工作、应对方式、信息沟通，以做到突发事件的有效处置，同时，为应急预案中的运行机制提供科学的、符合实际的蓝本，最终形成了《无锡市自来水总公司供水应急预案》。

4. 应急供水救援技术

在无锡市发生突发水污染事件时水厂无法满足城市居民基本生活用水时，位于南京的国家应急供水救援中心华东基地的供水应急救援车辆可于2～3 h内抵达无锡，开展应急净水制水工作，为12万人提供基本饮水与生活用水。

（四）推广与应用情况

1. 工程化方面

依托该成套技术的相关研究成果，在北京、广州、天津、成都、无锡、济南等地建设6个大型示范工程，分别是：北京市自来水公司"龙背村取水口应急药剂投加系统"、天津市自来水集团公司"凌庄水厂应急药剂投加系统"、广州市自来水公司"西部水厂应急药剂投加系统"、无锡市自来水公司"太湖水源水厂应急药剂投加系统"、成都市自来水公司"第六水厂应急药剂投加系统"、济南市"玉清水厂、鹊华水厂应急药剂投加系统"，总计应急保障供水能力达到715万m^3/d。推广应用于我国39个重点城市的供水应急处理能力建设。在我国华北、华东、华中、华南、东北、西南、西北、新疆八个区域建立国家供水应急救援中心并设置保养基地，覆盖全国90%的人口，显著地提升了我国应急供水救援的能力。

2. 标准化与规范化方面

依托水专项研究成果，编写出《城市供水系统应急净水技术指导手册（第二版）》（ISBN：9787112211753），提高了我国城市及供水行业应急供水的能力。完成了应急处理系统构成与标准化设计（应对等级与设防标准、系统构成等）、应急处理单体工程的标准化设计（包括活性炭药剂投加系统、酸碱投加系统、高锰酸钾投加系统、二氧化氯投加系统等）、应急处理辅助设施的标准化设计（机械、电气、自控、料仓等），为应急处理技术在工程中更广泛的应用提供了强有力的依据与指导。编写出《城市供水突发事件应急预案编制指南》作为供水行业指导性文件，用于指导地方政府、供水企业开展城市供水应急预案编制，规范突发事件处置过程中政府各部门和供水企业的联动机制，有效降低供水突发事件造成的各类损失，为我国城市供水防灾减灾管理工作提供技术支撑。编制了《关于突发性水源污染时城镇公共供水停水处置决策的技术指南》，为住建部制定《城市供水突发事件应对管理办法》提供技术支持。

三、实施成效

在水专项实施期间，承担起了国内多起重大活动的供水安全保障任务，形成了相应的工作规程，具体包括：2009年60周年国庆、济南全运会、2010年上海世博会、2011年广州亚运会等活动。成功应对40多起突发环境污染引发的应急供水事件，如2010年广东北江铊污染、2011年湖南广东武江锑污染、2012年广西龙江河镉污染等，减少了经济损失，降低了社会影响，获得了多地政府与人民的高度评价。

2020年7月21日，湖北恩施清江上游屯堡乡马者村沙子坝发生滑坡，大量泥沙流入清江，水源地原水浊度增高，二水厂、三水厂停止生产，恩施城区基本全面停水。位于武汉的华中基地受住房和城乡建设部和湖北省住房和城乡建设厅要求驰援恩施进行现场制水工作，在7月22～26日累计制水1459.5吨，检测水质204样次均合格，保障了45万群众的基本生活用水需求，取得了良好的社会反响。

在水专项的支撑下形成的城市供水应急救援成套技术，彻底扭转了我国供水行业面对突发水源污染缺乏相应处理技术的被动局面、完善了我国供水行业应急管理工作、填补了我国供水应急救援能力方面的空白，为提高我国各地供水行业应急保障能力起到了支撑与示范作用。

技 术 来 源

- 城市供水系统规划调控技术研究与示范（2008ZX07420006）
- 突发事件供水短期暴露风险与应急管控技术研究（2015ZX07402002）
- 长江下游地区饮用水安全保障技术集成与综合示范（2008ZX07421006）
- 自来水厂应急净化处理技术及工艺体系研究与示范（2008ZX07420005）
- 城市供水应急预案研究与示范（2009ZX07419005）
- 饮用水水质检测监测设备产业化（2012ZX07413001）
- 水质监测材料设备研发与国产化（2009ZX04720008）
- 水质安全评价及预警关键技术研发与应用示范（2008ZX074020004）
- 城市供水全过程监管平台整合及业务化运行示范（2017ZX07502002）

85　饮用水超滤膜装备及净化成套技术

适用范围：原水水质好且浊度较低的水库、湖泊水、浅层地下水或上游植被较好的江河水，且水厂处理工艺为简单处理工艺，可采用超滤膜直接过滤或微絮凝−超滤工艺进行处理；原水水质较好，水厂原有工艺为混凝−沉淀−过滤−消毒常规工艺时，可采用混凝−超滤联用工艺对水厂设施进行改造；当原水为氨氮小于2 mg/L、化学需氧量小于5 mg/L的微污染水源水质时，可采用混凝−沉淀−超滤组合处理工艺；原水氨氮小于2 mg/L、化学需氧量小于5 mg/L、浊度较高时，原水可以首先投加氧化剂、混凝剂经预沉至出水浊度在5 NTU左右后再采用混凝、沉淀、过滤与膜（压力式膜组、浸没膜池）处理组合工艺；当原水氨氮含量高于时2 mg/L，可依据中试研究成果，在沉淀池前增设生物预处理设施，降低膜池进水氨氮含量；当原水化学需氧量高于5 mg/L，且藻类高发，原水呈现高有机、高嗅味水质特征时，可依据中试结果，在膜处理系统前增设臭氧接触池和活性炭吸附池，或常规工艺前投加粉末活性炭、预氧化药剂等，再进行超滤膜处理；压力式膜组件可采用内压力式或外压力式中空纤维膜，其中内压力式中空纤维膜的过滤方式可采用死端过滤或错流过滤，外压力式中空纤维膜应采用死端过滤。浸没式膜组件可采用外压力式中空纤维膜，过滤方式应采用死端过滤。

关 键 词：饮用水；超滤膜；装备制造；净化技术

一、技 术 背 景

（一）国内外技术现状

由于单独的超滤膜对水中小分子有机物去除能力有限，在一定程度上限制了超滤膜技术的应用。超滤膜与其他水处理工艺耦合，以应对复杂的水质污染问题是超滤膜处理技术的重要发展方向。超滤膜与其他水处理工艺的组合形式、协同机理、技术参数优化、膜污染控制等成为研究热点。国内外学者对膜前预处理如膜前混凝、膜前预氧化剂，操作条件控制以及物理化学清洗作了广泛的研究，但对膜污染造成膜通量下降的机理认识还不清楚，针对不同水源水质的超滤膜组合处理工艺关键参数尚不明确。

（二）主要问题和技术难点

超滤是悬浮颗粒物及胶体物质的有效屏障，几乎完全实现对"两虫"、藻类、细菌、病毒和水生生物的去除。至2006年，世界上膜工艺水厂正呈加速发展态势，总处理规模达800万 m^3/d，其中北美采用超滤和微滤的水厂已达250余座。而我国将超滤用于饮用水处理的起步较晚，且规模较小，尚无大规模工程案例。超滤与其他工艺的组合处理方法尚不成熟，去除溶解性有机物、金属离子、溶解性盐效果较差，在一定程度上限制了技术应用。我国生产的超滤膜材料在强度、通量、寿命等方面不能满足要求，价格昂贵，运行成本偏高，其投资成本高出传统工艺800元/$(m^3 \cdot d)$，水厂难以接受。因此，超滤膜组合工艺和膜材料制造技术有待改进，进一步降低膜水厂的投资和运行成本，以适应供水行业的迫切需求。

（三）技术需求分析

针对不同污染类型原水的超滤膜处理工艺体系尚不成熟，需要优化建立适应不同条件和水源水质状况的超滤膜水厂净化与运行技术体系，提升超滤膜组合工艺处理效能，降低超滤膜组合工艺建设及运行成本。

超滤膜污染直接关系到超滤膜的使用寿命、出水水质和工艺造价，严重的超滤膜污染会造成生产无法正常运行，应加强膜污染研究，有效控制膜污染。

膜技术在水厂应用过程中存在国产化程度低、成本高等问题，在一定程度上限制了膜技术的应用。我国迫切需要建立适用于我国水源水质特点的膜产业化基地，形成科学合理的产业化布局，提升我国膜产业的国际竞争力。

二、技 术 介 绍

（一）技术基本组成

饮用水超滤膜装备及净化成套技术包括超滤膜净水工艺组合技术、饮用水净化超滤膜污染控制技术和饮用水净化用PVC/PVDF超滤膜制造技术，支撑了饮用水多级屏障工程技术序列和材料设备制造技术序列。技术组成如图85.1所示。

基于我国不同水源水质问题，通过将膜技术同预氧化、混凝、沉淀、过滤、臭氧活性炭等技术优化组合，构建了一系列膜处理组合工艺，实现了膜工艺对有机物、嗅味物质以及藻等特征污染物的高效去除，解决了不同原水水质污染问题，提升了饮用水水质。针对制约膜长期稳定运行的膜污染问题，明确了不同原水水质膜污染产生特性，通过相应的膜前工艺组合、运行管理优化等方法，有效缓解了膜污染，维持膜组合工艺的长期稳定运行，并减少了运行过程中的能量消耗。构建了涵盖超滤膜工艺设计、工程建设和运行管理的膜深度处理技术体系,编制形成超滤膜处理技术规程。同时突破了膜材料制备关键技术,自主研发了超滤膜产品及装备,实现了膜装备的国产化,大幅降低了膜工艺建设及运行成本,促进了膜工艺在我国水厂的推广应用。

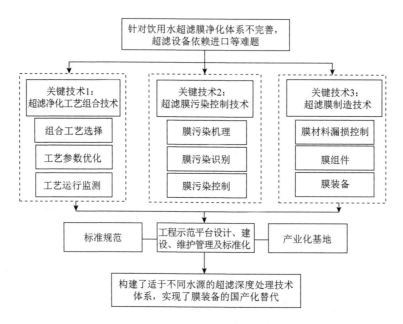

图85.1 饮用水超滤膜装备及净化成套技术组成图

(二)技术突破及创新性

1. 明确了超滤膜分离耦合工艺协同作用机理,提出了适于我国不同水源水质条件的膜组合工艺

针对水中溶解性有机污染物、嗅味等小分子物质污染问题,通过膜技术与混凝、过滤、预氧化、吸附等技术的优化组合,面向不同超滤膜水厂设计和应用需求,对各种预处理工艺与超滤膜处理的耦合性能进行试验研究,提出了适于不同水质条件下的超滤膜组合工艺,充分发挥了超滤膜对颗粒物和微生物高效截留的优势,提高了对溶解性有机物的去除效果。在超滤膜净水工艺运行过程中,对膜运行通量、周期、跨膜压差等关键技术参数和指标进行了优化,构建应对不同原水水质的超滤膜净水解决方案。在保障水厂出水安全达标的基础上,实现了超滤膜组合技术工艺的稳定运行,同时有效降低了超滤膜工艺本身能耗和运行成本,为我国城镇供水厂超滤膜净水技术的大规模推广应用提供了全面技术支撑。

2. 揭示了超滤膜污染机理,研发了大型超滤水厂膜污染控制技术

由于我国不同地区原水水质特征的差异性,通过对不同原水有机物分子量分布及分级特征解析研究,明确了造成超滤膜可逆和不可逆污染的主要影响因子,确定了水中大

分子量有机物、疏水性有机物是造成膜污染的主要因素。建立了膜污染影响的数学模型以及基于比通量和膜污染阻力计算的膜污染评价体系，分析了膜前预处理、原水水质及膜运行参数对污染的影响。通过膜工艺进水水质控制、工艺运行控制、运行维护控制、前置处理控制，以及优化组合工艺流程等控制技术研究，有效控制膜污染，提升膜通量。

3. 突破了超滤膜组件及其装备制造技术，提升了我国膜装备国产化水平

我国超滤膜大部分依赖进口，成本较高，制约了超滤净水工艺在我国的大规模推广应用。水专项实施以来，针对超滤膜通量小、易污染、强度差等问题，通过成膜原料配方、制膜工艺和膜组件结构的优化，突破了高强度、高通量、抗污染的PVC、PVDF中空纤维膜制备关键技术，攻克大规模生产能力膜装备系统制造关键技术，开发出适用于饮用水处理的中空纤维超滤膜及其膜组件，产水通量、强度以及膜寿命等指标达到国际先进水平。

（三）工程示范

东营南郊水厂一期工程以超滤膜为核心的"高锰酸钾预氧化+混凝沉淀+粉炭吸附+超滤处理"组合工艺，主要解决冬季低温低浊，夏季高藻、微污染的问题。采用超滤膜优化运行、超滤膜进水水质控制和粉末活性炭前处理的膜污染控制组合技术作为膜污染控制技术，同时可强化水中有机物、消毒副产物前质、嗅味物质的去除。组合工艺出水浊度的均值为（0.10 ± 0.04）NTU，去除率为98.04%～99.20%；化学需氧量、DOC及UV_{254}的均值分别为(1.90 ± 0.10)mg/L、（1.93 ± 0.13)mg/L和(0.032 ± 0.005)cm^{-1}，对应的去除率分别为40.42%～48.61%、43.10%～48.41%和56.18%～66.27%；氨氮的均值为(0.11 ± 0.02)mg/L，对氨氮去除率为40.38%～62.38%。此外，组合工艺膜出水中均未检测出藻类和细菌、总大肠菌群，对藻类及总大肠菌群的去除率均为100%。为了缓解跨膜压差的增加并保持较高的通量，进行了各种清洗程序，包括水力反洗、维护清洗和化学清洗。各清洗程序的执行控制在跨膜压差最大限制分别为30 kPa、40 kPa和65 kPa。

东营南郊水厂二期工程实现了新建大型超滤膜水厂从规划、设计、建设及工艺选择的创新，打破了传统水厂建设的观念，将混凝、沉淀、过滤集成一体，减少了土地使用面积，提升了产水效能，有效应对了低浊高藻及微污染水质变化，改善了口感，水厂出水浊度平均0.16 NTU，化学需氧量1.86 mg/L，细菌总数也远远低于国标限值。水厂工艺整体运行稳定可靠，出水水质符合《生活饮用水卫生标准》（GB 5649—2006）。

超滤膜水厂工程实践运行效果表明，出厂水水质均可满足《生活饮用水卫生标准》（GB 5649—2006）要求，对生物安全性的保障效果尤为突出。浸没式膜通量40～60 L/(m^2·h)，压力式膜通量60～80 L/(m^2·h)，提高了超滤膜出水的生物安全性和化学安全性，降低了消毒剂的用量（0.5 mg/L左右氯或氯胺），超滤膜单元增加建设成本不超过300万元/(m^3·d)，吨水成本增加不超过0.3元，为我国城镇水厂新建及老旧水厂改造提供了有力支撑。

（四）推广与应用情况

超滤膜法净水成套技术在全国多个水厂开展了示范应用。山东东营南郊水厂是在

水专项技术支持下国内建成并运行的第一个大型超滤膜净水厂，在北京郭公庄水厂、天津凌庄水厂、上海青浦第三水厂、东营南郊水厂等40余座水厂进行推广应用，为400余宗村镇水厂饮用水安全保障提供服务，目前我国膜水厂总数已达到100座以上，总制水规模已经达到600万m^3/d以上。

在海南、天津、苏州多地建成不同类型（PVC/PVDF）超滤膜产业化基地，膜材料产能达到417万m^2/a，形成了多个系列化、标准化的产品及装备，国产化率高达95%以上，国产超滤膜组件产品价格比国外同类产品下降30%以上，相关产品国内市场占有率高达70%以上，年产值超过700亿元，打破了超滤膜长期依赖进口的被动局面，完善了我国的饮用水安全保障产业化体系。

为规范膜处理技术在市政给水领域的合理应用，依托水专项研究成果，形成了《城镇给水膜处理技术规程》（CJJ/T 251—2017）、《饮用水处理用浸没式中空纤维超滤膜组件及装置》（CJ/T 530—2018）等一系列标准规范，为膜技术在市政给水领域更广泛的工程应用提供有力依据和指导。

三、实 施 成 效

水专项实施以来，随着我国超滤膜产业、膜指标工艺的不断成熟，饮用水厂超滤膜净水工程应用规模日趋壮大，从2006年我国大型膜水厂空白，到2009年我国第一座大型膜水厂南郊水厂建成投产，各地膜水厂工程迅速普及，在太湖流域、黄河流域、南水北调受水区、珠江流域等地区进行了技术示范和规模化应用，包括上海青浦水厂、无锡中桥水厂、深圳沙头角水厂等一系列水专项示范工程。各地膜水厂工程已经涵盖了膜技术同混凝、过滤、预氧化、臭氧活性炭等技术的优化组合，通过膜工艺实现了我国城镇供水系统的升级改造。形成了针对不同水质问题、不同流域特点、不同处理工艺的饮用水膜处理工程技术体系。膜技术在当地供水水质提升中发挥了重要作用，显著提升了对浊度、微生物和藻类等污染物的去除效果。

技 术 来 源

- 引黄水库水超滤膜处理集成技术研究与示范（2008ZX07422005）
- 高藻、高有机物湖泊型原水处理技术集成与示范（2008ZX07421002）
- 微污染江河原水高效净化关键技术与示范（2008ZX07421004）
- 南方湿热地区深度处理工艺关键技术与系统化集成（2009ZX07423003）
- 南水北调山东受水区饮用水安全保障技术研究与综合示范（2012ZX07404003）
- 季节性污染原水预处理和常规处理工艺强化技术集成与示范（2008ZX07423002）
- 高氨氮和高有机物污染河网原水的组合处理技术集成与示范（2008ZX07421003）
- 饮用水处理用PVC膜组件及装备产业化（2011ZX07410001）
- 饮用水处理用PVDF膜组件及装备产业化（2011ZX07410002）
- 城镇供水系统关键材料设备评估验证及标准化（2017ZX07501003）

---

86 饮用水水质移动检测技术

及其装备制造成套技术

适用范围：国内绝大部分区域的水质移动监测需求以及水质应急检测。
关 键 词：饮用水；移动检测；装备制造；成套技术

一、技 术 背 景

（一）国内外技术现状

现行移动检测技术多选用便携式仪器设备，可实现常规水质指标的现场快速分析，但检测精准度不高；色谱质谱仪等分析仪器对实验室环境要求高，且可选择产品类型有限，多数依赖于国外进口。

国外集成的移动实验室主要应用在军事、食品安全和疫情等领域。美国食药监管局、环境保护署等都积极参与开发和利用移动实验室。德国Bruker移动实验室配置化学、生物、辐射单元，可快速确定和验证核生化威胁。法国LABOVER的BSL-3移动实验室，用于重大传染病疫情的检验。

国内食品安全检测车和大气环境监测移动实验室应用较多，水环境移动实验室多搭载电化学法和光谱法的水质检测仪或便携式仪器设备，或配备在线监测设备，或搭载光谱、质谱等仪器，但关键大型仪器的车载化设计以及移动实验室整体设计还需要进一步提升。

（二）主要问题和技术难点

传统水质检测以现场采样、实验室检测为主，水样长距离运输后，水质指标的检测结果可信度不高。另外行业监测机构建设和发展不平衡，不少实验室检测能力严重不足，尤其在应对水质突发污染事件时，亟须能够精准识别、快速响应的检测技术及装备保障。

近年来，我国完成了移动检测实验室标准体系初步框架制定，但产品和方法标准不足，移动式水质检测技术标准化体系尚属空白。目前移动实验室仪器设备大多参照固定实验室仪器设备标准生产，不能识别温湿度、振动、冲击、噪声、电磁兼容等特性，关键大型仪器移动化设计缺少突破，移动适用性差。配置的试剂法、湿化学法、光学法、色谱法等技术的仪器，存在监测参数少、定性定量能力有限等问题，无法满足水质突发事件应急监测及日常督察需求。

（三）技术需求分析

只依靠车载平台的改造与减震设计，可满足实验室分析仪器的正常移动检测，但无法满足振动和环境温湿度对仪器性能的影响，依然无法在现场恶劣复杂环境下快速开展水质检测。因此，我国亟须研发检测项目全面、具备未知物识别筛查能力、标准化程度高、适用性强的饮用水移动监测成套技术装备。

二、技 术 介 绍

（一）技术基本组成

结合我国水质移动检测的重大需求，瞄准国际移动检测技术前沿，通过创新研制具有自主知识产权的便携式GC/MS分析仪、车载式ICP/MS分析仪，优选技术成熟度高的国产移动检测设备，选择合适的车载平台，在涵盖样品多功能预处理系统、水电气保障和控制系统、网络通信等移动实验室功能系统的支持下，集成兼备应急与督察功能的移动式水质实验室。同时在水质移动监测装备评估验证、检测技术标准化等支持下，形成一套完整的水质移动检测技术与装备制造技术（技术组成如图86.1所示），能够实现水质移动检测数据平台化管理，满足国内绝大部分区域的水质移动监测需求，为我国水质应急检测提供有力的科技支撑。

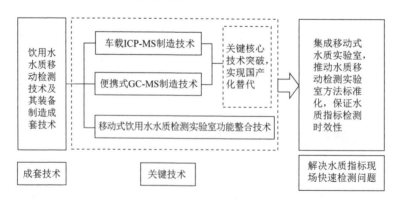

图86.1　饮用水水质移动检测技术及其装备制造成套技术组成图

（二）技术突破及创新性

该技术创新类型属于集成创新，技术增量如下：

（1）突破全固态自激式的射频/双路射频电源闭环自适应调整等关键技术，研制成功车载式ICP-MS，解决了各级真空系统压力可调节和不卸真空快速换锥等应用问题，建立了适合车载应急检测ICP-MS仪器方法技术，能现场检测元素达到73项，灵敏度为国外同类产品的3倍，国内市场占有率为60%，具有可替代进口产品的能力。

（2）突破了内离子源电子传输和控制、AICC自动增益、增强型碰撞诱导解离等关键技术，解决了"质量歧视"问题，降低了空间电荷效应的影响，便携式GC-MS质量范围18～500 amu，检测物质可覆盖绝大部分的VOCs和SVOCs，扫描速率达到10000 amu/s，环境温度适用范围为-20～45℃，为同类产品最宽，可实现复杂基质下精准度更高的定性定量（图86.2）。

（3）攻克了大型移动载体中仪器抗振减振、载具平衡和"人-机-料-法-环"优化匹配等关键技术，首次在水质监测移动实验室（或监测车）上兼容连续在线监测、车载监测、便携监测以及未知物筛查等多种集成应用模式，具备145项水质指标的监测能力，满足了水质应急监测及督察的技术需求（图86.3）。

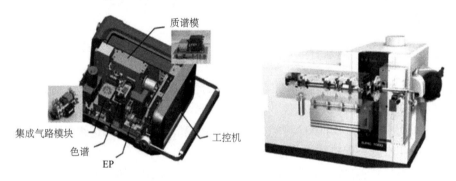

图86.2 色谱-质谱联用分析仪和电感耦合等离子质谱仪示意图

图86.3 水质检测移动车载系统的测试与集成

（三）推广与应用情况

1. 湖北恩施供水应急救援

2020年7月21日至2020年7月28日，湖北恩施清江上游屯堡乡马者村沙子坝发生滑坡，恩施市保障城市居民用水水厂的取水浊度远超国家标准，城区水厂供水中断，45万群众供水受到影响。住房和城乡建设部启动国家供水应急救援华中基地开展应急救援工作，集结了包括2台移动式水质检测车的应急队伍，赴恩施进行应急供水驰援，及时高效地弥补了当地监测部门检测资源的不足，完成了现场4台应急净水车七天六夜、累计1459.5吨出水、204样次的水质检测，满足恩施城区居民的基本生活饮用水需求。

2. 金砖厦门峰会饮用水安全保障

2017年8月厦门金砖国家峰会期间，聚光科技通过基于质谱技术的水质移动实验室，对当地三个饮用水源地的重金属指标和有机物指标进行了24 h连续监测，检测期间仪器能够稳定可靠的运行，实验数据与实验室进口仪器数据保持高度一致，得到监测站一致的肯定。

3. 杭州G20峰会饮用水安全保障

2016年9月杭州G20峰会期间，聚光科技水质移动实验室配备了移动式GC-MS、ICP-MS、离子色谱、颗粒物分析仪、分光光度计，扩充了固相萃取仪、氮吹浓缩仪、超纯水机等前处理设备。可以检测VOCs、SVOCs和ppt（10^{-15}）量级的超痕量金属组分，在生活饮用水安全保障中发挥了重要作用。

集成以车载式ICP-MS、便携式GC-MS为核心的移动式水质实验室，产品已形成产业化能力，并获得浙江省首台套认定，饮用水GB 5749—2006中有93项通过了CMA认证。形成的《城镇供水水质检测移动实验室》（T/ZZB 1577—2020）、《车载式气相色谱-质谱联用仪技术要求及试验方法》（T/CIMA 0022—2020）、《车载式电感耦合等离子体四极杆质谱仪技术要求》（T/CIMA 0023—2020）等团体标准已于2020年发布实施，并在全国供水行业应用推广。

三、实 施 成 效

针对移动实验室系统的移动特性和流域环境适用性，"十二五"期间，在济南和钱塘江饮用水源地分别开展了不同路况抗震性测试和检测功能性应用测试，获得了验证单位的一致认可；"十三五"期间，扩大了整体系统的测试应用范围，通过了134天、8个城市11个应用点、长达11300 km实际路况的振动测试，分别在丰水期和枯水期对黄河、长江、淮河和珠江等9个温湿度不同的流域，开展了功能性应用测试，水样类型涵盖了水源水、出厂水和末梢水，测试形式采用与实验室比对分析，结果表明移动实验室系统抗震性和功能性满足不同流域、不同路况。课题实施期间，水质移动检测系统参与过"四川广元紧急应对陇南锑泄漏水污染事故"、"'3·28'伊春鹿鸣矿业尾矿库泄漏事故"、"渌江湖南醴陵段遭跨省铊污染"等基质比较复杂、污染浓度从高到低的应急事故保障，事实证明移动实验室可在复杂的现场环境下快速开展检测工作，可快速对污染物进行定性定量，为当地应急控制提供了实时有效的数据支撑。

移动实验室整体水平具备了国内领先技术，部分技术达到国际领先的水平，填补了国内移动实验室技术的空白。与水专项实施前相比，监测指标覆盖面广，该系统已应用于国内10余个省市，出口"一带一路"2个国家，为提升国产科学仪器设备品牌，满足水质监测需求发挥了重要作用。

技 术 来 源

- 饮用水水质检测监测设备产业化（2012ZX07413001）
- 城市供水全过程监管技术系统评估及标准化（2018ZX07502001）
- 城镇供水系统关键材料设备评估验证及标准化（2017ZX07501003）
  等课题